高等学校通用教材

微波电路与封装

洪　韬　赵京城　编著

北京航空航天大学出版社

内容简介

随着近年来5G、无线通信和物联网技术的兴起以及工作频段的逐步提高，微波器件及电路日益得到重视，具有微波器件及电路的设计能力，将成为对所有电子和通信专业人才的基本要求之一。

本书主要介绍比较常用的微波有源器件与电路的工作原理、特性、应用及典型封装。内容包括：微波混频器、参量放大器、功率变频器和参量倍频器、微波半导体二极管振荡器、微波晶体管放大器和振荡器、微波控制电路、微波电真空器件、微波及半导体集成电路的封装。

本书可作为高等工科院校微波专业的教材或参考书，也可供从事通信、微波系统设计的技术人员参考。

图书在版编目(CIP)数据

微波电路与封装 / 洪韬，赵京城编著. -- 北京 ：北京航空航天大学出版社，2020.1

ISBN 978-7-5124-3206-2

Ⅰ. ①微… Ⅱ. ①洪…②赵… Ⅲ. ①微波电路－教材 Ⅳ. ①TN710

中国版本图书馆CIP数据核字(2020)第000501号

微波电路与封装

洪 韬 赵京城 编著

责任编辑 张冀青

*

北京航空航天大学出版社出版发行

北京市海淀区学院路37号(邮编100191) http://www.buaapress.com.cn

发行部电话：(010)82317024 传真：(010)82328026

读者信箱：goodtextbook@126.com 邮购电话：(010)82316936

北京九州迅驰传媒文化有限公司印装 各地书店经销

*

开本：787×1 092 1/16 印张：14.5 字数：371千字

2020年1月第1版 2021年11月第2次印刷 印数：1 001～1 500册

ISBN 978-7-5124-3206-2 定价：45.00元

前言

本书可作为高等工科院校微波专业高年级学生的专业课教材，或电子类研究生的选修课教材。

本书的参考学时数为32学时，也可根据课程的实际学时具体安排。全书内容共9章，包括多种微波半导体有源器件、一些电路实例和微波集成电路的封装工艺。

本书属于专业教材，要求学生已先修过“低、高频电路”“电磁场理论”“微波技术”等课程。凡涉及有关课程的知识便直接加以引用。

本书主要讲授内容包括：

1. 频率变换电路：(肖特基二极管)混频器、(阶跃恢复二极管)倍频器、(变容管)倍频器。

2. 放大与振荡电路：(雪崩)二极管、三极管，场效应管，参放(非线性电容放大器)，转移电子器件(Gunn)，电真空器件(速调管、行波管、磁控管)。

3. 控制电路：PIN管(微波开关、微波衰减器等)。

4. 半导体及微波集成电路的封装技术介绍。

本书的教学目的：让学生了解微波系统的工作原理，明晰各种常用微波半导体器件的种类、工作机理、器件模型参数及其物理意义、主要特点和功能；掌握微波固态电路的基本原理、主要性能指标、应用领域和设计方法与准则；了解微波集成电路封装制造的基本技术知识。让相关专业的学生、工作人员具备微波电路的基础知识、基本设计和实验能力，为从事无线技术领域相关工作打下基础。

本书主要特点如下：

1. 电路用分布参数分析，等效电路用集总参数分析。

2. 采用S参数对微波电路进行分析、计算设计。

3. 器件种类多，工作机理差别大，本书分别详细介绍。

本书编写过程中，得到北京航空航天大学薛明华教授的认真审阅和校对，作者在此表示衷心的感谢，另外还有实验室的多位硕士生对文稿的校对也做出贡献，一并表示感谢。

由于编者水平有限，编写时间较紧，书中难免存在错误或遗漏，不足之处希望读者批评指正。

作　者
2019年11月

目 录

第0章　绪　论

0.1　微波电路发展简史

微波电路由微波器件与传输线组成。微波器件分为无源器件和有源器件。无源器件包括各种类型(波导型、固态型)的功分器、衰减器、匹配负载、魔T、天线等,这些器件的工作原理在微波技术、天线原理等课程中已阐述;有源器件包括电真空器件和固态微波器件。电真空器件有速调管、行波管和磁控管;固态微波器件有微波混频器、各类微波放大器、各类微波二极管振荡器、电调衰减器等。本教材将主要介绍微波有源器件与电路的基本工作原理,以及微波集成电路的封装工艺。微波器件需通过微波传输线进行连接才能构成微波电路系统,常用的微波传输线包括微带线、波导和同轴线等。微波器件封装通常分为三级,而微带线是微波器件一级封装及二级封装中必用的微波信号传输线,微波器件的三级封装将把微带线过渡到波导或同轴线,以便微波系统集成组装。

微波电路技术及相关电磁学理论可分为三个历史发展阶段。从1831年法拉第(英)发现电磁感应定律到1906年特福雷斯特(美)发明电子三极管被认为是第一历史阶段,这一时期的最突出贡献是麦克斯韦(英)提出了电磁波辐射理论和光的电磁波理论,包括建立了著名的麦克斯韦方程组,奠定了电磁学发展的理论基础。另一项成就是特福雷斯特(美)发明了电子三极管,诞生了非线性有源器件。电子管的发明是电子学的第一次重大技术突破,从此拉开了电子科学技术新时代的序幕。

20世纪10—50年代是微波技术第二个历史发展阶段,由于两次世界大战,极大地促进了微波技术的迅猛发展,最重要的进步是出现了以动态控制的微波电子管;微波电子学则应运而生,由于微波的突破而出现了雷达、电子对抗等技术领域。反过来,由于雷达技术竞争的需求,陆续出现了用于产生微波振荡与信号放大的速调管、多腔磁控管和螺旋线行波管。1947年美国贝尔电话实验室研制出线性调频脉冲雷达,极大地提高了对目标的分辨能力;这一时期微波领域最显著的技术突破是晶体管的发明,以及后面面接触型晶体管和面结型场效应晶体管(FET)的诞生。晶体管的发明是电子学的第二次重大技术突破,使固态器件在微波低功率应用领域逐步取代电真空器件;晶体管低噪声的特点使接收机灵敏度得到显著提高。与电真空器件相比,微波固态器件具有噪声低、体积小、功耗小、寿命长等优点,便于微波设备小型化发展,在机载和舰载雷达、军用和民用通信及广播领域得到了广泛的推广应用。当然,在大功率和超大功率微波应用领域中电真空器件的作用还不能被固态器件完全取代,如民用的微波炉使用磁控管振荡器作为加热源,有些军用或民用超远程大功率脉冲雷达设备中仍使用磁控管做振荡源,一些机载或地面军用雷达设备的发射端常采用大功率行波管做末级放大器。

从20世纪50年代至今可称为微波电子技术的第三个发展时期;60年代先后诞生了用于微波振荡的耿氏二极管和砷化镓碰撞雪崩渡越时间二极管(IMPATT)。这一时期最显著的技术突破是1958年第一块集成电路(IC)的诞生,IC的诞生标志着微电子技术开始步入电子学的殿堂，也被认为是电子学的第三次重大技术突破，由于 GaAs（砷化镓）技术的问世与 GaAs 材料的特性而促成了由微波集成电路向单片微波集成电路（MMIC）的过渡。80 年代，随着分子束外延、金属有机物化学汽相淀积技术（MOCVD）和深亚微米加工技术的发展和进步，MMIC 得到快速发展。1980 年由 Thomson - CSF 和 Fujitsu 两公司实验室研制出高电子迁移率晶体管（HEMT，High Electron Mobility Transistor），在材料结构上得到了突破和创新。1984 年用 GaAlAs（砷镓铝）/GaAs 异质结取代硅双极晶体管中的 PN 结，研制成功了频率特性和速度特性更优异的异质结双极晶体管（HBT）和 HBT MMIC。1985 年 Maselink 用性能更好的 InGaAs（铟砷化镓）沟道制成的 PHEMT（赝调制掺杂异质结场效应晶体管），使 HEMT 向更高频率、更低噪声方向发展。由于 InP（磷化铟）材料具有高饱和电子迁移率、高击穿电场、良好的热导率，其性能比 GaAs 基更为优越，InP 基 HEMT 的最高工作频率在 20 世纪已达 600 GHz。进入 21 世纪，THz 器件和准光器件的研究进入日程，以变性 InAlAs（铟砷镓铝）/InGaAs HEMT（简称 MHEMT）单片毫米波（亚毫米波）MMIC 为代表的技术，包括 LNA（低噪放）、倍频器、混频器、共面波导等，已将工作频率拓展到 2 THz 甚至更高频率。

目前，新型材料氮化镓（GaN）的研究与应用是全球半导体技术研究的前沿和热点，它具有宽的直接带隙、强的原子键、高的热导率、化学稳定性好（几乎不被任何酸腐蚀）等性质和强的抗辐照能力，从而与 SIC（碳化硅）、金刚石等半导体材料一起，被誉为是继第一代 Ge（锗）、Si（硅）半导体材料及第二代 GaAs、InP 化合物半导体材料之后的第三代半导体材料，在光电子、高温大功率器件和高频微波器件应用方面有着广阔的前景。

0.2 微波波段划分

微波工程领域把频率在 300 MHz～300 GHz 范围的无线电波统称为微波，其波长范围为 1 mm～1 m；也可把频率在 30 GHz 以上的无线电波叫毫米波，频率在 300 GHz 直至 3 THz 的无线电波叫亚毫米波。波长与频率的关系满足

$$\lambda = c/f$$

目前国内外微波领域最常使用的是 L～Ka 波段，表 0.2 - 1 所列是微波工程领域对常用微波波段的频谱划分。

表 0.2 - 1　常用微波波段的频谱划分

波段代号	频率范围/GHz	中心频率波长/cm	波段代号	频率范围/GHz	中心频率波长/cm
L	1～2	22	K	18～26.5	1.25
S	2～4	10	Ka	26.5～40	0.8
C	4～8	5	U	40～60	0.6
X	8～12.5	3	E	60～90	0.4
Ku	12.5～18	2	F	90～140	0.3

无线电波在国际通信及广播领域还有另一种常用电磁频谱划分方法，如表 0.2 - 2 所列。

表 0.2-2　国际无线电频谱划分

名　称	频率范围	名　称	频率范围
VLF(甚低频)	3～30 kHz	VHF(甚高频)	30～300 MHz
LF(低频)	30～300 kHz	UHF(超高频)	300～3 000 MHz
MF(中频)	300～3 000 kHz	SHF(特高频)	3～30 GHz
HF(高频)	3～30 MHz	EHF(极高频)	30～300 GHz

描述微波信号的物理量除了信号频率，还有传输线特征阻抗、负载阻抗、反射系数、驻波和信号强度等，国际上微波传输线特征阻抗广泛采用 50 Ω，因此要求负载阻抗要与传输线特征阻抗相匹配。微波工程上一般不使用电压强度来描述微波信号的强弱，而是用信号的功率描述信号幅度的大小，如瓦（W）或毫瓦（mW）；或采用对数形式，如 dBW 或 dBmW（简写 dBm）来表征，最常用的是 dBmW，它与毫瓦功率值之间的换算关系式为 $A\,(\text{dBmW})=10\lg[a\,(\text{mW})]$，这里 A 为对数功率值，a 是毫瓦功率值，注意功率值是以负载阻抗等于 50 Ω 为条件的。

在通信广播领域，衡量无线电信号强弱的物理量通常用电压有效值 V(伏)或 dBμV 表征，其换算关系为 $B(\text{dB}\mu\text{V})=20\lg[b(\mu\text{V})]$，$B$ 是对数值，b 是电压值(通常先化成微伏)，如：

$b=1\ \text{V}=10^6\ \mu\text{V}$，则 $B=20\lg 10^6=120\ \text{dB}\mu\text{V}$；

$b=10\ \text{mV}=10^4\ \mu\text{V}$，则 $B=80\ \text{dB}\mu\text{V}$；

$b=1\ \text{mV}=10^3\ \mu\text{V}$，则 $B=60\ \text{dB}\mu\text{V}$。

注意电视广播领域的负载阻抗和传输线特征阻抗行业标准通常为 75 Ω，通信领域也有用 50 Ω 为标准的，要注意区分。

表 0.2-3 所列是微波工程领域常用的毫瓦功率值与对数功率值的换算关系。

表 0.2-3　毫瓦功率值与对数功率值的换算关系

A/dBmW	a/mW	A/dBmW	a/mW
−50	0.000 01	10	10
−40	0.000 1	20	100
−30	0.001	30	1 000
−20	0.01	40	10 000
−10	0.1	50	100 000
0	1	60	1 000 000

0.3　微波传输线

国际上广泛使用的微波传输线主要有矩形波导、同轴电缆和微带。图 0.3-1 示出了三种传输线结构及场分布图。

波导材料一般是铜或铝，相比之下波导的优点是信号传输的衰减损耗最小、传输功率大，且屏蔽效果最好，常用于各种大功率雷达及天线设备的信号输送；其缺点是体积及质量大，不能随意弯曲，频带较窄；有时为展宽频带要制成脊型波导。波导内可传输的波形为横电波

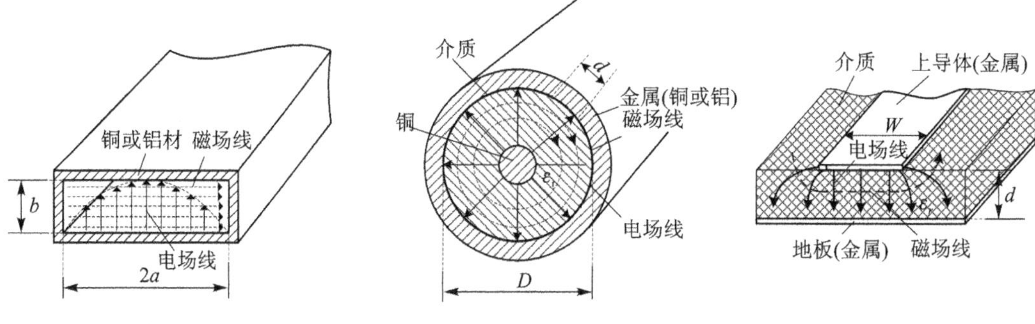

(a) 矩形波导横截面及场分布图　(b) 同轴电缆横截面及场分布图　(c) 微带线横截面及场分布图

图 0.3-1 常用微波传输线的结构及场分布图

(TE)或横磁波(TM),主模是 H_{10} 模。表 0.3-1 所列是某些波段普通标准波导的使用频带及尺寸。

表 0.3-1 标准波导工作频率范围及尺寸

国 标	EIA 国际标准	153-IEC 标准	工作频率范围/GHz	$2a$/mm	b/mm
BJ 14	WR-650	R14	1.13～1.73	165.1	82.55
BJ 32	WR-284	R32	2.6～3.95	72.14	34.04
BJ 58	WR-159	R58	4.64～7.05	40.386	20.193
BJ 100	WR-90	R100	8.2～12.5	22.86	10.16
BJ 140	WR-62	R140	11.9～18	15.799	7.899
BJ 220	WR-42	R220	17.6～26.7	10.668	4.318
BJ 320	WR-28	R320	26.3～40	7.12	3.556
BJ 500	WR-19	R500	39.2～59.6	4.775	2.388

同轴线是比波导更广泛使用的微波信号传输线,在任何微波设备乃至微波系统中都可看到它的存在,同轴线中传输的波形是横电磁波(TEM);同轴线由内导体(直径为 d)、填充介质和外导体(内直径为 D)组成,d 与 D 的尺寸满足关系式:$Z_c=\frac{60}{\sqrt{\varepsilon_r}}\log\left(\frac{D}{d}\right)=50\ \Omega$,同轴线介质材料低频时用二氧化硅,频率高时通常采用各种聚四氟材料。同轴线又分柔性、半柔性和刚性电缆,其内导体一般由单股或多股铜线构成;其中柔性电缆外导体由细铜丝编制的铜网做成,外面有橡胶护套保护层,柔性很好,可重复弯曲,因此常用于微波测量仪器的输入、输出信号线;低衰减柔性电缆也常用于微波信号的较长距离传输。半柔性电缆的结构和柔性电缆类似,只是外导体表面镀锡,可根据需要弯曲成一定形状并可保持住一定刚性,弯曲次数不能太多,电磁屏蔽效果比柔性电缆好,常用做微波设备内部器件连接的跳线。刚性电缆外导体是硬铜管,弯曲后能保持形状,刚性强但不易过度弯曲,一般只弯曲一次,价格较高,常用于屏蔽性要求较高的微波设备内部器件之间的连接。同轴线的优点是频带宽,可横跨从直流到最高微波频段,体积小,可灵活应用,柔性好,可任意方向弯曲。其不足是衰减比波导大,低衰减同轴线的价格高昂,屏蔽效果不如波导。

微带线由上导体、介质、地板组成,上导体和地板一般是铜材料,常用于微波器件的内部封装及微波器件之间的耦合连接,也用于制造微波滤波器。微带线基板材料有很多种,如低频使用玻璃钢(FR4)、高频用聚四氟乙烯或碳氢化合物陶瓷基板。微带线可传输信号的基模(或主模)是准 TEM 波。微带线的优点是便于表面贴型器件之间的安装耦合,传输路径最短,是几乎所有电子器件(包括微波器件)封装中都必须采用的电路传输线;唯一的缺点是损耗大,不适于长距离信号传输。

0.4 常用微波无源器件

微波电路集成封装或系统集成时,经常会用到一些无源器件,如表面贴型电阻、电容和电感,微带功分器(或功率合成器),微带定向耦合器等。至于波导或同轴型无源器件这里不做介绍。

0.4.1 表面贴型阻容元件

一般来说,对用于微波电路的电阻、电容器或电感器等器件体积的要求是微型化,而对功率要求不高,基本上是表面贴型(见图 0.4-1),电阻、电容和电感的尺寸规格国际上有统一标准,表 0.4-1 中列举了常用的尺寸规格(表中的功率值只适用于电阻)。

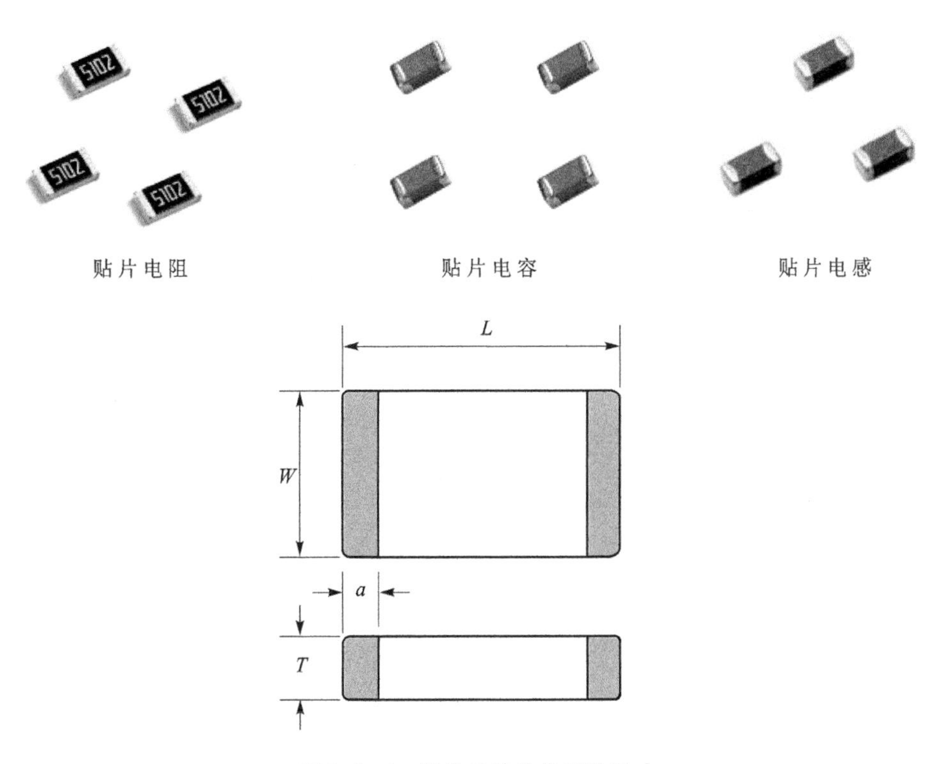

图 0.4-1 贴片元件的外形及尺寸

表 0.4-1　贴片电阻、电容和电感的标号与尺寸对应表(其中功率值仅对应电阻)

英制标号	公制标号	L/mm	W/mm	a/mm	T/mm	功率/mW
0201	0603	0.6	0.3	0.15	0.23	50
0402	1005	1	0.5	0.25	0.3	62.5
0603	1608	1.6	0.8	0.4	0.4	100
0805	2012	2	1.25	0.4	0.5	125
1206	3216	3.2	1.6	0.5	0.55	250
1210	3225	3.2	2.5	0.5	0.55	333
1812	4832	4.5	3.2	0.5	0.55	500
2010	5025	5	2.5	0.6	0.55	750
2512	6432	6.4	3.2	0.6	0.55	1 000

另外，贴片电阻、电容和电感的标称值不是连续的，特殊使用的元件值需要定做。

电容单位换算：1 F(法拉)=10^6 μF=10^{12} pF。

电感单位换算：1 H(亨利)=10^3 mH=10^6 μH=10^9 nH。

电阻单位换算：1 MΩ=10^3 kΩ=10^6 Ω(欧姆)。

0.4.2　微带功率分配网络

图 0.4-2 所示是几种常用的微带型功率分配网络示意图，传输线特征阻抗通常按 50 Ω 标准设计。

图 0.4-2(a)是微带功分器，两个输出端同相输出，理论插损 3 dB，工作频带为输入中心频率的 30%左右。图(b)是单支节定向耦合器，分支端耦合度由耦合缝的距离确定，通常标准有−10 dB、−15 dB、−20 dB、−25 dB、−30 dB 等规格，工作频带可横跨几个倍频程。图(c)是正交混合电桥，假如信号功率从 1 口入，则 2、3 口输出的信号功率幅度相等，相位相差 90°，4 口无输出(隔离端)。每个端口都可作为输入端，输出端总是在网络另一侧；这种电桥的频带很窄，一般为输入中心频率的 20%。图(d)是 180°电桥，假如信号从 1 口入，2、3 口将得到等幅同相的输出，4 口是隔离端；而假如信号从端口 4 输入，2、3 口将得到等幅反向的输出，1 口被隔离。180°电桥的工作频带也很窄，一般为输入中心频率的 20%。

0.5　课程内容安排

微波电路与封装课程可根据课程学时安排选修具体内容和选择合理学时，下面是各章内容提要和参考学时安排。

0.5.1　绪论简介

“绪论”介绍微波电路发展历程的三个历史阶段以及取得的伟大成就；简单介绍微波频段的划分方法及其代码；介绍几种微波传输线的优缺点和一些微波电路中常用的无源器件；最后简述本书各章节的基本教学内容。

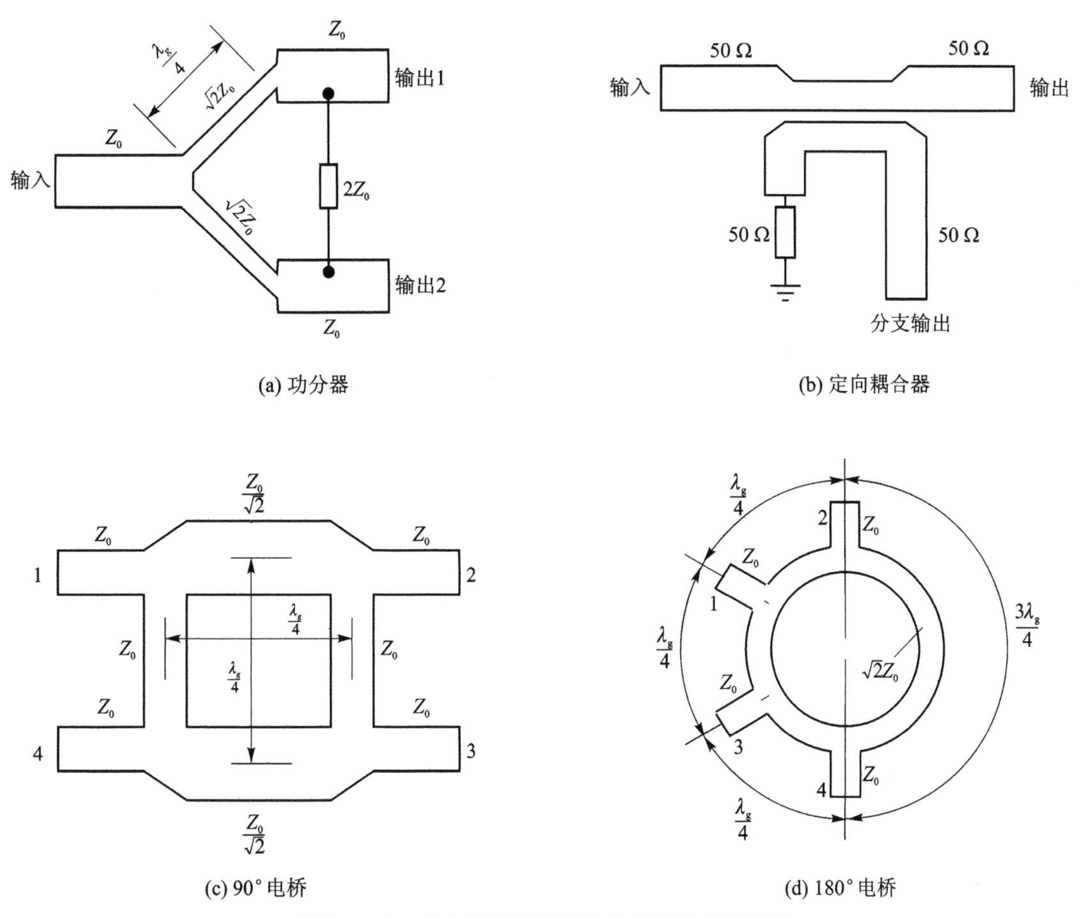

(a) 功分器

(b) 定向耦合器

(c) 90°电桥

(d) 180°电桥

图 0.4－2　几种常用微带型功率分配网络示意图

“绪论”部分参考学时为 1 学时。

0.5.2　第 1 章简介

第 1 章“微波混频器”从金属-半导体结二极管的伏安特性入手，证明二极管具有的非线性电阻、电容特性；理论推导金属半导体结二极管作为混频器基本元件所具有的时变电导特性，以及分析在本振和信号同时作用下寄生分量的产生过程；通过混频器等效电路讨论混频器端口在不同负载条件下的变频损耗和噪声系数；最后介绍几种实用类型的混频器的设计方法和工作原理。

本章参考学时为 8 学时。

0.5.3　第 2 章简介

第 2 章“参量放大器”通过讨论变容二极管的静态特性和在泵源作用下的动态特性，导出时变电容的变频效应以及变容管的基本工作参数；通过研究非线性电抗能量分配关系，导出参量放大器中各频率分量必须遵守的功率分配关系式——门雷-罗威关系式，并以该关系式为基础，重点分析非简并负阻反射型参放的工作原理及基本电路结构；也介绍一些展宽频带的方法。

本章参考学时为 6 学时。

0.5.4 第3章简介

第3章“功率变频器和参量倍频器”首先通过门雷-罗威关系式分析功率上变频器的工作原理及主要技术参数；然后理论推导变容二极管倍频器的基本技术参数；最后从分析阶跃恢复二极管的基本特性入手，详细介绍阶跃恢复二极管高次倍频器的工作原理和主要参数。

本章参考学时为6学时。

0.5.5 第4章简介

第4章“微波半导体二极管振荡器”内容包括：① 介绍雪崩渡越二极管的两种工作模式，即崩越模和俘越模的工作原理，论证雪崩效应与渡越时间效应相结合可产生负阻的理论。② 通过分析砷化镓材料中电子的转移特性，论证转移电子器件在一定条件下可产生负阻的机理；介绍高场畴的产生与消亡过程以及由此产生的多种振荡模式。③ 综合以上器件在一定条件下能够产生的负阻效应的原理，总结负阻振荡器的一般性理论，并介绍一些基本电路。④ 讨论YIG调谐负阻振荡器的工作原理。⑤ 探讨负阻振荡器的噪声和频率稳定度，以及提高频率稳定度的措施。

本章参考学时为8学时。

0.5.6 第5章简介

第5章“微波晶体管放大器和振荡器”介绍双极晶体管和单极晶体管的等效电路和 S 参数、反射系数和功率增益；从反射系数入手讨论振荡器的稳定条件和噪声系数；举例说明晶体管振荡器的设计方法。

本章参考学时为6学时。

0.5.7 第6章简介

第6章“微波控制电路”讲述PIN管在直流和交流作用下的信号传输特性；讨论PIN开关的基本原理和主要技术指标；介绍几种基于PIN管的电调衰减器的工作原理。

本章参考学时为4学时。

0.5.8 第7章简介

第7章“微波电真空器件”系统介绍常用的三种电真空器件(速调管、行波管和磁控管)所构成的放大器和振荡器的基本结构、工作原理和主要技术指标。

本章参考学时为10学时。

0.5.9 第8章简介

第8章“微波及半导体集成电路的封装”介绍微波及半导体集成电路的封装目的、封装过程，目前国际主流封装的形式、特点以及封装的发展趋势；也介绍平行封焊技术和引线键合技术等工艺；最后列举某些微波集成电路产品的封装形式和主要技术指标。

本章参考学时为4学时。

第1章　微波混频器

1.1　引　言

在微波系统中，经常需要进行高频至低频或低频至高频的频率变换，完成这一变换过程的最常用器件之一就是微波混频器。下面是两个微波混频器的应用案例。

在图1.1-1所示的微波接收机原理图中，接收信号 f_s 同本振信号 f_L 经混频器混频后，再通过低通滤波器取出中频(或差频)信号 f_{if}，其中 $f_{if}=f_L-f_s$。

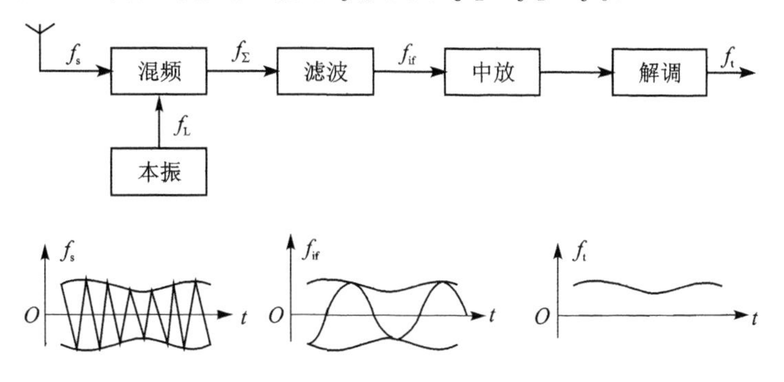

图1.1-1　微波接收机原理图

图1.1-2是另一种形式的微波接收机，它的发射信号是线性调频波(chirp)。

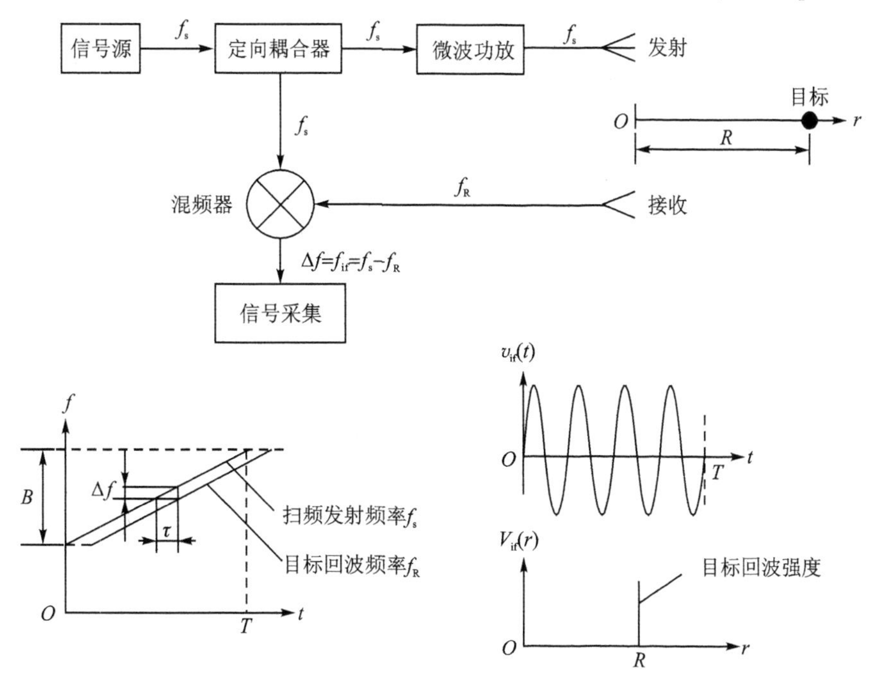

图1.1-2　成像雷达工作原理图

该接收机中混频器的本振信号取自信号源的发射信号，而混频器信号口接收到的是目标的反射波信号，该信号是发射信号被目标反射后，经过双重距离延迟的回波信号，延迟时间 $\tau=\dfrac{2R}{C}$；从图 1.1-2 中的几何关系可知混频器的中频输出频率为

$$\Delta f=f_{\mathrm{if}}=f_{\mathrm{s}}-f_{\mathrm{R}}=\frac{B}{T}\tau=\frac{2BR}{TC} \tag{1.1}$$

从式(1.1)可看出，目标距离 R 越远，中频输出频率越高，所以通过对目标回波频率的分辨就实现了目标距离的分辨。这是成像雷达的基本原理。

混频器所用器件为半导体二极管。有两种微波二极管，即非线性电阻性二极管和非线性电容性二极管，本章只介绍微波阻性二极管。

微波阻性二极管种类很多，点接触二极管是最早使用的金属-半导体结二极管(20 世纪 50 年代以前一直使用)，随着 60 年代平面结肖特基表面势垒二极管的出现，点接触二极管目前已很少使用了。这两种二极管都是金属-半导体结二极管，工作原理是基本相同的，只是在性能上有所差别。

1.2　金属-半导体结二极管

1.2.1　二极管的结构

早在 20 世纪 40 年代，研究人员就开始采用点接触金属-半导体结二极管进行混频和检波，其结构如图 1.2-1(a)所示。用一根很细但有弹性的金属丝(钨丝或磷铜丝)压接在半导体材料(锗、硅或砷化钾)上，形成金属与半导体材料的点接触。20 世纪 50 年代中期以前，在变容管未出现时，点接触二极管是微波领域中唯一的半导体材料器件，其他是真空管(也叫电子管或微波管)的世界。20 世纪 60 年代初期出现了面接触型金属-半导体结二极管，其结构如图 1.2-1(b)所示。

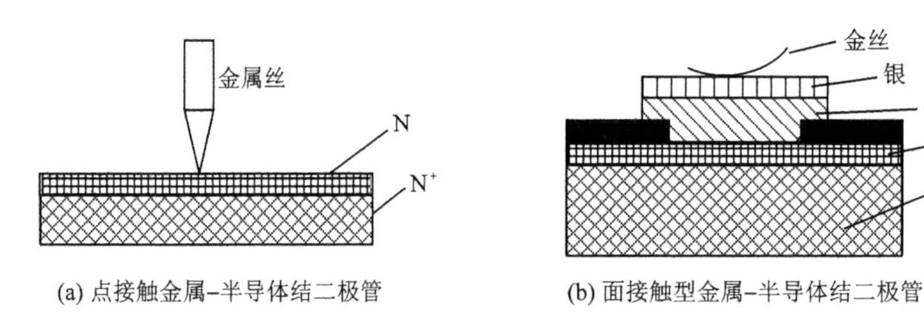

(a) 点接触金属-半导体结二极管　　(b) 面接触型金属-半导体结二极管

图 1.2-1　金属-半导体结二极管结构示意图

同样是在重掺杂的 N^+ 基片上生长一层外延层 N(多子导电)，在 N 表面氧化一层二氧化硅保护膜，中间开一个几十微米的小孔，在孔上蒸发一层金属钛，形成金属-半导体平面结。由于金属与半导体的功函数不同，电子的扩散运动在交界面上形成肖特基表面势垒。该势垒类似于 PN 结，不同之处是只有多子(电子)导电，不存在少子(空穴)的渡越时间和存储效应，因此金属-半导体结二极管有较高的使用频率。

1.2.2 二极管的工作原理

功函数标志着物体对电子的束缚力的强弱，功函数越大，电子越不易脱离电子间相互作用力的束缚。由于金属的功函数大于半导体的功函数，而半导体导带的电子密度大于金属导带的电子密度，因此当金属和半导体材料接触时，电子将由半导体向金属扩散，使金属得到多余的电子带上负电，半导体失去电子带正电。在金属中负电荷只分布在表面上，对于 N 型半导体，原子失去电子成为正离子，在 W_0 宽度内形成正离子组成的空间电荷区，如图 1.2－2(a)所示。

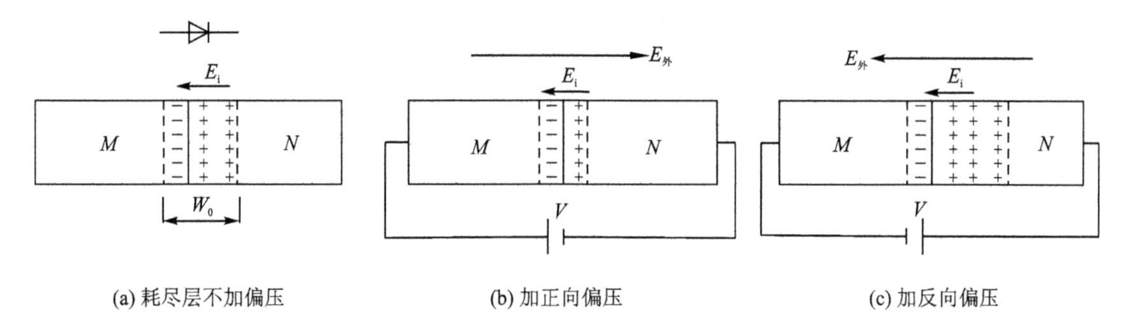

图 1.2－2 金属-半导体空间电荷区随偏压变化示意图

在空间电荷区内，载流子浓度几乎为零，所以叫耗尽层(阻挡层)，几乎不导电。在结处产生内建电场为

$$E_i(x)=\frac{eN_D}{\varepsilon}(x-W_0) \tag{1.2}$$

$$\phi(x)=-\frac{eN_D}{2\varepsilon}(x-W_0)^2 \tag{1.3}$$

式(1.2)、式(1.3)中：N_D 是掺杂浓度；ε 是介电常数。根据式(1.2)和式(1.3)可画出图 1.2－3 所示的空间电荷区电场和电位的分布曲线图。

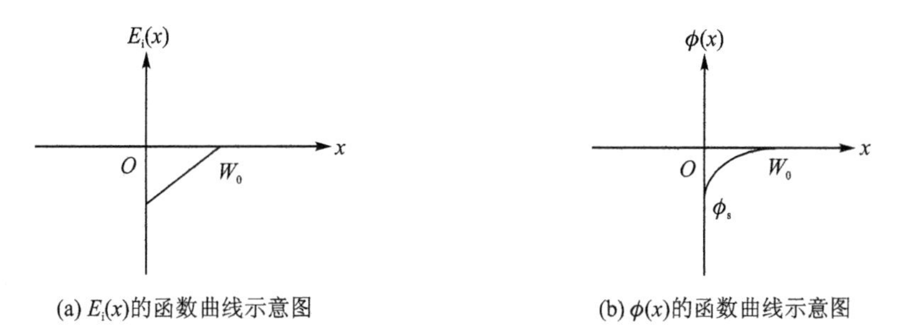

图 1.2－3 空间电荷区电场和电位分布曲线图

在 $x=0$ 处，有

$$\phi_s=\phi(0)=\frac{eN_D W_0^2}{2\varepsilon} \tag{1.4}$$

ϕ_s 叫势垒高度，硅管的势垒高度约为 0.7 V，锗管的势垒高度约为 0.3 V。

当在二极管两端加正向偏压时(见图 1.2－1(b))，外加电场与内建电势方向相反，内电场被削弱，耗尽层变窄，半导体的电子较易越过势垒流向金属，使正向扩散电流大大增加，反向漂移电流不变。反之，加反向偏压(见图 1.2-1(c))，耗尽层变宽，正向扩散电流几乎为零，反向漂移电流不变。

与 PN 结类似，金属-半导体结二极管在外电压作用下，表现为单向导电性，正向相当于非线性电阻。

1.2.3 金属-半导体二极管的伏安特性及参数

金属-半导体结的物理过程以多数载流子(电子)的运动为基础，因此称为“多子器件”。下面进一步通过伏安特性、势垒电容、结电阻描述金属-半结二极管的特性。

1. 伏安特性

二极管的伏安特性曲线如图 1.2-4 所示。

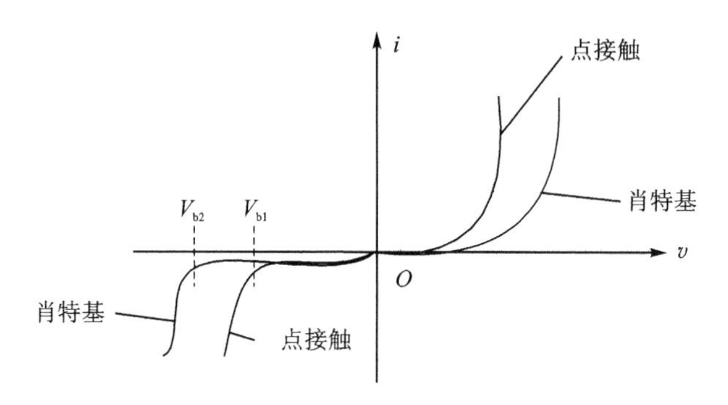

图 1.2-4 伏安特性曲线

二极管中电流 i 随外加电压 v 变化的表达式为

$$i = I_{sa}(e^{\frac{ev}{nKT}} - 1) \tag{1.5}$$

式中：I_{sa}——反向饱和电流，由制造工艺和材料决定。

e——电子电量，1.6×10^{-19} C(库仑)。

n——斜率参数，与结的制造工艺有关，一般在 1～2 之间，斜率参数与 1 越接近，结的制造工艺越好。点接触管 $n\geqslant1.4$，面结型 $n=1.05\sim1.1$。

K——玻耳兹曼(奥地利物理学家)常数，$K=1.38\times10^{-23}$ J/K(有关温度及能量的一个物理常数)。

T——热力学温度(−273.15 ℃)。

令 $\alpha=\dfrac{e}{nKT}$，则二极管的伏安特性方程式(1.5)成为

$$i = I_{sa}(e^{\alpha v} - 1) \tag{1.6}$$

理想肖特基管在室温($T=290$ K)情况下，$\alpha\approx40(1/\mathrm{V})$；K 代表开氏温度。

2. 结电阻

将式(1.6)两边对电压 v 求导，然后计算结电阻得

$$R_j = \frac{1}{\dfrac{di(v)}{dv}} = \frac{1}{\alpha I_{sa} e^{\alpha v}} \tag{1.7}$$

由于 $I_{sa}e^{\alpha v}=I_{sa}(e^{\alpha v}-1)+I_{sa}=i(v)+I_{sa}$，以及 $\alpha=\dfrac{e}{nKT}$，所以结电阻的计算公式(1.7)化为

$$R_j=\frac{nKT}{e(i+I_{sa})} \tag{1.8}$$

二极管截止时，$i(v)=0$，$R_j=\dfrac{nKT}{eI_{sa}}$。此时肖特基管的 $R_j\approx\dfrac{1}{40I_{sa}}(\Omega)$，例如当 $I_{sa}=1\ \mu A$ 时，$R_j=25\ k\Omega$。

3. 势垒电容

势垒电容是指肖特基势垒两边正、负电荷积累所形成的结电容。耗尽层内总的空间电荷量为 Q_S(无偏压时)为

$$Q_S=eN_DW_0A \tag{1.9}$$

式中：N_D 是电子密度；W_0 是势垒宽度；A 是结的截面积。由式(1.4)可解出 $W_0=\sqrt{\dfrac{2\varepsilon\phi_s}{eN_D}}$，代入式(1.9)中解得

$$Q_S=A\sqrt{2\varepsilon eN_D\phi_s} \tag{1.10}$$

当外加偏压为 v 时，内建电位改变为 ϕ_s-v，式(1.10)成为

$$Q_S=A\sqrt{2\varepsilon eN_D(\phi_s-v)} \tag{1.11}$$

根据定义可导出结电容的表达式为

$$C_j=\frac{dQ_S}{dv}=A\sqrt{\frac{\varepsilon eN_D}{2(\phi_s-v)}} \tag{1.12}$$

可见，C_j 与 v 有非线性关系，所以金属-半导体结二极管可作为非线性电容使用。

1.2.4　二极管的等效电路和参数

表征肖特基势垒二极管的变阻、变容特性的参数是结电阻 R_j 和结电容 C_j，除此之外，还必须考虑封装参数。图 1.2-5 是肖特基势垒二极管的等效电路。

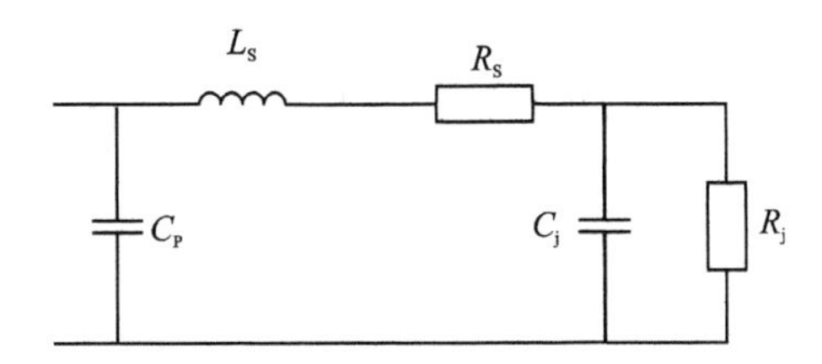

图 1.2-5　肖特基势垒二极管的等效电路

图 1.2-5 中：

R_S——串联电阻，包括外延层电阻、衬底电阻及欧姆接触电阻。R_S 与结构有关，一般小于 30 Ω。

L_S——引线电感，零点几微亨。

C_P——壳电容，小于 1 pF。

R_j、C_j——结参数。其余参量叫分布参数。

金属-半导体结二极管是制作微波混频器的主要器件，描述混频器的一些特性如下：

(1) 变频损耗 L_i

二极管的变频损耗定义为：输入到二极管的微波功率 P_i 与输出中频功率 P_{if} 之比，用 L_i 表示，即 $L_i = P_i/P_{if}$；工程上 L_i 常用对数表示，即 $L_i = 10\lg\frac{P_i}{P_{if}}$(dB)。$L_i$ 表征二极管的频率变换能力，L_i 小则变换效率高。当然，损耗不仅取决于二极管特性，还与混频器形式有关。

(2) 噪声温度比 t_d

二极管的噪声温度比定义为：二极管总输出噪声资用功率(由散弹噪声、热噪声和闪烁噪声组成)与其等效电阻($R_j + R_S$)热噪声资用功率之比，用 t_d 表示。资用功率是指源内阻与负载共轭匹配时的输出功率。可以证明(推导略)

$$t_d = \frac{\text{总输出噪声功率}}{\text{等效电阻的热噪声功率}} = \frac{\frac{n}{2}(R_j + R_S)}{R_j + R_S} \tag{1.13}$$

由于微波管工作频率较高，式(1.13)中忽略了闪烁噪声(或 $1/f$ 噪声)的影响，闪烁噪声在几十兆赫以下才有明显的影响。当 $R_j \gg R_S$ 及 $n=1$ 时，$t_d = 1/2$，所以混频二极管的最小噪声温度比为 1/2(一般情况大于 1)。

(3) 截止频率 f_c(或 ω_c)

变容二极管的截止频率 f_c 一般指结电容容抗与 R_S 相等时的频率，即 $R_S = \left|\frac{1}{j\omega_c C_{j0}}\right|$，其中 $\omega_c = 2\pi f_c$，C_{j0} 是零偏压时的结电容；此时，负载 R_j 上只得到一半的输出功率。由此得到截止频率

$$f_c = \frac{1}{2\pi C_{j0} R_S} \tag{1.14}$$

(4) 中频阻抗 R_{if}

当给二极管加上额定的本振功率时，对指定中频所呈现的阻抗，R_{if} 通常值为几百欧。

1.2.5 金属-半导体结二极管的特点

同 PN 结相比，金属-半导体结二极管有如下特点：

① 完全由多子(电子)工作的器件，消除了 PN 结存在的少子(空穴)储存效应，因此可在很高的频率下工作。

② 去掉了 P 区，消除了 P 区电阻，从而降低了噪声。

③ 金属-半导体结阻挡层较 PN 结薄，反向击穿电压比 PN 结低。

肖特基管同点接触管比较有如下特点：

① 串联电阻低，噪声小，其 R_S 比点接触管的小一个数量级。

② 点接触管金属丝压力不好控制，其产品性能差别大，而肖特基管用光刻方法控制结的

直径，一致性好，便于批量生产。

③ 反向击穿电压大于点接触型。

1.3 微波混频器

1.3.1 混频原理

二极管的伏安特性可用公式表示为

$$i = f(v) = I_{sa}(e^{\alpha v} - 1) \tag{1.15}$$

现在对二极管加上电压（偏压、本振和信号）

$$v(t) = V_0 + V_L\cos\omega_L t + V_s\cos\omega_s t \tag{1.16}$$

式中：v 是时变电压；一般情况信号电压幅度 V_s 是微伏量级，本振电压幅度 V_L 是毫伏量级，两者相差 10 倍左右，即 $V_L \gg V_s$，所以信号在直流和本振电压建立的工作点附近的变化是线性的。将 i 在工作点处展开成泰勒级数

$$\begin{aligned} i &= f(V_0 + V_L\cos\omega_L t + V_s\cos\omega_s t) = \\ &f(V_0 + V_L\cos\omega_L t) + f'(V_0 + V_L\cos\omega_L t)V_s\cos\omega_s t + \\ &\frac{1}{2}f''(V_0 + V_L\cos\omega_L t)(V_s\cos\omega_s t)^2 + \cdots \end{aligned} \tag{1.17}$$

式(1.17)中令

$$g(t) = f'(V_0 + V_L\cos\omega_L t) = \frac{di}{dv}\Big|_{v=V_0+V_L\cos\omega_L t} \tag{1.18}$$

$g(t)$称为二极管时变电导。它是 ω_L 的周期函数，并且是偶函数。在数学中，一个周期函数可展开成傅里叶级数，即

$$g(t) = g_0 + 2\sum_{n=1}^{\infty} g_n\cos n(\omega_L t) \tag{1.19}$$

其中

$$\begin{cases} g_0 = \dfrac{1}{2\pi}\displaystyle\int_0^{2\pi} g(t)\,d(\omega_L t) \\ g_n = \displaystyle\int_0^{2\pi} g(t)\cos n(\omega_L t)\,d(\omega_L t) \end{cases}$$

g_0 叫平均混频电导；g_n 是本振 n 次谐波的混频电导。二极管电阻在本振电压作用下，等效为一个时变电导；$g(t)$是 V_L 的函数，本振的作用由 $g(t)$充分体现。

将式(1.19)的结果代入式(1.17)，混频电流可以表示为（取前两项近似）

$$\begin{aligned} i &= f(V_0 + V_L\cos\omega_L t) + \left(g_0 + 2\sum_{n=1}^{\infty} g_n\cos n\omega_L t\right)V_s\cos\omega_s t = \\ &f(V_0 + V_L\cos\omega_L t) + g_0 V_s\cos\omega_s t + 2\sum_{n=1}^{\infty} g_n V_s\cos(n\omega_L \pm \omega_s)t \end{aligned} \tag{1.20}$$

从式(1.20)可知：混频电流 i 中，除有本振及信号分量外，还有无穷多组合分量（寄生频率）。图 1.3-1 中画出了某些寄生频率分量。

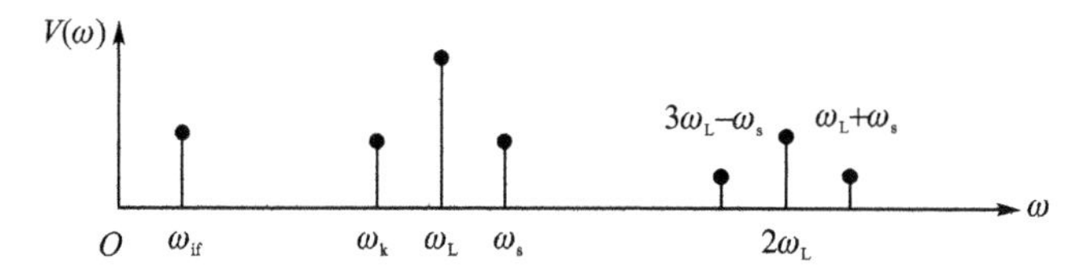

图 1.3-1 混频中产生的寄生频率分量示意图

如当 $n=1$ 时,后一项成为

$$2g_1\cos\omega_L t V_s\cos\omega_s t = g_1 V_s\cos(\omega_s-\omega_L)t + g_1 V_s\cos(\omega_s+\omega_L)t = g_1 V_s\cos\omega_{if}t + g_1 V_s\cos\omega_+ t \tag{1.21}$$

式中:$\omega_{if}=\omega_s-\omega_L$ 叫中频或差频;$\omega_+=\omega_s+\omega_L$ 叫和频。差频与和频是微波工程中经常采用的变换频率。

当 $n=2$ 时,还可以导出本振二次谐波与信号频率的组合分量,其中包括很重要的镜频:$\omega_k=2\omega_L-\omega_s$,该频率是信号频率相对于本振的镜像频率。

在诸寄生频率中,镜频与和频都是由本振低次谐波差拍产生的,其能量不可忽视,并有回收再利用的可能性。

如 ω_k 与 ω_L 再次差拍:$\omega_L-\omega_k=\omega_{if}$。同理,$\omega_+-2\omega_L=\omega_{if}$。如果我们设计电路在合适的地方对镜频或和频表现为电抗负载(开路或短路),把这些频率分量反射回到二极管进行再次混频,就可获得新的中频,只要相位同相,就会使中频输出增加,降低变频损耗。

由于镜频比和频更有意义,在所有寄生分量中它距信号最近,因此很容易落在信号通带内。这就意味着其能量将消耗在信号源内阻上,下面的分析仅考虑镜频的影响。图 1.3-2 所示是考虑寄生频率分量时的混频二极管的等效电路。

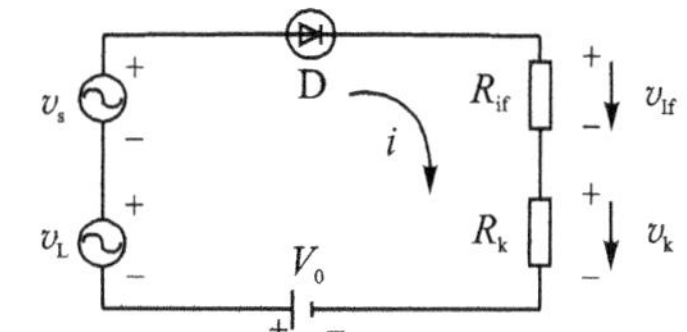

图 1.3-2 混频二极管等效电路

混频二极管是非单向器件,不仅外加本振与信号电压差拍产生新的频率分量,而且新的频率分量又会反过来加到二极管上。这些频率与本振频率和信号频率也会有差拍作用,这是一个可逆过程,也就是说,二极管上除直流 V_0 外,还有如下时变电压:

本振电压 $v_L(t)=V_L\cos\omega_L t$

信号电压 $v_s(t)=V_s\sin\omega_s t$

中频电压 $v_{if}(t)=-V_{if}\sin\omega_{if}t$

镜频电压 $v_k(t)=V_k\sin\omega_k t$

图 1.3-2 中 $v_{if}(t)$ 与 $v_k(t)$ 取负号,因为它们是时变电流 i 流过中频电阻和镜频电阻产生的电压降反向加到二极管上的。除本振电压外,其余电压幅度都很小,因此本振和直流电压决定二极管的工作点。将这些电压代入电流表达式(1.15)中,并在工作点处展开泰勒级数,去掉直流项和高次项,流经二极管的时变电流可写成

$$i=(g_0+2g_1\cos\omega_L t+2g_2\cos\omega_L t)(V_s\sin\omega_s t-V_{if}\sin\omega_{if}t-V_k\sin\omega_k t) \tag{1.22}$$

将式(1.22)展开,并引用三角函数积化和差公式,把与 ω_s、ω_{if}、ω_k 有关的电流项分别取出,并用复数形式表示

$$\dot I_s=g_0\dot V_s-g_1\dot V_{if}+g_2\dot V_k \quad (与\ \omega_s\ 有关的项) \tag{1.23}$$

$$\dot{I}_{if}=g_1\dot{V}_s-g_0\dot{V}_{if}+g_2\dot{V}_k \quad (与\ \omega_{if}\ 有关的项) \tag{1.24}$$

$$\dot{I}_k=-g_2\dot{V}_s+g_1\dot{V}_{if}-g_0\dot{V}_k \quad (与\ \omega_k\ 有关的项) \tag{1.25}$$

根据式(1.23)～式(1.25)的电流与电压关系，可画出相应的混频器等效电路，如图 1.3-3 所示。

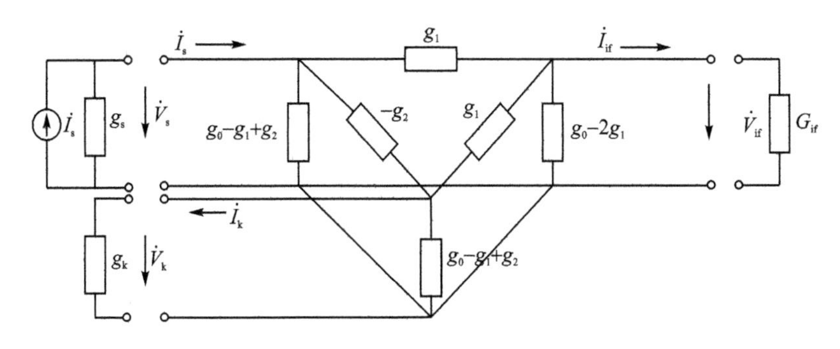

图 1.3-3　混频器的等效电路

例如式(1.23)可写成

$$\dot{I}_s=g_0\dot{V}_s-g_1\dot{V}_{if}+g_2\dot{V}_k=\dot{V}_s(g_0-g_1+g_2)+(\dot{V}_s-\dot{V}_{if})g_1-(\dot{V}_s-\dot{V}_{ik})g_2 \tag{1.26}$$

从图 1.3-3 中可看出 $\dot{I}_s$ 正是由三个支路上的电流组成的，$\dot{I}_{if}$ 与 $\dot{I}_k$ 也有同样关系。该图说明：在 $v_L\gg v_s$ 时，可把非线性电导性质的二极管用线性元件组成的网络等效。其中电导 g_0、g_1、g_2 可通过二极管的伏安特性算出，从式(1.15)和式(1.16)可知(忽略 v_s)

$$i=I_{sa}(e^{\alpha v}-1)=I_{sa}\left(e^{\alpha(V_0+V_L\cos\omega_L t)}-1\right) \tag{1.27}$$

则时变电导定义为

$$g(t)=\frac{di}{dv}=\alpha I_{sa}e^{\alpha v}=\alpha I_{sa}e^{\alpha(V_0+V_L\cos\omega_L t)} \tag{1.28}$$

将式(1.35)中非初等函数 $e^{\alpha V_L\cos\omega_L t}$ 展开成傅里叶级数

$$e^{\alpha V_L\cos\omega_L t}=J_0(\alpha V_L)+2J_1(\alpha V_L)\cos\omega_L t+2J_2(\alpha V_L)\cos 2\omega_L t+\cdots \tag{1.29}$$

将式(1.29)代入式(1.28)中得到

$$g(t)=\alpha I_{sa}e^{\alpha V_0}[J_0(\alpha V_L)+2J_1(\alpha V_L)\cos\omega_L t+2J_2(\alpha V_L)\cos 2\omega_L t+\cdots] \tag{1.30}$$

其中函数 $J_n(x)$ 是虚宗量贝赛尔函数，其多项式表达式为

$$J_n(x)=1+\frac{x^2}{2^2}+\frac{x^4}{2^4(2!)^2}+\cdots$$

$$J_n(x)=j^{-n}J_n(jx)=\sum_{n=1}^{\infty}\frac{x^{n+2m}}{2^{n+2m}m!\ \Gamma(n+m+1)}$$

式(1.30)中 $g(t)$ 的各阶电导的幅度为

$$\left.\begin{aligned}g_0&=\alpha I_{sa}e^{\alpha V_0}J_0(\alpha V_L)\\g_n&=\alpha I_{sa}e^{\alpha V_0}J_n(\alpha V_L)\end{aligned}\right\} \tag{1.31}$$

为了分析方便，常使用归一化电导 γ_n

$$\gamma_n=\frac{g_n}{g_0}=\frac{J_n(\alpha V_L)}{J_0(\alpha V_L)} \tag{1.32}$$

将式(1.30)的结果代入表达式(1.27)中

$$i = I_{sa}\left(e^{\alpha(V_0+V_L\cos\omega_L t)} - 1\right) =$$

$$I_{sa}e^{\alpha V_0}[J_0(\alpha V_L) + 2J_1(\alpha V_L)\cos\omega_L t + 2J_2(\alpha V_L)\cos 2\omega_L t + \cdots] - I_{sa} \tag{1.33}$$

在 $\alpha V_L \gg 1$ 及忽略 I_{sa} 时,可求得直流和本振基波电流幅度

$$\left.\begin{aligned} I_0 &= I_{sa}e^{\alpha V_0}J_0(\alpha V_L) \approx I_{sa}\frac{e^{\alpha(V_0+V_L)}}{\sqrt{2\pi\alpha V_L}} \\ I_L &= 2I_{sa}e^{\alpha V_0}J_1(\alpha V_L) \approx 2I_0 \end{aligned}\right\} \tag{1.34}$$

混频器对本振信号的电导为

$$G_L = \frac{I_L}{V_L} \approx 2\frac{I_0}{V_L} \tag{1.35}$$

本振功率

$$P_L = \frac{1}{2}I_L V_L \approx I_0 V_L \tag{1.36}$$

由于 P_L 与 I_0 工程上可测量出,因此 G_L 与 V_L 可由以上公式通过测得的 P_L 与 I_0 算出。

1.3.2 变频损耗

变频损耗 L_m 定义为混频器输入的信号资用功率 P_s 与输出中频资用功率 P_{if} 之比,即 $L_m = P_s/P_{if}$。L_m 主要由三部分组成:

① 由寄生频率产生的净变频损耗 L_C;

② 由于输入、输出端不匹配引起的失配损耗 L_a;

③ 由寄生参量引起的损耗 L_j(也称结损耗)。

下面详细介绍这三个参量。

1. 净变频损耗 L_C

净变频损耗 L_C 是指由于寄生频率镜频的存在而产生的变频损耗。变频损耗表征信号端口和中频端口之间的传输特征。由于是三口网络,L_C 不但与二极管特征有关,还与信号及镜频口的负载情况有关。按端接镜频负载不同,可分以下三种情况讨论。

(1) 镜频短路时的净变频损耗

此时 $V_k=0$,图 1.3-3 的三口网络简化为两口网络,如图 1.3-4 所示。

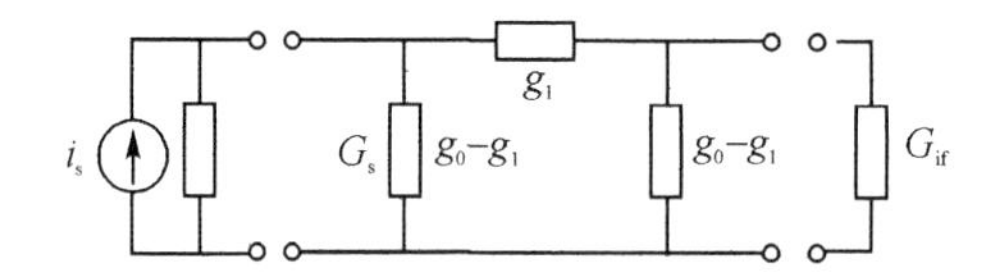

图 1.3-4 镜频短路时的混频器等效电路

同样,图中 i_s 是时变电流源;G_s 是源电导;G_{if} 是中频电导。

由电路理论可知,源输出的资用功率(额定功率指共轭匹配时的最大功率)

$$P_s=\left(\frac{\tilde{I}_s}{2}\right)^2\Big/G_s=\left(\frac{I_s}{2\sqrt{2}}\right)^2\Big/G_s=\frac{I_s^2}{8G_s} \tag{1.37}$$

式中：I_s 为电流源 i_s 的最大值，$I_s=\sqrt{2}\tilde{I}_s$，$\tilde{I}_s$ 是有效值。

为了求中频资用功率，将图 1.3-4 的中频口左边用戴维南定理等效，可以得到求中频资用功率的等效电路图，如图 1.3-5 所示。

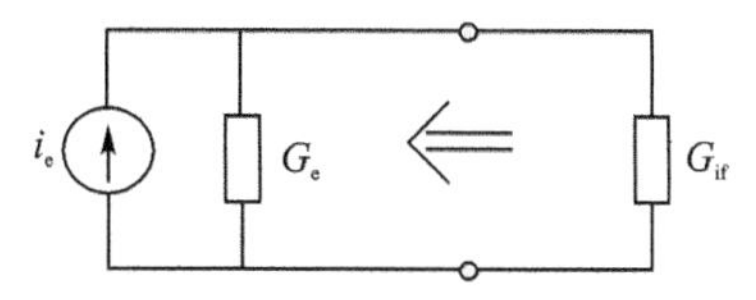

图 1.3-5　求中频资用功率的等效电路图

图中 i_e、G_e 是等效后的电流源和源电导。由戴维南定理可导出

$$I_e=\frac{I_s g_1}{g_0+G_s}\qquad G_e=g_0-\frac{g_1^2}{g_0+G_s}$$

这里 I_e、I_s 是电流振幅；输出中频额定功率为

$$P_{if}=\frac{I_e^2}{8G_e}=\frac{I_s^2 g_1^2}{8(g_0+G_s)[g_0(g_0+G_s)-g_1^2]} \tag{1.38}$$

所以镜频短路时净变频损耗

$$L_{C1}=\frac{P_s}{P_{if}}=\frac{(g_0+G_s)(g_0^2+g_0G_s-g_1^2)}{I_s^2 g_1^2} \tag{1.39}$$

调整源电导 G_s 可使净变频损耗 L_{C1} 最小。由 $\frac{\partial L_{C1}}{\partial G_s}=0$，可求出 L_{C1} 最小时的最佳源电导 G_{s1}（也是电路匹配时所需的最佳中频电导 G_{if}）

$$G_{s1}=G_{if1}=g_0\sqrt{1-\gamma_1^2} \tag{1.40}$$

将 G_{s1} 代入式(1.37)中得到最小变频损耗

$$L_{C1}=\frac{1+\sqrt{1-G_1}}{1-\sqrt{1-G_1}} \tag{1.41}$$

其中 $G_1=\gamma_1^2=(g_1/g_0)^2$，$g_0$、$g_1$ 是时变电导的平均分量和基波幅度。

(2) 镜频匹配时的净变频损耗

此时 $G_s=G_k$，图 1.3-6(a)是镜频匹配混频器化简前的等效电路图，图(b)是将中频口左边部分用戴维南定理化简后的混频器等效电路图。

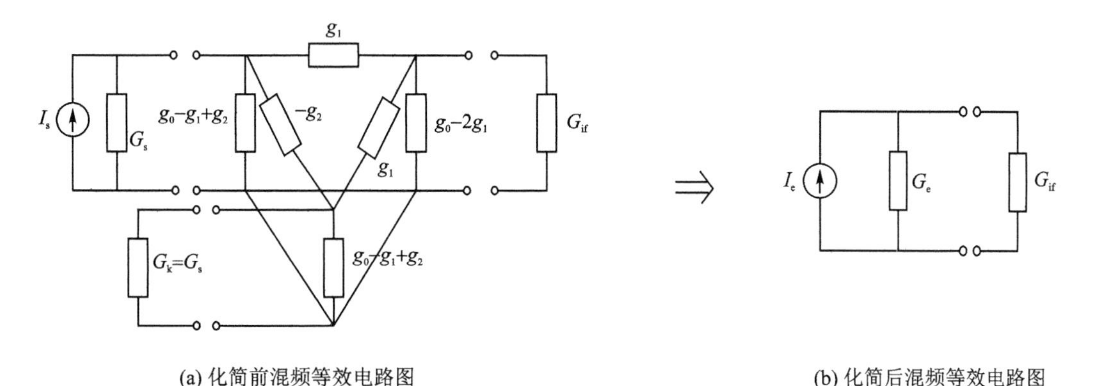

图 1.3-6　镜频匹配时混频器的等效电路

同理，将图 1.3-6 的中频口左边用戴维南定理等效后可得等效后的电流源振幅 I_e 和源电导 G_e

$$I_e=\frac{I_S g_1}{g_0+g_2+G_s},\quad G_e=g_0-\frac{2g_1^2}{g_0+g_2+G_s}$$

可得中频资用功率

$$P_{if}=\frac{I_e^2}{8G_e}=\frac{I_s^2 g_1^2}{8(g_0+g_2+G_s)[g_0(g_0+g_2+G_s)-2g_1^2]} \tag{1.42}$$

镜频匹配时的净变频损耗

$$L_{C2}=\frac{P_s}{P_{if}}=\frac{(g_0+g_2+G_s)[g_0(g_0+g_2+G_s)-2g_1^2]}{g_1^2 G_s} \tag{1.43}$$

同理，可求出最小变频损耗时的最佳源电导及输出电导

$$G_{s2}=g_0\sqrt{(1-\gamma_2)(1+\gamma_2-2\gamma_1^2)} \tag{1.44}$$

$$G_{if2}=g_0\sqrt{\frac{1-\gamma_2-2\gamma_1^2}{1+\gamma_2}} \tag{1.45}$$

变频损耗为

$$L_{C2}=2\,\frac{1+\sqrt{1-\epsilon_2}}{1-\sqrt{1-\epsilon_2}} \tag{1.46}$$

其中：$\epsilon_2=\dfrac{2\gamma_1^2}{1+\gamma_2}$，$\gamma_2=g_2/g_0$，$\gamma_1=g_1/g_0$。

(3) 镜频开路时的净变频损耗

此时 $V_k=\infty$，镜频开路时源电导和输出电导表示为

$$G_{s3}=g_0\sqrt{(1-\gamma_2^2)}\cdot\sqrt{\frac{(1-\gamma_2^2)((1+\gamma_2-2\gamma_1^2)}{1-\gamma_2}} \tag{1.47}$$

$$G_{if3}=g_0\sqrt{\frac{(1-\gamma_2)(1+\gamma_2-2\gamma_1^2)}{1+\gamma_2}} \tag{1.48}$$

变频损耗最小时是最佳状态，此时

$$L_{C3}=\frac{1+\sqrt{1-\epsilon_3}}{1-\sqrt{1-\epsilon_3}} \tag{1.49}$$

其中：$\epsilon_3=\dfrac{\gamma_2(1-\gamma_2)}{(1-\gamma_1^2)(1+\gamma_2)}$。

混频器对本振所呈现的电导与本振工作点 V_L 有关，由式(1.31)知

$$g_0=\alpha I_{sa}e^{\alpha V_0}J_0(\alpha V_L)=\frac{1}{R_j},\quad g_1=\alpha I_{sa}e^{\alpha V_0}J_1(\alpha V_L)$$

定义
$$\gamma_1=\frac{g_1}{g_0}=\frac{J_1(\alpha V_L)}{J_0(\alpha V_L)},\quad \gamma_2=\frac{g_2}{g_0}=\frac{J_2(\alpha V_L)}{J_0(\alpha V_L)}$$

若已知 α 及 V_L，就可定出 γ_1、γ_2。由此得到 L_{C1}、L_{C2}、L_{C3}。当 $n=1$ 时(n 为二极管斜率参数)，V_L 与 L 的关系如图 1.3-7 所示。

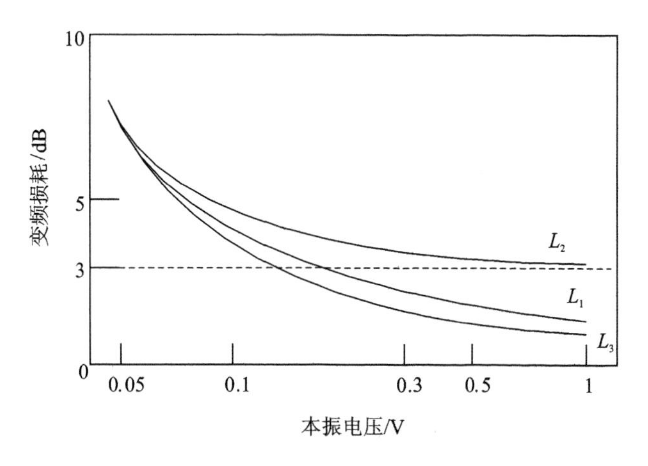

图 1.3－7　V_L 与 L 的关系

由图 1.3－7 可以得到以下结论：

① 镜频开路时变频损耗 L_{C3} 最小；

② 镜频匹配时变频损耗 L_{C2} 最大；

③ L 随 V_L 幅度增大而减小，当 $V_L\to\infty$时，L_{C1}、$L_{C3}\to 0$，$L_{C2}\to 3$ dB。

这说明，镜频开路或短路意味着镜频无损，若其他寄生分量为零，则全部信号功率转换为中频功率；而在镜频匹配时，一半输入信号功率消耗在镜频负载上，一半变换为中频功率。

④ 镜频匹配混频器是宽带的，外来信号的频率无论为 ω_k 还是 ω_s，都可通过混频器变为中频信号。因此，镜频匹配时是双通道混频器，即存在信号与镜频两个通道，而镜频开路或镜频短路时是单通道。

⑤ 从图中看 $L_{C3}<L_{C1}$，即镜频开路时的变频损耗小于镜频短路的变频损耗。实际上，短路时更便于电路匹配，所以 L_{C1} 并不比 L_{C3} 性能差。

2．失配损耗

失配损耗 L_a 是指混频器输入、输出端不匹配时引起的信号功率和中频功率的损耗。

设信号口电压驻波比为 ρ_1，中频口电压驻波比为 ρ_2，则失配损耗为

$$L_a(\text{dB})=10\lg\frac{(1+\rho_1)^2}{4\rho_1}+10\lg\frac{(1+\rho_2)^2}{4\rho_2}=10\lg\frac{1}{1-|\Gamma_1|^2}+10\lg\frac{1}{1-|\Gamma_2|^2} \tag{1.50}$$

3．结损耗

结损耗 L_j 是指由寄生参量引起的损耗。在前面的分析中，我们假定二极管是一个时变电导，仅考虑了 R_j 的作用，这是理想情况。实际上，寄生参量的影响是存在的。R_s 与 C_j 起分压和分流的作用，消耗了一部分功率，从而引起变频损耗。图 1.3－8 是结损耗或寄生参量引起损耗的等效图。

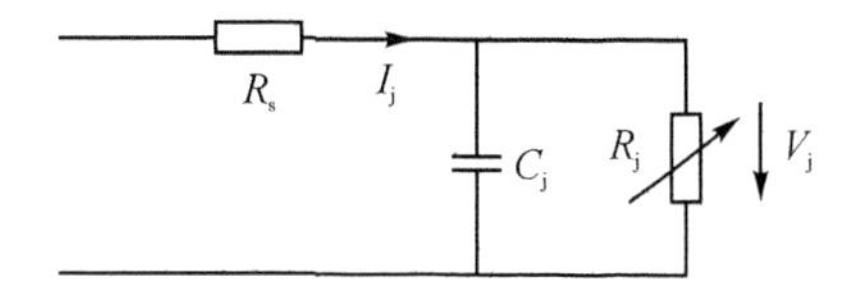

图 1.3－8　结损耗或寄生参量引起损耗的等效图

结损耗定义为输入信号功率 P_s 与结电阻吸收的功率 P_j 之比，即 $L_j=10\lg\frac{P_s}{P_j}$。这里

$$P_j=V_j^2/2R_j \tag{1.51}$$

输入信号功率

$$P_s=\frac{I_j^2R_s}{2}+\frac{V_j^2}{2R_j}=\frac{I_j^2R_s}{2}+P_j \tag{1.52}$$

式中：P_j 是实际加到结电阻上的功率，即有用功率；$\frac{I_j^2R_s}{2}$是损耗电阻的功率。因为

$$I_j=V_j\left|\frac{1}{R_j}+\mathrm{j}C_j\omega_s\right|=V_j\sqrt{\frac{1}{R_j^2}+C_j^2\omega_s^2}$$

所以损耗功率

$$\frac{I_j^2R_s}{2}=\frac{V_j^2R_s}{2}\left(\frac{1}{R_j^2}+C_j^2\omega_s^2\right)$$

又由于 $V_j^2=2R_jP_j$，因此

$$\frac{I_j^2R_s}{2}=P_jR_jR_s\left(\frac{1}{R_j^2}+C_j^2\omega_s^2\right)$$

将上式代入式(1.52)中，有

$$P_s=P_j\left(1+\frac{R_s}{R_j}+R_jR_sC_j^2\omega_s^2\right)$$

最后导出结损耗 L_j 为

$$L_j=10\lg\frac{P_s}{P_j}=10\lg\left(1+\frac{R_s}{R_j}+R_jR_sC_j^2\omega_s^2\right)\quad(\mathrm{dB}) \tag{1.53}$$

由式(1.53)可看出：R_s 越大，则 L_j 越大。R_j、C_j 均与本振电压 V_L 有关，因此 L_j 与 V_L、ω_s 都有关系，令$\frac{\mathrm{d}L_j}{\mathrm{d}R_j}=0$，可求出最小 L_j 时的 $R_j=\frac{1}{\omega_sC_j}$；当 ω_s 一定时，可通过调节本振偏压 V_L，使得 $R_j=\frac{1}{\omega_sC_j}$，则可使 L_j 最小，即最小结损耗为

$$L_{\mathrm{jmin}}=10\lg(1+2\omega_sC_jR_s)=10\lg\left(1+\frac{2R_s}{R_j}\right) \tag{1.54}$$

当 V_L 确定后，其截止频率由下式确定，即

$$f_c=\frac{1}{2\pi R_sC_j} \tag{1.55}$$

平均电导 $g_0=\frac{1}{R_j}$，是本振信号 V_L 的函数，当 V_L 增大时 R_j 减小，从而使 R_s 的分压作用更显著，导致 L_j 增大。而当 V_L 减小时，R_j 增大，从而使 C_j 的分流作用更显著，导致 L_j 增大。因此结损耗 L_j 只在 $P_j(V_L)$的某个范围内最小，本振功率 P_j 为 5～6 dBm 时，L_j 达到最小(见图 1.3-9)。

通过上述讨论，可得混频器总变频损耗为

$$L_m=L_C+L_j+L_a \tag{1.56}$$

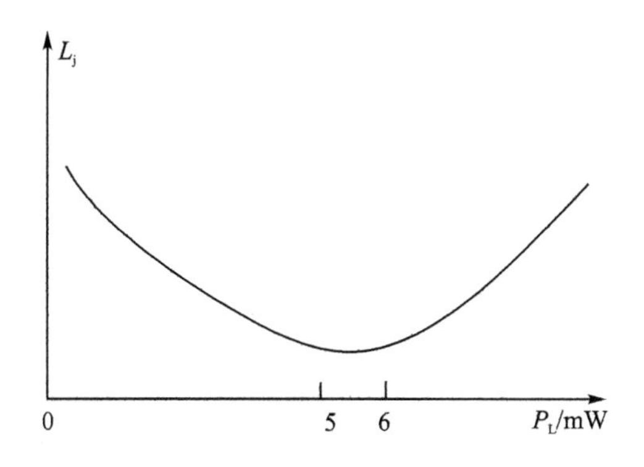

图 1.3-9　P_L 与 L_j 的关系曲线

1.3.3　噪声系数

噪声系数描述了系统内部噪声的影响,其定义为输入与输出端信噪比之比

$$F=\frac{P_{si}/P_{ni}}{P_{so}/P_{no}} \tag{1.57}$$

如果 $F=1$,说明网络无噪声。对于混频器来讲,$P_{si}=P_s$,$P_{so}=P_{if}$。

又由于
$$L_m=P_{si}/P_{so}=P_s/P_{if}$$

所以式(1.57)成为
$$F=L_m\frac{P_{no}}{P_{ni}}$$

式中:P_{no} 是总输出噪声功率;P_{ni} 是总输入噪声功率;L_m 是变频损耗。

由于总输出噪声系数与电路形式有关,下面分别讨论。

1. 单通道情况的噪声系数

单通道情况即指镜频开路和镜频短路时混频器的噪声系数(参看图 1.3-10)。

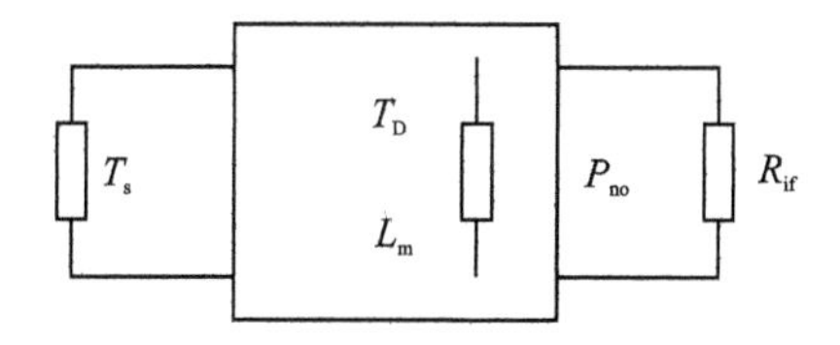

图 1.3-10　单通道混频器的噪声等效电路

图 1.3-10 中:T_D 是二极管噪声温度;T_s 是信号源内阻的噪声温度;P_{no} 是网络输出功率;L_m 是网络损耗。

如果 $T_s=T_D$,则网络处于同一温度。此时输入、输出噪声资用功率分别为

输入
$$P_{ni}=KT_sB=KT_DB$$

输出
$$P_{no}=KT_DB=P_{ni}$$

式中:K 是玻耳兹曼常数,B 是噪声等效带宽。若 $P_{ni}=P_{no}$,则说明二极管无噪声功率损耗。

将上式 P_{no} 改写一个形式

$$P_{no}=\frac{1}{L_m}KT_DB+\left(1-\frac{1}{L_m}\right)KT_DB \tag{1.58}$$

式(1.58)中,前一部分代表输入源电阻噪声经过混频器衰减后的噪声输出功率(变频损耗);后一部分代表混频器内部产生的噪声输出功率。

如果 $T_s \neq T_D$,且 $T_s = T_0$(290 K,这里 K 指开氏温度),则输入、输出噪声功率不等。

$$P_{no} = \frac{1}{L_m} KT_0 B + \left(1 - \frac{1}{L_m}\right) KT_D B \tag{1.59}$$

如果把 P_{no} 看成是一等效电阻在温度为 T_m 时产生的热噪声,则

$$P_{no} = KT_m B \tag{1.60}$$

将式(1.59)同式(1.60)比较,则可以得到

$$T_m = \frac{T_0}{L_m} + \left(1 - \frac{1}{L_m}\right) T_D = \frac{P_{no}}{KB}$$

定义混频器噪声温度比

$$t_m = \frac{T_m}{T_0} = \frac{P_{no}}{KT_0 B} \tag{1.61}$$

管子的噪声温度

$$t_d = \frac{T_D}{T_0} \tag{1.62}$$

镜频开路或短路时

$$t_{m1} = \frac{T_m}{T_0} = \frac{1}{L_m} + \left(1 - \frac{1}{L_m}\right)\frac{T_D}{T_0} = \frac{1}{L_m}[t_d(L_m - 1) + 1] \tag{1.63}$$

噪声系数

$$F_{m1} = L_m \frac{P_{no}}{KT_0 B} = L_m t_{m1} = t_d(L_m - 1) + 1 \tag{1.64}$$

2. 双通道情况的噪声系数

双通道情况的噪声系数即指镜频匹配混频器的噪声系数(参看图 1.3-11)。

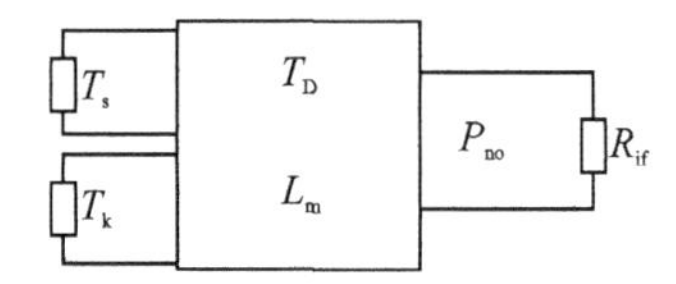

图 1.3-11 双通道混频器的噪声等效电路图

匹配时,$T_s = T_D = T_k$,则总输出噪声资用功率

$$P_{no} = KT_D B = \frac{2}{L_m} KT_D B + \left(1 - \frac{2}{L_m}\right) KT_D B \tag{1.65}$$

式(1.65)中,前一部分代表信号与镜频两个端口输入噪声经混频器衰减后的输出功率,两端口噪声相同,所以乘 2;后一部分代表内部产生的噪声。

当 $T_s = T_k = T_0 \neq T_D$ 时,有

$$P_{no} = \frac{2}{L_m} KT_0 B + \left(1 - \frac{2}{L_m}\right) KT_D B$$

与式(1.63)的导出过程相仿,可导出

$$t_{m2} = \frac{2}{L_m}\left[t_d\left(\frac{L_m}{2} - 1\right) + 1\right] \tag{1.66}$$

当只有 P_s 而镜频空闲时(雷达中大多数混频器都是如此),$P_{ni} = KT_0 B$,因此单边带噪

声系数

$$F_{m2}=L_m\frac{P_{no}}{P_{ni}}=L_m t_{m2}=2\left[t_d\left(\frac{L_m}{2}-1\right)+1\right] \tag{1.67}$$

式(1.67)说明，空闲回路虽不提供信号，但照常提供噪声。当空闲支路有信号时，相当于信号加倍。而当混频器处于双回路工作时，$P_{ni}=2KT_0B$，因此双边带噪声系数

$$F_{m2}=L_m\frac{P_{no}}{P_{ni}}=t_d\left(\frac{L_m}{2}-1\right)+1 \tag{1.68}$$

对比式(1.67)、式(1.68)可知，镜频匹配情况下，双回路工作比单回路工作噪声系数降一倍，即 $F_{m2}(双)=\frac{1}{2}F_{m2}(单)$，因而采取镜频回收措施可实现双回路工作，可降低接收机的噪声，提高灵敏度。

3. 整机噪声系数

多级放大器串联时的噪声系数

$$F=F_1+\frac{F_2-1}{G_1}+\frac{F_3-1}{G_1G_2}+\cdots \tag{1.69}$$

对于混频器来说，它没有增益，只有变频损耗，即 $F_1=F_m$，$G_1=\frac{1}{L_m}$，$F_2=F_{if}$。

这里 F_{if} 是混频器后级联的中频放大器的噪声系数，因此总噪声系数

$$F=F_m+L_m(F_{if}-1) \tag{1.70}$$

对于镜频开路或短路而言，将式(1.64)代入式(1.70)，式(1.70)成为

$$F=L_m(t_{m1}+F_{if}-1) \tag{1.71}$$

对于镜频匹配而言，由式(1.64)、式(1.65)可知

$$\left.\begin{aligned}&F(单)=L_m(t_{m2}+F_{if}-1),\quad F_m=L_mt_{m2}\\&F(双)=L_m\left(\frac{t_{m2}}{2}+F_{if}-1\right),\quad F_m=\frac{L_mt_{m2}}{2}\end{aligned}\right\} \tag{1.72}$$

当肖特基管性能良好，且 $t_d=1$ 时，$t_{m1}=t_{m2}\approx1$，这时

$$\left.\begin{aligned}&F(单)=L_mF_{if}\\&F(双)=L_m\left(F_{if}-\frac{1}{2}\right)\end{aligned}\right\} \tag{1.73}$$

公式(1.73)可以作为粗略计算混频器肖特基管噪声系数的公式。

1.3.4 其他电气指标

(1) 信号与本振口的隔离度

如果信号泄漏到本振端口，会造成信号损失。如果本振泄漏到信号端口，就会产生干扰。隔离比有两个：

① 信号口对本振口的隔离比：$L_{Ls}=10\lg(P_s/P_{Ls})$。

② 本振口对信号口的隔离比：$L_{sL}=10\lg(P_L/P_{sL})$。

其中：P_{Ls} 是泄漏到本振口的信号功率；P_{sL} 是泄漏到信号端的本振功率。互易时，$L_{Ls}=L_{sL}$。一般要求隔离比要大于 20 dB 以上。

(2) 各端口的电压驻波比

为减少反射损耗，一般要求各端口的电压驻波比 $\rho<2$，某些场合要求更高。

(3) 动态范围

这个指标是指保证输入信号与输出中频信号之间呈线性关系的工作范围，优良的混频器动态范围可达 60 dB 以上。

1.4 混频器基本电路

混频器可以分为单端、单平衡、双平衡三类，对应使用的二极管的个数分别为 1 个、2 个、4 个。下面逐一对以上 3 种混频器进行讨论。

1.4.1 单端混频器

单端混频器是结构最简单的混频器，只用到一只二极管。图 1.4-1 是微带型单端混频器示意图。

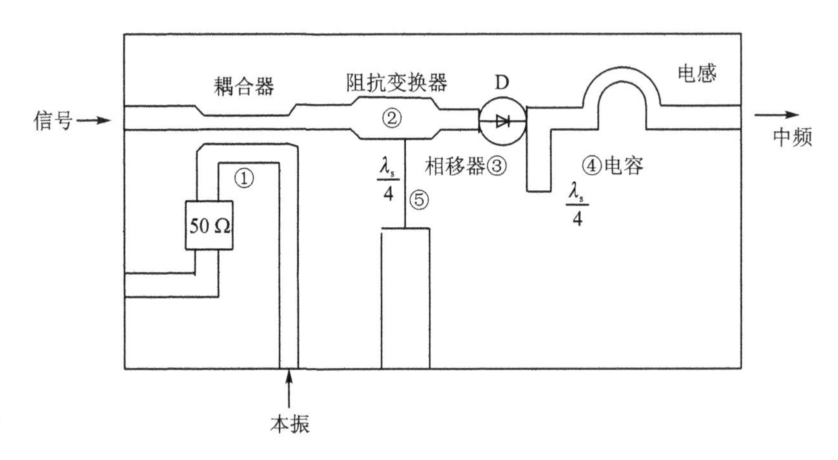

图 1.4-1 微带型单端混频器示意图

单端混频器的主要组成元器件有：

① 混合电路(定向耦合器)：将信号和本振信号混合后加到二极管 D 上。信号和本振从耦合器的两个隔离端输入，有一定隔离度。输入信号功率只是有一部分送到二极管上，另一部分耦合到副线上被负载吸收，从而引起损耗。耦合越紧，损耗越大。同样，本振功率也是部分耦合到主线送给二极管，其余被负载吸收。为了使混频器正常工作，一般取耦合度为−10 dB 左右。

② 阻抗变频器($\lambda_s/4$ 阻抗变频器加相移段)：定向耦合器输出阻抗为 50 Ω，一般情况下二极管的阻抗是复阻抗，相移段的作用是将二极管复阻抗转换为纯阻，其电长度刚好抵消电抗分量，再经变换器变成 50 Ω 阻抗。

③ 二极管 D：肖特基势垒二极管。

④ 低通滤波器：$\lambda_s/4$ 开路线使信号在二极管 D 右边旁路，电感和电容形成对本振信号的并联谐振，只让中频通过。

⑤ $\lambda_s/4$ 中频接地线：对高频信号开路，对中频信号短路，阻止中频漏入信号端及本振端。

单端混频器的特点是：只用一个二极管，结构简单。但要求本振功率大，如要二极管 D 得到 1 mW 的本振信号，则本振信号口要提供 10 mW 的功率；噪声大，无抑制噪声的手段。

1.4.2　单平衡混频器

单平衡混频器能够抑制来自本振的部分噪声及混频器产生的部分谐波分量，所需的本振功率小，噪声系数低于单端混频器。图 1.4-2 是平衡混频器示意图。其主要由平衡环、阻抗变换器、二极管和低通滤波器组成。

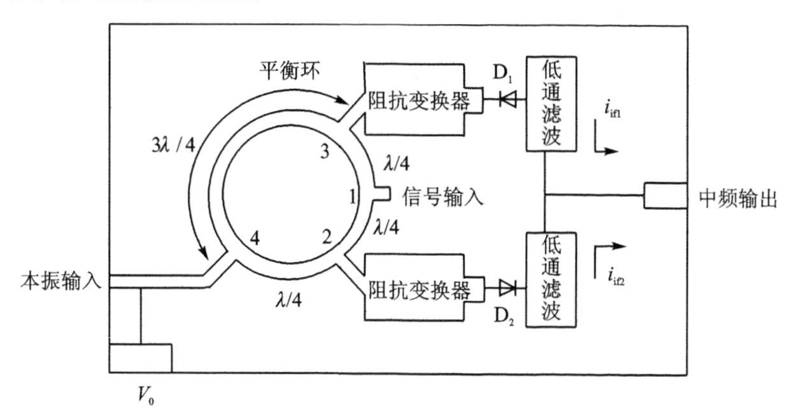

图 1.4-2　平衡混频器示意图

时变信号 $v_s(t)$ 从 1 口输入，等幅同相地加到 D_1、D_2 上，D_1、D_2 接法相反。本振信号 $v_L(t)$ 从 4 口输入，等幅反相地加到 D_1、D_2 两管上。二极管上的工作电压可表示为

$$\text{信号电压}\quad \left.\begin{aligned} D_1:&\quad v_{s1}(t)=V_s\cos\omega_s t \\ D_2:&\quad v_{s2}(t)=V_s\cos\omega_s t=v_{s1} \end{aligned}\right\} \tag{1.74}$$

$$\text{本振电压}\quad \left.\begin{aligned} D_1:&\quad v_{L1}(t)=V_L\cos(\omega_L t-\pi) \\ D_2:&\quad v_{L2}(t)=V_L\cos\omega_L t \end{aligned}\right\} \tag{1.75}$$

由前面的知识已知，在本振电压作用下，二极管阻抗可等效为时变电导

$$\left.\begin{aligned} D_1:&\quad g_{\mathrm{I}}(t)=g_0+2\sum_{n=1}^{\infty}g_n\cos n(\omega_L t-\pi) \\ D_2:&\quad g_{\mathrm{II}}(t)=g_0+2\sum_{n=1}^{\infty}g_n\cos n\omega_L t \end{aligned}\right\} \tag{1.76}$$

流经二极管的混频电流由信号电压与电导的乘积决定

$$\left.\begin{aligned} i_1(t)&=v_{s1}(t)g_{\mathrm{I}}(t)=V_s\cos\omega_s t\left[g_0+2\sum_{n=1}^{\infty}g_n\cos n(\omega_L t-\pi)\right] \\ i_2(t)&=v_{s2}(t)g_{\mathrm{II}}(t)=V_s\cos\omega_s t\left[g_0+2\sum_{n=1}^{\infty}g_n\cos n\omega_L t\right] \end{aligned}\right\} \tag{1.77}$$

在式(1.77)中，$i_1(t)$、$i_2(t)$ 中 $n=1$ 时的项包含中频电流 $i_{if1}(t)$ 及 $i_{if2}(t)$，如 $i_1(t)$ 中有

$$2g_1V_s\cos\omega_s t\cos(\omega_L t-\pi)=g_1V_s\{\cos[(\omega_L+\omega_s)t-\pi]+\cos[(\omega_L-\omega_s)t-\pi]\} \tag{1.78}$$

其中

$$i_{if1}(t)=g_1V_s\cos[(\omega_L-\omega_s)t-\pi]=-g_1V_s\cos\omega_{if}t$$

同理 $$i_{if2}(t)=g_1V_s\cos\omega_{if}t$$

由于 $i_{if1}(t)$ 与 $i_{if2}(t)$ 反向，两管反向相接，则电流实际方向互相叠加(见图 1.4-3)。如果 D_1、D_2 同向相接，则两个中频电流相互抵消为 0；如果想采用 D_1、D_2 同向连接，则应使用变压器输出才能保证两管电流叠加输出(见图 1.4-4)。

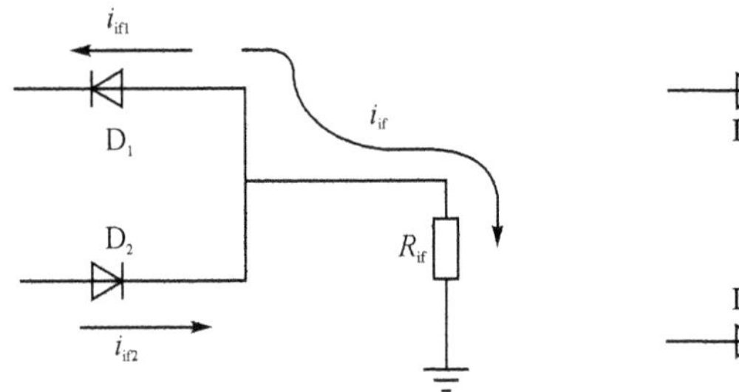

图 1.4-3　D_1、D_2 反向相接

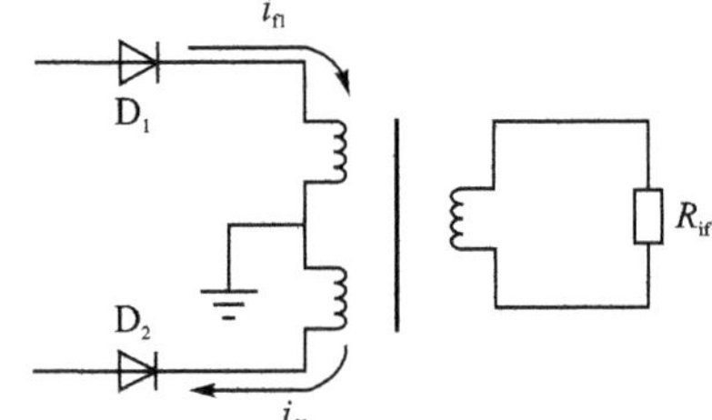

图 1.4-4　D_1、D_2 同向相接

下面说明平衡混频可抑制本振噪声的优点。假如可能产生中频噪声的本振噪声信号 $v_n(t)=V_n\cos\omega_n t$ 来自本振口，其中 $\omega_n=\omega_L\pm\omega_{if}$，该信号同本振混频后可产生对中频信号的干扰。$v_n(t)$ 同本振一样反相加到两管上。

$$\left.\begin{aligned}D_1:\quad v_{n1}(t)&=V_n\cos[(\omega_L\pm\omega_{if})t-\pi]\\D_2:\quad v_{n2}(t)&=V_n\cos(\omega_L\pm\omega_{if})t\end{aligned}\right\}\tag{1.79}$$

将它们同时与二极管阻抗的等效时变电导相乘后取出中频噪声电流

$$\left.\begin{aligned}i_{in1}(t)&=g_1V_n\cos\omega_{if}t\\i_{in2}(t)&=g_1V_n\cos\omega_{if}t\end{aligned}\right\}\tag{1.80}$$

由于两噪声电流流向相反，理想情况下在输出端两噪声电流相互抵消。

结论：两管中频电流能互相加强输出，原因在于两管上本振电压相位相反，信号电压相位相同。如果信号也反相加到二极管上，则无中频输出。本振噪声电压正是反相加到两管上，所以中频输出基本不受干扰。

除平衡环外，还可用 3 分贝定向耦合器构成混频器网络(见图 1.4-5)。

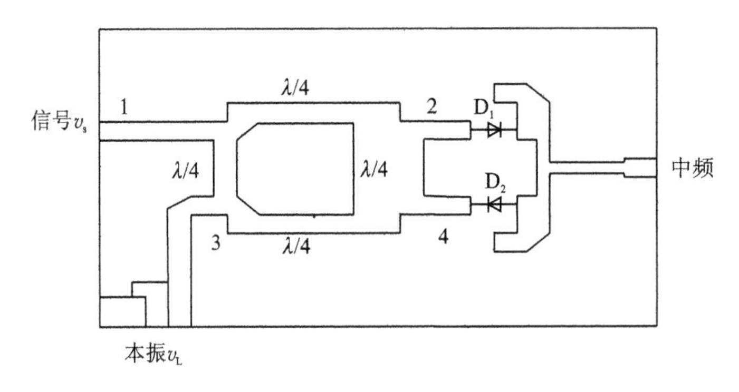

图 1.4-5　含有 3 分贝定向耦合器的混频器示意图

信号从 1 口输入，在 2、4 口的相位差为 $\pi/2$，每口功率为 $P_s/2$，电压为 $v_s(t)/\sqrt{2}$。

本振信号从 3 口输入，同样在 2、4 口相位差为 $\pi/2$。该混频器存在互易性，即信号输入端口和本振输入端口可以互易。使用 S 参数对电路进行分析得

$$\left.\begin{aligned}
&D_1:\quad \dot{v}_{s1}=S_{21}\dot{v}_s=-j\frac{1}{\sqrt{2}}\dot{v}_s,\qquad S_{21}=S_{12}\\
&D_2:\quad \dot{v}_{s2}=S_{41}\dot{v}_s=-\frac{1}{\sqrt{2}}\dot{v}_s,\qquad S_{41}=S_{14}\\
&D_1:\quad \dot{v}_{L1}=S_{23}\dot{v}_L=-\frac{1}{\sqrt{2}}\dot{v}_L,\qquad S_{23}=S_{32}\\
&D_2:\quad \dot{v}_{L2}=S_{43}\dot{v}_L=-j\frac{1}{\sqrt{2}}\dot{v}_L,\qquad S_{43}=S_{34}
\end{aligned}\right\}\tag{1.81}$$

式(1.81)中小写的电压符号均为时变量。从式(1.81)可得 S 参数矩阵

$$[S]=\frac{1}{\sqrt{2}}\begin{bmatrix}0 & -j & 0 & -1\\ -j & 0 & -1 & 0\\ 0 & -1 & 0 & -j\\ -1 & 0 & -j & 0\end{bmatrix}\tag{1.82}$$

由于本振噪声电压随同本振电压加到两个二极管上，有

$$\left.\begin{aligned}
\dot{v}_{n1}&=S_{23}\dot{v}_n=-\frac{1}{\sqrt{2}}\dot{v}_n\\
\dot{v}_{n2}&=S_{43}\dot{v}_n=-j\frac{1}{\sqrt{2}}\dot{v}_n
\end{aligned}\right\}\tag{1.83}$$

故每个管子上的电压都是三者之和

$$\left.\begin{aligned}
\dot{v}_1&=-\frac{1}{\sqrt{2}}(\dot{v}_L+\dot{v}_n+j\dot{v}_s)\\
\dot{v}_2&=-j\frac{1}{\sqrt{2}}(\dot{v}_L+\dot{v}_n-j\dot{v}_s)
\end{aligned}\right\}\tag{1.84}$$

由于本振噪声与本振相位相同，都是反相加到两个管子上，因此在输出时都被抑制。

平衡混频器有如下特点：

① 在理想匹配情况下，全部信号功率和本振功率都加到二极管上，不存在单端混频器的耦合损耗。在完全匹配及功率分配电路具有理想特性的条件下，信号口与本振口理想隔离。

② 由于信号功率分配在两只二极管上，抗烧毁能力和动态范围都增加一倍。

③ 可抑制本振噪声和部分寄生频率。

例如两管的时变电导

$$\left.\begin{aligned}
g_1(t)&=g_0+2\sum_{n=1}^{\infty}g_n\cos n(\omega_L t-\pi)\\
g_2(t)&=g_0+2\sum_{n=1}^{\infty}g_n\cos n\omega_L t
\end{aligned}\right\}\tag{1.85}$$

当 $n=2k(k=0,1,2,3\cdots)$时，由于 $\cos n(\omega_L t-\pi)=\cos n\omega_L t$，故在混频电流中，偶次项相位相同，而流向相反，在中频负载上相互抵消，对 V_L 的偶次谐波有抑制作用。平衡混频器的输出频谱如图 1.4-6 所示。

下面介绍一种常用的波导型平衡混频器，即正交场平衡混频器，如图 1.4-7 所示。信号、本振输入波导互相正交地连接到混频腔，中频信号由一金属棒引出，金属棒还有其他作用，

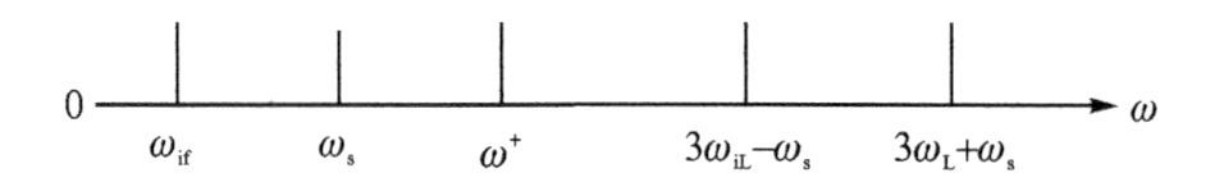

图 1.4-6　平衡混频器的输出频谱示意图

当信号电场为 H_{10} 波时，其电场方向与棒垂直,场不受影响。两只二极管承受同样的电场信号

$$\begin{aligned} D_1:\quad & V_{s1}(t)=V_s\cos\omega_s t \\ D_2:\quad & V_{s2}(t)=V_s\cos\omega_s t \end{aligned} \tag{1.86}$$

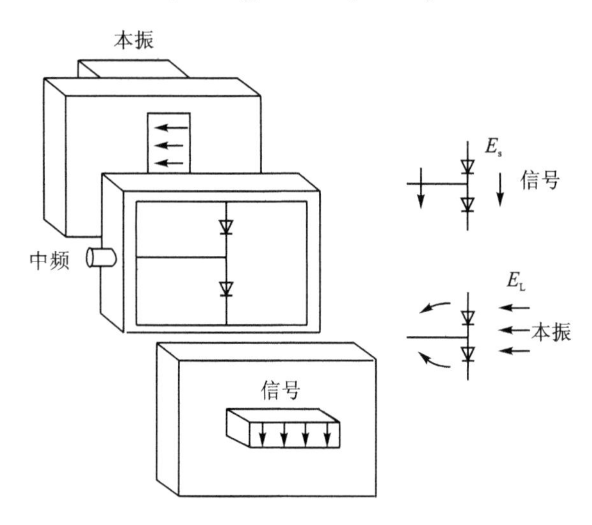

图 1.4-7　正交场平衡混频器

当本振输入 H_{10} 波时,场与棒平行,由于金属表面的切向电场为 0,因而产生了与二极管轴向平行的电场分量,而方向相反

$$\left.\begin{aligned} D_1:\quad & V_{L1}(t)=V_L\cos\omega_L t \\ D_2:\quad & V_{L2}(t)=V_L\cos(\omega_L t+\pi) \end{aligned}\right\} \tag{1.87}$$

信号同相地加到两个管子上，而本振场反向地加到两个管子上,这样的关系正是平衡混频器的条件。

正交场平衡混频器的特点如下：

① 频带宽：平衡环型要求信号与本振的行程差为 π/2,只对应某个频率点;而正交场型不受限制,它只受波导带宽的约束。

② 良好的本振口、信号口的隔离(隔离度>25 dB)。

1.4.3　双平衡混频器

无论是单端还是单平衡混频器,均属窄带型混频器。因为这些电路中采用了与频率有关的定向耦合器、短路线或开路线及阻抗变换器等,若要展宽频带,根本方法是不用这些电路结构,因而出现了双平衡混频器。双平衡混频器的电路及等效电路如图 1.4-8 所示。

其主要组成部分：①—不平衡、平衡变换器(巴伦结构);②—二极管桥;③—平衡、不平衡变换器。根据等效电路可写出流经 4 个二极管的时变电流表达式为

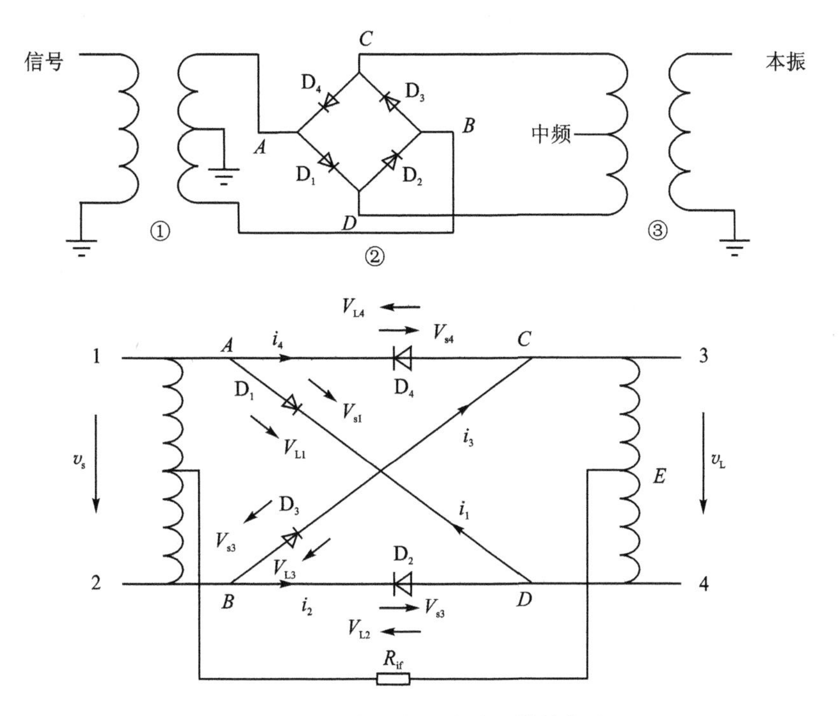

图 1.4-8　双平衡混频器电路及等效电路图

$$
\left.
\begin{aligned}
&D_1: \quad i_1(t)=V_s\cos\omega_s t\left(g_0+2\sum_{n=1}^{\infty}g_n\cos n\omega_L t\right)\\
&D_2: \quad -i_2(t)=V_s\cos\omega_s t\left[g_0+2\sum_{n=1}^{\infty}g_n\cos n(\omega_L t+\pi)\right]\\
&D_3: \quad i_3(t)=V_s\cos(\omega_s t+\pi)\left[g_0+2\sum_{n=1}^{\infty}g_n\cos n(\omega_L t+\pi)\right]\\
&D_4: \quad -i_4(t)=V_s\cos(\omega_s t+\pi)\left(g_0+2\sum_{n=1}^{\infty}g_n\cos n\omega_L t\right)
\end{aligned}
\right\}
\tag{1.88}
$$

由于
$$
\cos n(\omega_L t+\pi)=\begin{cases}\cos n\omega_L t, & n=\text{偶}\\ -\cos n\omega_L t, & n=\text{奇}\end{cases}
$$

所以时变电流的表达式为

$$
\left.
\begin{aligned}
i_1(t)&=V_s\cos\omega_s t(g_0+2g_1\cos\omega_L t+2g_2\cos 2\omega_L t+\cdots)\\
i_2(t)&=-V_s\cos\omega_s t(g_0-2g_1\cos\omega_L t+2g_2\cos 2\omega_L t-\cdots)\\
i_3(t)&=-V_s\cos\omega_s t(g_0-2g_1\cos\omega_L t+2g_2\cos 2\omega_L t-\cdots)\\
i_4(t)&=V_s\cos\omega_s t(g_0+2g_1\cos\omega_L t+2g_2\cos 2\omega_L t+\cdots)
\end{aligned}
\right\}
\tag{1.89}
$$

在 E 点总电流 i_E 流过中频负载

$$
\begin{aligned}
i_E(t)=\ & i_1(t)+i_2(t)+i_3(t)+i_4(t)=8g_1V_s\cos\omega_s t\cos\omega_L t+8g_3V_s\cos\omega_s t\cos 3\omega_L t+\cdots=\\
& 4g_1V_s\cos(\omega_L-\omega_s)t+4g_1V_s\cos(\omega_L+\omega_s)t+4g_3V_s\cos(3\omega_L-\omega_s)t+\\
& 4g_3V_s\cos(3\omega_L+\omega_s)t+\cdots
\end{aligned}
\tag{1.90}
$$

i_E 中不存在本振偶次谐波产生的混频电流项。由于高扼圈的作用,只有中频项得到输出，本振信号都被抑制了。$i_{总}(t)=4g_1V_s\cos(\omega_L-\omega_s)t=4g_1V_s\cos\omega_{if}t$。图 1.4－9 所示是双平衡混频器电流流向示意图。

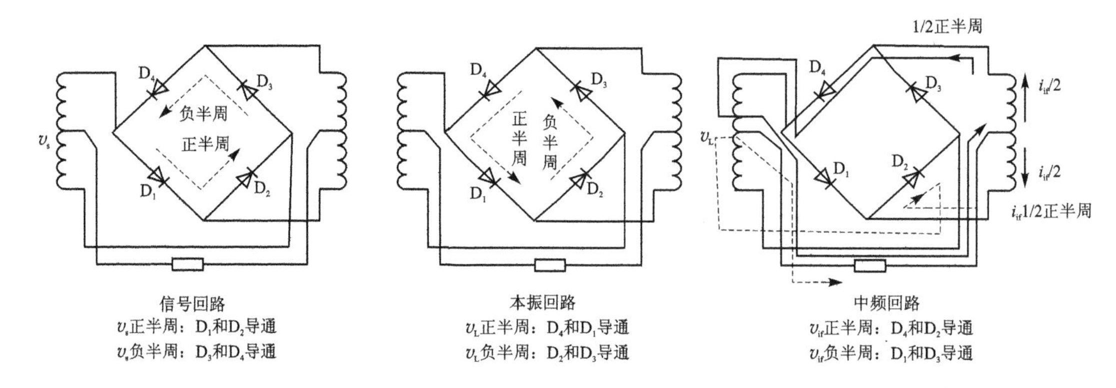

图 1.4－9　双平衡混频器电流流向示意图

双平衡混频器电流回路的特点是：本振、中频、信号电流自成回路，不需要各种短路线，克服了窄带元件对频宽的限制。同时应当注意的是中频电流分两路流经负载。实际上高扼圈对高次谐波的抑制程度有限，总会有泄漏。图 1.4－10 所示是双平衡混频器全频谱图。

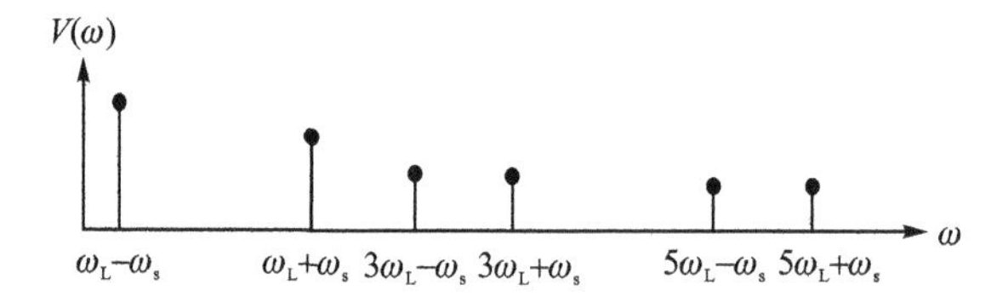

图 1.4－10　双平衡混频器的输出频谱

再看各管混频电流中由本振偶次谐波组成的电流分量

$$\left.\begin{aligned}i_{1e}(t)&=2g_2V_s\cos 2\omega_Lt\cos\omega_st+2g_4V_s\cos 4\omega_Lt\cos\omega_st\\i_{2e}(t)&=-2g_2V_s\cos 2\omega_Lt\cos\omega_st+2g_4V_s\cos 4\omega_Lt\cos\omega_st\end{aligned}\right\}\tag{1.91}$$

由图 1.4－8 可见：$i_{3e}(t)=i_{2e}(t)$，$i_{4e}(t)=i_{1e}(t)$，$i_{4e}(t)$、$i_{1e}(t)$与$i_4(t)$、$i_1(t)$方向一致，而$i_{2e}(t)$、$i_{3e}(t)$与$i_2(t)$、$i_3(t)$方向相反。从图 1.4－11 可见：电流$i_{1e}(t)$从 1 口入，经 D_1、D_2 从 2 口出，即在信号回路中构成闭合回路。也就是说，在信号回路中存在由本振偶次谐波差拍产生的电流，其中包括角频率为$\omega_k=2\omega_L-\omega_s$的镜频电流，所以说镜频电流消耗在信号回路中，因此这种双平衡混频器是镜频匹配混频器。

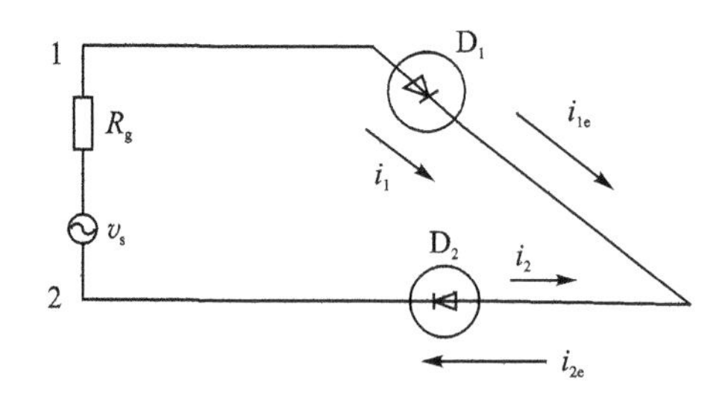

图 1.4－11　本振偶次谐波电流流向示意图

双平衡混频器的实际电路结构如图 1.4－12 所示。

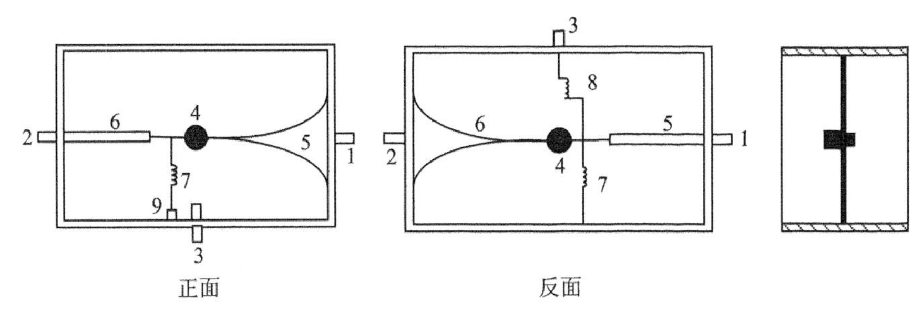

1—信号输入端；2—本振输入端；3—中频输出端；4—二极管桥；
5—信号巴伦；6—本振巴伦；7—高频振流圈；8—中频去耦电感；9—高频旁路电容

图 1.4－12 双平衡混频器世纪电路结构图

信号和本振从两同轴接头输入，巴伦将不平衡输入变为平衡输入，还使阻抗匹配。中频信号从扼流圈输出。所谓巴伦结构，是指从双线传输线到一面是传输线，一面是大地的过渡形式。

1.4.4 镜频回收混频器

在单管或单平衡混频器中，只有一部分信号功率变换为中频功率，其他功率分量都损失了，如镜频功率就是一个不可忽视的功率，如果将该功率回收利用，则中频输出将得到加强。下面介绍几种能实现镜频功率回收的电路结构。

1. 采用带阻滤波器(单端)的电路

图 1.4－13 所示是带阻滤波器结构图。$\lambda_g/2$ 开路线与缝隙电容对 ω_k 产生串联谐振，使 ω_k 在 D 左边被短路，对镜频产生全反射，使镜频再返 D 中进行二次混频产生新的中频信号。

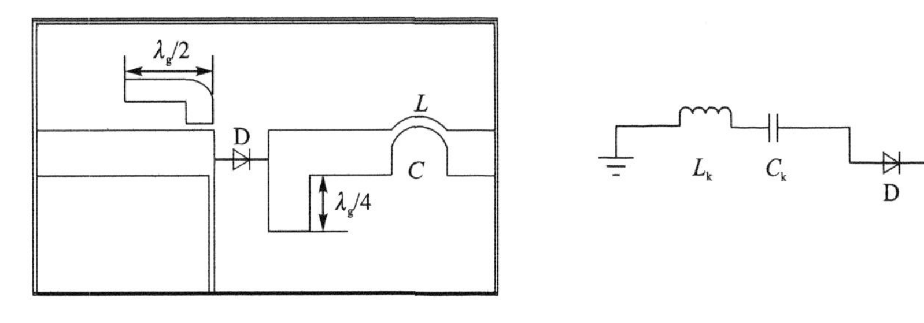

图 1.4－13 带阻滤波器电路结构图及等效电路

2. 采用滤波型镜频开路的平衡混频器

图 1.4－14 所示为镜频开路微带平衡混频器示意图。

在二极管输入接点处放置了一个镜频抑制滤波器。它由 $\lambda_g/2$(镜频波导波长的一半)终端开路线构成，开路线的一半通过缝隙与主线平行耦合。它允许信号和本振功率以极小的损耗通过，而对镜频 ω_k 实现开路反射，使 ω_k 与 ω_L 再混频，产生新的中频。同时，由于该滤波器设置在信号通道上，所以不仅能反射内部产生的镜频信号，也可抑制外来的镜频干扰信号，使它们不能进入滤波器。但如果滤波器的位置不适当，新中频与原中频信号不同相，则可能只有抑制作用而无回收作用，所以开路线位置选择很关键。

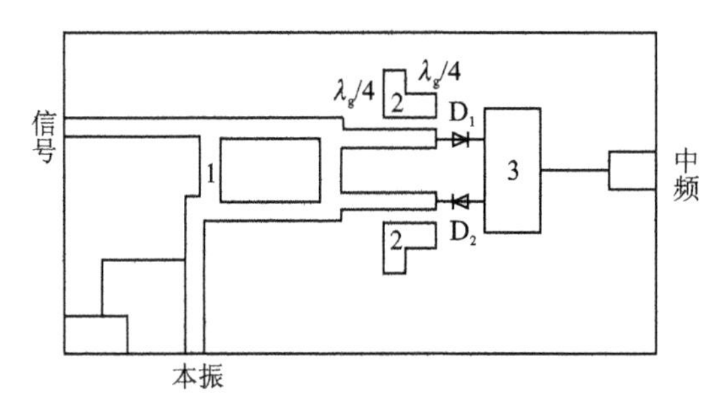

1—定向耦合器；2—镜频抑制滤波器；3—高频旁路电容

图 1.4－14　平衡混频器结构示意图

3. 衡式镜像回收混频器电路

平衡式镜像回收混频器由两个性能完全一样的混频器组成幅度和相位平衡的回收网络，原理如图 1.4－15 所示。输入信号等幅同相地加到两个混频器的信号输入端，本振信号也加到两个混频器的本振端，但两者存在 π/2 的相位差。为了消除本振噪声，每个混频器都采用了平衡混频器。

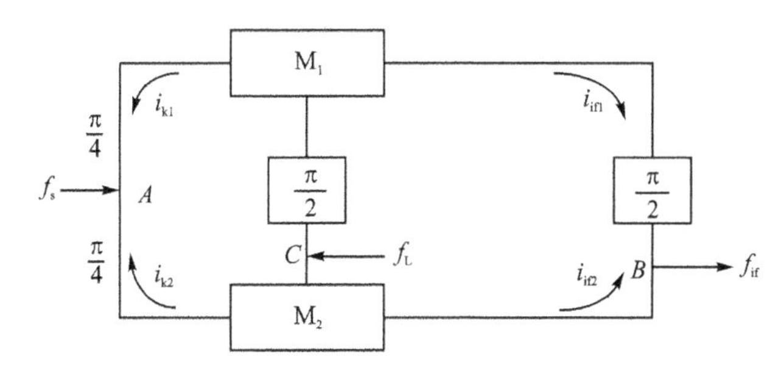

图 1.4－15　平衡式镜像回收混频器电路示意图

该混频器起到镜像回收作用须满足的条件有：

① 两个混频器产生的镜频分量 ω_{k1}、ω_{k2} 在 A 点相位应该相反，互相抵消，防止 ω_k 的信号消耗在信号源的内阻上；

② B 点处两个混频器的中频信号（包括回收的中频信号）应互相同相叠加。

下面讨论镜频功率是如何被回收的。

设 M_1、M_2 上信号电压为

$$V_{s1}(t)=V_{s2}(t)=V_s\cos\omega_s t \tag{1.92}$$

本振电压为

$$\left.\begin{aligned}V_{L1}(t)&=V_L\cos\left(\omega_t t+\frac{\pi}{2}\right)\\V_{L1}(t)&=V_L\cos\omega_t t\end{aligned}\right\} \tag{1.93}$$

在本振作用下，两个混频器产生的等效时变电导分别为 $g_{M1}(t)$ 和 $g_{M2}(t)$，其表达式为

$$\left.\begin{aligned}g_{M1}(t)&=g_0+2\sum_{n=1}^{\infty}g_n\cos n\left(\omega_L t+\frac{\pi}{2}\right)\\g_{M2}(t)&=g_0+2\sum_{n=1}^{\infty}g_n\cos n\omega_L t\end{aligned}\right\} \tag{1.94}$$

混频产生的中频电流由一阶混频电导 $g_1(t)$ 与信号电压乘积决定：

$$\left.\begin{aligned} i_{\text{if1}}(t) &= g_1 V_s \cos\left[(\omega_L - \omega_s)t - \frac{\pi}{2}\right] = g_1 V_s \cos\left(\omega_{\text{if}} t - \frac{\pi}{2}\right) \\ i_{\text{if2}}(t) &= g_1 V_s \cos \omega_{\text{if}} t \end{aligned}\right\} \tag{1.95}$$

$i_{\text{if1}}(t)$的相位滞后$i_{\text{if2}}(t)$的相位$\pi/2$，经$\pi/2$移相后，在B点与$i_{\text{if2}}(t)$同相叠加。

再看镜频电流$\omega_k = 2\omega_L - \omega_s$，它是由本振二次谐波差拍产生的，与$g_2(t)$有关。

$$\left.\begin{aligned} i_{k1}(t) &= g_2 V_s \cos[(2\omega_L - \omega_s)t + \pi] \\ i_{k2}(t) &= g_2 V_s \cos(2\omega_L - \omega_s)t \end{aligned}\right\} \tag{1.96}$$

$i_{k1}(t)$与$i_{k2}(t)$由M_1、M_2流到A点时相位相差π，A点成为镜频电压节点，$i_{k1}(t)$与$i_{k2}(t)$便不会向信号源流入。$i_{k1}(t)$继续向M_1传送，$i_{k2}(t)$经A点继续向M_2传送，在这个过程中被对方吸收，这样就在M_2—A—M_1之间形成驻波，如图 1.4－16 所示，A点成为波节点；也可看成$\mathrm{M_1}$发出的波在$\mathrm{M_2}$处被全反射，又返回$\mathrm{M_1}$（相位增加2π与$i_{k1}(t)$同相），即镜频开路混频器。同理，$\mathrm{M_2}$发出的波被$\mathrm{M_1}$反射，同本振再次混频产生新的中频。

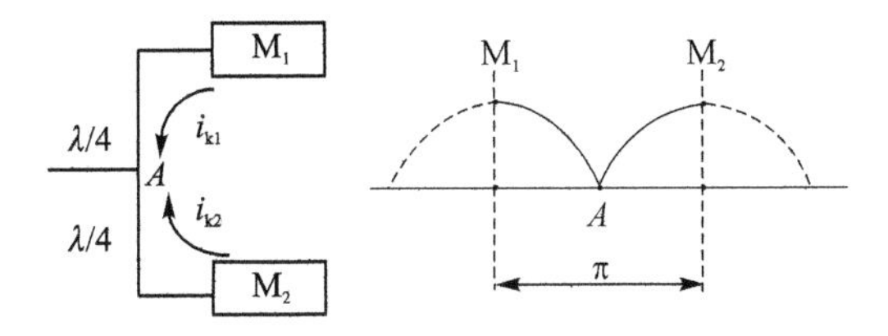

图 1.4－16　平衡式镜像回收混频器电流示意图

这两个镜频电压为

$$\left.\begin{aligned} V_{k1}(t) &= V_k \cos(\omega_k t + \pi) \\ V_{k2}(t) &= V_k \cos \omega_k t \end{aligned}\right\}$$

该电压与各自的基波再次混频，产生新中频信号$\omega_{\text{if}} = \omega_L - \omega_k$，其表达式为

$$\left.\begin{aligned} i_{\text{kif1}}(t) &= g_1 V_k \cos\left[(\omega_L - \omega_k)t - \frac{\pi}{2}\right] = g_1 V_k \cos\left(\omega_{\text{if}} t - \frac{\pi}{2}\right) \\ i_{\text{kif2}}(t) &= g_1 V_k \cos(\omega_L - \omega_k)t = g_1 V_k \cos \omega_{\text{if}} t \end{aligned}\right\} \tag{1.97}$$

这两个电流在B点与原中频电流$i_{\text{if1}}(t)$、$i_{\text{if2}}(t)$同相叠加使输出中频信号得到加强。平衡式镜像回收混频器可由图 1.4－17 所示的方案来具体实现。

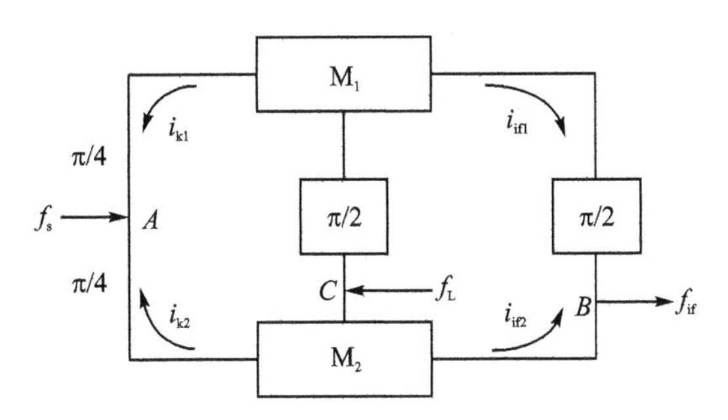

图 1.4－17　平衡式镜像回收混频器方案举例

1.5 习 题

1-1 试比较单端、平衡、双平衡混频器的优缺点。

1-2 肖特基二极管与PN结二极管有何区别？前者为什么能在微波波段工作？

1-3 试述净变频损耗的能量损耗在哪里。对于镜像开路、镜像短路、镜像匹配三种不同情况，哪一种净变频损耗最大？哪一种最小？

1-4 试比较三种镜频终端下混频器的传输特性及噪声特性。

1-5 试简要说明镜像回收的物理过程，在微波接收机中有何重要意义？

1-6 画出图1.5-1所示平衡混频器的等效电路，证明信号产生的中频电流是同相叠加的，而本振噪声引起的中频电流是反向抵消的。指出这种混频器可以抑制的谐波分量。

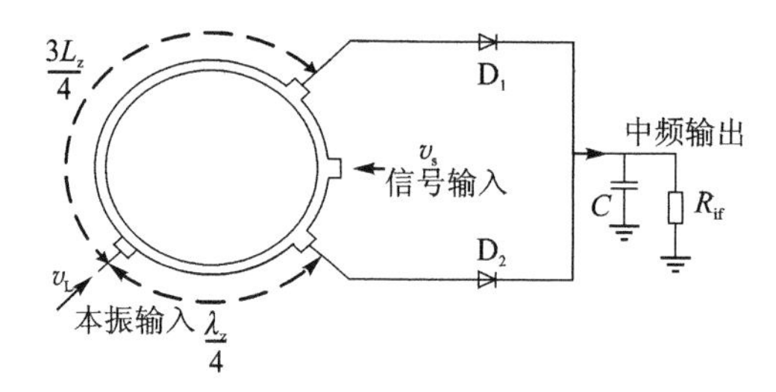

图1.5-1 习题1-6图

第2章　参量放大器

2.1　引　言

参量放大器与晶体管放大器工作原理完全不同，三极管放大器是利用半导体的非线性电阻特性，将直流电源的能量转换成信号能量，因此在晶体管放大器中，不但存在热噪声，还存在散弹噪声。

参量放大器是利用非线性电抗特性实现放大的。当非线性电抗受到输入信号和外加高频电源(泵浦电源)同时作用时，在一定条件下，信号从泵源中取得能量而得到放大。理想变容管工作时无直流电流通过(不导通)；纯电抗元件既不产生热噪声，也不产生散弹噪声，是典型的低噪放大器，因此在雷达、导航和通信领域等有广泛的应用。

但实际上，二极管含有一定的损耗电阻，因此总会有一定的热噪声发生。只要合理设计电路，采取制冷措施，就会使噪声很低。例如采用制冷措施的参量放大器可使噪声低于 0.2 dB (1.05)。

2.2　变容二极管

2.2.1　结电容

当 P、N 两型半导体接触后，由于载流子的扩散运动，在接触区域形成宽度为 W 的空间电荷区，如图 2.2-1 所示。

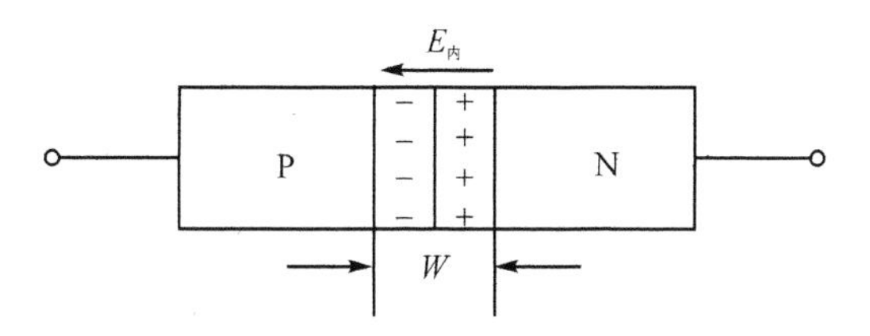

图 2.2-1　PN 结内建电场所示意图

内建电场的存在使 PN 结两边形成电位势垒 ϕ_s，对重掺杂的硅 PN 结 $\phi_s \approx 0.6$ V，对砷化钾 PN 结 $\phi_s \approx 0.8$ V。空间电荷区相当于一个平板电容，这个电容称为 PN 结的结电容，用 C_j 表示：$C_j = \frac{dQ}{dV}$。Q 是电容电荷量，V 是外电压；由高斯定理：$Q = \int_s \varepsilon E \mathrm{d}a$ ，则

$$\mathrm{d}Q = A\varepsilon \mathrm{d}E = A\varepsilon \frac{\mathrm{d}V}{W}$$

根据定义
$$C_j = \frac{dQ}{dV} = \frac{A\varepsilon}{W} \tag{2.1}$$
式中：A 是 PN 结处截面面积。PN 结电容与外加电压大小有关，当 P 接电源正极，N 接电源负极时，外加偏压与势垒方向相反，空间电荷区变窄，如图 2.2－2 所示；当 P 接电源负极，N 接电源正极时，外电场与内建电场方向一致，空间电荷区变宽，如图 2.2－3 所示；当 PN 结不外接电压时，处于零偏压状态，$C_j(0)$ 为一个定值。C_j 与外接电压的关系曲线如图 2.2－4 所示。

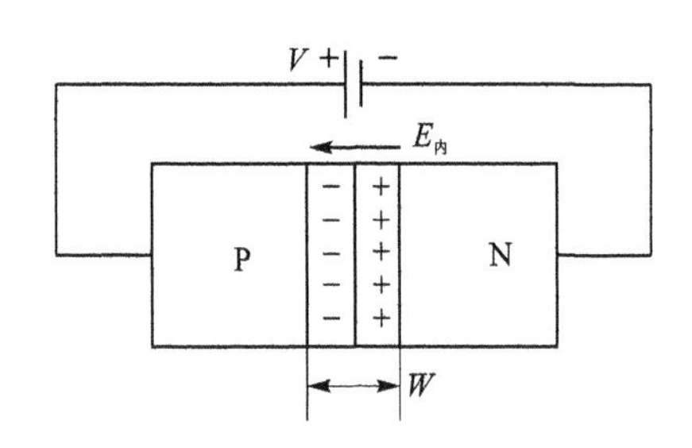

图 2.2－2　接正向外接电压

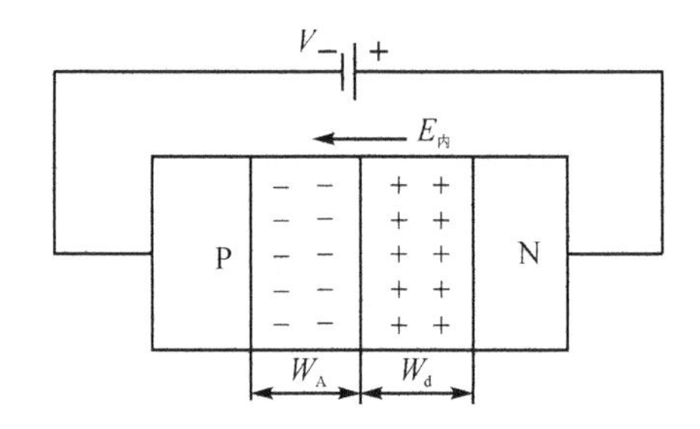

图 2.2－3　接反向外接电压

根据不同用途，变化 PN 结的构造与材料掺杂浓度，可得到突变结、线性缓变结、阶跃恢复结等不同类型的 PN 结。而不同 PN 结的结电容随偏压变化规律也不同，图 2.2－5 展示了不同突变结的杂质浓度分布。下面仅以突变结为例加以说明。

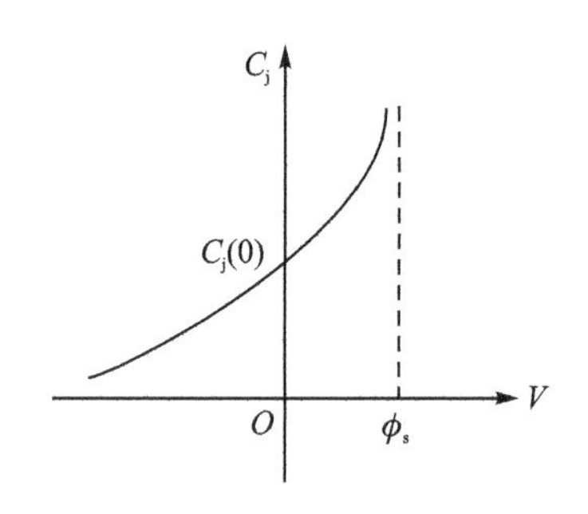

图 2.2－4　C_j 与外接电压的关系曲线

所谓突变结，是指 P 区和 N 区杂质浓度在 PN 结交界面上突然改变，而 P 区和 N 区都是常数浓度 N_A 和 N_D。

这里 N_A、N_D 是 P、N 区杂质浓度，W_A 是 P 区空间电荷区宽度，W_d 是 N 区空间电荷区宽度，则空间电荷区的总宽度 $W = W_A + W_d$。

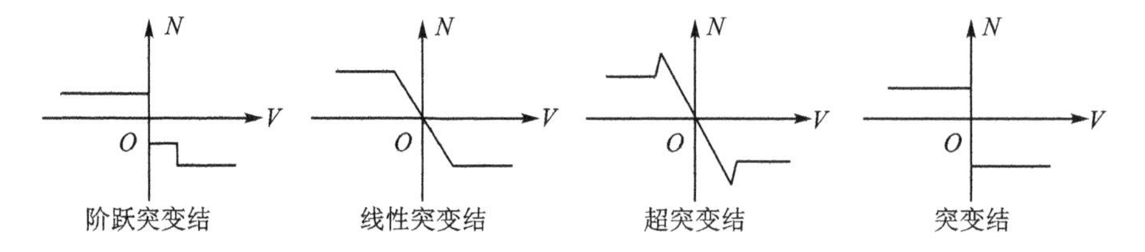

图 2.2－5　不同突变结的杂质浓度分布

半导体中的电位满足一维泊松方程
$$\frac{d^2\phi(x)}{dx^2} = \frac{-\rho}{\varepsilon} \tag{2.2}$$
式中：ρ 是电荷密度
$$\rho = eN(x) = \begin{cases} -eN_A, & -W_A \leqslant x < 0 \\ eN_D, & 0 \leqslant x < W_d \end{cases}$$
将上式代入式(2.2)中，则

$$\frac{\mathrm{d}^2\phi(x)}{\mathrm{d}x^2}=\begin{cases}\dfrac{e}{\varepsilon}N_{\mathrm{A}}, & -W_{\mathrm{A}}\leqslant x<0\\[2mm] -\dfrac{e}{\varepsilon}N_{\mathrm{D}}, & 0\leqslant x<W_{\mathrm{d}}\end{cases}\tag{2.3}$$

对上式积分并利用边界条件

$$\begin{cases}x=-W_{\mathrm{A}}, & E=0\\ x=-W_{\mathrm{d}}, & E=0\end{cases}$$

则

$$E=-\frac{\mathrm{d}\phi(x)}{\mathrm{d}x}=\begin{cases}-\dfrac{e}{\varepsilon}N_{\mathrm{A}}(x+W_{\mathrm{A}}), & -W_{\mathrm{A}}\leqslant x<0\\[2mm] \dfrac{e}{\varepsilon}N_{\mathrm{D}}(x-W_{\mathrm{d}}), & 0\leqslant x<W_{\mathrm{d}}\end{cases}\tag{2.4}$$

$$\phi(x)=\begin{cases}\dfrac{e}{\varepsilon}N_{\mathrm{A}}\left(\dfrac{x^2}{2}+W_{\mathrm{A}}x\right), & -W_{\mathrm{A}}\leqslant x<0\\[2mm] \dfrac{e}{\varepsilon}N_{\mathrm{D}}\left(W_{\mathrm{d}}x-\dfrac{x^2}{2}\right), & 0\leqslant x<W_{\mathrm{d}}\end{cases}\tag{2.5}$$

当 $x=-W_{\mathrm{A}}$ 时，$\phi(-W_{\mathrm{A}})=-\dfrac{e}{2\varepsilon}N_{\mathrm{A}}W_{\mathrm{A}}^2$；当 $x=W_{\mathrm{d}}$ 时，$\phi(W_{\mathrm{d}})=\dfrac{e}{2\varepsilon}N_{\mathrm{D}}W_{\mathrm{d}}^2$。

考虑外加电场 V，则结两端电压差将为 $\phi_{\mathrm{s}}-V=\phi(W_{\mathrm{d}})-\phi(-W_{\mathrm{A}})$。由于空间电荷区(两侧)正负离子数相等，即 $N_{\mathrm{A}}W_{\mathrm{A}}A=N_{\mathrm{D}}W_{\mathrm{d}}A$，或 $N_{\mathrm{A}}W_{\mathrm{A}}=N_{\mathrm{D}}W_{\mathrm{d}}$，由此得到 $W_{\mathrm{d}}=\dfrac{N_{\mathrm{A}}}{N_{\mathrm{d}}}W_{\mathrm{A}}$，从以上关系可解出

$$W_{\mathrm{A}}=\left[\frac{2\varepsilon}{e}(\phi_{\mathrm{s}}-V)\frac{N_{\mathrm{D}}}{N_{\mathrm{A}}(N_{\mathrm{A}}+N_{\mathrm{D}})}\right]^2,\quad W_{\mathrm{d}}=\left[\frac{2\varepsilon}{e}(\phi_{\mathrm{s}}-V)\frac{N_{\mathrm{A}}}{N_{\mathrm{D}}(N_{\mathrm{A}}+N_{\mathrm{D}})}\right]^2$$

所以

$$W=W_{\mathrm{A}}+W_{\mathrm{d}}=\left[\frac{2\varepsilon}{e}(\phi_{\mathrm{s}}-V)\frac{N_{\mathrm{A}}+N_{\mathrm{D}}}{N_{\mathrm{A}}N_{\mathrm{D}}}\right]^{\frac{1}{2}}$$

当 $V=0$ 时

$$W_0=\left(\frac{2\varepsilon}{e}\phi_{\mathrm{s}}\frac{N_{\mathrm{A}}+N_{\mathrm{D}}}{N_{\mathrm{A}}N_{\mathrm{D}}}\right)^{\frac{1}{2}}$$

因此

$$W=W_0\left(1-\frac{V}{\phi_{\mathrm{s}}}\right)^{\frac{1}{2}}\tag{2.6}$$

在参量放大器中多采用突变结，它的 $n=1/2$；而在倍频器中多用线性缓变结，它的 $n=1/3$；在电调谐器件中多采用 $n>1/2$ 的突变结；在倍频器中还用 $n=0$ 的阶跃恢复结。对于任意杂质分布的 PN 结，它的结电容为

$$C_{\mathrm{j}}=\frac{C_{\mathrm{j}}(0)}{\left(1-\dfrac{V}{\phi_{\mathrm{s}}}\right)^n}\tag{2.7}$$

故突变结的 $C_{\mathrm{j}}=\dfrac{C_{\mathrm{j}}(0)}{\left(1-\dfrac{V}{\phi_{\mathrm{s}}}\right)^{\frac{1}{2}}}$，线性缓变结的 $C_{\mathrm{j}}=\dfrac{C_{\mathrm{j}}(0)}{\left(1-\dfrac{V}{\phi_{\mathrm{s}}}\right)^{\frac{1}{3}}}$。其中 $C_{\mathrm{j}}(0)=\dfrac{\varepsilon A}{W_0}$ 是 $V=0$ 时的结电容。

2.2.2 主要参数

变容二极管的伏安特性曲线如图 2.2-6 所示，V_B 是反向击穿电压，ϕ_s 是正向导通电压。二极管的等效电路如图 2.2-7 所示。图中 C_P 为二极管壳电容，L_s 和 R_s 为串联参数，C_j 为结电容；二极管的工作区为 $V_B<\phi<\phi_s$。下面介绍变容二极管的几个主要电气参数。

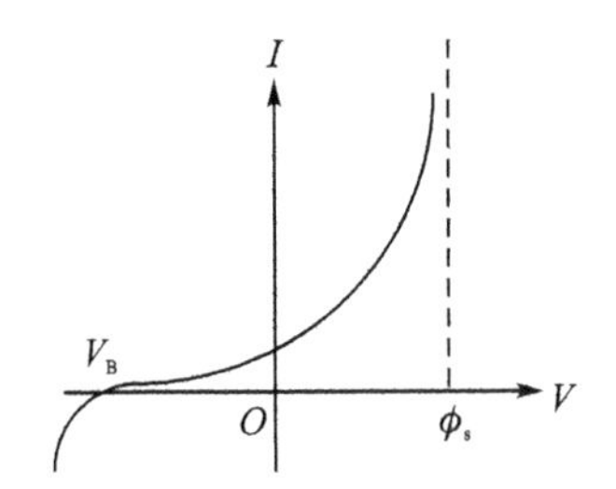

图 2.2-6 二极管伏安特性曲线

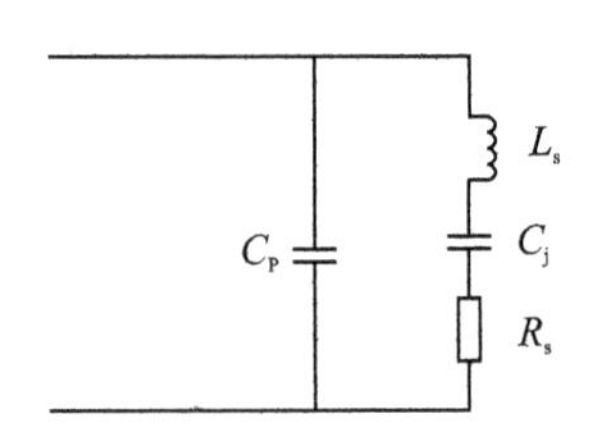

图 2.2-7 二极管等效电路

1. 电容调制系数 γ

电容调制系数 γ 定义为

$$\gamma=\frac{C_{\max}-C_{\min}}{2(C_{\max}+C_{\min})} \tag{2.8}$$

参量放大器是在泵压作用下工作的，故结电容跟随泵压 V_P 变化。图 2.2-8 展示了两者之间的关系曲线。图中 $C_{\max}$ 对应最大瞬时偏压时的结电容，$C_{\min}$ 对应最小瞬时偏压时的结电容。γ 表示结电容的相对变化量，若 γ 大，则说明结电容在一定电压变化范围内变化最大，性能好，做成的参量放大器的性能也好，在应用中应选 γ 大的变容管。

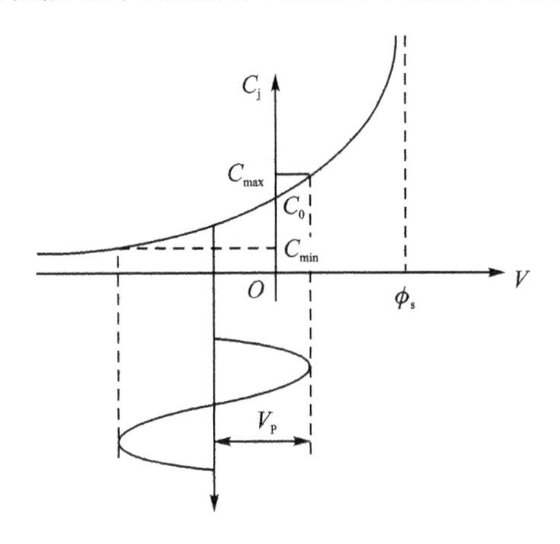

图 2.2-8 结电容随泵压 V_P 变化关系

2. 品质因数 Q

品质因数 Q(或静态品质因数)定义为

$$Q=\frac{1}{2\pi f R_s C} \tag{2.9}$$

式中：令 $C=C_j$，零偏压时 $C_j=C(0)$。零偏压时品质因数为

$$Q_0=\frac{1}{2\pi fR_sC(0)} \tag{2.10}$$

Q 越大，说明二极管的损耗越小，噪声性能越好。二极管的 γ、Q 都是大一些为好，通常把 $\widetilde{Q}=Q\gamma$ 称为动态品质因数。

3. 截止频率 f_c

$$f_c=\frac{1}{2\pi R_sC}=Qf \tag{2.11}$$

定义 $\widetilde{f}_c=\gamma f_c$ 为动态截止频率，f_c、Q、C_j 都随偏压而变，一般规定以反向击穿时的 C_{min} 为准来确定截止频率

$$f_c=\frac{1}{2\pi R_sC_{min}} \tag{2.12}$$

4. 自谐振频率 f_D

由 L_s、C_j、R_s 组成的串联谐振电路（以后用 C 代替 C_j），其谐振频率

$$f_{D1}=\frac{1}{2\pi\sqrt{L_sC}} \tag{2.13}$$

由 L_s、C_j、R_s、C_P 组成的并联电路，其谐振频率

$$f_{D2}=\frac{1}{2\pi\sqrt{L_s\dfrac{C_PC}{C_P+C}}}=f_{D1}\sqrt{1+\frac{C}{C_P}} \tag{2.14}$$

f_{D1}、f_{D2} 都叫自谐振频率，提高 f_{D1}、f_{D2} 对于提高参量放大器的工作频段，增大带宽和降低噪声系数都有重要意义。在二极管的制造工艺中，应设法降低 C_P 和 L_s。

2.2.3　变容二极管的动态性质

下面讨论二极管在直流偏压和泵源电压 V_P 作用下的特性。

设变容管直流偏压为 V_0、泵源 $v_P(t)=V_P\cos\omega_Pt$，总电压 $v(t)=-(V_0+V_P\cos\omega_Pt)$（反偏工作）；将 $v(t)$ 代入式(2.7)得到电容表达式

$$C(v)=\frac{C(0)}{\left(1-\dfrac{v}{\phi_s}\right)^n}=\frac{C(0)}{\left(1+\dfrac{V_0+V_P\cos\omega_Pt}{\phi_s}\right)^n}=\frac{C(0)}{\left(1+\dfrac{V_0}{\phi_s}\right)^n\left(1+\dfrac{V_P}{\phi_s+V_0}\cos\omega_Pt\right)^n}$$

又由于

$$\frac{C(0)}{\left(1+\dfrac{V_0}{\phi_s}\right)^n}=\frac{C(0)}{\left(1-\dfrac{-V_0}{\phi_s}\right)^n}=C(-V_0)$$

可得

$$C(v)=\frac{C(-V_0)}{\left(1+\dfrac{V_P}{\phi_s+V_0}\cos\omega_Pt\right)^n} \tag{2.15}$$

可见，$C(v)$ 也是时间 t 的周期函数，因此可展开成傅里叶级数

$$C(t)=C_0-\sum_{k=1}^{\infty}2C_k\cos k\omega_Pt \tag{2.16}$$

其中

$$C_0=\frac{1}{2\pi}\int_0^{2\pi}\frac{C(-V_0)}{\left(1+\frac{V_P}{\phi_s+V_0}\cos\omega_P t\right)^n}\mathrm{d}\omega_P t$$

$$C_k=-\frac{1}{2\pi}\int_0^{2\pi}\frac{C(-V_0)}{\left(1+\frac{V_P}{\phi_s+V_0}\cos\omega_P t\right)^n}\cos k\omega_P t\,\mathrm{d}\omega_P t$$

若对 C_k 做一级近似,取 C_k 展开式的前两项,可得

$$C(t)\approx C_0-2C_1\cos\omega_P t=C_0\left(1-2\frac{C_1}{C_0}\cos\omega_P t\right) \tag{2.17}$$

图 2.2-9 展示了在泵源作用下的变容管结电容的变化情况,变容管结电容等效为两个电容并联,一个是与 t 无关的平均电容 C_0,它由工作点电容 $C(-V_0)$ 和直流增量电容 ΔC 相加组成,由图 2.2-9 可知,$C_0=\frac{C_{\max}+C_{\min}}{2}$;另一个为时变电容 C_1,它随时间作谐振变化,其幅度 $2C=\frac{C_{\max}-C_{\min}}{2}$,这两个电容的幅度都是 V_0、$v_P(t)$ 的函数。式中,$\frac{C_1}{C_0}$ 正是电容调制系数 $\gamma=\frac{C_1}{C_0}=\frac{C_{\max}-C_{\min}}{2(C_{\max}+C_{\min})}$。

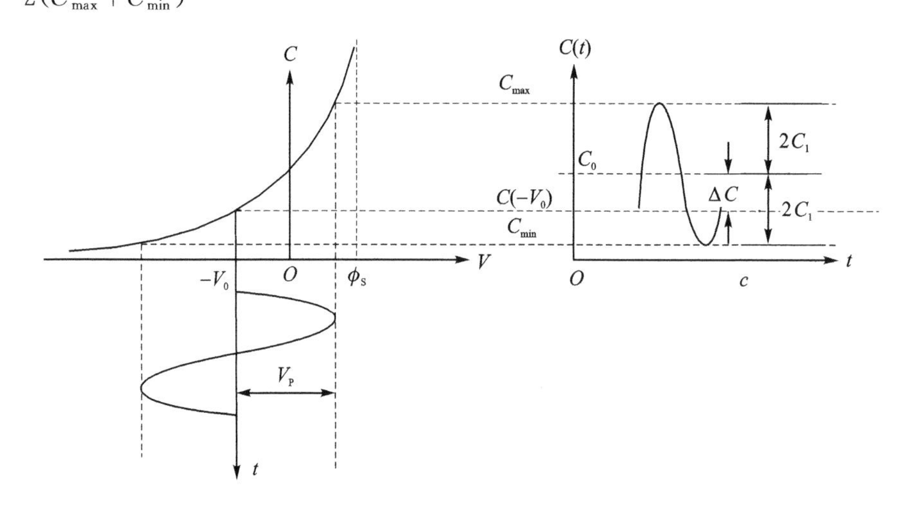

图 2.2-9 加泵源后结电容的变化情况

所以式(2.17)可以写为

$$C(t)=C_0(1-2\gamma\cos\omega_P t) \tag{2.18}$$

求其倒数并在 γ 比较小时利用傅里叶展开得

$$\frac{1}{C(t)}=\frac{1}{C_0(1-2\gamma\cos\omega_P t)}\approx\frac{1}{C_0}(1+2\gamma\cos\omega_P t)=\frac{1}{C_0}+\frac{1}{C'(t)}$$

式中:$C'(t)=\frac{C_0}{2\gamma\cos\omega_P t}$,定义 $S(t)=\frac{1}{C(t)}$ 为电弹,则

$$S(t)\approx S_0(1+2\gamma\cos\omega_P t)=S_0+2S_1\cos\omega_P t \tag{2.19}$$

其中 $S_0=\frac{1}{C_0}$是电弹的平均分量，$S_1=\frac{\gamma}{C_0}$为电弹基波分量幅值。

电容调制系数 γ 的提高受两方面限制：一方面，V_0 与 $v_P(t)$叠加后，最大正偏压不能使管子导通引起正向电流，否则散弹噪声增加；另一方面最大负压不能低于击穿电压 V_B。不同二极管的 γ 的极限值不同，突变结 $\gamma\approx\frac{1}{4}$，线形缓变结 $\gamma\approx\frac{1}{6}$。

2.2.4　变容管的变频效应

在泵电压作用下，变容管结电容是时变的

$$C(t)\approx C_0-2C_1\cos\omega_P t-2C_2\cos 2\omega_P t+\cdots \tag{2.20}$$

如果再加上一个信号电压 $v_s(t)=V_s\cos\omega_s t$，且 $V_s\ll V_P$，则时变电流成为

$$\begin{aligned}i(t)=\frac{dQ}{dt}=\frac{d}{dt}[C(t)v_s]=&-V_s\omega_s C_0\sin\omega_s t+V_s(\omega_P+\omega_s)C_1\sin(\omega_P+\omega_s)t+\\&V_s(\omega_P-\omega_s)C_1\sin(\omega_P-\omega_s)t+V_s(2\omega_P+\omega_s)C_2\sin(2\omega_P+\omega_s)t+\\&V_s(2\omega_P-\omega_s)C_2\sin(2\omega_P-\omega_s)t+\cdots\end{aligned} \tag{2.21}$$

电流中不仅有 ω_s 的分量，还产生 $\omega_P\pm\omega_s$，$2\omega_P\pm\omega_s$，…组合分量，其频率分量一般可表示为：$f_{m,n}=mf_P+nf_s$（m、n 是任意整数）。由此可见，非线性电容也有频率变换的作用。

2.3　门雷-罗威关系式

门雷-罗威关系式是分析参量放大器的基础理论，它导出了非线性电抗中各频率分量必须遵守的功率分配关系。图 2.3－1 给出了研究非线性电抗能量分配关系的电路模型，它是由无数条与非线性电容并联的支路组成的，每条支路由滤波器、内阻组成，其中接有信号 $v_s(t)$和泵源 $v_P(t)$的支路是有源支路，其他支路是无源支路。滤波器只让通带允许的频率通过，对其余的频率截止。

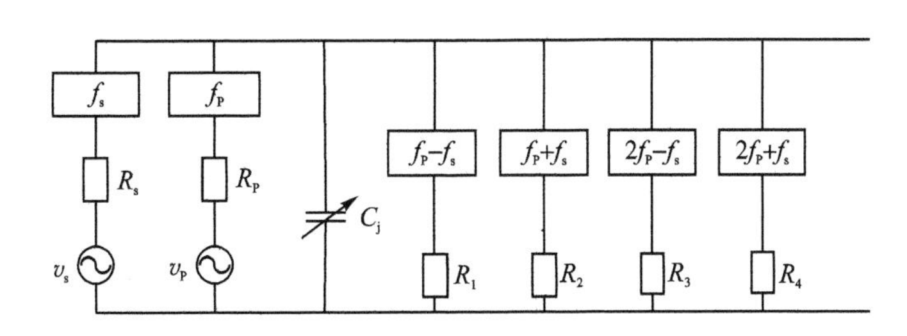

图 2.3－1　研究非线性电抗中能量关系的电路模型

在 $v_s(t)$和 $v_P(t)$共同作用下，非线性电容中将产生各种组合频率 $f_{m,n}=mf_P+nf_s$，它们的电流将分别流过相应支路，由于理想非线性电容是无耗的，它本身不会产生能量，也不会消耗能量，输入的能量只能转换为其他频率能量而全部输出，即能量是守恒的。

若设 $P_{m,n}$ 为频率 $f_{m,n}=mf_P+nf_s$ 的平均功率，并设流入电容 C_j 的功率为正，流出电容 C_j 的功率为负。由于能量守恒，在非线性电容中，各频率分量平均功率应为零，即

$$\sum_{m=-\infty}^{\infty}\sum_{n=-\infty}^{\infty}P_{m,n}=0 \tag{2.22}$$

将式(2.21)两边同乘以$\frac{f_{m,n}}{f_{m,n}}=\frac{mf_P+nf_s}{mf_P+nf_s}$,得

$$\sum_{m=-\infty}^{\infty}\sum_{n=-\infty}^{\infty}P_{m,n}\frac{mf_P+nf_s}{mf_P+nf_s}=0 \tag{2.23}$$

将式(2.23)展开并化简得

$$f_P\underbrace{\sum_{m=-\infty}^{\infty}\sum_{n=-\infty}^{\infty}\frac{mP_{m,n}}{mf_P+nf_s}}_{(1)}+f_s\underbrace{\sum_{m=-\infty}^{\infty}\sum_{n=-\infty}^{\infty}\frac{nP_{m,n}}{mf_P+nf_s}}_{(2)}=0 \tag{2.24}$$

对式(2.24)左边第(1)项进行变化

$$f_P\sum_{m=-\infty}^{\infty}\sum_{n=-\infty}^{\infty}\frac{mP_{m,n}}{mf_P+nf_s}=f_P\sum_{n=-\infty}^{\infty}\left(\sum_{m=0}^{\infty}\frac{mP_{-m,-n}}{mf_P+nf_s}+\sum_{m=0}^{\infty}\frac{mP_{m,n}}{mf_P+nf_s}\right)=$$

$$2f_P\sum_{n=-\infty}^{\infty}\sum_{m=0}^{\infty}\frac{mP_{m,n}}{mf_P+nf_s} \tag{2.25}$$

式(2.25)中使用了变量代换(令 $m=-m,n=-n$)。同理,式(2.24)左边第(2)项可变化为

$$f_s\sum_{m=-\infty}^{\infty}\sum_{n=-\infty}^{\infty}\frac{nP_{m,n}}{mf_P+nf_s}=2f_s\sum_{m=-\infty}^{\infty}\sum_{n=0}^{\infty}\frac{nP_{m,n}}{mf_P+nf_s} \tag{2.26}$$

式(2.24)就可以化为

$$f_P\sum_{n=-\infty}^{\infty}\sum_{m=0}^{\infty}\frac{mP_{m,n}}{mf_P+nf_s}+f_s\sum_{m=-\infty}^{\infty}\sum_{n=0}^{\infty}\frac{nP_{m,n}}{mf_P+nf_s}=0 \tag{2.27}$$

f_s、f_P 是不等于 0 的任意正数,若式(2.27)对于任意 m、n 的情况都成立,则必须每一项都为 0,即得门雷-罗威关系式(Manley - Rowe)

$$\left.\begin{aligned}\sum_{n=-\infty}^{\infty}\sum_{m=0}^{\infty}\frac{mP_{m,n}}{mf_P+nf_s}=0\\ \sum_{m=-\infty}^{\infty}\sum_{n=0}^{\infty}\frac{nP_{m,n}}{mf_P+nf_s}=0\end{aligned}\right\} \tag{2.28}$$

1. 只存在和频情况

实际上,最常用的组合频率只有 f_s 和 f_P 的和频 f_+ 与差频 f_-,这时图 2.3-1 所示的电路模型只需要三个频率回路。图 2.3-2 是只存在和频 $f_+=f_s+f_P$ 时的电路模型及功率分配图。

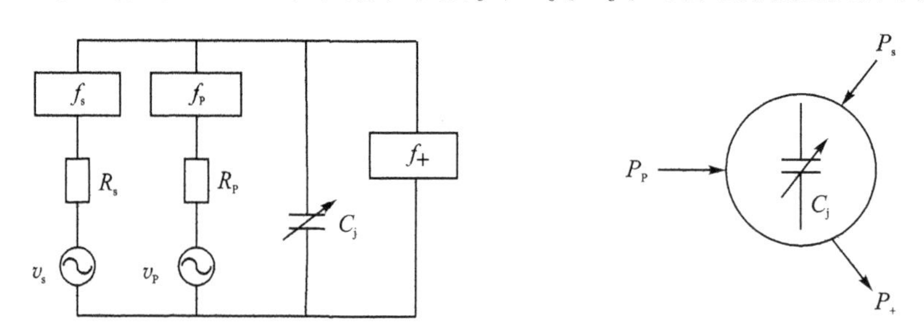

图 2.3-2 和频电路模型及功率分配关系图

和频应用情况电路中只有 f_s、f_P、f_+ 三个频率信号。由 $f_{m,n}=mf_P+nf_s$ 可知:

- 当 $m=0,n=1$ 时，$f_{0,1}=f_s$，$P_{0,1}=P_s$；
- 当 $m=1,n=0$ 时，$f_{1,0}=f_P$，$P_{1,0}=P_P$；
- 当 $m=1,n=1$ 时，$f_{1,1}=f_+=f_s+f_P$，$P_{1,1}=P_+$。

这里 P_s、P_P、P_+ 分别是信号功率、泵源功率及和频信号功率。

由门雷-罗威关系式知

$$\left.\begin{aligned}\frac{P_{1,0}}{f_P}+\frac{P_{1,1}}{f_P+f_s}=\frac{P_P}{f_P}+\frac{P_+}{f_+}=0\\ \frac{P_{0,1}}{f_s}+\frac{P_{1,1}}{f_P+f_s}=\frac{P_s}{f_s}+\frac{P_+}{f_+}=0\end{aligned}\right\}\quad \text{或} \quad \left.\begin{aligned}P_+=-P_P\frac{f_+}{f_P}\\ P_+=-P_s\frac{f_+}{f_s}\end{aligned}\right\} \tag{2.29}$$

P_P 是泵源功率，是流入非线性元件的功率，为正值，则 P_+ 为负，P_s 为正，从而说明 P_s 提供能量。由于 P_s 不吸收能量，因此无论 P_P 怎样增加，P_s 都不受影响。

功率增益 $G=\left|\dfrac{P_+}{P_s}\right|$，$G$ 随着 f_P 的增大而增大，可见，增益是稳定的。

由于 $f_+=f_s+f_P$ 是 f_P 的上边带，因此这类放大器称为上边带参数放大器；又由于这类放大器同时具有变频的作用，因此也称为上边带变频器。

2. 只存在差频的情况

只存在差频 $f_-=f_P-f_s$ 时，同样由 $f_{m,n}=mf_P+nf_s$ 可知，当 $m=0,n=1$ 时，$f_{0,1}=f_s$，$P_{0,1}=P_s$；当 $m=1,n=0$ 时，$f_{1,0}=f_P$，$P_{1,0}=P_P$；当 $m=1,n=-1$ 时，$f_{1,-1}=f_-=f_P-f_s$，$P_-=P_P-P_s$。

代入式(2.28)中得到

$$\left.\begin{aligned}\frac{P_P}{f_P}+\frac{P_-}{f_-}=0\\ \frac{P_s}{f_s}-\frac{P_-}{f_-}=0\end{aligned}\right\} \tag{2.30}$$

从式(2.30)可见，P_s 与 P_- 同号，P_P 为正，则 P_- 为负，P_s 为负。P_s 为负说明：信号功率是可以由电抗中输出的，即在参量放大器差频工作情况下，输出的信号功率大于输入的信号功率。非线性电抗既可输出差频功率，也可输出信号功率；两者都有增益。只要泵源功率 P_P 增大，输出的信号功率 P_s 和差频功率 P_- 将随之增加。当增大到一定程度时，就可能产生振荡，所以这种放大器是潜在不稳定的。图 2.3-3 是差频功率分配示意图。当以 P_- 作为输出时，$f_-=f_P-f_s$，是 f_P 的下边带，故称为下边带参放。(当 $f_->f_s$ 时，一般要求 $f_P\gg f_s$ 才有放大作用)。由于它具有变频的作用，因此又称下边带变频器。图 2.3-4 展示了和频、差频与泵源和信号源频率的频谱关系。

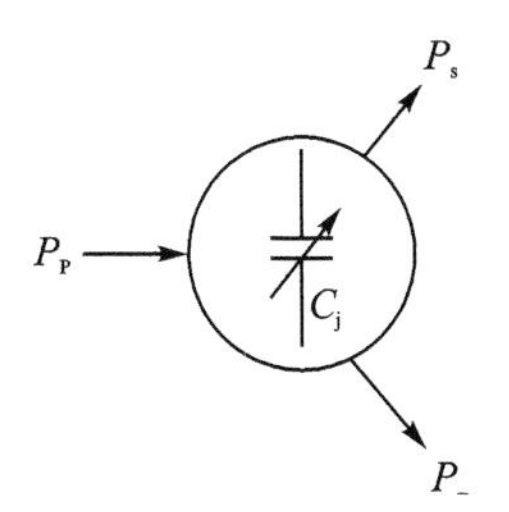

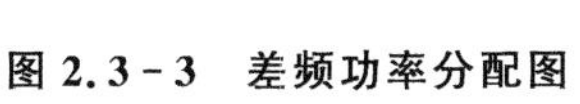
图 2.3-3　差频功率分配图

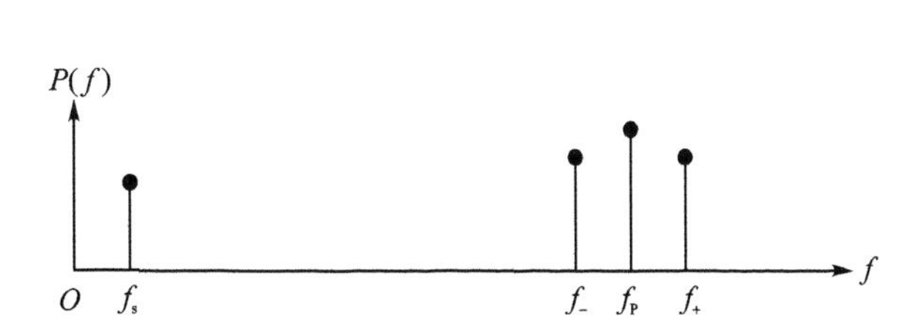

图 2.3-4　和频、差频与泵源和信号源频率的频谱关系

3. 负阻反射型参放

对于差频情况，当 $f_P > f_s$ 时，不仅差频 $f_- = f_P - f_s$ 得到功率放大，而且信号频率 f_s 也得到功率放大，也就是说，网络对信号支路呈现负阻。

如果以 f_s 为输出量，则为负阻反射型参量放大器。由于信号输入、输出在同一端口，因此必须加环行器对进出信号进行隔离，如图 2.3-5 所示。

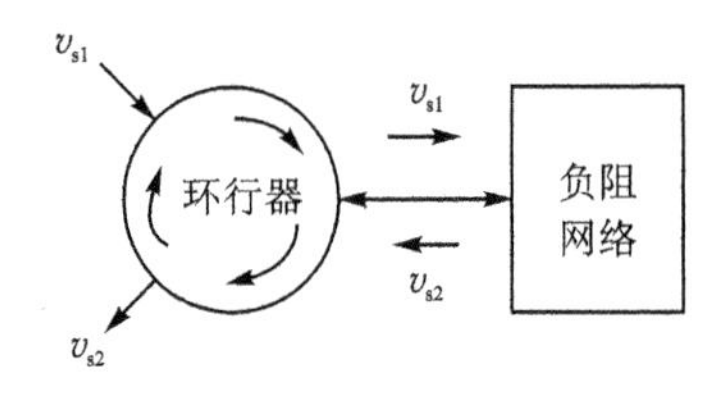

图 2.3-5 负阻反射型参量放大器原理图

当输出为 P_s 时，放大器的输入、输出都是 f_s，表面上看与 f_- 无关，故有时把 f_- 称为空闲频率 f_i。实际上，f_i 是这类放大器不可少的参量。它起到把 f_P 的能量转换为 f_s 功率的作用。这一点从式(2.30)中也能看出：若 $P_- = 0$，则 $P_s = 0$，$P_P = 0$。这表明此时信号源和泵源都不输出功率，也不吸收功率，从而不存在能量转换。所以说只有 P_- 存在，才有 $P_s \neq 0$，虽然 f_i 不直接输出功率，但差频支路的存在是参放工作的必要条件。

如果在构成负阻反射型参量放大器时，选择 $f_P = 2f_s$，则 $f_i = f_- = f_P - f_s = f_s$。空闲回路与信号回路共用同一回路，称为简并型参量放大器。若 $f_s \neq f_i$，则称为非简并型参量放大器。一般情况下，简并型实现起来比较困难，一般都用准简并型参量放大器：$f_s \approx f_i$。它在结构上是简并型的，但在工作原理上是非简并型的。

简并与非简并的划分原则是：若信号回路通带内可使空闲信号通过，则称为简并型；若空闲与信号频率各走各的回路，则称为非简并型。

上述几种参量放大器的噪声系数基本相同。上边带参放 f_+ 增益有限，很少用；下边带参放 f_- 带宽较窄。负阻反射型中，简并参量放大器($f_i = f_s$)实现也困难。只有非简并参量放大器($f_s \neq f_i$)不仅有高的增益，而且带宽也较宽，是目前微波系统中常用的参量放大器。

要注意 f_s 必须小于 f_P。若 $f_s > f_P$，则 $f_- = f_s - f_P$，门雷-罗威关系式成为

$$\begin{cases} \dfrac{P_P}{f_P} - \dfrac{P_-}{f_-} = 0 \\[2mm] \dfrac{P_s}{f_s} + \dfrac{P_-}{f_-} = 0 \end{cases}$$

由于 $P_P > 0$，$P_- > 0$，$P_s < 0$，此时空闲频率得不到能量，也不能提供能量，起不到能量转换的作用，不会形成负阻放大器。

2.4 非简并型参量放大器

2.4.1 非简并型参量放大器等效电路

非简并型参量放大器的模型如图 2.4-1 (a)所示，三个回路有各自的内阻、滤波器。在泵源作用下，变容管等效为平均电容 C_0 和时变电容 $C'(t)$ 的串联电路，如图 2.4-1(b)所示。由于 f_i、f_s 信号分别在 C_0、L_s、R_s 上产生电压降，又由于 C_0、L_s、R_s 为线性元件，不会引起回路间的耦合作用，因此可以把它们分别移入信号回路和空闲回路，如图 2.4-1(c)所示。

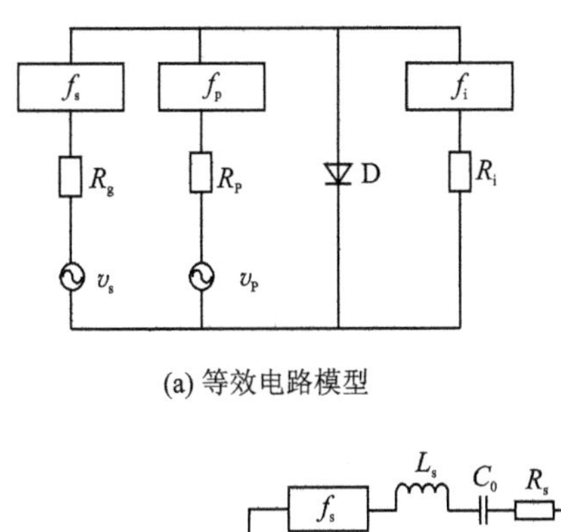

(a) 等效电路模型

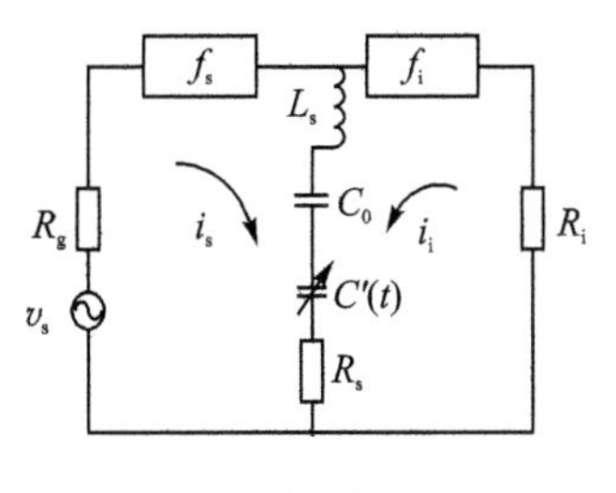

(b) 等效电路

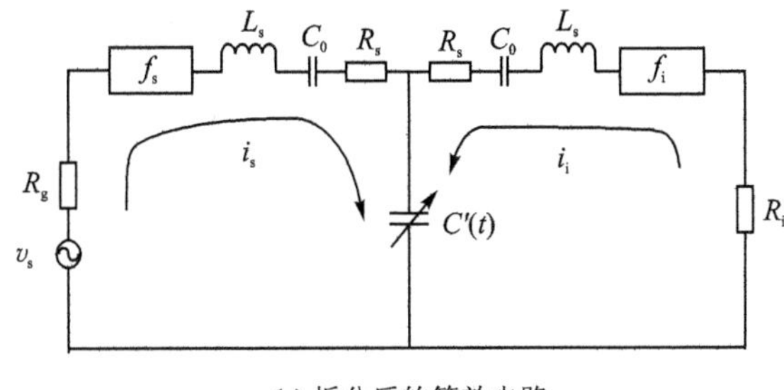

(c) 拆分后的等效电路

图 2.4－1　非简并型参放的模型及等效电路

下面根据等效电路导出变容管在泵源作用下产生的负阻效应。

设信号电流和空闲电流分别如下，并用复数表示

$$\left.\begin{aligned} i_s &= I_s\cos(\omega_s t+\phi_s)=\frac{1}{2}(\dot{I}_s e^{j\omega_s t}+\dot{I}_s^* e^{-j\omega_s t}) \\ i_i &= I_i\cos(\omega_i t+\phi_i)=\frac{1}{2}(\dot{I}_i e^{j\omega_i t}+\dot{I}_i^* e^{-j\omega_i t}) \end{aligned}\right\} \tag{2.31}$$

式中：$\dot{I}_s^*$、$\dot{I}_i^*$ 是 $\dot{I}_s$、$\dot{I}_i$ 的共轭复数。

当 i_s、i_i 流过时变电容时，在其上产生的电压为

$$v_c(t)=\frac{1}{C'(t)}\int(i_s+i_i)dt \tag{2.32}$$

式中

$$\frac{1}{C'(t)}=\frac{2\gamma}{C_0}\cos\omega_p t=\frac{\gamma}{C_0}(e^{j\omega_p t}+e^{-j\omega_p t})$$

将式(2.31)代入式(2.32)中可得

$$v_c(t)=\frac{1}{2C_0}(e^{j\omega_p t}+e^{-j\omega_p t})\int(\dot{I}_s e^{j\omega_s t}+\dot{I}_s^* e^{-j\omega_s t}\dot{I}_i e^{j\omega_i t}+\dot{I}_i^* e^{-j\omega_i t})dt \tag{2.33}$$

式(2.33)经积分运算，并考虑到 $\omega_i=\omega_p-\omega_s$ 及 $\omega_s=\omega_p-\omega_i$，经整理得

$$\begin{aligned} v_c(t)=&\frac{1}{2}\left(\frac{-\gamma\dot{I}_i^*}{j\omega_i C_0}e^{j\omega_s t}+\frac{\gamma\dot{I}_i}{j\omega_i C_0}e^{-j\omega_s t}\right)+\frac{1}{2}\left(\frac{-\gamma\dot{I}_s^*}{j\omega_s C_0}e^{j\omega_i t}+\frac{\gamma\dot{I}_s}{j\omega_s C_0}e^{-j\omega_i t}\right)+ \\ &\frac{1}{2}\left(\frac{\gamma\dot{I}_s}{j\omega_s C_0}e^{j(\omega_s+\omega_p)t}-\frac{\gamma\dot{I}_s^*}{j\omega_s C_0}e^{-j(\omega_p+\omega_s)t}\right)+\frac{1}{2}\left(\frac{\gamma\dot{I}_i}{j\omega_i C_0}e^{j(\omega_p+\omega_i)t}-\frac{\gamma\dot{I}_i^*}{j\omega_i C_0}e^{-j(\omega_p+\omega_i)t}\right) \end{aligned} \tag{2.34}$$

由于时变电容的频率变换作用，在 $C'(t)$ 可产生的频率除 ω_s、ω_i 外，还有 $\omega_p+\omega_s$、$\omega_p+\omega_i$。但由于网络中没有这些和频的滤波回路，而信号与空闲频率的回路不允许其他信号通过，所以不会存在 $\omega_p+\omega_s$ 和 $\omega_p+\omega_i$ 的频率信号，电容 $C'(t)$ 上只存在 $v_{cs}(t)$ 和 $v_{ci}(t)$ 的电压，即

$$\left.\begin{aligned} v_{cs}(t) &= \frac{1}{2}(\dot{V}_{cs}e^{j\omega_s t} + \dot{V}_{cs}^* e^{-j\omega_s t}) \\ v_{ci}(t) &= \frac{1}{2}(\dot{V}_{ci}e^{j\omega_i t} + \dot{V}_{ci}^* e^{-j\omega_i t}) \end{aligned}\right\} \tag{2.35}$$

式中：$\dot{V}_{cs} = -\frac{\gamma}{j\omega_i C_0}\dot{I}_i^*$，$\dot{V}_{cs}^* = \frac{\gamma}{j\omega_i C_0}\dot{I}_i$，$\dot{V}_{ci} = -\frac{\gamma}{j\omega_s C_0}\dot{I}_s^*$，$\dot{V}_{ci}^* = \frac{\gamma}{j\omega_s C_0}\dot{I}_s$。

根据基尔霍夫定律可写出图 2.4-1(c)的等效电路输入、输出的回路方程

$$\begin{cases} \dot{V}_s = \dot{I}_s\left(R_g + R_s + j\omega_s L_s + \dfrac{1}{j\omega_s C_0}\right) + \dot{V}_{cs} \\ 0 = \dot{I}_i\left(R_i + R_s + j\omega_i L_s + \dfrac{1}{j\omega_i C_0}\right) + \dot{V}_{ci} \end{cases}$$

令

$$\begin{cases} Z_{11} = R_g + R_s + j\left(\omega_s L_s - \dfrac{1}{\omega_s C_0}\right) = R_g + R_s + jX_{11} \\ Z_{22} = R_i + R_s + j\left(\omega_i L_s - \dfrac{1}{\omega_i C_0}\right) = R_i + R_s + jX_{22} \end{cases}$$

回路方程成为

$$\left.\begin{aligned} \dot{V}_s &= \dot{I}_s\left(Z_{11} - \frac{\gamma}{j\omega_i C_0}\right)\dot{I}_i^* \\ 0 &= \dot{I}_i\left(Z_{22} - \frac{\gamma}{j\omega_s C_0}\right)I_s^* \end{aligned}\right\} \tag{2.36}$$

由式(2.36)中的第二式知 $\dot{I}_i = \frac{\gamma}{j\omega_s C_0 Z_{22}}\dot{I}_s^*$，取其共轭后 $\dot{I}_i^* = \frac{-\gamma}{j\omega_s C_0 Z_{22}^*}\dot{I}_s$，代入式(2.36)的第一式中得

$$\dot{V}_s = \left(Z_{11} - \frac{\gamma^2}{\omega_s\omega_i C_0^2 Z_{22}^*}\right)\dot{I}_s \tag{2.37}$$

同理，第二式可化为

$$0 = \left(Z_{22} - \frac{\gamma^2}{\omega_i\omega_s C_0^2 Z_{11}^*}\right)\dot{I}_i + \frac{j\gamma\dot{V}_s^*}{\omega_s C_0 Z_{11}^*} \tag{2.38}$$

由式(2.37)、式(2.38)可画出如图 2.4-2 所示的信号回路、空闲回路的等效电路。

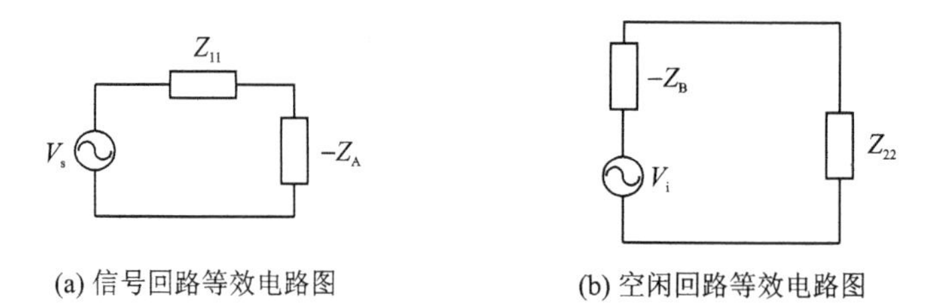

(a) 信号回路等效电路图　　(b) 空闲回路等效电路图

图 2.4-2　参量放大器等效电路

由于时变电容的耦合作用，在信号回路引入一个负阻抗 $Z_A = \frac{\gamma^2}{\omega_s\omega_i C_0^2 Z_{22}^*}$。负阻抗的出现使信号电流增大，即信号被放大，这说明空闲回路向信号回路提供了能量，而能量的来源是由于非线性电容的转换作用，它将泵源能量转换为信号能量。

能量转换过程也可这样理解：当信号电压与泵源能量共同作用在二极管上时，由于结电容的非线性混频效应，产生了空闲频率。它从泵源中获得能量，并在空闲回路中形成空闲电流。空闲电流在电容两端建立起空闲电压，它与泵源作用产生 $\omega_s=\omega_P-\omega_i$ 的信号电流，这个再生信号电流与原信号电流同相，从而使信号得到放大。

但必须指出：这里的负阻抗仅是一种等效的概念，变容管不是负阻器件，它本身不存在负阻。负阻的存在必须有两个条件：一是有空闲回路；二是有被泵源激励的非线性电容。

从 $Z_A=\dfrac{\gamma^2}{\omega_s\omega_i C_0^2 Z_{22}^*}$ 可看出，如果空闲回路开路 $R_i=\infty$，也即 $Z_{22}^*=\infty$，则 $Z_A\to 0$，即无负阻发生；同理，若无泵源激励的非线性电容存在，即 $C(t)=0$，则 $\gamma=0$，同样有 $Z_A\to 0$。当空闲回路谐振时，$Z_{22}^*=R_i+R_s$，此时 Z_A 成为负电阻 R_A，其值为

$$R_A=\frac{\gamma^2}{\omega_s\omega_i C_0^2(R_i+R_s)}$$

图 2.4－3(a)所示是信号回路等效电路，图 2.4－3(b)所示是空闲回路谐振时的等效电路。

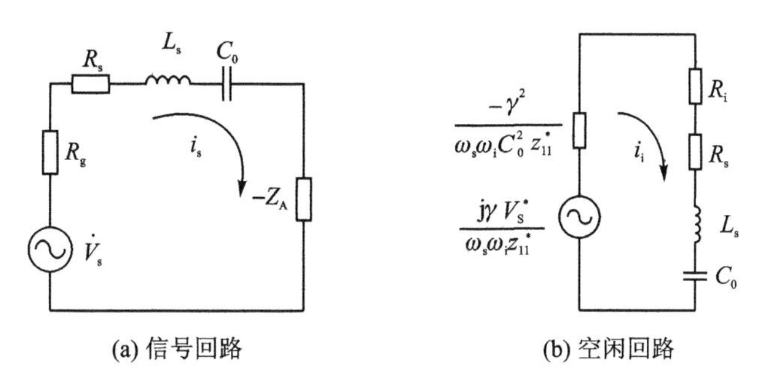

(a) 信号回路　　(b) 空闲回路

图 2.4－3　空闲回路谐振时的等效电路

从上述等效电路可看出：

① 当信号电压确定后，信号电流由 Z_{11} 与 Z_A 的值决定。

② 当信号回路和空闲回路分别谐振在 f_s 和 f_i 时，其信号电流比未调谐时要大。

③ 当谐振时，Z_A 与 R_i+R_s 愈接近，电流愈大，增益愈高；当两者相等时，发生参量振荡。

对于非简并参量放大器，输入、输出频率相同，且都在同一端口，必须用环流器把它们分开。因此环流器的特征阻抗即为信号源内阻。由于环流器的阻抗一般不满足放大器的增益要求，因此实际上要使用阻抗变换器把特征阻抗变换成放大器要求的信号源内阻 R_g。

2.4.2　基本电路结构

根据信号工作频率的不同，参量放大器电路通常有三种形式：同轴型，用于 P、L、S、C、X、K 波段；波导型，用于 X、K、Q 波段；微带型，用于 L、S、C 波段。表 2－1 给出了各频段的中心频率。

表 2.4-1　频段分类及对应中心频率

波　段	L	S	C	X	K_v	K	Q
中心频率/GHz	0.85	3	5.5	9.375	15	24	36.5

如图 2.4-4 所示的参量放大器中，信号腔是一段同轴线，由阻抗变换器、低通滤波器和调谐电感组成。阻抗变换器将环流器特性阻抗变换成参量放大器为获得一定增益所需要的电阻 R_g。低通滤波器只让信号通过，阻止空闲频率和泵频通过。由于变容管在信号频率上呈现容抗($f_s<f_{D1}$)，所以用一段调谐电感使容抗被补偿掉，使信号回路谐振。调节电感由一段高阻线构成，它同时也形成了空闲腔。适当改变其特性阻抗和长度，可使信号和空闲回路同时谐振。

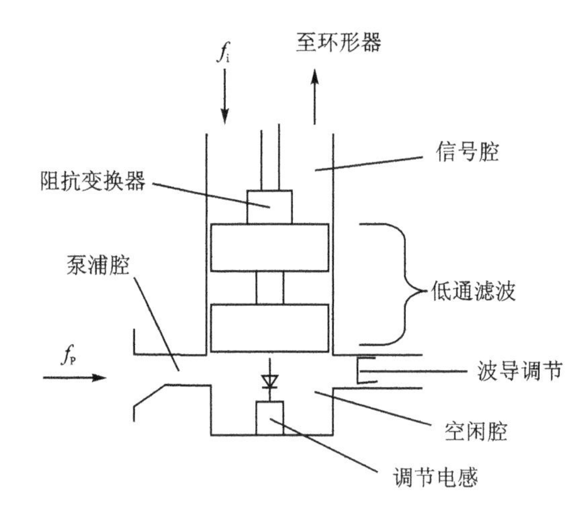

图 2.4-4　参放结构图

如果选择空闲频率等于并联自谐振频率 $f_i=f_{D2}$，也即使变容管并联谐振电路为空闲电路时，空闲腔长度为 $\lambda_i/4$(参看图 2.4-5(a))，以提供变容管在空闲频率上的外阻抗为无穷大，使空闲电路在变容管内形成回路。

若选用空闲频率等于串联自谐振频率 $f_i=f_{D1}$，则 L_i 应为 $\lambda_i/2$ (参看图 2.4-5(b))，以提供管子在空闲频率上的外电路阻抗为 0，使变容管串联谐振电路为空闲电路(C_P 不起作用)。

泵浦腔是一段矩形波导，为使泵功率有效地加到二极管上，通常把波导高度变小，同时，在波导的终端用短路活塞调谐匹配。

图 2.4-6 所示是一种微带型参放电路。图中：1 为偏压隔直电容；2 为 $\lambda_s/4$ 长阻抗变换器；3 为高阻微带线，形成调谐电感，与变容管 4 谐振在信号频率上，调谐电感长度一般选 $\lambda_P/4$ 的奇数倍，以防止泵频进入信号回路(低阻线经过 $\lambda_P/4$ 变高阻，对泵频程很高阻抗)；4 为变容管；5 为长为 $\lambda_i/4$ 奇数倍的开路线(开路变短路)，使变容管外电路输入阻抗为 0，与二极管的串联谐振电路构成空闲回路，从而使空闲电流与信号电流达到良好的隔离；6 为带通滤波器，使泵频通过，阻止 f_i、f_s 进入泵源；7 为变容管偏置电路，由两段 $\lambda_s/4$ 高、低阻线组成，低阻线终端开路，使 f_s 开路于高阻线根部。

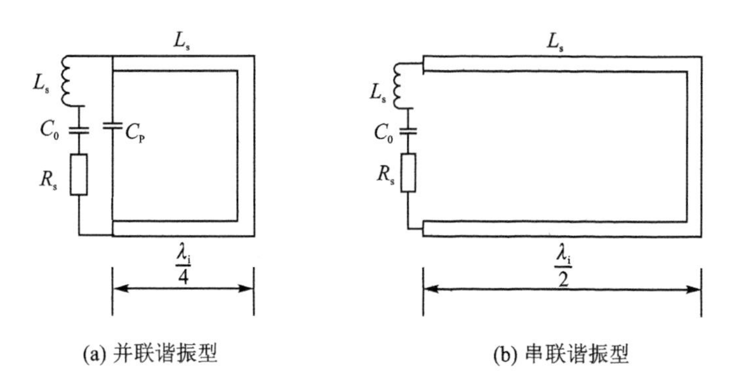

图 2.4-5　变容管的空闲回路

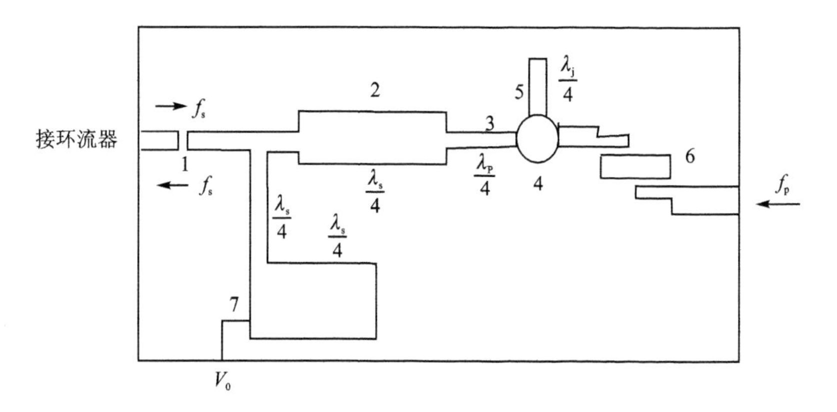

图 2.4-6　微带型参放结构示意图

2.4.3　参量放大器的增益与带宽

1. 参量放大器的增益

参量放大器的增益定义为：输出功率与输入功率之比。非简并参量放大器是单端反射型放大器，其双回路等效电路如图 2.4-7 所示。

图中 L_t 为调谐电感感抗，变比 $n=\sqrt{Z/R_g}$，Z 为信源内阻（或环流器内阻），R_g 为所需的信号源内阻。

当 $f_i=f_{D1}$ 时，$X_i=0$（串联谐振）；

当 $f_i=f_{D2}$ 时，$X_i=\infty$（并联谐振）。

输入阻抗　$$Z_1=j\omega_s(L_t+L_s)+\frac{1}{j\omega_s C_0}+R_s-Z_A=-jX_1+R_s-Z_A \tag{2.39}$$

其中
$$X_1=\omega_s(L_t+L_s)-\frac{1}{\omega_s C_0},\quad Z_A=\frac{\gamma^2}{\omega_s\omega_i C_0^2 Z_{22}^*}$$

对于非简并参量放大器，输出功率即为反射功率。电压反射系数 Γ 为反射电压与入射电压之比，$|\Gamma|=\left|\frac{Z_c-Z_1}{Z_c+Z_1}\right|$，其中 $Z_c=Z/n^2=R_g$。

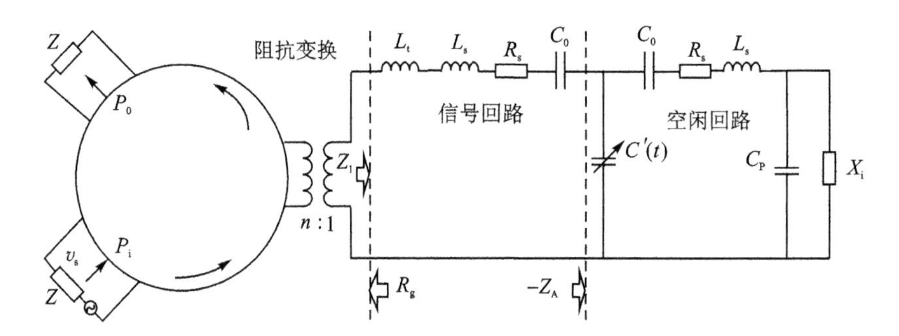

图 2.4-7　非简并参量放大器双回路等效电路图

所以功率增益为

$$G=|\Gamma|^2=\left|\frac{Z/n^2-Z_1}{Z/n^2+Z_1}\right|^2=\left|\frac{R_g-Z_1}{R_g+Z_1}\right|^2 \tag{2.40}$$

由反射系数的定义可知，无负阻时$|\Gamma|\leqslant 1$，有负阻时才有$|\Gamma|>1$的情况。式中 Z 是环流器特性阻抗，$R_g=Z/n^2$ 是所需信号源内阻，Z_1 是输入阻抗，是频率的函数，所以增益 G 也随频率变化。谐振时 Z_1 成为纯阻抗，式(2.40)简化为

$$G_0=\left|\frac{R_g-R_s+R_A}{R_g+R_s-R_A}\right|^2 \tag{2.41}$$

G_0 仅由 R_g 和 R_A 决定，改变泵功率和偏置电压，可使 R_A 在一定范围内改变，从而使增益 G_0 变化。令 $\alpha=\dfrac{R_A}{R_g+R_s}$，称为负阻系数，代入式(2.41)，可得

$$G_0=\left|\frac{R_g/R_s-1}{R_g/R_s+1}+\alpha\right|^2\Big/(1-\alpha)^2 \tag{2.42}$$

当 $\alpha\to 1$，正、负阻相等时，$G_0\to\infty$，放大器产生自激振荡；当 $\alpha<\dfrac{R_s}{R_g+R_s}$，即 $R_A<R_s$ 时，$G_0\leqslant 1$ 时，则电路无增益。所以稳定工作区为$\dfrac{R_s}{R_g+R_s}<\alpha<1$，且放大条件是 $R_A>R_s$。图 2.4-8 展示了负阻系数与增益的关系曲线。

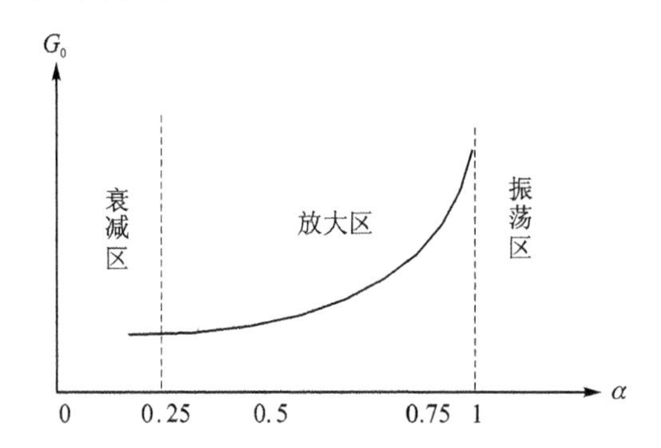

图 2.4-8　负阻系数与增益的关系曲线

当空闲电路不加载且无损时，$R_i=0$，$Z_{22}^*=R_s$，负阻$|R_A|=\dfrac{\gamma^2}{\omega_s\omega_i C_0^2 R_s}$。在放大条件下，

$|R_A|>R_s$，即$|R_A|=\dfrac{\gamma^2}{\omega_s\omega_i C_0^2 R_s}>R_s$，或$\dfrac{\gamma^2}{\omega_s\omega_i C_0^2 R_s^2}>1$，或$\dfrac{\gamma^2}{C_0^2 R_s^2}>\omega_s\omega_i$，或$\dfrac{\gamma^2}{(2\pi C_0 R_s)^2}>f_s f_i$。

由于 $f_c=\dfrac{1}{2\pi C_0 R_s}$，以及 $\tilde{f}_c=\gamma f_c$，因此截止频率

$$\tilde{f}_c^2=\gamma^2 f_c^2>f_s f_i \tag{2.43}$$

这是参量放大器能起到放大作用所要满足的条件的一种变换形式。显然，R_s、C_0 越小，f_c 越高，工作频率可越高。由于电容调制系数 γ 与 V_P 有关，因此泵源不是随意决定的。参量放大器的增益一般通过选择 R_g 来实现，由于 $G_0=\left|\dfrac{R_g-R_s+R_A}{R_g+R_s-R_A}\right|^2$，从该式可导出

$$R_g=\frac{\sqrt{G_0}+1}{\sqrt{G_0}-1}(R_A-R_s)=\frac{\sqrt{G_0}+1}{\sqrt{G_0}-1}(\gamma^2 Q_s Q_i-1)R_s \tag{2.44}$$

当 $G_0\gg1$ 时，有

$$R_g\approx R_s(\gamma^2 Q_s Q_i-1)$$

式中：Q_s、Q_i 分别是管子工作频率在 ω_s 和 ω_i 时的 Q 值，一旦知道管子的工作频率和参数，就可根据增益从上式中求出 R_g，再根据 Z 和 R_g 求出变比 n，并设计阻抗变换器。

例　已知管子参数：$C(0)=0.4p$，$Q(0)=25$，$f=9.37$ GHz，$C_P=0.2p$，$L_s=0.3$ nH，$\gamma=0.2$，$f_s=4$ GHz，$f_i=f_{D2}$，求 $G_0=100$ 时的 R_g。

解：由 Q 的定义$Q(0)=\dfrac{1}{2\pi f C(0) R_s}=25$，解出 $R_s=\dfrac{1}{\omega C(0)Q(0)}=1.7\ \Omega$，结电容 C 取平均电容 $C_0=1.2C(0)$。

由式(2.14)可得

$$f_i=f_{D2}=\frac{1}{2\pi\sqrt{L_s\dfrac{C_P C_0}{C_P+C_0}}}=24\ \text{GHz}$$

可求出

$$Q_s=\frac{1}{2\pi f_s C(0) R_s}=49,\quad Q_i=\frac{1}{2\pi f_i C(0) R_s}=8.1$$

由式(2.44)可求出

$$R_g=\frac{\sqrt{G_0}+1}{\sqrt{G_0}-1}(\gamma^2 Q_s Q_i-1)R_s=31\ \Omega$$

参量放大器是一种负阻放大器，增益的稳定性主要取决于负阻的稳定性，特别是在高增益情况下，α 的微小变化会引起G_0 的很大变化。高增益放大器很不稳定，易自激。引起不稳定的因素主要有：

① 泵源功率变动。泵功率变动会引起电容调制数 γ 的改变，从而使 R_A 和 α 变化，引起增益波动。因此，泵源应采取稳幅措施。

② 泵源频率变动。由于放大器的调谐特性，ω_P 的变化会使泵回路失谐，使变容管激励电平改变。另外，ω_P 的变化使 ω_i 改变，引起空闲和信号回路失谐及负阻值的改变，从而使增益发生变化。因此，泵源应采取稳频措施。

③ 其他影响。如温度、偏压、机械振动等都可引起增益的变化。

2. 参量放大器的带宽

由式(2.40)可知,放大器增益随输入阻抗 Z_1 变化。而 Z_1 是频率的函数,因此增益与频率有关。对于单调谐放大器,在中心频率时增益最大,随着频率偏移,增益单调下降。带宽是指满足一定增益要求下的频率范围,常用 3 dB 和 1 dB 带宽表示,如图 2.4-9 所示。

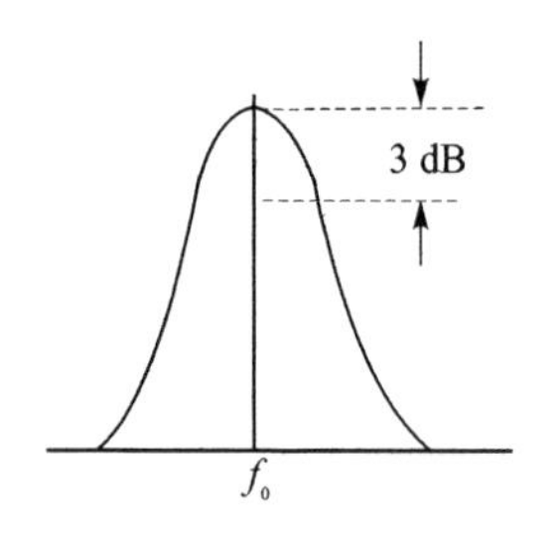

图 2.4-9 3 dB 带宽

通过推导(略)可证明,在高增益情况下,单调谐回路带宽很小,相对带宽 B/f_0 只有 3%,因此,单调谐参放只适于窄带应用。

3. 参量放大器的噪声参数

参量放大器正常工作时,变容管一般处于不导通状态,故散弹噪声可忽略不计,噪声来源主要是变容管及电路中损耗电阻的热噪声。图 2.4-10 所示是参放的噪声等效电路示意图。

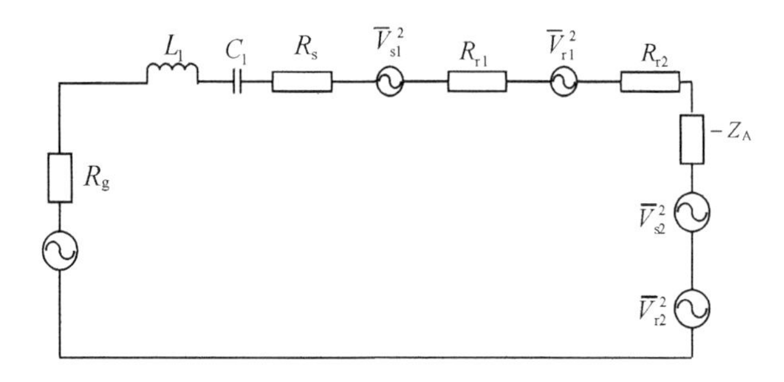

图 2.4-10 参量放大器的噪声等效示意图

图 2.4-10 中:$L_1=L_s+L_t$,$C_1=C_0$,R_{r1} 是信号回路耗损电阻,R_{r2} 是空闲回路损耗电阻;

$\bar{V}_g^2=4KT_0BR_g$(T_0 是标准温度)——R_g 的热噪声电压均方值;

$\bar{V}_{s1}^2=4KT_DBR_s$(T_D 是变容管温度)——R_s 的热噪声均方值;

$\bar{V}_{r1}^2=4KTBR_{r1}$($T$ 是放大器体温)——信号回路耗损电阻 R_{r1} 的热噪声均方值;

$\bar{V}_{s2}^2=4KT_DBR_s\dfrac{\gamma^2}{\omega_i^2C_0^2(R_{r2}+R_s)^2}$——$R_s$ 在空闲回路产生的热噪声,通过非线性结电容变换到信号回路的热噪声均方值;

$\bar{V}_{r2}^2=4KTBR_{r2}\dfrac{\gamma^2}{\omega_i^2C_0^2(R_{r2}+R_s)^2}$——空闲回路损耗电阻 R_{r2} 在空闲回路产生的热噪声,由非线性结电容变换到信号回路的热噪声均方值。

参量放大器噪声系数

$$F=\frac{\bar{V}_{s1}^2+\bar{V}_{r1}^2+\bar{V}_{s2}^2+\bar{V}_{r2}^2+\bar{V}_g^2}{\bar{V}_g^2}=$$

$$1+\frac{R_s}{R_g}\frac{T_D}{T_0}+\frac{R_{r1}}{R_g}\frac{T}{T_0}+\alpha\frac{\omega_s}{\omega_i}\left(1+\frac{R_s}{R_g}+\frac{R_{r1}}{R_g}\right)\frac{R_sT_D+R_{r2}T}{(R_{r2}+R_s)T_0}\approx$$

$$1+\frac{T_D}{T_0}\left[\frac{R_s}{R_g}+\alpha\frac{\omega_s}{\omega_i}\left(1+\frac{R_s}{R_g}\right)\right] \tag{2.45}$$

式(2.45)的近似条件是信号与空闲回路损耗可忽略，且 $T_D = T$。式(2.45)表明要降低噪声系数 F，可采取如下措施：

① 降低 R_s/R_g 比值：R_g 不好变，因与增益有关，只有减小串联电阻 R_s，肖特基管的 R_s 可做得很低。

② 降低 ω_s/ω_i 的比值：选用较高的 ω_P，使 $\omega_i > 2\omega_s$，甚至 $\omega_i > 10$，当然有一个最佳的 ω_s/ω_i 的值。

③ 降低变容管体温 T_D，采用冷参。深冷是把整个参量放大器放在液氮中，噪声系数可低于 0.2 dB。非深冷参是利用半导体制冷器(−50 ℃左右)其 $F < 0.5$ dB。

在实际工作中，参量放大器噪声性能不仅用噪声系数 F 表示，且还常用等效输入噪声温度 T_e 表示

$$T_e = (F-1)T_0 = T_D\left[\frac{R_s}{R_g} + \alpha\frac{\omega_s}{\omega_i}\left(1+\frac{R_s}{R_g}\right)\right] \approx T_D\frac{f_s}{f_i}\left[1+\frac{1+\dfrac{f_s}{f_i}}{\left(\dfrac{\gamma f_e}{f_i}\right)^2-\dfrac{f_s}{f_i}}\right] \tag{2.46}$$

式(2.46)的近似条件是在高增益条件下 $\alpha \approx 1$，$\dfrac{R_s}{R_g} = \dfrac{f_s f_i}{\gamma^2 f_c^2 - f_s f_i}$，其中 f_c 为变容管截止频率。表 2.4−2 所列是 T_e 与 F 的换算关系。

表 2.4−2　T_e 与 F_e 的换算关系

T_e	F	F/dB
0	1	0
1.0	1.003 4	0.015
2.0	1.006 9	0.045
5.0	1.017 2	0.074
10	1.034 5	0.147
20	1.068 9	0.27
30	1.103 5	0.417
100	1.345	1.287
1 000	4.44	6.46

噪声温度 T_e 与 f_i 的关系如图 2.4−11 所示，图中曲线是在设定条件 $f_s = 4$ GHz，$\gamma = 0.2$，$T_D = 290$ K 时计算出来的 $T_e(f_i)$ 曲线，f_c 为参变量；摄氏温度与开氏温度的换算关系为：0 ℃=173 K，17 ℃=190 K。由图 2.4−11 可以看出：

① 在 f_c 不太高时($f_c < 150$ GHz)，T_e 有最佳点，f_i 增减都不好；

② 在最佳点 f_{ioPt} 附近，T_e 变化平坦，为泵源的选择带来方便。

对 T_e 表达式(2.46)求导，并令其为 0，可求出噪声温度的最小值，得 $f_{ioPt} = \sqrt{f_s^2 + \gamma^2 f_c^2} - f_s$，将 f_{ioPt} 代入式(2.46)中可求出最小噪声温度

$$T_{emin} = \frac{2T_D}{\sqrt{1+\left(\dfrac{\gamma f_c}{f_s}\right)^2}-1} = \frac{2\alpha T_0}{\sqrt{(\gamma Q_s)^2}\,\dfrac{1}{\dfrac{R_i}{R_s}+1}+\alpha^2-\alpha} \tag{2.47}$$

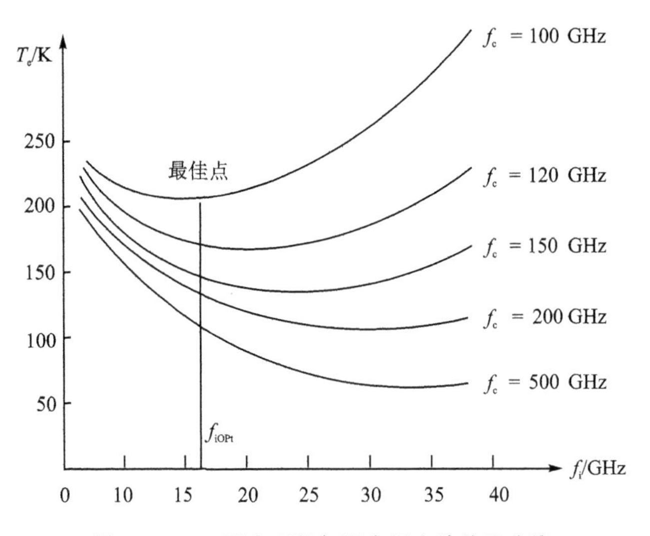

图 2.4-11　噪声系数与噪声温度的关系曲线

4. 参量放大器系统噪声温度的计算

图 2.4-12 是计算噪声温度的等效电路图。

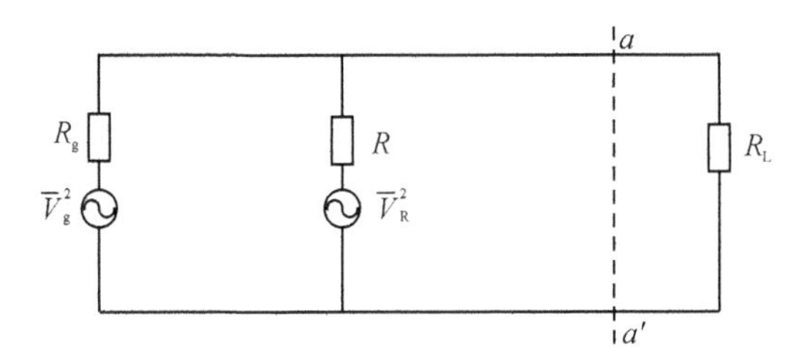

图 2.4-12　计算噪声温度的等效电路图

设网络的损耗电阻为 R，网络的温度为 T，信号源的温度为 $T_0=290$ K，则信号源内阻在 $a-a'$端产生的资用噪声功率为

$$P_{n1}=\frac{\bar{V}_g}{4R_g}\frac{R}{R_g+R}=KT_0B\frac{R}{R_g+R}$$

同理，由 $\bar{V}_R^2$ 噪声源在 $a-a'$端产生的噪声功率为

$$P_{n2}=KTB\frac{R}{R_g+R}$$

所以在 $a-a'$端总噪声功率也即网络本身产生的噪声

$$P_n=P_{n1}+P_{n2}=KB\frac{RT_0+R_gT}{R_g+R} \tag{2.48}$$

网络输入端的噪声资用功率

$$P_{ni}=\frac{\bar{V}_g}{4R_g}=KT_0B$$

设网络增益为 $G=\dfrac{1}{L}=\dfrac{R}{R_g+R}$，放大器对信号放大的同时，对噪声也放大，网络输入端的

噪声功率为：$P_{n0}=GP_{ni}=KT_0B\dfrac{R}{R_g+R}=P_{n1}$，根据噪声系数定义得

$$F=\frac{P_n}{P_{no}}=1-(L-1)\frac{T}{T_0} \tag{2.49}$$

式中：P_n 为信号源内阻及网络损耗电阻产生的噪声；P_{no} 为仅由信号源内阻产生的噪声。再根据式(2.46)，可以求得等效输入噪声温度 $T_e=(F-1)T_0$。

若是多级网络级联，则级联网络的噪声系数及等效噪声温度为

$$\left.\begin{aligned}F&=F_1+\frac{F_2-1}{G_1}+\frac{F_3-1}{G_1G_2}+\frac{F_n-1}{G_1G_2\cdots G_{n-1}}\\T_e&=T_{e1}+\frac{T_{e2}}{G_1}+\frac{T_{e3}}{G_1G_2}+\frac{T_{en}}{G_1G_2\cdots G_{n-1}}\end{aligned}\right\} \tag{2.50}$$

5. 参量放大器展宽频带的方法

单调谐参放的增益带宽积是个常数，而且比较低，往往不能满足要求，如 X 波段的放大器，当增益为 20 dB 时，3 dB 带宽只有 3%。在实际应用时，往往需要展宽频带。下面介绍几种常用的方法。

(1) *参差调谐法*

这种方法类似于高频电路中的参差调谐方法。把几个单调谐放大器分别调谐在不同中心频率上，得到比较大的合成带宽，图 2.4-13 展示了参差调谐法原理。

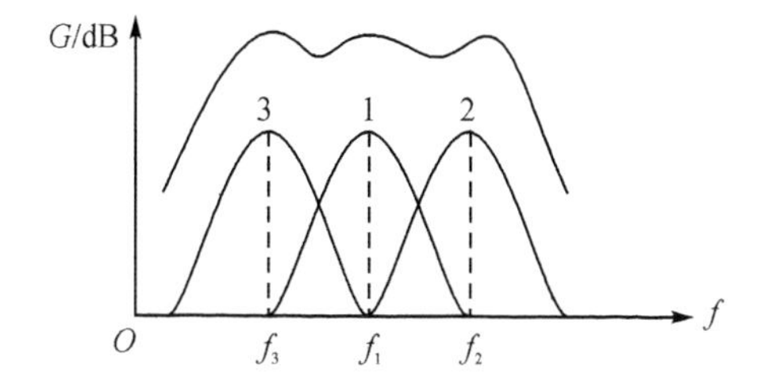

图 2.4-13　参差调谐法

(2) *双管平衡参放*

参量放大器的增益带宽积主要由信号和空闲回路的 Q 值决定，Q 值低，增益带宽积 $G\cdot B$ 就高。下面介绍两个变容管组成的平衡参放，它们是以降低 Q 值换取较大的带宽。

在以变容管自谐振电路为空闲回路时，空闲回路由变容管和空闲短截线构成。由于空闲短截线的存在，增大了回路的储能，使空闲回路的 Q_i 值大于变容管的 Q 值

$$Q_i=\frac{\omega_iL_s}{R_s}+\frac{\pi Z_{0i}}{4R_s}\approx 2Q$$

如果去掉短截线，而用一个变容管代替，构成一个平衡电路，如图 2.4-14 所示，则上式第二项为 0，使空闲回路的 Q_i 值约减小一半，从而使带宽展宽。总回路参数：$L=2L_s$，$R=2R_s$，$Q=\dfrac{\omega_iL}{R}=\dfrac{\omega_iL_s}{R_s}$。$Q_i$ 值等于单管值。

在图 2.4-15 所示的平衡参量放大器中，泵浦回路是一段端接短路活塞的矩形波导，信号回路由两只反接的变容管组成，环流器至变容管之间的同轴线构成空闲回路。由于两管反接，对 f_s、f_P 而言是反向激励，两管中电流互相抵消，而对空闲电流是同项叠加的。两管自行构成回路，其谐振频率仍为单管谐振频率。如果两管的参数不同，则可形成如图 2.4-16 所示的参差调谐而使频带展宽。

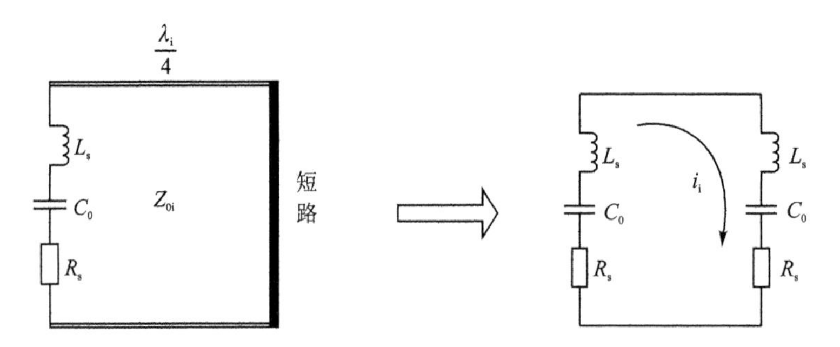

图 2.4-14　平衡电路原理图

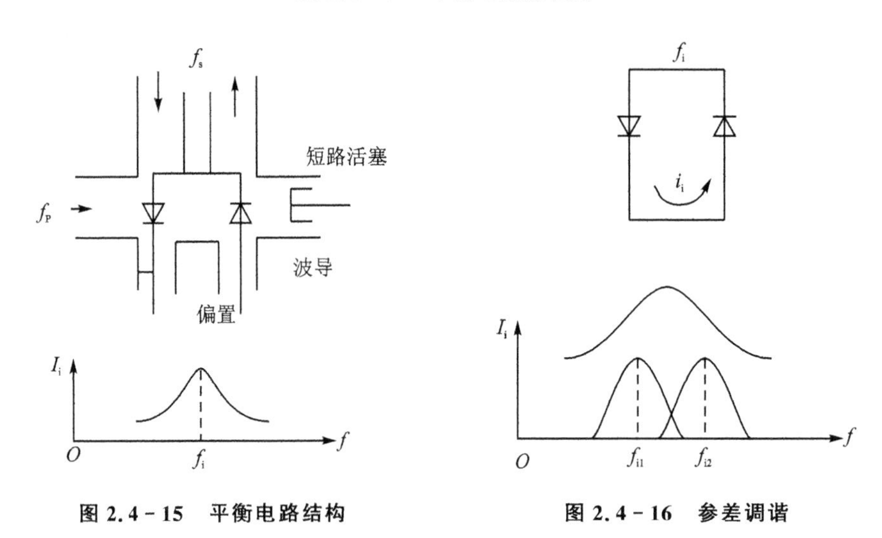

图 2.4-15　平衡电路结构　　**图 2.4-16　参差调谐**

(3) 电抗补偿法

单调谐放大器可等效为一个 L_1、C_1 串联谐振电路和一个负并联谐振电路组成的网络，如图 2.4-17 所示；负并联电路与信号支路的串联电路都有正的电抗斜率，所以带宽较窄。例如信号回路电抗 $\mathrm{j}X_s=\mathrm{j}\left(\omega_s L_1-\dfrac{1}{\omega_s L_1}\right)$，电抗斜率 $\dfrac{\mathrm{d}X_s}{\mathrm{d}\omega_s}=L_1+\dfrac{1}{\omega_s^2 C_1}>0$。从图 2.4-18(a)可见：在 f_0 附近增益 G 最大($X_s=0$)，当 X_s 变到 $\pm X_{s1}$ 时，增益降到 $G/2$；图中 B 为增益为 $G/2$ 时的通频带。可见电抗斜率越陡，带宽 B 越窄。

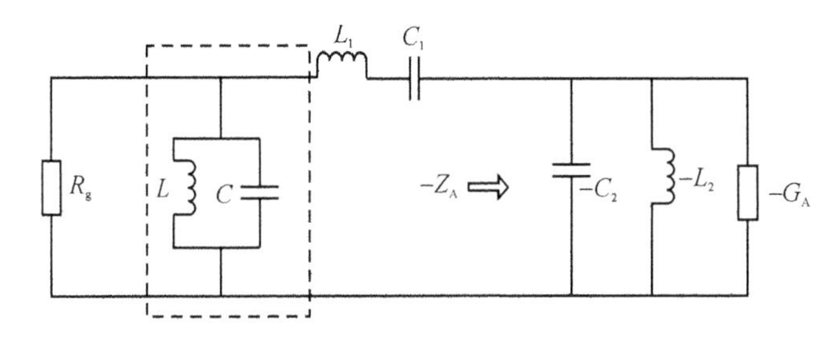

图 2.4-17　电抗补偿法电路图

增大带宽的方法是在信号电路中加一个具有负电抗斜率的并联 L、C 回路(见图 2.4-17

中虚线框中部分)。其电抗 $X_g=\omega_s L//\frac{1}{\omega_s C}$,与正斜率的 X_s 相加,从而在 f_0 附近得到较平坦的合成电抗曲线。图 2.4－18(b)展示了 X_g 对 X_s 补偿后的效果,带宽明显得到增加。

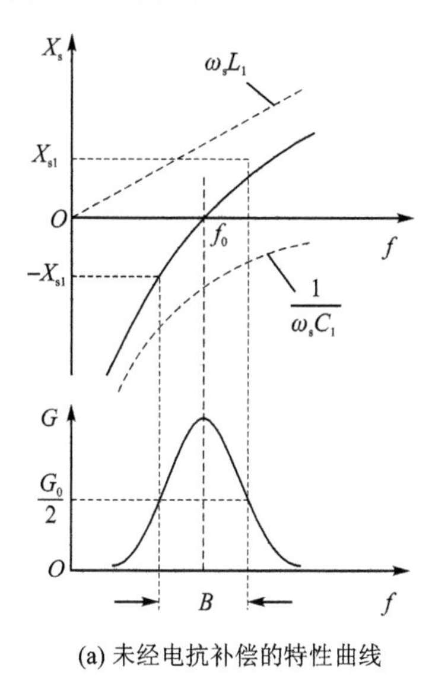

(a) 未经电抗补偿的特性曲线

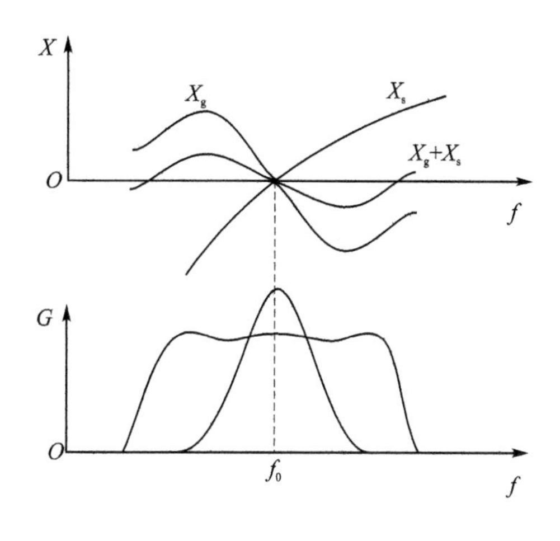

(b) 经过补偿的电路特性曲线

图 2.4－18　电抗法带宽补偿原理图

2.5　习　题

2－1　与普通晶体三极管放大器比较,参量放大器有哪些特点?(从能量交换、噪声性能及稳定性等方面讨论)

2－2　试述参量放大器的优缺点及其应用。

2－3　什么叫简并式参量放大器?什么叫非简并式参量放大器?它们是否都有空闲回路?空闲回路的作用是什么?试画出非简并式参量放大器的噪声等效电路。

2－4　在参量放大器中若 $f_p<f_s$,$f_i=f_s-f_p$,根据门雷-罗威关系写出这种情况下的差频变频器的基本能量关系。如果 f_s 为输入频率,f_i 为输出频率,此系统有无功率增益?能否构成负阻放大器?

第3章　功率变频器和参量倍频器

3.1 引　言

在一些微波系统中，常需要将较低频率的信号变为微波信号，完成这一变频任务的设备有功率上变频器或倍频器，在微波系统中经常需要频率稳定度高的本振或泵源。产生这种振荡源的方法之一就是通过倍频将稳定度很高的低频信号变换为同样稳定度的微波信号。

由门雷-罗威关系式可知，当对一个非线性电抗加入两种频率不同的信号时，取它们的和频 $f_+=f_P+f_s$，可获得稳定的、有增益的信号输出。上变频器就是基于这样的原理。上变频器可将低频信号上变频到微波信号，同时实现低噪放大。其作用如同参量放大器，这种变频器叫参量变频器，由于是小信号工作状态，其分析方法与参量放大器类似，这里不再重述。本章讨论功率变频器的工作原理，即同时实现频率变换和功率放大的任务。

在门雷-罗威关系式中，当 $m=0$ 时，公式 $\sum\limits_{m=-\infty}^{\infty}\sum\limits_{n=0}^{\infty}\dfrac{nP_{m,n}}{mf_P+nf_s}=0$ 变成 $\sum\limits_{n=0}^{\infty}\dfrac{P_{0,n}}{f_s}=0$；或 $\sum\limits_{n=0}^{\infty}P_{0,n}=0$，无直流(无耗)时 $P_{0,0}=0$，将基波项分离出

$$P_{0,1}=-\sum_{n=2}^{\infty}P_{0,n} \tag{3.1}$$

从式(3.1)可见，无耗时基波功率全部转换为其他谐波功率，这种上变频器叫参量倍频器。功率上变频器常用的非线性器件是变容二极管。参量倍频器可分为两种情况：

① 低次倍频：$n<5$，常用变容管。

② 高次倍频：$n>5$，常用阶跃恢复二极管。

3.2 功率上变频器

图3.2-1是功率上变频器原理框图，每个支路有带通滤波器(BPF)，只允许相关频率的信号通过。功率上变频器主要指标包括倍频的功率增益和变换效率。功率增益定义为 $G_{P_s}=\dfrac{P_{out}}{P_s}$；变换效率定义为 $\eta=\dfrac{P_{out}}{P_P}$。

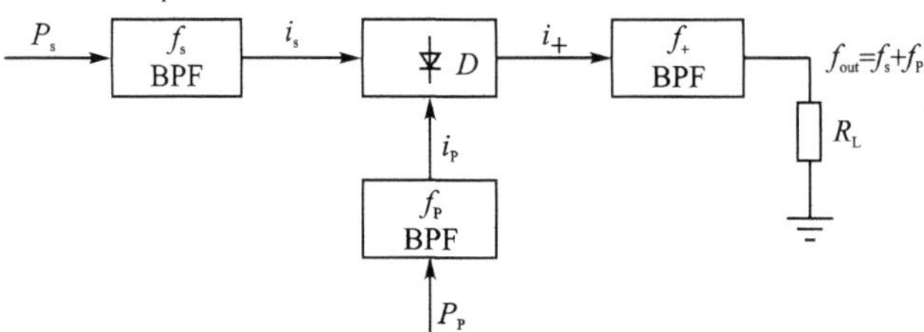

图3.2-1　功率上变频器原理图

3.2.1　功率上变频器的理论分析——全激励状态

所谓全激励，是指外加电压 $v(t)$ 在 $V_B \sim \phi$ 之间变化，如图 3.2－2 所示情况，V_B 是反向击穿电压，ϕ 是正向导通电压，变频器的工作区为 $V_B < v(t) < \phi$。假如外加电压幅度超过 ϕ 进入导通区，则叫过激励状态。

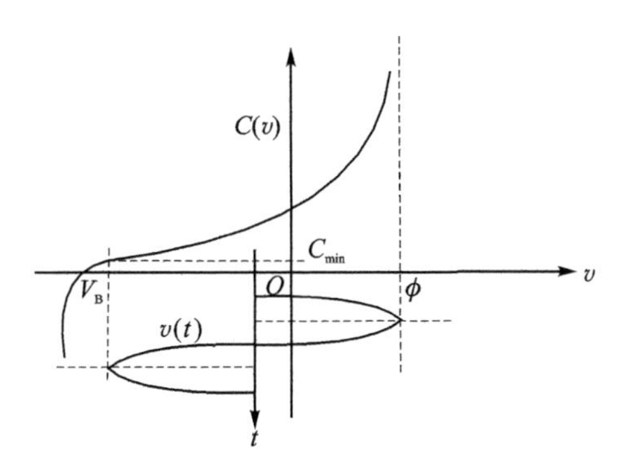

图 3.2－2　变容二极管电荷特性

1. 变容管的电荷特性

将 $v(t)$ 代入公式(2.7)中可得

$$C(v) = \frac{C(0)}{(1 - v/\phi)^n}$$

当 $v = V_B$ 时，$C(v) = C_{\min}$，由上式解出得

$$C(0) = C_{\min}\left(1 - \frac{V_B}{\phi}\right)^n$$

并将 $C(0)$ 代入得

$$C(v) = C_{\min}\frac{(\phi - V_B)^n}{(\phi - v)^n} \tag{3.2}$$

因为 $C = \mathrm{d}q/\mathrm{d}v$，所以 $q = \int C(v)\mathrm{d}v$，将式(3.2)代入得

$$q = \int C_{\min}\frac{(\phi - V_B)^n}{(\phi - v)^n}\mathrm{d}v = -C_{\min}(\phi - V_B)^n\frac{(\phi - v)^{1-n}}{1-n} + A$$

当 $v = \phi$ 时，$q = Q_\phi$ 代表变容管上的电荷量，通过上式可确定常数 $A = Q_\phi$。上式成为

$$Q_\phi - q = C_{\min}(\phi - V_B)^n\frac{(\phi - v)^{1-n}}{1-n} \tag{3.3}$$

令 $v = V_B$ 时，$q = Q_B$，代入式(3.3)得

$$Q_\phi - Q_B = C_{\min}\frac{\phi - V_B}{1-n} \tag{3.4}$$

式(3.3)与式(3.4)相除得

$$\frac{Q_\phi - q}{Q_\phi - Q_B} = \left(\frac{\phi - v}{\phi - V_B}\right)^{1-n}$$

令归一化电荷 $\tilde{q} = \dfrac{Q_\phi - q}{Q_\phi - Q_B}$，令归一化电压

$$\tilde{\psi}=\frac{\phi-v}{\phi-V_{B}}$$

则

$$\begin{cases}\tilde{q}=\tilde{\psi}^{1-n}f(\tilde{\psi})\\ \tilde{\psi}=\tilde{q}^{\frac{1}{1-n}}f(\tilde{q})\end{cases}$$

若令 $\gamma=1-n$，则变容管上电压-电荷的一般关系式为

$$\left.\begin{aligned}\tilde{q}&=\tilde{\psi}^{\gamma}\\ \tilde{\psi}&=\tilde{q}^{\frac{1}{\gamma}}\end{aligned}\right\}\tag{3.5}$$

当 $v=\phi$ 时，势垒消失，$Q_{\phi}=0$，式(3.3)成为

$$0-q=C_{\min}(\phi-V_{B})^{n}\ \frac{(\phi-v)^{1-n}}{1-n}$$

令 $v_{s}=\phi-v,V_{t}=\phi-V_{B}$，并取绝对值，则上式成为

$$|q|=C_{\min}\ \frac{V_{t}^{n}v_{s}^{1-n}}{1-n}=\frac{1}{S_{\max}}\ \frac{V_{t}^{n}v_{s}^{1-n}}{1-n}\tag{3.6}$$

对于突变结变容管 $n=\frac{1}{2}$，代入式(3.6)

$$\left.\begin{aligned}q&=\frac{2}{S_{\max}}V_{t}^{\frac{1}{2}}v_{s}^{\frac{1}{2}}\\ v_{s}&=\frac{S_{\max}^{2}}{4V_{t}}q^{2}\end{aligned}\right\}\tag{3.7}$$

根据以上公式可画出突变结的电荷与电压的关系曲线，如图 3.2-3 所示。

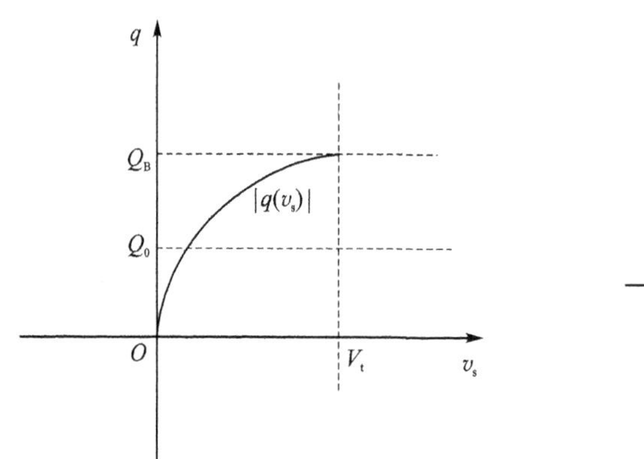

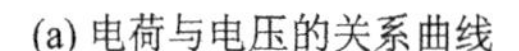
(a) 电荷与电压的关系曲线

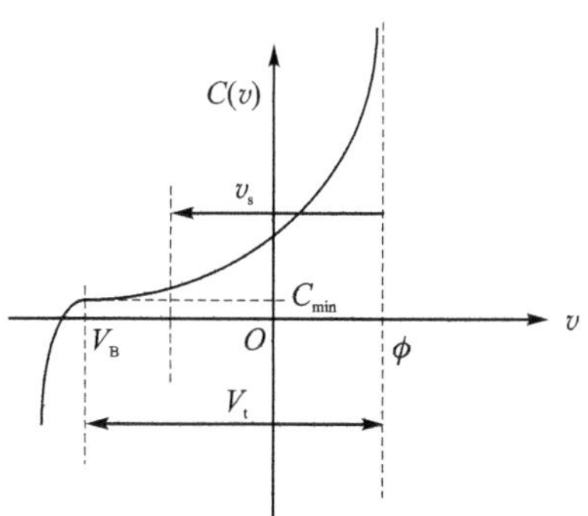

(b) 结电容与电压的关系曲线

图 3.2-3　突变结上变频器电荷与电压的关系曲线

由式(3.7)可知，当 $v_{s}=V_{t},q=Q_{B}$ 时(参见图 3.2-3(a)，可得 $S_{\max}=\frac{2V_{t}}{Q_{B}}$；所以

$$v_{s}=\frac{V_{t}}{Q_{B}^{2}}q^{2}=aq^{2}$$

式中：a 为常数。由此可见，突变结上变频器的电压与电荷之间呈平方律关系。

2. 功率上变频器的电压和电流

在求解变频器的电流、电压关系之前首先假定：

① 流经变容管的电流只存在 f_s、f_P、f_{out} 三个频率分量。

② 输入、输出及本振电路都是调谐的，不存在由于回路失谐引起的相位差。

③ 保证工作在全激励条件，即为了使 $0 \leqslant v_s \leqslant V_t$，必须使 $0 \leqslant q \leqslant Q_B$。

④ 为了得到最大的电荷变化幅度，电荷直流分量选取 $Q_0 = 0.5Q_B$。

⑤ 使用突变结二极管。

从以上假定出发，设

$$q(t) = Q_0 + 2Q_s \sin\omega_s t + 2Q_P \sin\omega_P t + 2Q_{out} \sin\omega_{out} t \tag{3.8}$$

由于 $Q_0 = \dfrac{Q_B}{2}$，并将式(3.8)对 Q_B 归一化

$$\bar{Q}_s = \frac{Q_s}{Q_B}, \quad \bar{Q}_P = \frac{Q_P}{Q_B}, \quad \bar{Q}_{out} = \frac{Q_s}{Q_{out}}$$

所以

$$q(t) = Q_B\left(\frac{1}{2} + 2\bar{Q}_s \sin\omega_s t + 2\bar{Q}_P \sin\omega_P t + 2\bar{Q}_{out} \sin\omega_{out} t\right)$$

流过变容管的电流

$$i = \frac{dq(t)}{dt}) = 2\omega_s Q_s \cos\omega_s t + 2\omega_P Q_P \cos\omega_P t + 2\omega_{out} Q_{out} \cos\omega_{out} t$$

将式(3.8)代入到 $v_s = \dfrac{V_t}{Q_B^2} q^2$ 中可得

$$\begin{aligned} v_s = {} & V_t\left(\frac{1}{2} + 2\bar{Q}_s \sin\omega_s t + 2\bar{Q}_P \sin\omega_P t + 2\bar{Q}_{out} \sin\omega_{out} t\right)^2 = \\ & V_t[2(\bar{Q}_s \sin\omega_s t + \bar{Q}_P \sin\omega_P t + \bar{Q}_{out} \sin\omega_{out} t) + \\ & 4(\bar{Q}_P \bar{Q}_{out} \cos\omega_s t + \bar{Q}_s \bar{Q}_{out} \cos\omega_P t - \bar{Q}_s \bar{Q}_P \cos\omega_{out} t) + \\ & \left(\frac{1}{4} + 2\bar{Q}_s^2 + 2\bar{Q}_P^2 + 2\bar{Q}_{out}^2 + \cdots\right) \end{aligned} \tag{3.9}$$

由式(3.9)可见，变容管上的电压包含直流分量 ω_s、ω_P、ω_{out} 的正弦、余弦分量。

3. 输入、输出阻抗

将式(3.9)中的电压余弦分量幅值与电流的同向分量幅值相比，并考虑变容管的损耗电阻 R_s 可得

信号输入阻抗

$$R_{ins} = \frac{4V_t \bar{Q}_P \bar{Q}_{out}}{2\omega_s \bar{Q}_s} + R_s = \frac{1}{\omega_s C_{min}} \frac{\bar{Q}_P \bar{Q}_{out}}{\bar{Q}_s} + R_s \tag{3.10}$$

泵源的输入阻抗

$$R_{inp} = \frac{S_{max}}{\omega_P} \frac{\bar{Q}_s \bar{Q}_{out}}{\bar{Q}_P} + R_s \tag{3.11}$$

式中：$S_{max} = \dfrac{1}{C_{min}} = \dfrac{2V_t}{Q_B}$，由于输出回路电压与电流的余弦项反相，因此，变容管向回路提供功率。

输出阻抗为

$$R_{out}=-\frac{S_{max}}{\omega_{out}}\frac{\bar{Q}_s\bar{Q}_P}{\bar{Q}_{out}}+R_s \tag{3.12}$$

输入、输出及本振口的电抗部分由电压的正弦项与电流的余弦项之比决定，都是容性的，其值为 $X_{ins}=\frac{S_{max}}{2\omega_s}$，$X_{inP}=\frac{S_{max}}{2\omega_P}$，$X_{out}=\frac{S_{max}}{2\omega_{out}}$。

4. 功率、效率和增益

输出上边带功率为

$$P_{out}=\frac{1}{2}I_{out}^2R_{out}=2R_{out}\omega_{out}^2Q_{out}^2=\frac{8V_t^2}{R_s}\frac{\omega_{out}}{\omega_c}\left(\bar{Q}_s\bar{Q}_P\bar{Q}_{out}-\frac{\omega_{out}}{\omega_c}\bar{Q}_{out}^2\right) \tag{3.13}$$

式中：$\omega_c=2\pi f_c=\frac{S_{max}}{R_s}=\frac{1}{R_sC_{min}}$，为最大截止角频率。

同样可求出信号输入功率

$$P_s=\frac{8V_t^2}{R_s}\frac{\omega_s}{\omega_c}\left(\bar{Q}_s\bar{Q}_P\bar{Q}_{out}+\frac{\omega_s}{\omega_c}\bar{Q}_s^2\right) \tag{3.14}$$

泵源输入功率

$$P_P=\frac{8V_t^2}{R_s}\frac{\omega_P}{\omega_c}\left(\bar{Q}_s\bar{Q}_P\bar{Q}_{out}+\frac{\omega_P}{\omega_c}\bar{Q}_P^2\right) \tag{3.15}$$

变频效率

$$\eta=\frac{P_{out}}{P_P}=\frac{\omega_{out}}{\omega_P}\frac{\bar{Q}_s\bar{Q}_P\bar{Q}_{out}-\frac{\omega_{out}}{\omega_c}\bar{Q}_{out}^2}{\bar{Q}_s\bar{Q}_P\bar{Q}_{out}+\frac{\omega_P}{\omega_c}\bar{Q}_P^2} \tag{3.16}$$

变频增益

$$G=\frac{P_{out}}{P_s}=\frac{\omega_{out}}{\omega_s}\frac{\bar{Q}_s\bar{Q}_P\bar{Q}_{out}-\frac{\omega_{out}}{\omega_c}\bar{Q}_{out}^2}{\bar{Q}_s\bar{Q}_P\bar{Q}_{out}+\frac{\omega_s}{\omega_c}\bar{Q}_s^2} \tag{3.17}$$

从图 3.2-3 中 $q-v_s$ 曲线可知，v_s 增加可使电荷量增加，从而可提高变频增益 G。但 v 受反向击穿电压 V_B 限制，必须保证 $|v|<|V_B|$，因此最大、最小电荷应满足一定约束：

$$\begin{cases}Q_{max}=Q_0+2(Q_s+Q_P+Q_{out})\leqslant Q_B\\ Q_{min}=Q_0-2(Q_s+Q_P+Q_{out})\geqslant 0\end{cases}$$

将上、下两个不等式相减得

$$Q_B\geqslant 4(Q_s+Q_P+Q_{out})$$

即

$$\bar{Q}_s+\bar{Q}_P+\bar{Q}_{out}\leqslant\frac{1}{4} \tag{3.18}$$

这是全激励状态下必须满足的电荷关系。

3.2.2 环流器式功率变频器

图 3.2-4 是环流器式功率变频器系统原理框图。它由两个同样的环形器串接组成。

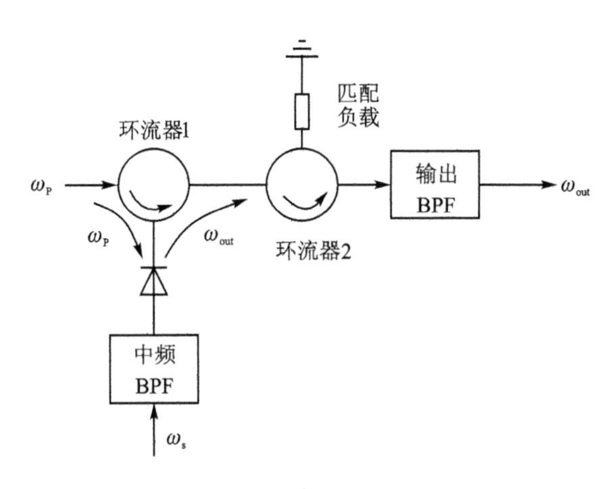

图 3.2-4　环流器式功率变频器系统框图

其工作原理可简单阐述为：信号频率 ω_s 与泵频 ω_P 经变容管混频产生频率 ω_{out} 的上变频信号，ω_{out} 经环流器 1、环流器 2、带通滤波器输出给负载，假如输出通道有反射信号，将被环流器 2 的匹配负载吸收。环流器相当于两级隔离器，基本消除了寄生频率返回二极管进行二次混频的可能性。

3.3　变容二极管倍频器

变容管倍频器常用于低次倍频，单级倍频次数在 5 以下比较有效，其倍频效率高，输出功率大。但随着倍频次数的增加，倍频效率和输出功率都迅速下降。阶跃恢复二极管倍频器适于高次倍频，单次倍频次数可达 20 以上，具有结构简单的优点；但输出功率小，倍频效率约为 $1/N$，N 为倍频次数。

3.3.1　二次倍频器

变容管倍频器有并联和串联两种电路形式，如图 3.3-1 所示。并联电路有利于变容管的安装和散热，常用做大功率倍频器。图 3.3-1(a)的并联电路中 $v_g(t)$、R_g 是信号源及其内阻；D 是变容管，R_L 是负载阻抗，中心频率为 f_1 和 Nf_1 的两个带通滤波器分别串联在输入回路和输出回路中；输入回路中只允许频率为 f_1 的信号存在，输出回路中只允许频率为 Nf_1 的信号流过负载。图(b)串联电路在 N 大时有较高的效率，适用于微带结构。本小节仅讨论并联型二倍频器电路。

为得到大的输出功率和效率，必须合理选择工作状态，确定合适的激励功率、直流电压，并计算出输出功率、效率、输入阻抗、输出阻抗等关键参数。为分析简单化，假定用突变结变容管，$n=1/2(\gamma=2)$，并忽略损耗电阻($R_s=0$)。由于滤波器的作用，二倍频器并联电路中只存在频率为 ω_1 和 $2\omega_1$ 的两个单正弦电流 $i_1(t)$和 $i_2(t)$。假设变容管上存在的电荷为

$$q(t)=Q_0+2Q_1\sin\omega_1 t+2Q_2\sin(2\omega_1 t+\theta)$$

其归一化值

$$\bar{q}(t)=\frac{q(t)-Q_\phi}{Q_B-Q_\phi}=\bar{Q}_0+2\bar{Q}_1\sin\omega_1 t+2\bar{Q}_2\sin(2\omega_1 t+\theta)$$

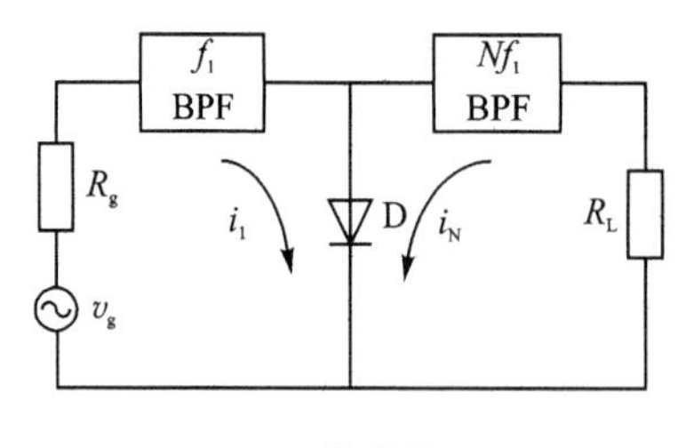

(a) 并联型

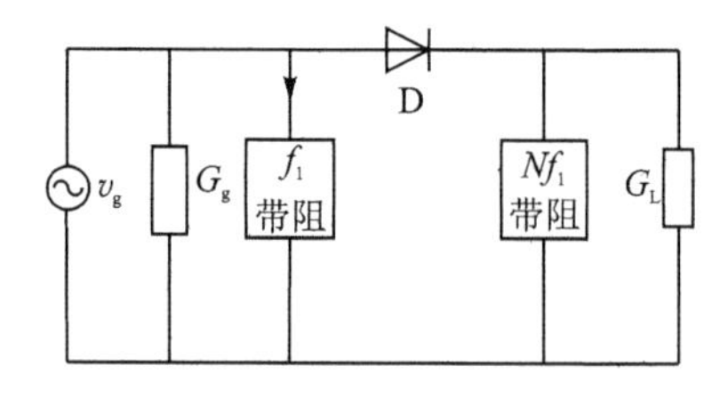

(b) 串联型

图 3.3-1　二次倍频器电路形式

其中
$$\bar{Q}_0=\frac{Q_0-Q_\phi}{Q_B-Q_\phi},\quad \bar{Q}_1=\frac{Q_1}{Q_B-Q_\phi},\quad \bar{Q}_2=\frac{Q_2}{Q_B-Q_\phi}$$

令

$$\begin{aligned}\bar{v}(t)=(\bar{q})^2=&(\bar{Q}_0^2+2\bar{Q}_1^2+2\bar{Q}_2^2)+2\bar{Q}_0[2\bar{Q}_1\sin\omega_1 t+2\bar{Q}_2\sin(2\omega_1 t+\theta)]+\\&4\bar{Q}_1\bar{Q}_2\cos(\omega_1 t+\theta)-2\bar{Q}_1^2\cos 2\omega_1 t-4\bar{Q}\bar{Q}_2\cos(3\omega_1 t+\theta)-2\bar{Q}_2^2\cos(4\omega_1 t+2\theta)\end{aligned}$$

式中：归一化直流偏压为 $\bar{V}_0=\bar{Q}_0^2+2\bar{Q}_1^2+2\bar{Q}_2^2$。从上式中将 ω_1 和 $2\omega_1$ 的项分开，可得归一化输入、输出电压

$$\left.\begin{aligned}\bar{v}_1(t)&=4\bar{Q}_1\bar{Q}_2\cos(\omega_1 t+\theta)+4\bar{Q}_0\bar{Q}_1\sin\omega_1 t\\\bar{v}_2(t)&=-2\bar{Q}_1^2\cos 2\omega_1 t+4\bar{Q}_0\bar{Q}_2\sin(2\omega_1 t+\theta)\end{aligned}\right\}\tag{3.19}$$

由 $\bar{i}(t)=\dfrac{\mathrm{d}\bar{q}(t)}{\mathrm{d}t}$ 可得归一化输入、输出电流

$$\left.\begin{aligned}\bar{i}_1(t)&=2\omega_1\bar{Q}_1\cos\omega_1 t\\\bar{i}_2(t)&=4\omega_1\bar{Q}_2\cos(2\omega_1 t+\theta)\end{aligned}\right\}\tag{3.20}$$

由式(3.19)、式(3.20)可求出二倍频器归一化输入、输出功率(平均功率)

$$\left.\begin{aligned}\bar{P}_1&=4\omega_1\bar{Q}_1^2\bar{Q}_2\cos\theta\\\bar{P}_2&=-4\omega_1\bar{Q}_1^2\bar{Q}_2\cos\theta\end{aligned}\right\}\tag{3.21}$$

$\bar{P}_1$ 为正，表示向变容管输入功率；$\bar{P}_2$ 为负，表示从变容管输出功率。理想情况下，转换效率为 100%，即频率为 ω_1 的信号功率完全转换成频率为 $2\omega_1$ 的信号功率。实际上，由于存在各种电路损耗而达不到完全转换。

1. 归一化阻抗

(1) 二倍频器的输入阻抗

$$\bar{Z}_1=\frac{\bar{V}_1}{\bar{I}_1}=\bar{R}_1-\mathrm{j}\bar{X}_1=\frac{2\bar{Q}_2}{\omega_1}-\mathrm{j}\,\frac{2\bar{Q}_0}{\omega_1}\tag{3.22}$$

(2) 输出阻抗

从图 3.3-2 中的电压与电流假设方向可得 $\bar{V}_2=-\bar{Z}_L\bar{I}_2$，图中 $v_s(t)$、R_g 是信号源及其内阻，C_j 是变容管结电容，$\bar{Z}_L$ 是负载阻抗。

从式(3.19)、式(3.20)中可得输出归一化电压、电流的复数形式

$$\begin{cases}\bar{V}_2=-2\bar{Q}_1^2-\mathrm{j}4\bar{Q}_0\bar{Q}_2\\ \bar{I}_2=4\omega_1\bar{Q}_2\end{cases}$$

因此
$$\bar{Z}_L=-\frac{\bar{V}_2}{\bar{I}_2}=\frac{\bar{Q}_1^2}{2\omega_1\bar{Q}_2}+\mathrm{j}\frac{\bar{Q}_0}{\omega_1}$$

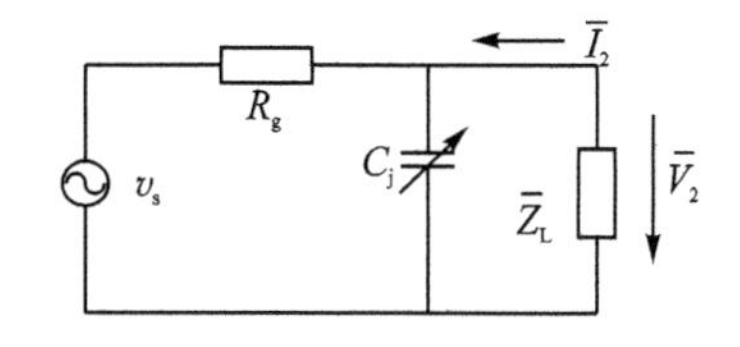

图 3.3-2　变容管接负载 Z_L 的等效电路

当负载阻抗与倍频器的输入阻抗共轭匹配时，输出的二次谐波功率最大，所以定义此时的阻抗为倍频器的归一化输出阻抗

$$\bar{Z}_2=\bar{Z}_L^*=\frac{\bar{Q}_1^2}{2\omega_1\bar{Q}_2}-\mathrm{j}\frac{\bar{Q}_0}{\omega_1} \tag{3.23}$$

2. 倍频器效率 η

实际上，由于 $R_s\neq0$，故输入、输出电流流过 R_s 时将产生损耗。输入电流 I_1 在 R_s 上的损耗为

$$P_{d1}=\frac{1}{2}I_1^2R_s=\frac{1}{2}(Q_B-Q_\phi)^2\bar{I}_1^2R_s$$

当变容管上电压 $v=V_B$ 时，$C_j(V_B)=C_{min}$。由式(2.7)可导出 $C_{min}=\dfrac{C(0)\phi^n}{(\phi-V_B)^n}$，其中 $C(0)\phi^n$ 可由式 $Q_B-Q_\phi=-\dfrac{C(0)\phi^n}{1-n}(\phi-V_B)^{1-n}$ 求出，代入上式可解出

$$C_{min}=(1-n)\frac{Q_B-Q_\phi}{V_B-\phi}$$

将 C_{min} 和 $\bar{I}_1^2=(2\omega_1\bar{Q}_1)^2$ 代入上面 P_{d1} 的表达式中

$$P_{d1}=\frac{1}{2}I_1^2R_s=8\bar{Q}_1^2\omega_1^2R_s(V_B-\phi)^2C_{min}^2 \tag{3.24}$$

同样，可解出输出电流 I_2 在 R_s 上的损耗

$$P_{d2}=\frac{1}{2}I_2^2R_s=32\bar{Q}_2^2\omega_1^2R_s(V_B-\phi)^2C_{min}^2 \tag{3.25}$$

式(3.25)中代入了 $\bar{I}_2=4\omega_1\bar{Q}_2$。由于有效输出功率(静输出功率)$P'_2=P_2-P_{d2}$($P'_2$不包含 R_s 损耗)，有效输入功率 $P'_1=P_1+P_{d1}$(P_{d1} 的损耗也由电源提供)，当 $\theta=0$ 时

$$P_1=-P_2=\frac{1}{2}I_1V_1=(Q_B-Q_\phi)(V_B-\phi)\bar{P}_1=2(V_B-\phi)^2C_{min}\bar{P}_1 \tag{3.26}$$

倍频效率为

$$\eta=\left|\frac{P'_2}{P_1}\right|=\left|\frac{P_2-P_{d2}}{P_1+P_{d1}}\right|=\left|\frac{1-\dfrac{P_{d2}}{P_2}}{1+\dfrac{P_{d1}}{P_1}}\right|\approx1-\alpha\frac{\omega_1}{\omega_c}<1 \tag{3.27}$$

式中：$\alpha=\dfrac{4\bar{Q}_2}{\bar{Q}_1}+\dfrac{1}{\bar{Q}_2}$；$\omega_c=\dfrac{1}{R_sC_{min}}$。

3.3.2　变容管高次倍频器

由 3.3.1 小节的讨论可知，突变结二极管($\gamma=2$)的电压与电荷呈平方律关系。$\bar{q}^2$ 展开式中只有二次以下项，不能产生二次以上的倍频。对于二次以上的倍频，必须采取其他措施：

① 改用 $n\neq1/2$ 的变容管。

② 加大激励，使高次谐波增加(过激励)。

③ 加空闲回路。

所谓过激励，是指在每个激励周期的部分时间内使二极管正向导通，由于二极管的钳位作用，电压波形严重失真，产生高次项。在过激励下，倍频器分析更为复杂，只能借助于计算机。

空闲回路法是通过建立空闲回路滤波器支路，如图 3.3-3 所示，增加 if_1 的频率的电流分量，输入信号经过 D 的非线性变频作用可产生多种组合的高次谐波。

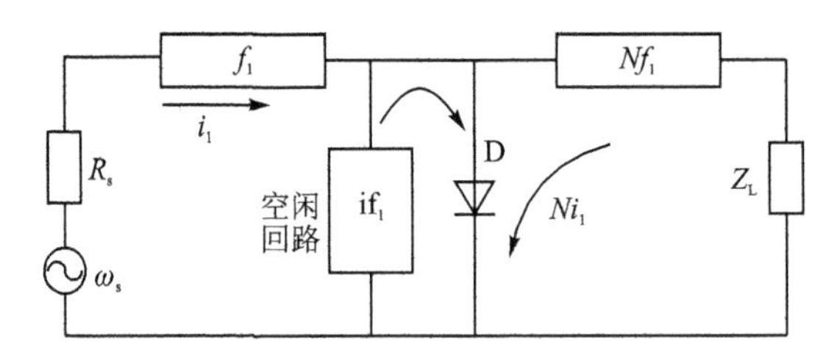

图 3.3-3　具有空闲回路的倍频器电路

例如：输入信号频率为 ω_1，空闲频率为 $2\omega_1$，输出可取 $n=3$，即输出频率为输入频率与空闲频率的和频。也可取 $n=4$，即输出频率是空闲频率的二次谐波。

空闲回路的作用是将变容管产生的低次谐波能量再送回二极管中，通过非线性变频，将低次谐波能量转变为高次谐波能量。

3.4　阶跃恢复二极管倍频器

阶跃管恢复二极管是一种特殊的 PN 结二极管。其主要特点是：加正向偏压时与普通二极管特性一样；但加反向电压时，阶跃管并不马上截止，而是以很大的反向电流流通，直到某一时刻，才以很快的速度转换到截止，于是形成了阶跃。图 3.4-1 画出了普通检波管和阶跃管的电流波形图，阶跃管的电流在负半周的某一时刻 t_a 电流发生跳变，在电路中形成一个很窄的脉冲，从而可利用阶跃管这一特性构成脉冲发生器。

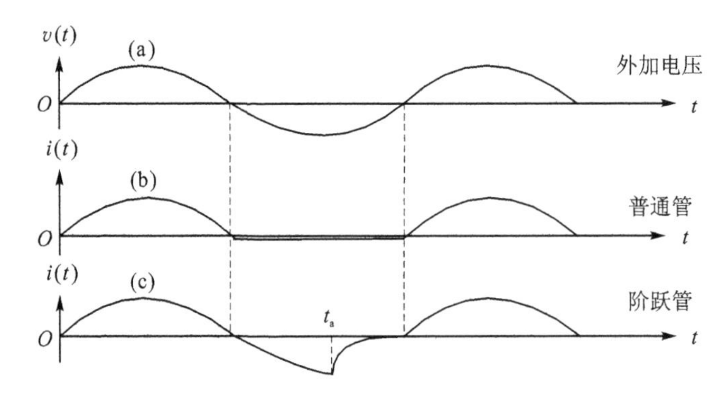

图 3.4-1　检波管和阶跃管电流波形

3.4.1 阶跃管工作原理

当在 PN 结上加正向偏压后，由于少数载流子的注入形成正向电流，即 P 区的空穴向 N 区运动，N 区的电子向 P 区运动。互为对方的少子，边复合，边扩散，在结两边形成指数衰减的浓度分布，如图 3.4－2 所示，最后达到平衡值 $N_P(x)$(N 区电子在 P 区的密度)和 $P_N(x)$(P 区空穴在 N 区的密度)。

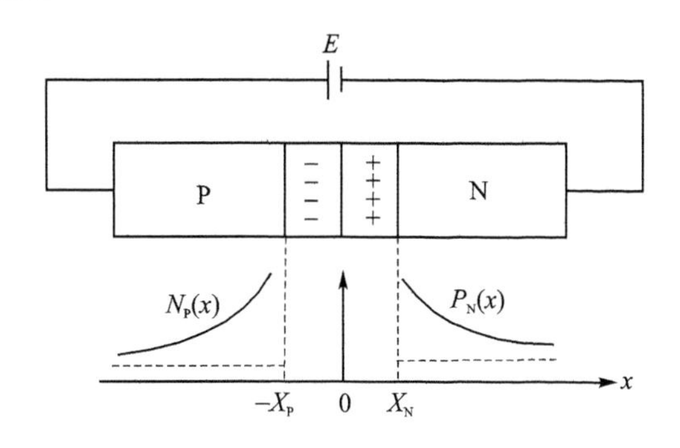

图 3.4－2　PN 结加正向偏置时少数载流子浓度分布示意图

若载流子的寿命远大于外加电压周期，则少子的复合速度相对较慢，还来不及复合就改变运动方向；也就是说，只有很少部分少子被复合，大部分少子被储存在 PN 结两边。载流子寿命越长，则 PN 结两边储存的电荷越多。可采取特殊工艺使载流子寿命尽可能长。如采用图 3.4－3 所示的 P^+NN^+ 结构，其中 P^+ 区重掺杂空穴，N^+ 区重掺杂电子。

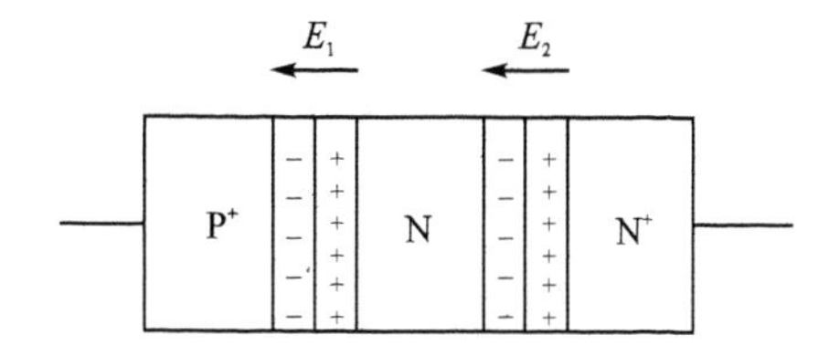

图 3.4－3　P^+NN^+ 结构示意图

正半周：在正向偏压作用下，内建电场被削弱，从 P^+ 穿越 P^+N 结有大量空穴进入 N 区，但 N 区载流子(电子)浓度低，空穴与 N 层中电子复合的机会少，从而降低了复合速度。同时在 NN^+ 结也存在一个由于电子浓度差而形成的内建电场(N^+ 区电子向 N 区扩散)，使 N 区中空穴不易向 N^+ 区扩散，增加了储存在 N 区中的电荷量。这样大量空穴电荷储存在很薄的 N 区内。

负半周：当外加电压反向时，由于 N 区储存的电荷量很大，(负极吸引空穴)将形成很大的反向电流，经过 t_t 时刻才基本放完(不含补充)，反向电流下降到零时进入截止状态，快速放电过程形成电流的阶跃。对阶跃管来说，阶跃时间越短，谐波分量越丰富，越便于高次倍频。

3.4.2 阶跃管的主要参数

图 3.4－4 展示了阶跃管一个周期的电流波形。

其主要工作参数如下：

① 阶跃时间 t_t：反向电流由 $0.8I_R$ 下降到 $0.2I_R$ 的时间。它是获得高效率倍频器的关键参数，一般选为输出频率周期的 1/2。

② 储存时间 t_s：反向电流在阶跃前一段持续时间，载流子寿命越长，则 t_s 越长，一般 $\tau=10T_1$，τ 为载流子寿命，T_1 为输入信号周期。

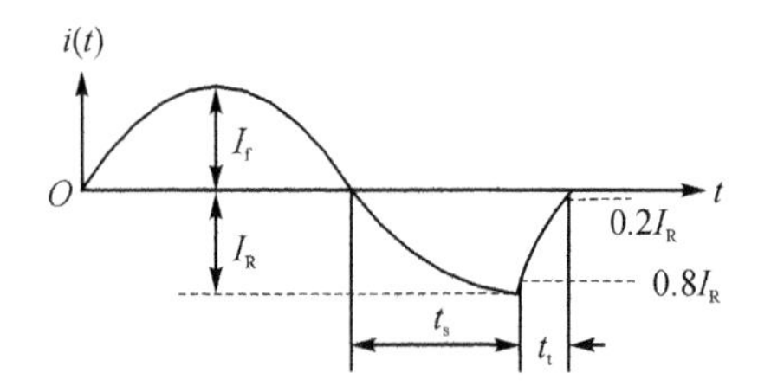

图 3.4-4 阶跃管工作时的电流波形

③ 结电容 C_j：C_j 越小，阶跃管越接近理想开关（充放电时间短），但从功率容量考虑，C_j 不能太小，否则倍频效率下降。

④ 正向电流 I_f、击穿电压 V_B、最大耗散功率 P_{cmax}：这三个参量决定阶跃管的最大允许输入功率。

3.4.3 倍频器原理分析

图 3.4-5 是阶跃管倍频器的组成方框图及波形图。

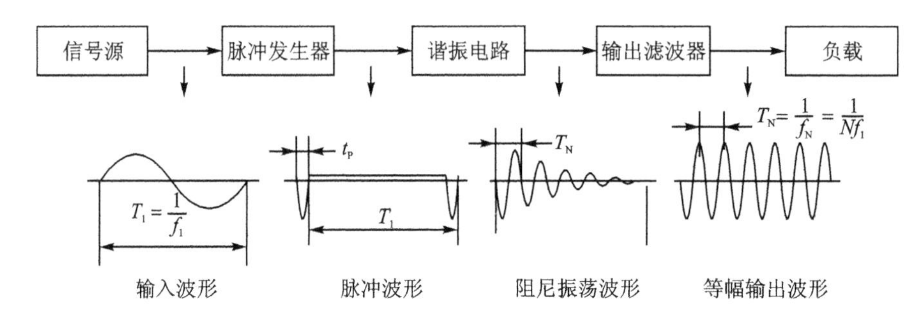

图 3.4-5 阶跃管倍频器的组成方框图及波形图

其工作原理可简述为：频率为 f_1 的激励信号送到脉冲发生器，脉冲发生器将每个输入周期的能量变换为一个窄的大幅度脉冲。此脉冲又激励线性谐振电路，把脉冲变换成频率为 $f_N=Nf_1$ 的衰减振荡信号波形。经过中心频率为 f_N 的带通滤波器选频，得到等幅正弦输出波形。

1. 脉冲发生器

(1) 导通期

图 3.4-6 是阶跃管脉冲发生器的电路原理。L 是电感，R 是负载电阻，V_0 是外加直流电压，电压源为 $v_1(t)=V_1\sin(\omega_1 t+\theta)$，当外加电压大于接触电位差 ϕ 后，阶跃管相当于短路，其电位被控制在 ϕ，因此 D 可以用一个电压源 ϕ 代替，由图 3.4-6(b)可写出回路方程

$$v_L+V_0+\phi-v_1(t)=0 \tag{3.28}$$

时变电流 $i(t)$ 与电感上压降的关系为

$$v_L=L\frac{\mathrm{d}i}{\mathrm{d}t}=V_1\sin(\omega_1 t+\theta)-(V_0+\phi) \tag{3.29}$$

所以

$$i(t)=I_0+\frac{V_1}{\omega_1 L}[\cos\theta-\cos(\omega_1 t+\theta)]-\frac{V_0+\phi}{L}t \tag{3.30}$$

$v_1(t)$与$i(t)$的波形如图 3.4-7(a)、(b)所示。从图中电压、电流的波形可看出：电压、电流并不同相变化，电压从正半周进入负半周时，电流仍保持为正。为什么电压为负，电流不为负？主要由于电感 L 的作用。当 $v_1(t)<0$ 时，正向电流减小，而 L 阻止电流下降，使正电流维持到 $v_1(t)$的负半周。当电流为正时，是阶跃管储存电荷期；当电流为负时，是阶跃管放电期，流入与流出阶跃管的总电荷量相等(正负面积相等)。注意储存电荷是正(空穴)电荷。

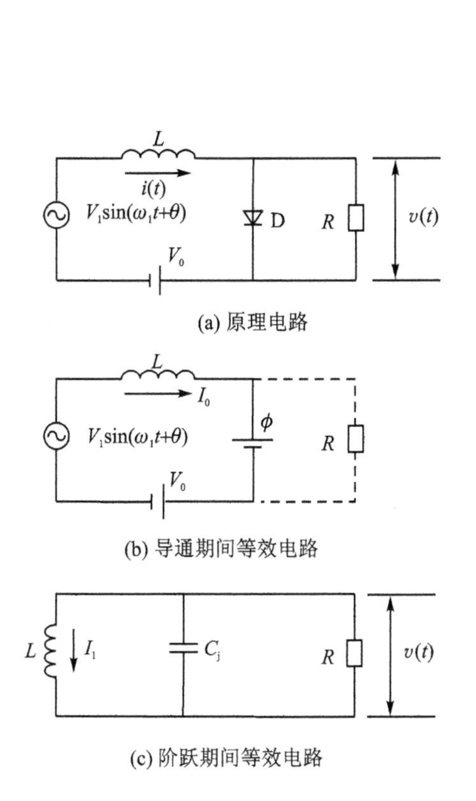

(a) 原理电路

(b) 导通期间等效电路

(c) 阶跃期间等效电路

图 3.4-6　阶跃管脉冲发生器电路

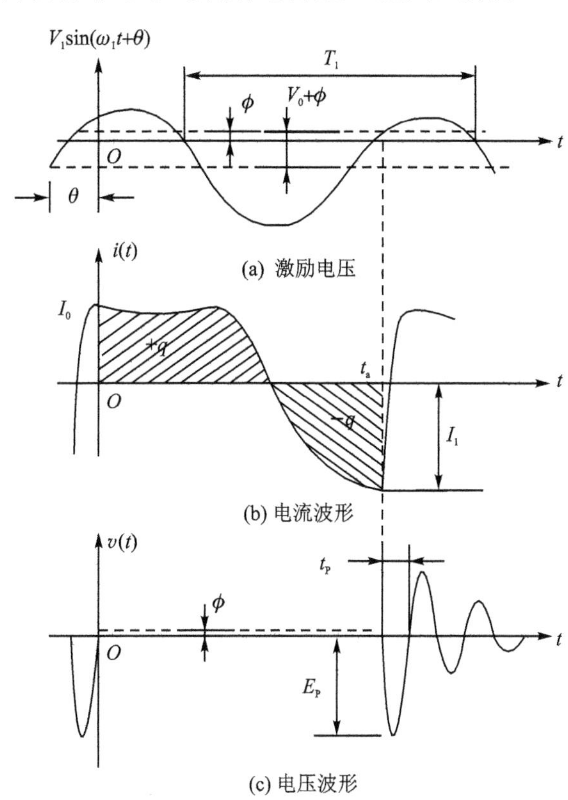

图 3.4-7　正弦激励时的电流和电压波形

由 t_a 开始进入阶跃状态，由于电流的突变，L 上出现一个很大的反电势加在二极管上，使二极管上的电压 $v_L(t)$产生一个大的负跳脉冲，波形如图 3.4-7(c)所示。若接有谐振回路，则形成一个衰减振荡波形。由于电感的存在，使 D 上电压在电荷未放完前一直维持在 ϕ 电位。

(2) 阶跃期

随着储存电荷的快速消失，电流从最大负振幅 I_1 跳到 0(参见图 3.4-7(b))，阶跃区结束。二极管上的电压开始进入正向区域，电流也逐渐恢复到起始电流 I_0。在阶跃期，随着电荷消失，大的扩散电容也消失，只剩很小的结电容 C_j，相当于一个高速开关，将大电容转变成小电容；在 $t=t_a$ 时，电流 $i(t)$处于负的最大值，其导数$\dfrac{di(t)}{dt}=0$，所以 $v_L=L\dfrac{di}{dt}=0$，原回路方程式(3.28)成为

$$V_1\sin(\omega_1 t+\theta)=V_0+\phi$$

管子上电压降

$$v(t)=V_1\sin(\omega_1 t+\theta)-V_0-\phi=0$$

此时可忽略外加电压源和偏压源，其等效电路如图 3.4-6(c)所示。为分析方便，将图 3.4-6(c)的并联型电路转换为如图 3.4-8 所示的串联电路。

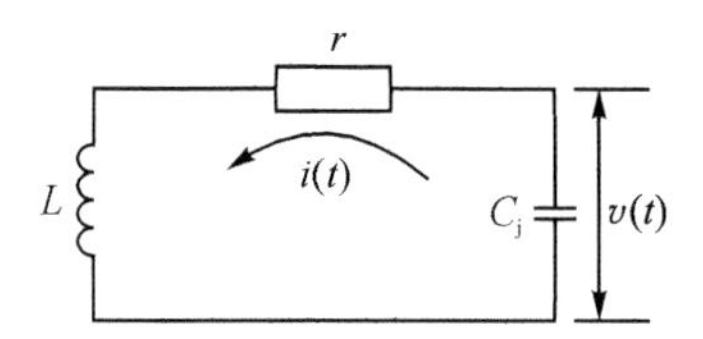

图 3.4-8 阶跃管在阶跃期间的串联等效电路

图中转换电阻 $r=\frac{L}{C_jR}$。由串联电路可得回路方程

$$L\frac{\mathrm{d}i}{\mathrm{d}t}+ri+\frac{1}{C_j}\int i\,\mathrm{d}t=0$$

令 $t'=t-t_a$（移轴），由初始条件 $i(t)\big|_{t'=0}=I_1$，$v(t)\big|_{t'=0}=0$，解得

$$i(t)=I_1\mathrm{e}^{\frac{-\xi\omega_N t'}{\sqrt{1-\xi^2}}}\left(\cos\omega_N t'+\frac{\xi\sin\omega_N t'}{\sqrt{1-\xi^2}}\right) \tag{3.31}$$

式中：$\omega_N=\sqrt{\frac{1-\xi^2}{LC_j}}$；$\xi=\frac{1}{2R}\sqrt{\frac{L}{C_j}}$，称为阻尼因子。若 $r\ll\sqrt{L/C_j}$，则电容两端电压等于电感上的电压 $v(t)=v_L(t)=L\frac{\mathrm{d}i(t)}{\mathrm{d}t}=0$。再令 $t'=t$

$$v(t)=-\frac{I_1\sqrt{\frac{L}{C_j}}}{\sqrt{1-\xi^2}}\mathrm{e}^{-\sqrt{\frac{\xi\omega_N t}{1-\xi^2}}}\sin\omega_N t \tag{3.32}$$

$v(t)$的波形在数学上是一个阻尼振荡波形，如图 3.4-9 所示。但由于振荡电压到达 ϕ 后，阶跃管正向导通，不可能有正半周，所以实际上振荡只维持 ω_N 的半个周期。

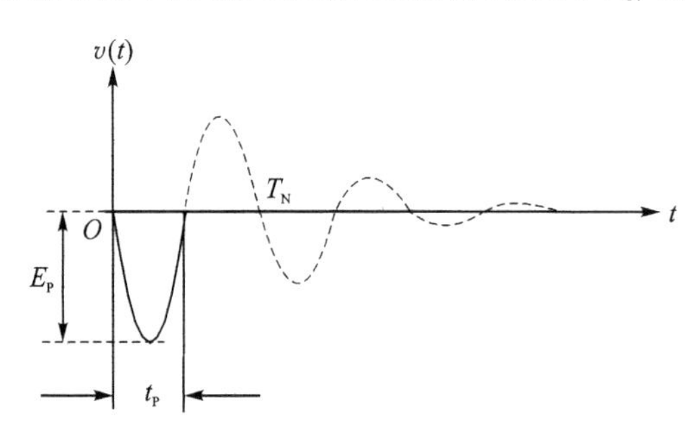

图 3.4-9 $v(t)$的阻尼振荡波形

$v(t)$的半个周期相当于一个负脉冲，其宽度 t_P 为

$$t_P=\frac{T_N}{2}=\frac{1}{2f_N}=\frac{\pi}{\omega_N}=\pi\sqrt{\frac{LV_j}{1-\xi^2}}$$

脉冲波腹点对应于$\frac{T_N}{4}$处，因此将 $t=\frac{T_N}{4}=\frac{\pi}{2\omega_N}$代入 $v(t)$，可求出其幅度 E_P 为

$$E_{\mathrm{P}}=-\frac{I_1\sqrt{\dfrac{L}{C_{\mathrm{j}}}}}{\sqrt{1-\xi^2}}\mathrm{e}^{-\frac{\xi\pi}{2\sqrt{1-\xi^2}}}$$

当 R 很大，ξ 很小时（$\xi\approx 0.3\sim 0.5$），令 $\xi\to 0$，则

$$E_{\mathrm{P}}=-I_1\sqrt{\frac{L}{C_{\mathrm{j}}}},\quad t_{\mathrm{P}}\approx\pi\sqrt{LC_{\mathrm{j}}}$$

所以脉冲电压可改写为

$$v(t)\approx E_{\mathrm{P}}\sin\omega_{\mathrm{N}}t \tag{3.33}$$

(3) 输出功率

脉冲发生器的输出平均功率定义为

$$P_0=f_1\int_0^{t_{\mathrm{P}}}\frac{v^2(t)}{R}\mathrm{d}t=\frac{E_{\mathrm{P}}^2}{4NR} \tag{3.34}$$

式中：P_0 是一个周期内的平均功率，$N=\dfrac{\omega_{\mathrm{N}}}{2\pi f_1}$是倍频次数，$f_1=\dfrac{1}{T_1}$。当 ξ 较小时，有

$$P_0\approx\pi\xi E_{\mathrm{P}}^2f_1C_{\mathrm{j}} \tag{3.35}$$

(4) 偏置电压

为了恰好在 t_{a} 处产生电流阶跃而得到想要的 t_{P}（倍频次数 $N=\dfrac{T_1}{2t_{\mathrm{P}}}$，或 $T_1=2Nt_{\mathrm{P}}$），可调节反偏压 V_0（波形随之上下移动）以得到 N 倍频。若不考虑 ϕ，在 $t=t_{\mathrm{a}}$ 时电流处于负最大值时$\dfrac{\mathrm{d}i(t)}{\mathrm{d}t}=0$，电感上电压为零，即加在管子上的总电压近似为零，回路方程为

$$V_1\sin(\omega_1t_{\mathrm{a}}+\theta)-V_0=0$$

而

$$t_{\mathrm{a}}=T_1-t_{\mathrm{P}}=\frac{2\pi}{\omega_1}-\frac{\pi}{N\omega_1}=\frac{2\pi}{\omega_1}\left(1-\frac{1}{2N}\right)$$

所以

$$V_0=V_1\sin\left(2\pi+\theta-\frac{\pi}{N}\right)=V_1\sin\left(\theta-\frac{\pi}{N}\right) \tag{3.36}$$

V_0 由 θ 决定，而 θ 是与 N 和 ξ 有关的量，其关系如图 3.4－10 曲线所示。在 V_1 幅度确定后，可由 N、ξ 值通过图 3.4－10 的曲线查 θ，将 θ 代入式(3.36)确定 V_0 的大小。

(5) 输入阻抗（输入基波电压与输入基波电流之比）

$$\left.\begin{aligned}R_1&\approx\frac{\omega_1L}{2\cos\theta\sin\left(\theta-\dfrac{\pi}{N}\right)}=\omega_1LR_0\\X_1&\approx\frac{\omega_1L}{1+2\sin\left(\theta-\dfrac{\pi}{N}\right)\sin\theta}=\omega_1LX_0\end{aligned}\right\} \tag{3.37}$$

图 3.4－11 所示是输入阻抗的等效电路。式(3.37)中 R_0、X_0 为阻抗倍乘系数，它们与 N 和 ξ 的关系类似于 θ 与 N、ξ 的关系（见图 3.4－12），即由 N、ξ 值确定 R_0、X_0。

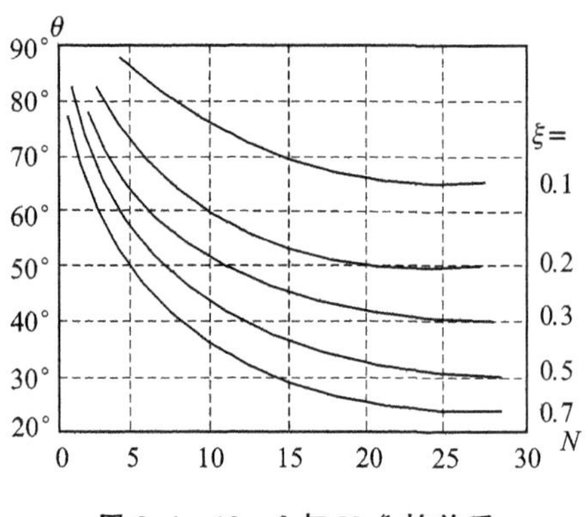

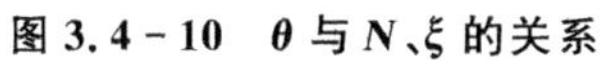
图 3.4-10 θ 与 N、ξ 的关系

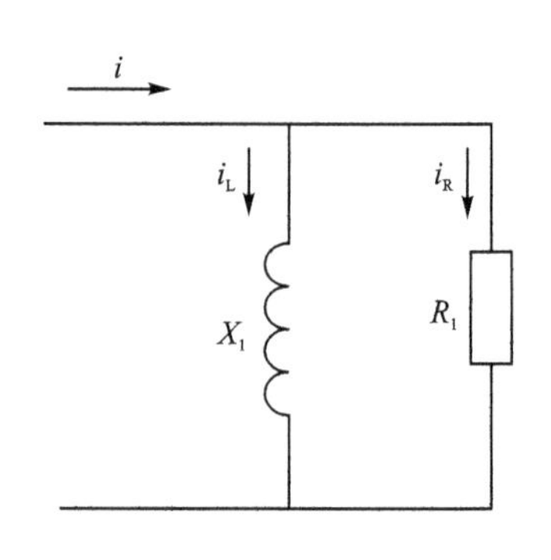

图 3.4-11 输入阻抗的等效电路

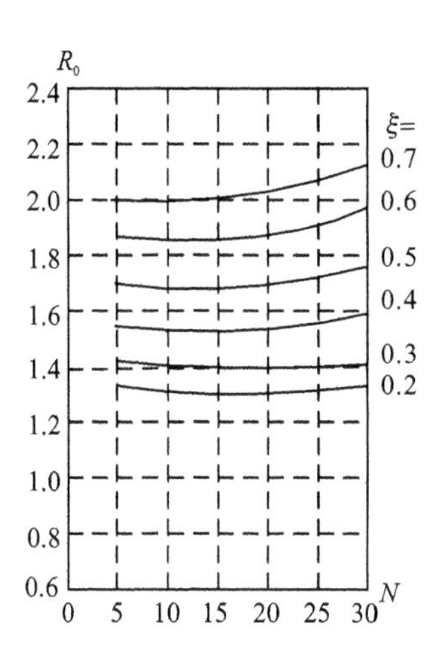

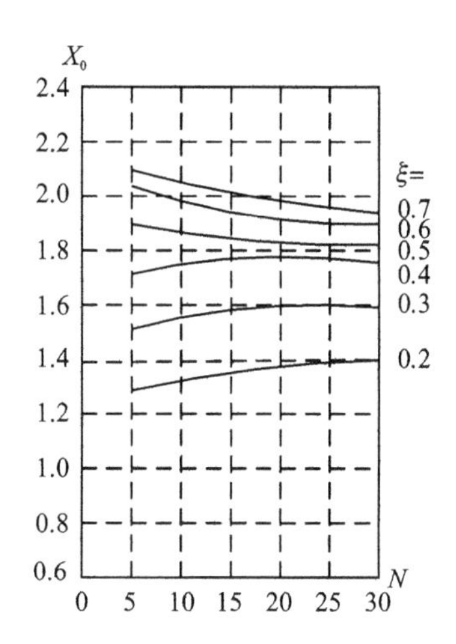

图 3.4-12 R_0、X_0 与 N、ξ 的关系

(6) 脉冲串频谱

图 3.4-13 所示是脉冲发生器输出的脉冲波形，图 3.4-14 所示是该脉冲波形的输出频谱。

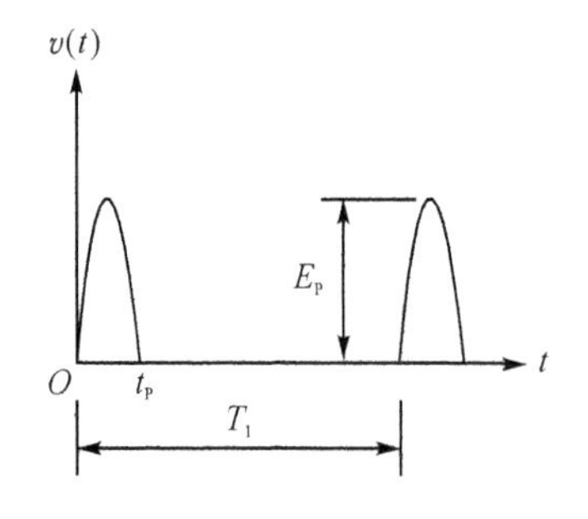

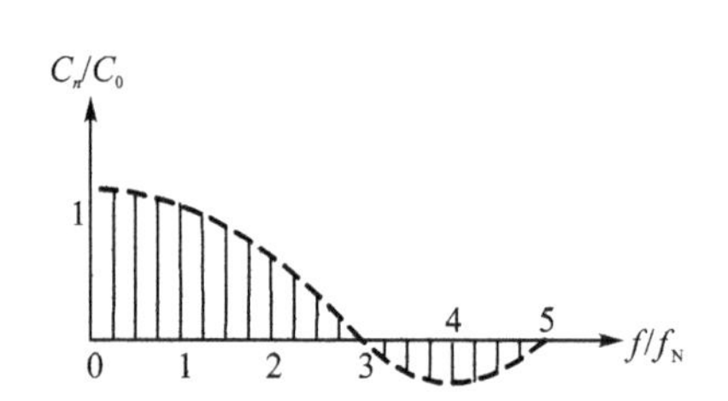

图 3.4-13 脉冲发生器输出脉冲波形

图 3.4-14 脉冲发生器输出脉冲频谱

脉冲波形的电压表达式为

$$\left.\begin{aligned} v(t) &= E_P \sin \omega_N t, \quad && 0 \leqslant t \leqslant t_P \\ v(t) &= 0, && t_P \leqslant t \leqslant T_1 \end{aligned}\right\} \tag{3.38}$$

$v(t)$的傅里叶级数展开式为

$$v(t)=\sum_{n=-\infty}^{\infty}\frac{C_n}{2}e^{jn\omega_1 t}$$

式中：$C_n=\frac{2}{T_1}\int_0^{T_1}v(t)e^{-jn\omega_1 t}dt$ 是各阶频谱分量的系数。若以 C_0 归一化，则

$$\left|\frac{C_n}{C_0}\right|=\frac{\cos\left(\frac{\pi n}{2N}\right)}{1-\left(\frac{n}{N}\right)^2} \tag{3.39}$$

2. 谐振电路

图 3.4-15 展示了阶跃管倍频器谐振电路对输出波形的影响情况，谐振电路将脉冲发生器产生的半正弦脉冲波形变为衰减振荡波形。谐振电路可用 $\lambda_N/4$ 传输线实现，λ_N 为输出信号波长；C_c 为负载耦合电容，调整 C_c 可获得一个合适的有载 Q 值($Q=1/(\omega_c R_L)$)以形成衰减振荡。

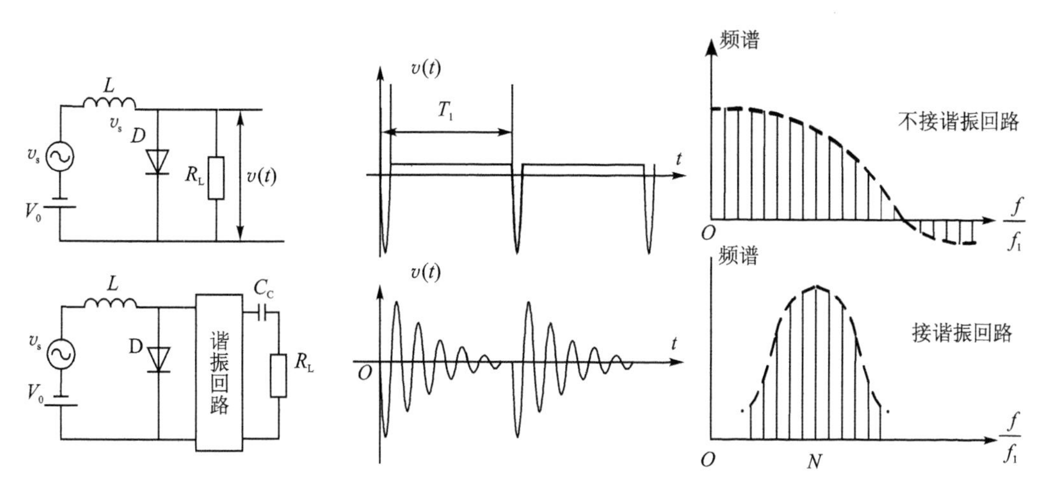

图 3.4-15　阶跃管倍频器谐振电路对输出波形的影响

设负载阻抗 $Z_L=R_L+\frac{1}{j\omega_c}$，传输线特性阻抗为 Z_c，如果 $Z_L>Z_c$，当第一个负脉冲到达谐振线输出端时，部分脉冲能量给了负载，其余能量被反射(参看图 3.4-16)，由于反射系数 $\Gamma_L=\frac{Z_L-Z_c}{Z_L+Z_c}>0$，故反射波 $v_r=\Gamma_L v_i$ 不变号，脉冲从二极管 D 出发，被负载反射回来在谐振线上往返所需时间 $t=\frac{2l}{v}=\frac{\lambda_N}{2v}=\frac{T_N}{2}=t_P$，这里 $l=\frac{\lambda_N}{4}$，v 是频率为 f_N 的波在谐振线上的传播速度。

波往返传播时间正好等于输入脉冲宽度 t_P，这部分返回能量到达二极管时，恰好二极管进入导通期，等效于传输线短路(反射系数 $\Gamma=-1$)。故此部分能量又以相反的相位反射向负载 Z_L，一部分又被负载吸收，一部分又被返回，能量逐渐下降，振荡幅度不断减小，如此下去直到幅度很小为止。

由于负载每次得到的半正弦波脉冲互为反向(Γ_L 为正，Γ_D 为负才能如此)，故连接起来就

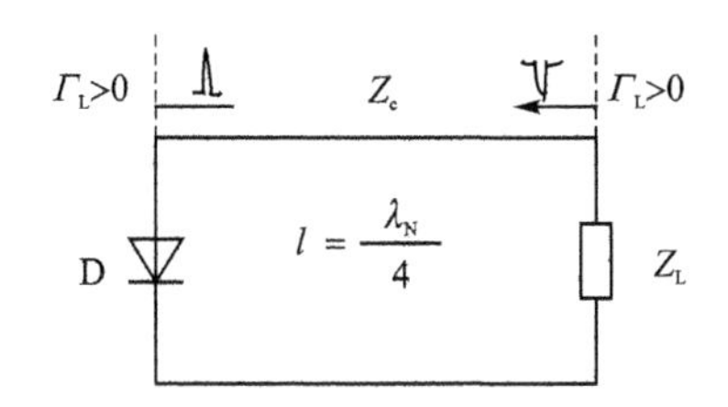

图 3.4-16　1/4 波长传输线作为谐振电路

是正弦衰减波形

$$v'(t)=(1+\Gamma_L)E_P e^{-\alpha t}\sin\omega_N t \tag{3.40}$$

式中：衰减因子 $\alpha=\frac{N\omega_1}{2Q}$。为了保证在 T_1 时刻内振荡波形基本衰减为零，一般选品质因数 $Q=\frac{\pi N}{2}$，于是确定衰减因子为

$$\alpha=\frac{\omega_1}{\pi}$$

下面讨论输出耦合电容 C_c 的确定。$\lambda_N/4$ 传输线的有载 Q 值可表示为

$$Q=\frac{1}{4R_L Z_c(\omega_N C_c)^2}$$

如令

$$Q=\frac{1}{4R_L Z_c(\omega_N C_c)^2}=\frac{\pi N}{2}$$

则可确定出

$$C_c=\frac{1}{\omega_N\sqrt{2NR_L Z_c}} \tag{3.41}$$

3. 输出滤波器

滤波器带宽选择原则为 $B\leqslant\frac{f_N}{N}=f_1$，只要小于 f_1 即可。

3.4.4　阶跃管五倍频器设计方案

图 3.4-17 所示是一个实用五倍频器的印刷电路图。倍频器的输入频率为 400 MHz，输

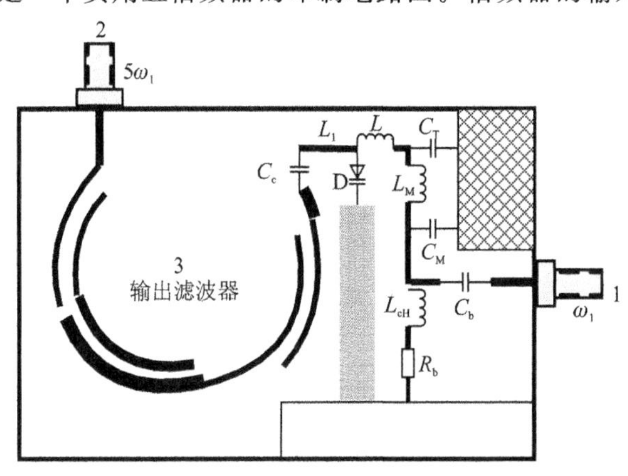

1—输入接头；2—输出接头；3—输出滤波器，C_b—隔直流电容；L_{cH}—高频扼流圈；R_b—偏压电阻；L_M—匹配电感；C_M—匹配电容；C_T—谐振电容；L—激励电感；D—阶跃管；L_1—谐振线；C_c—耦合电容

图 3.4-17　阶跃管五倍频器电路

出频率为 2 GHz。该电路的特点是：谐振电路和输出滤波器采用微带线结构来实现。由于输入频率比较低，对于输入通道的器件如果采用分布参数的微带电路，则尺寸相当大。因此，阶跃管以前部分的元件采用集中参数构成，以得到较紧凑的结构。

3.5　习　题

3－1　试比较变容管倍频器与阶跃管倍频器的异同点。

3－2　变容二极管在微波电路中有哪些应用？在这些应用中，对变容管的激励有何不同？为什么？

3－3　假设有一个理想的非线性电抗，只允许基波和 n 次谐波电流通过，试用门雷-罗威关系证明：不管倍频次数多少，转换效率总是 100％。

3－4　试用偏压对阶跃管电流波形的影响来说明调节偏压可以获得最大的电流阶跃幅值。

3－5　试回答下列问题：

(1) 为什么突变结变容管必须工作在过激励状态或采用空闲电路才能实现高次倍频？

(2) 在变容管高次倍频器和参量放大器中均采用空闲电路，其作用有何异同点？

3－6　试用偏压对阶跃管电流波形的影响来说明调节偏压可以获得最大的电流阶跃幅值。

3－7　为了使阶跃管倍频器谐振电路产生的衰减振荡，恰好在一个输入频率周期 T_1 内衰减完，谐振电路应满足什么条件？为什么？

3－8　画出阶跃管倍频器原理框图、各级之间的波形图及频谱图，简述各级的工作原理。

第4章　微波半导体二极管振荡器

4.1　引　言

微波振荡器广泛应用于雷达、通信、电子对抗和测试仪表等方面，是各类微波系统的关键部件之一，它的性能优劣直接影响到微波系统的性能指标。

在20世纪60年代以前，微波振荡器几乎是电真空器件的一统天下，如速调管、磁控管、行波管等。这类器件的缺点在于：所要求的工作电压高(几千伏至几万伏)，功耗大(几十瓦至几千瓦)，结构复杂，体积大，成本高，调试不方便，不适应电子集成化、小型化发展的需要。特别是随着参放的发展，迫切需要与其相适应的泵源。

20世纪50年代末期，出现了用变容管倍频的晶体管微波振荡器，但倍频效率不高，不易在高倍频上获得大功率。

1963年转移电子器件的出现，以及1965年雪崩二极管的出现，使微波半导体振荡器得以实际应用，对微波半导体振荡器件的研究迅速开展起来。

目前微波半导体振荡器主要有：

① 晶体管(三极管和场效应管)振荡器，应用于X波段以下。

② 转移电子器件(GUNN)，宽频应用(美系模拟扫频源大多采用)。

③ 雪崩渡越时间二极管，成本低。

④ 隧道二极管，由于稳定性差，输出功率小，目前几乎无人用。

1976年第六次微波会议认为：在4 GHz以下，适用于硅双极晶体管；在4～15 GHz范围，适用于砷化镓场效应晶体管；15 GHz以上，则是转移电子器件和雪崩二极管的领域。

雪崩二极管有两种工作模式。一种为碰撞雪崩渡越时间模，其振荡频率范围为1～300 GHz。在30～60 GHz频带内，连续波振荡功率为1.2～1.6 W，效率为10%～16%；在60～100 GHz，功率为200～600 mW，效率为8%～12.5%；在100～200 GHz，功率为50～150 mW，效率为2%～4%。目前在毫米波领域雪崩二极管发挥着重要作用，目前大部分毫米波系统都集中在35 GHz、94 GHz、140 GHz附近，只能采用雪崩二极管振荡器。后来出现的双漂移型雪崩二极管在35 GHz以下，取得的峰值功率为23 W，94 GHz以下为15 W，140 GHz以下为3 W。雪崩管的另一种工作模式是俘获等离子体雪崩触发渡越模，振荡频率低，但效率高。

转移电子器件振荡器适用于C～K波段范围，在30～60 GHz频段内，振荡功率为200～450 mW，在90 GHz频率时，功率为20～100 mW。其工作频率、输出功率、效率和温度特性等指标均不如雪崩管，但其工作电压和调频噪声低，故广泛应用于参放泵源、接收机混频本振、扫频源和扫频仪等。

下面将介绍雪崩管和转移电子器件的工作原理，然后讨论由它们组成负阻振荡器的一般理论、主要性能参数和基本电路。

4.2　雪崩渡越时间二极管

早在 1958 年，Read 就提出：利用雪崩效应与渡越时间效应相结合可产生负阻，并建议用 N^+PIN^+ 的结构形式来实现这一设想。但由于当时工艺跟不上，直到 1965 年才有人在硅 PN 和 PIN 结构上加反向偏压获得了负阻振荡，其原理与 Read 的设想相同，从此出现了多种结构形式的雪崩渡越二极管(IMPATT)，成为强有力的微波固态源之一。

4.2.1　碰撞雪崩渡越时间模的基本工作原理

雪崩管也叫崩越管(IMPATT)，常用的结构有 P^+NN^+ 或 N^+PN^+P，它们的结构简单，易于加工，而 Read 的 N^+PIN^+(称为 Read 管)，结构不易制造，但容易理解，所以理论分析都是从 Read 管入手。图 4.2-1 给出了它的结构及其电场分布。

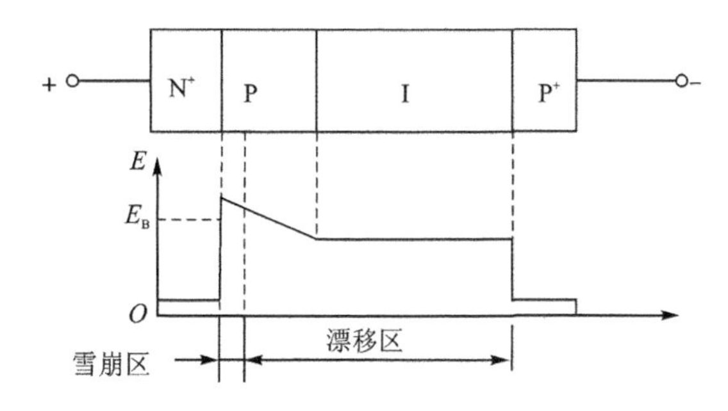

图 4.2-1　Read 二极管的结构及电场分布

Read 管反偏工作时，外加电场与(N^+P 结的)内建电场方向一致。N^+、P^+ 区都是高掺杂区，电阻率很低(有丰富的多子)，电场几乎为零。在 I 区，由于无杂质(本征层，空间电荷为零的高阻层，电阻率很高，1 MΩ/cm 以上)，电场均匀分布。而在 N^+P 结附近区域，由于外加电场大于反向击穿场强 E_B，产生雪崩击穿。这个区叫雪崩区，其他空间电荷区称为漂移区。P 区在强外场作用下，全部成为耗尽层(无空穴的负离子层)，其电场线性分布。

1. 漂移速度

在外场作用下，半导体中载流子的运动速度不是线性变化的，它在运动中要不断地同晶格碰撞，使其速度大小和方向不断地改变，因此用一个平均速度来衡量。在低电场区时($E<10^3$ V/cm)漂移速度基本上正比于场强。$\bar{v}=\mu E$ 是平均漂移速度，比例常数 μ 称为迁移率。当电场大于某值后，随着载流子运动加快，碰撞次数也增加，反过来又阻碍漂移速度的增加，使其趋于饱和($\bar{v}_m=10^7$ cm/s)。图 4.2-2 所示是载流子运动速度与电场强度的关系曲线。

2. 雪崩过程

雪崩区中的载流子，由于强电场的加速，具有足够大的动能与晶格碰撞，当动能大于原子对于价电子(最外层电子)的束缚力时，将使原子电离，价电子脱离原子成为自由电子，同时产生一个空穴，这一过程称为碰撞电离，由此而产生的新载流子在电场加速下又将激发出新的电子空穴对，这一连锁反应，使载流子数量急剧增加，犹如雪崩，从而得到很大的反向电流。图 4.2-3 展示了雪崩管工作时的电压、电流关系。雪崩管工作时偏置在击穿电压 V_B 上，在

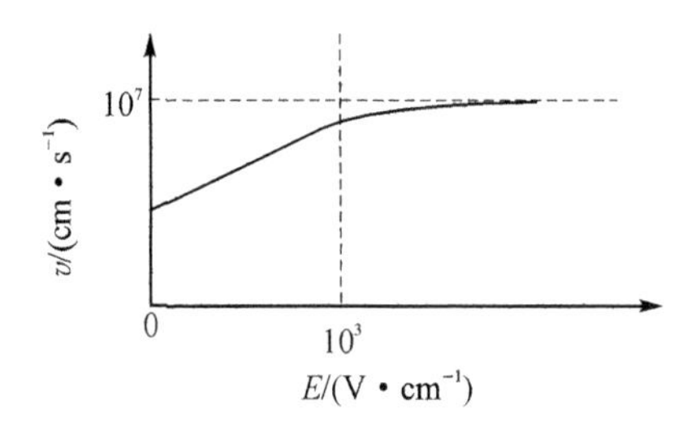

图 4.2-2 载流子运动速度与电场强度的关系

V_B 上叠加一个振幅为 V_a、频率为 ω 的交流电压

$$v(t)=V_B+V_a\sin\omega t \tag{4.1}$$

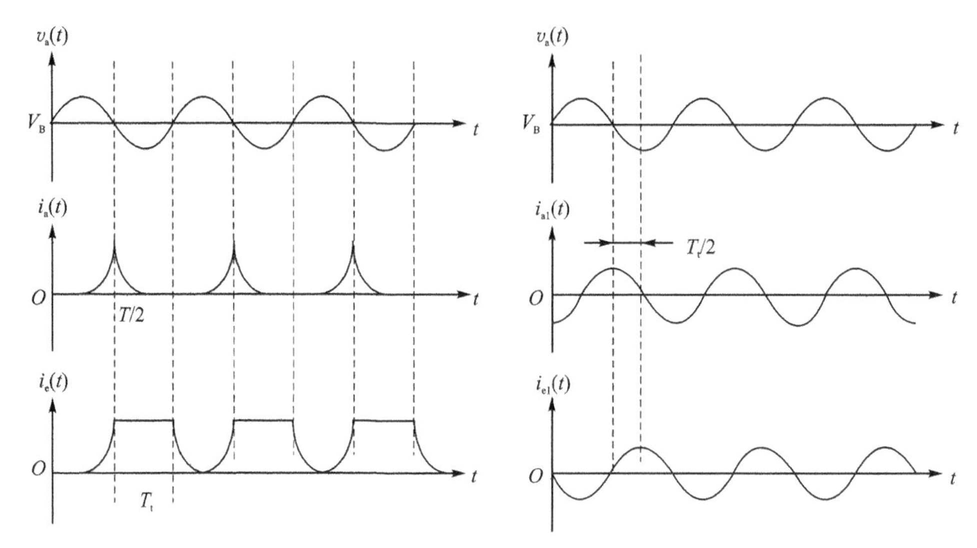

图 4.2-3 雪崩二极管中电流电压波形

在 $v(t)>V_B$ 时 $(0\sim T/2)$ 产生雪崩击穿，电子-空穴对倍增，雪崩电流 $i_a(t)$ 的峰值滞后于 $v_a(t)$ 的峰值 $\pi/2$，在 $t=T/2$ 时，虽然 $v_a(t)=0$，但由于大量电子-空穴对不能马上消失，所以在 $t=T/2$ 时达到 $i_a(t)$ 的峰值，直到 $v_a(t)$ 的负半周才消失为 0。$i_{a1}(t)$ 是 $i_a(t)$ 的基波，其相位滞后于 $v_a(t)\pi/2$。

3. 漂移过程

雪崩区中的电子和空穴在外加电场的作用下，以饱和速度向两极漂移，电子直接到达正极（N^+ 区），由于距离近，漂移时间可忽略，而空穴则进入比较长的漂移区，此区中电场强度低于 V_B，不产生击穿，载流子以饱和速度渡越漂移区向负极运动。由于漂移区（P、I 两区）有一定宽度，空穴要经过一段时间才能到达负极（P^+ 区），将这个时间叫渡越时间。设漂移区宽度为 W_s，饱和漂移速度为 $\bar{v}_s$，则渡越时间

$$T_t=\frac{W_s}{\bar{v}_s} \tag{4.2}$$

当空穴在漂移区运动时，外电路将出现感应电流 $i_e(t)$，其值为 $i_a(t)$ 对距离的平均值，即

$$i_e(t)=\frac{1}{W_s}\int_0^{W_s} i_a(t)\,\mathrm{d}x \tag{4.3}$$

在漂移时间 T_t 内,外电路都存在感应电流 $i_e(t)$。若注入漂移区电流 $i_a(t)$ 为脉冲状,则感应电流 $T_e(t)$ 近似为矩形,如图 4.2-3(b)所示,基波电流 $i_{e1}(t)$ 滞后于 $i_{a1}(t)$ 的相位差为 $\frac{\omega T_t}{2}$,若选择 $T_t=\frac{T}{2}$,则相位差为 $\frac{2\pi T_t}{T\ 2}=\frac{2\pi T}{T\ 4}=\frac{\pi}{2}$,因为 $i_{a1}(t)$ 滞后于 $v_a(t)$ 的相位差为 $\frac{\pi}{2}$,则 $i_{e1}(t)$ 滞后于 $v_a(t)$ 相位差为 π。由于电流与电压的相位差为 π,表明雪崩二极管工作时相当于一个负阻,因此与外电路结合即可构成负阻振荡器。

定义　满足 $T_t=\frac{T}{2}$ 的频率为漂移区特征频率。

$$f_d=\frac{1}{2T_t}=\frac{v_s}{2W_s} \tag{4.4}$$

式中:v_s 为饱和漂移速度,当 $v_a(t)$ 的频率 $f=f_d$ 时,由漂移区引起的相位延迟(电流 $i_a(t)$ 滞后于 $v_a(t)$)为 $\phi=\frac{\pi}{2}$。即使 f 与 f_d 不相等,只要相移在 90°～270°之间,仍存在一定负阻,振荡就可维持下去。

4.2.2　等效电路和电路参数

由于雪崩电流 $i_a(t)$ 滞后于 $v_a(t)$ 一个 $\frac{\pi}{2}$ 的相位差,因而雪崩效应如同于一个电感在交流电路中的作用(见图 4.2-4)。其值可表示为 $L_e=\frac{k}{I_0}$,这里 k 代表常数(硅管的 k 值大约为 $k=1.09\times10^{-11}$ H · A,这里 H 是电感量纲亨利的缩写,A 是电流量纲安培的缩写,I_0 是二极管的直流电流。二极管工作时的等效电路如图 4.2-4 所示。

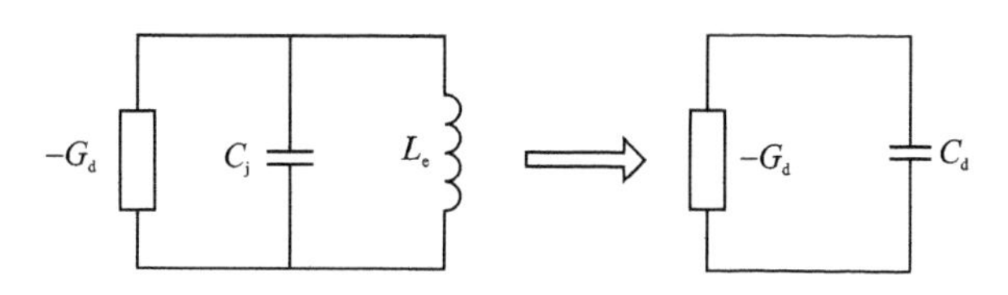

图 4.2-4　雪崩二极管的等效电路

图中 C_j 是结电容,$-G_d$ 是负电导。C_j 与 L_e 的电纳组合为 $B_d=\omega C_j-\frac{I_0}{k\omega}$,由于 $\omega C_j>\frac{I_0}{k\omega}$,所以 B_d 呈容性,可用一个电容 $C_d=\frac{B_d}{\omega}$ 代替(见图 4.2-4)。

实际封装后,还包括引线、管壳等封装参数。图 4.2-5 是封装后的等效电路,图中 C_P 是管壳对地的电容,R_s 是串联电阻,L_s 是串联电感。

上述等效电路是雪崩管在小信号工作时的参数,在大信号工作时,随着振荡幅度的增加,由于空间电荷对电场的影响,二极管阻抗发生变化,动态阻抗是工作频率和交流电压振幅的函数,其数值解析是很困难的,目前多采用计算机计算二极管阻抗。

图 4.2-6、图 4.2-7 是用计算机算出的 PNN^+ 结构的负电导和电纳与振幅 V_m 的关系曲线,参变量是频率。电导曲线可用直线近似(见图 4.2-6 中虚线所示)。设 $V_a=0$ 时,$G_d=G_m$,则直线方程为

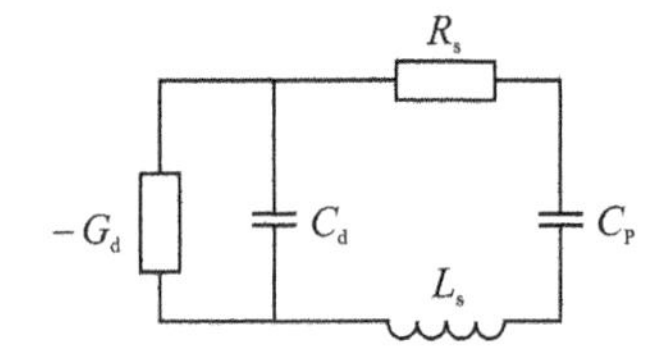

图 4.2-5　实际封装雪崩二极管的等效电路

$$\frac{G_d}{G_m}=1-\frac{V_a}{V_m} \tag{4.5}$$

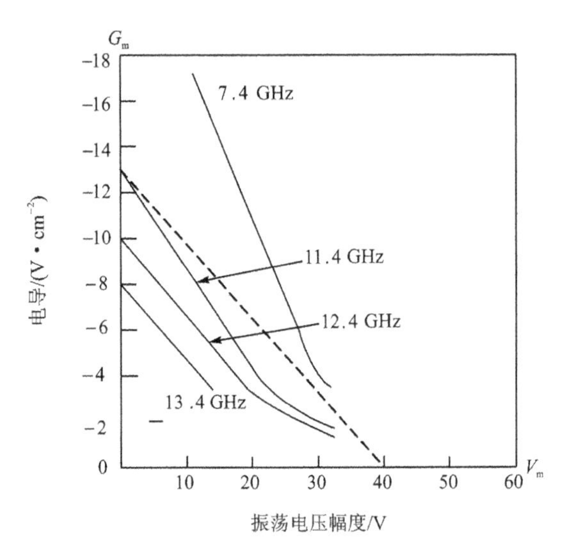

图 4.2-6　二极管负电导与振荡电压幅度的关系

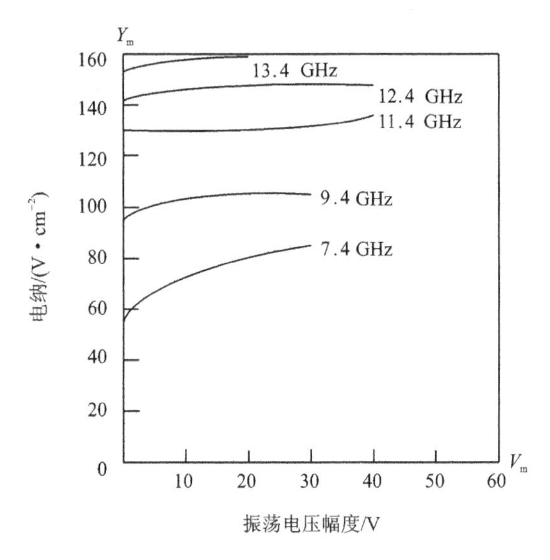

图 4.2-7　二极管电纳与振荡电压幅度的关系

雪崩管的振荡功率可表示为

$$P=\frac{1}{2}V_a^2G_d=\frac{1}{2}G_d\left(1-\frac{G_d}{G_m}\right)^2V_m^2 \tag{4.6}$$

由$\frac{\mathrm{d}P}{\mathrm{d}G_D}=0$，可得出最佳电导 $G_{do}=\frac{1}{3}G_m$。此时得到最大输出功率

$$P_m=\frac{2}{27}V_m^2G_m \tag{4.7}$$

可见最佳电导是小信号电导 G_m 的 1/3。G_d 与 V_a 的关系近似于直线，B_d 随频率上升而变大，对电压不敏感。

4.2.3　结构和材料

Read 管的结构很难实现，但实际上只要具备雪崩倍增和渡越时间两种效应，且具有适当的结构，都可实现负阻振荡。目前常用的结构形式有 P^+NN^+、N^+PP^+、P^+PNN^+ 多种。其中 P^+NN^+ 应用最广，图 4.2-8 给出了一个 X 波段的崩越管的管芯结构图，在 N^+ 衬底上外延 N 层，再通过离子注入法或扩散法形成 P^+ 区，最后腐蚀成台面结构。

P^+PNN^+ 是一种新结构，其杂质浓度和电场分布如图 4.2-9 所示。

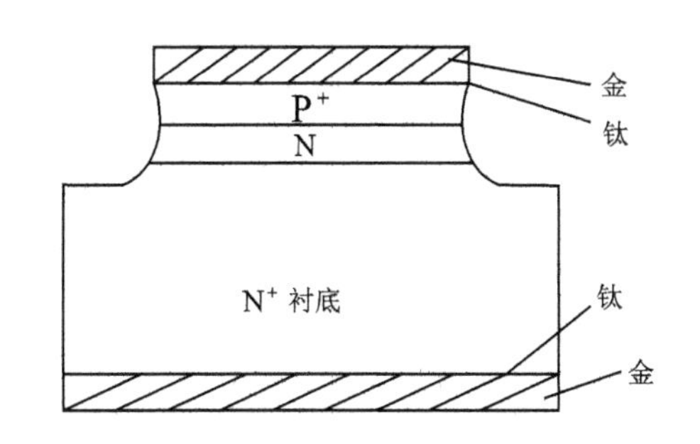

图 4.2-8　X 波段 P^+NN^+ 崩越管的管芯结构

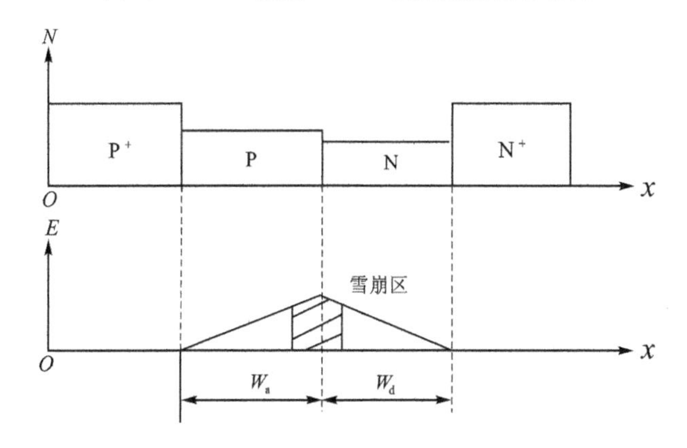

图 4.2-9　P^+PNN^+ 杂质浓度和电场分布图

由于增加了 P 区，使雪崩区在中间 PN 结处发生，雪崩产生的电子和空穴分别通过 N、P 两区漂移到阳极和阴极，因此叫双漂移雪崩管。这种结构的优点是：首先，漂移区长度增加近一倍，因此电压可加倍，从而提高了功率和效率。理论分析证明，输出功率和效率都正比于 $W_d^2/(W_d+W_a)^2$。其次，单位面积电容减小了，因此在同等阻抗条件下，双漂移管的截面积可比单漂移管增加一倍，因而允许通过的电流增加。此外，工作频带较宽，噪声功率增加缓慢。这种结构的缺点是：散热性差。为了解决散热问题，另一种结构是用金属代替 P^+ 区，成为 PNN^+ 区，使热量易于散掉。

4.2.4　俘获等离子体雪崩触发渡越模式

小信号时，由雪崩产生的电子和空穴对所带电荷对电场的影响可忽略，由于数量少，不会对外场产生明显影响。但在大信号时，大量产生的电子空穴对对电场的影响很大，使场分布发生变化，甚至引起工作模式的改变。俘越模(TRAPATT)就是一个例子。

1. 空间电荷效应

以 N^+PP^+ 结构为例，图 4.2-10 表示了 N^+PP^+ 结构的电场和载流子浓度分布图，在反偏压作用下，P 区全部电离成为耗尽层(P 区无空穴，成为负离子层)，其电场分布是线性衰减的。

当电场 $E>E_m$ 时产生雪崩击穿，电子很快通过 N^+ 区(接近导体)消失在阳极，空穴通过 P 区向右漂移，空穴电荷将部分与 P 区负离子复合，使电场发生变化，原本均匀的负离子区随着空穴正电荷到达，负离子数下降，电场被压低。振荡幅度较小时，雪崩提前结束，如图 4.2-10(a)所示。

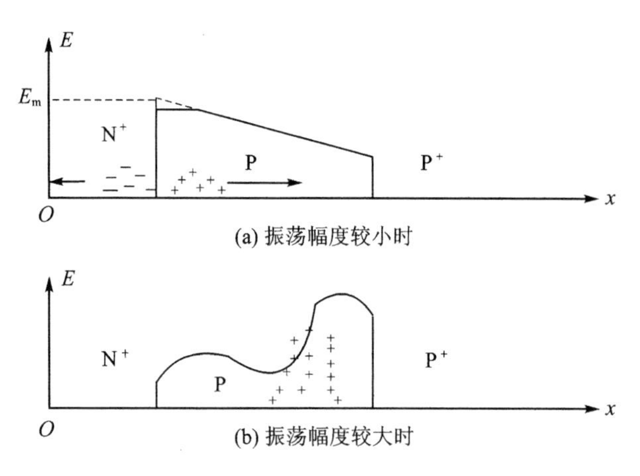

图 4.2-10　N^+PP^+ 结构的电场和载流子浓度分布图

当振荡幅度较大时($E_m < E < 2E_m$),大量由雪崩产生的空穴电荷使电场发生分裂,如图 4.2-10(b)所示。P 区左半边由于大量空穴正电荷几乎完全抵消负离子的负电荷,电场被压低,则右边电场升高(外场不变,一部分区域下降,其余部分必定升高),使原来的漂移区亦可成为雪崩区。电场压低的部分载流子速度有可能低于饱和漂移速度,使渡越时间增加。无论是雪崩延迟减小,还是渡越时间增加,对于崩越模工作都是不利的。

当振荡幅度很大时($E > 2E_m$),雪崩产生大量的空穴电荷(远大于负离子电荷量)。当大量正电荷进入漂移区时,就使载流子脉冲前沿的那部分电场升高,也产生雪崩。雪崩就会自左至右通过 P 区。在雪崩区后留下大量来不及复合的电子空穴对,呈等离子体状,总电量平均为零,所以电场很低,于是大量电子和空穴就被俘获在低场区,俘获等离子体名称由此而得。图 4.2-11 表示了俘越模的电场和载流子浓度在不同瞬时的分布图。

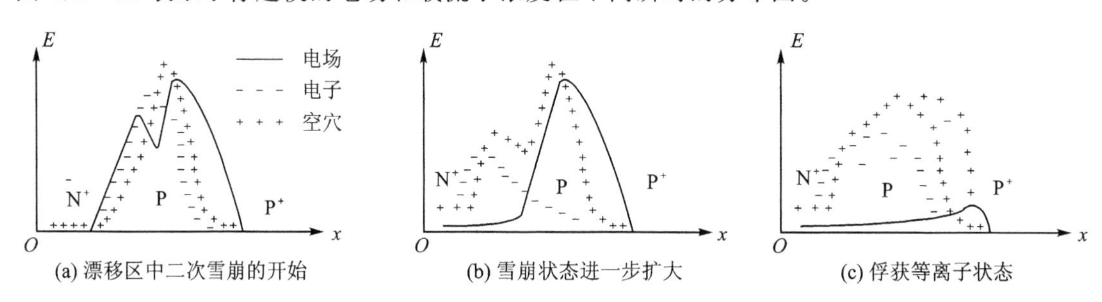

图 4.2-11　俘越模的电场和载流子浓度在不同瞬时的分布图

俘越模振荡的电压和电流波形如图 4.2-12 所示。

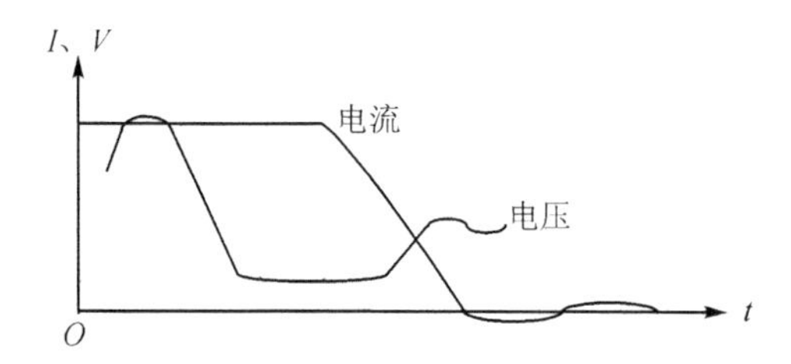

图 4.2-12　俘越模的电流和电压波形

由于在等离子体形成期有大量的电子和空穴向两边流出，形成很大的电流，当低场区全部载流子复合后，电流变小，约为 0。电场恢复升到起始状态。这就形成低电压与大电流相对应、高电压与小电流相对应的工作状态。这种情况下，器件本身损耗很小，因此俘越模效率很高，如 L 波段(0.6～1 GHz)，效率 $\eta=60\%$，可输出 600 W 的脉冲功率和 10 W 的连续波功率。下面对崩越模与俘越模做个对比：

① 崩越模对俘越模起着触发作用，正是由于崩越模的大幅度振荡，产生强烈的雪崩而形成漂移区的等离子体区。

② 俘越模周期大于崩越模振荡周期，因为它在雪崩区通过漂移区后，还有一个等离子体吸收区。

③ 崩越模不是俘越模唯一的触发方式，也可用其他脉冲电路触发俘越模工作。

2. 工作过程

将上述过程理想化，电流 $i(t)$ 近似为矩形，其电压-电流关系曲线如图 4.2－13 所示。

a～c 段，充电期：从阶跃脉冲加到二极管开始，形成雪崩浪涌，并在 P 区渡越，大电流形成。雪崩浪涌过后形成低场区。高密度的电子空穴对被俘获，开始形成低电压、大电流。

c～e 段，恢复期：在此期间，等离子体不断从两端流出，维持大电流、低电压。当等离子体抽取快完时，电压开始上升到 e 点，接近击穿值。

e～a 段，崩越振荡模期：载流子以饱和速度渡过 P 区。由于电压不够大，因此未转入俘越模，直到下一个阶跃脉冲到来。

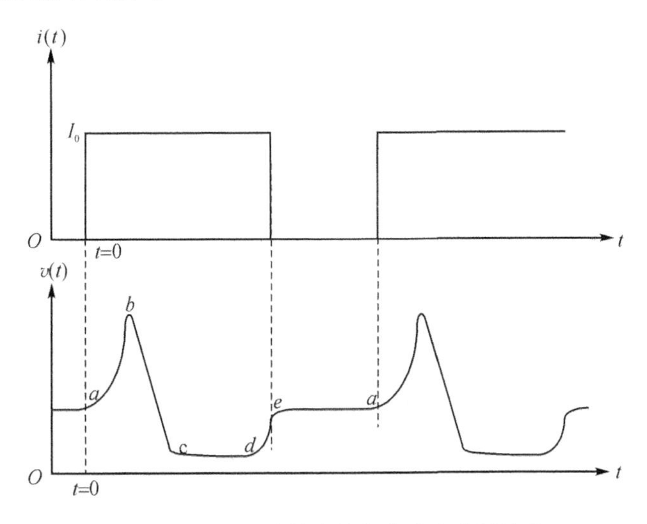

图 4.2－13　俘越模的简化电流和电压波形

俘越模工作过程就是二极管从低压大电流到高压小电流状态的循环过程。俘越模振荡需要一个外加阶跃脉冲，没有这个脉冲，将工作在崩越模状态。

3. 俘越模的触发

俘越模振荡需要一个高的触发脉冲，才能将崩越模转换为俘越模，这个触发脉冲来自外电路。图 4.2－14 是微带电路结构的俘越模振荡器及其等效电路示意图。

雪崩管与电容 C_0 的作用是为二极管雪崩浪涌时的传导电流提供通路，由于瞬时电流很大，必须用电容提供位移电流。传输线长度近似是俘越模振荡频率的半波长，低通滤波器对较

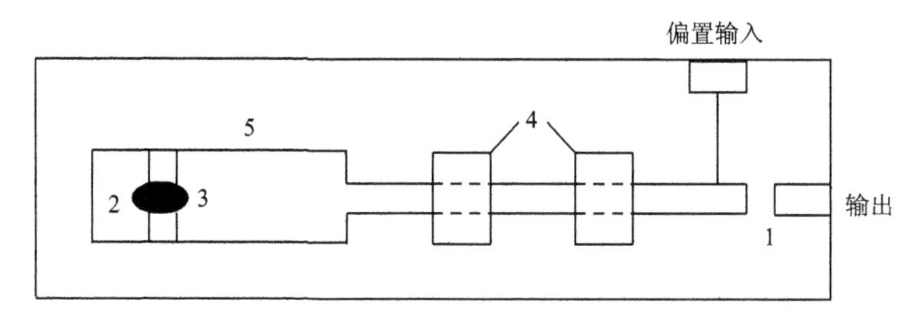

1—隔直流电容；2—片电容；3—雪崩管；4—滤波器和调配器；5—传输线

(a) 微带结构俘越模振荡器

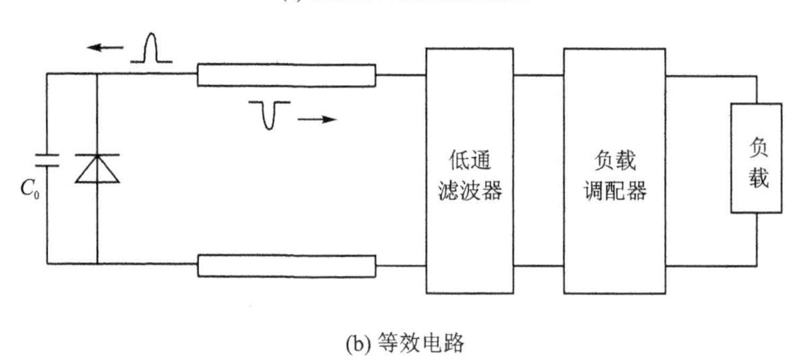

(b) 等效电路

图 4.2-14 俘越模振荡器及其等效电路

低的俘越模振荡频率是通路，而对较高频率的崩越模呈短路。负载调配器的作用是使负载与传输线阻抗匹配。

电路的工作原理如下：

外加偏压对电容 C_0 和二极管充电，当电压升到图 4.2-13 所示的 a 点时产生崩越振荡，由于电路对崩越振荡是空载的，所以振荡幅度很大，相当于一个负脉冲加在传输线上，向低通滤波器传输，由于低通滤波器对崩越模呈短路（低阻，近似反射系数 $\Gamma=-1$），负脉冲反射成正脉冲，反向传输向二极管，这就形成了外加触发脉冲，当该脉冲到达二极管时（b 点），就会激发俘越模振荡，电压立即下降，进入（$c\sim d$）段低压大电流状态，此时二极管又相当于短路（$\Gamma=-1$），又把这个脉冲反相后反射回滤波器，这个脉冲到达滤波器后又再次反射成正脉冲，如此往复，振荡器就可以工作在俘越模上。因此，俘越模振荡周期就是脉冲信号在传输线上往返一个来回的时间。也就是说，调整传输线长度可在一定范围内改变俘越模的振荡周期。

雪崩管工作有两个特点：

① 振荡功率和频率都随偏流的增加而上升，因此为使雪崩管振荡器稳定工作，必须用恒流源偏置。

② 雪崩管噪声大，比转移电子器件大约高 10 dB。但振荡频率高，输出功率大，所以广泛应用于大功率微波振荡器。

4.3 转移电子器件

转移电子器件是无结器件，1963 年耿（Gunn）在实验中发现了一个重要现象：在一块 N 型砷化镓晶体的两端安置欧姆接触电极，加上直流电压。当外加电压使体内电场超过 3 kV/cm

时，就会产生振荡，其振荡频率反比于两极间的距离。它的工作机理是基于 N 型砷化镓晶体中的电子转移现象而产生的微波振荡，故称电子转移器件。其振荡频率范围为 1～100 GHz，可产生几 mW～2 W 的连续波功率，效率为 15%以下。耿氏管由于具有宽带调谐、噪声低的特点，并且工作电压低(通常在 10 V 上下)，所以被很多微波设备采用。

4.3.1　基本工作原理

1. N 型砷化镓的能带结构和 $\bar{v}$—E 特性

砷化镓具有独特的能带结构(见图 4.3-1)，虽然它有价带、导带和禁带(禁带高度 1.4 eV)，但它的导带却分上、下两层，具有多能谷结构。在主能谷(下导带)附近还存在 6 个子能谷(上导带)。上、下能谷的能量差为 0.36 eV(电子伏特)，电子处于低(主)能谷时，它的有效质量较小，而迁移率较大，运动速度快，称为轻电子(质量 $m_L^* \approx 0.068\ m_0$，m_0 为真空中电子的质量，迁移率 $\mu_L \approx 7\,500 \sim 9\,300\ \mathrm{cm^2/(V \cdot s)}$，V·s 表示[伏特·秒]；子能谷中电子有效质量较大，受晶格的束缚作用较强，迁移率低(质量 $m_L^* \approx 0.4\ m_0$，迁移率 $\mu_v \approx 100\ \mathrm{cm^2/(V \cdot s)}$，可见 $\mu_v \approx 1/70 \mu_L$。在无外场时，热激发能量(平均电子能量)$KT_0 \approx 0.025\ \mathrm{eV} < 0.36\ \mathrm{eV}$，不能激发低能谷中的电子跃升到高能谷中去，绝大多数电子处于低能谷中，这里 K 是玻尔兹曼常数，$T_0 = 290$ K。

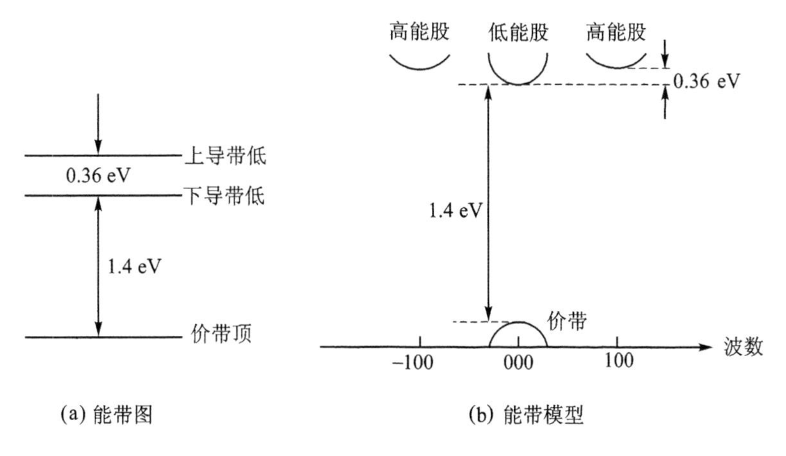

图 4.3-1　N 型砷化镓的能带结构

当外加电场升高时，电子的运动速度就增加，当电子的动能大于 0.36 eV 时，电子从外电场获得能量，其有效质量增加，低能谷的电子就跃迁到高能谷去。随着外电场继续上升，大量低能谷中的电子跃升到高能谷中去，由于高能谷中的电子迁移率 μ_v 远小于低能谷中的迁移率 μ_L，总的电子平均漂移速度随外电场的增加反而开始下降。图 4.3-2 展示了漂移速度 $\bar{v}$ 与电场 E 的关系。

现在研究外电场作用下的电子转移效应。设总电子密度为 n_0，处于低能谷中的电子密度为 n_L，高能谷中的电子密度为 n_v。

Ⅰ区：$0 < E < 2E_1$，几乎所有电子处于低能谷中，$n_0 = n_L$，$n_v = 0$，电子平均速度与电场呈线性正比关系 $\bar{v} = \mu_L E$。

Ⅱ区：$E_1 < E < E_2$，电子从电场得到足够的能量(大于 0.36 eV)，逐渐由低能谷向高能谷

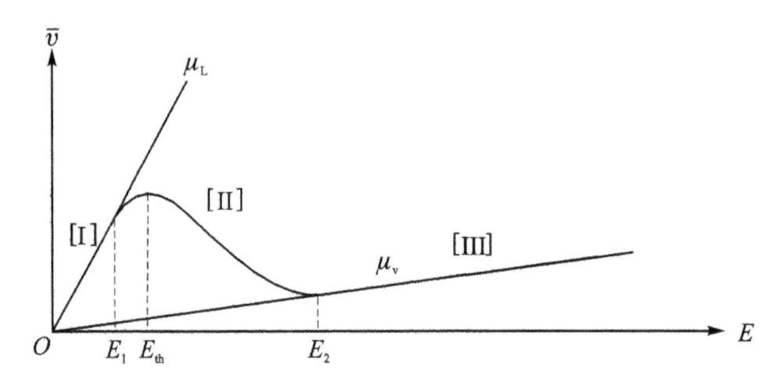

图 4.3-2 砷化镓中电子的平均速度与外加电场的关系

跃迁，随着高能谷中电子数量比例增大，迁移率下降，渐渐由快电子占优势转变为慢电子占多数，平均速度下降。由于 $n_0=n_L+n_v$，电子的平均速度为

$$\bar{v}=\frac{\mu_L n_L+\mu_v n_v}{n_0}E=\bar{\mu}E \tag{4.8}$$

其中 $\bar{\mu}=\dfrac{\mu_L n_L+\mu_v n_v}{n_0}$，是平均迁移率。

在这个区内，电场强度增加到某一数值 E_{th} 时，电子平均速度最大达到饱和值 $\bar{v}_m=2\times 10^7$ cm/s；E_{th} 称为阈值电场，其值为 $E_{th}=32$ kV/cm。此时微分迁移率 $\bar{\mu}=\dfrac{d\bar{v}}{dE}=0$。从 E_{th} 后电场继续升高，由于高能谷中慢电子数量开始占优，电子平均速度反而下降，出现了负斜率段 $\dfrac{d\bar{v}}{dE}<0$。

Ⅲ区：$E>E_2$，几乎所有电子都跃迁到高能谷中去，此时 $n_0\approx n_v$，$n_v\approx 0$，$\bar{v}=\mu_v E$，电子平均速度随外场增强略有增加，即 $\dfrac{d\bar{v}}{dE}>0$。

综上所述：由于砷化镓具有双能谷结构，电子在外电场作用下，从低能谷向高能谷转移过程中出现了负微分迁移率，从而导致了速度-电场曲线有负斜率段，成为负阻产生的必要条件。由砷化镓的 $\bar{v}-E$ 关系可导出其 $I-V$(电流与电压)关系。

流过转移电子器件的电流 $I=AJ=Aen_0\bar{v}$。这里 A 为器件的横截面积；J 为电流密度；e 为电子电荷；n_0 是工作层载流子浓度。由电流表达式可知：$I\propto\bar{v}$(电流与速度成正比)。

设器件工作层的长度为 L，电场是均匀分布的，则器件两端电压 $V=LE$，所以 $V\propto E$(电压正比于电场)。因此，$I-V$ 关系与 $\bar{v}-E$ 关系类似，其曲线分布十分相似，如图 4.3-3 所示。也具有负微分电导区($G=\dfrac{dI}{dV}<0$)，即存在负阻区。

能够产生负阻功能的转移电子器件具备几个条件：

① 具有多能谷结构，且 $m_v^*>m_L^*$(高能谷电子质量大于低能谷电子质量)。

② 高能谷与低能谷之间的能量差大于几个平均电子能量($KT_0=0.025$ eV)，即保证 $E=0$ 时，$n_v=0$，即高能谷中无电子。

③ 主谷与子谷的能量差小于禁带宽度(1.4 eV)，否则电场在到达阈值电压前就可能超过雪崩击穿场强，从而引起雪崩击穿。

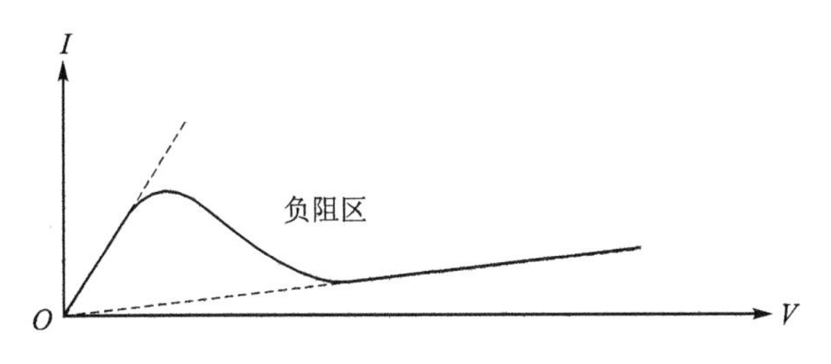

图 4.3-3　转移电子器件电流、电压关系

2. 高场畴

下面讨论当把足够的电压加到转移电子器件上时，怎样产生微波振荡，图 4.3-4 展示了畴的形成、渡越和消失过程。

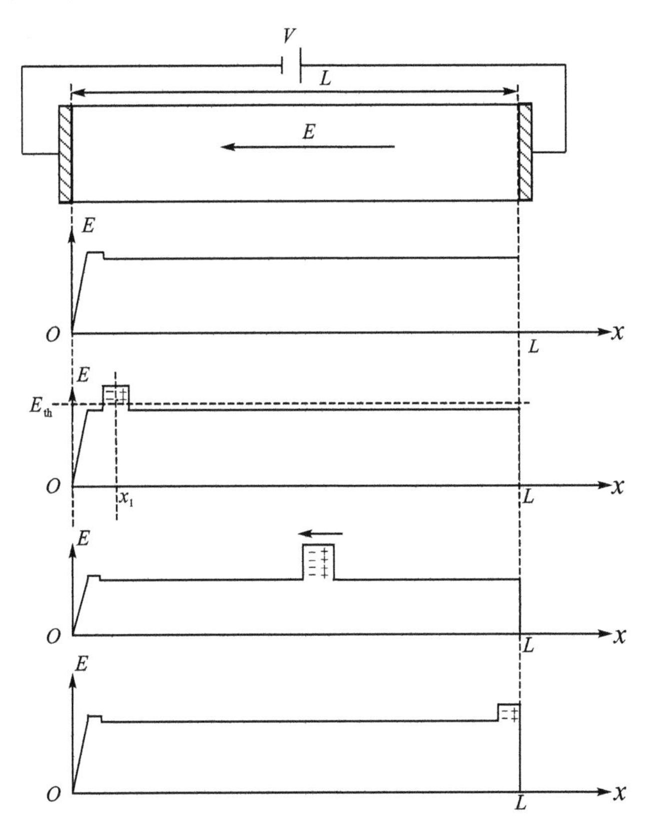

图 4.3-4　畴的形成、渡越和消失过程

当 $V<V_{th}$（或 $E<E_{th}$）时，器件中电场均匀分布，载流子在两极间做均匀连续的漂移运动，不产生电子转移效应。

当加大外电压，使 $V>V_{th}$（或 $E>E_{th}$）时，由于砷化镓晶体与阴极接触界面上有较大电阻（高于其他内部区域阻抗），电阻高意味着压降比别处大，当 $E\rightarrow E_{th}$ 时，这里电场首先超过阈值场强 E_{th}，高能谷中慢电子开始占优，因而这里的电子漂移速度就低下来了，低于它左右两边的电子漂移速度。例如在阴极附近 x_1 处掺杂密度较别处为低，该处电场首先超过 E_{th} 而进入负阻区，则进入 x_1 处的电子平均速度减慢，x_1 右边的电子由于处于畴外 $E<E_{th}$ 的区域，仍

以高速向阳极漂移，x_1 左边的电子也处于畴外 $E<E_{th}$ 的区域，也仍以高速向 x_1 漂移，于是电子在 x_1 处积累起来，x_1 处右边得不到电子补充而出现电子抽空，留下一层正电荷，于是正、负电荷在 x_1 处形成偶极畴。这个内建畴形成的电场与外加场方向一致，使畴内电场高于畴外电场，所以也叫高场畴。由于外加电压 V 是不变的，畴内电场升高畴外电场必然下降。外加电压大部分加在高场畴上。这样一来，畴外电场不可能超过 E_{th}，因此可推断：在转移电子器件内，一个时刻只能存在一个高场畴。

图 4.3－5 是转移电子器件内平均速度与电场的关系曲线。刚形成的畴只是个小核，由于畴内电场不断升高，使畴内电子积累与耗尽更强烈，促使畴进一步长大。畴的长大又反过来使畴内电场升高，这是一个因果发展关系，但总是有极限的。由于畴内重电子数量的不断增加，电子平均速度也随之减缓；另一方面畴内电场升高，畴外电场必然下降，畴外电子速度也随电场下降，当畴内、外电子平均速度相等时，不再有电子进出畴内，畴的发展停止了而成为成熟的畴。此时高场畴中 $n_0=n_v$，电子的迁移率主要取决于重电子的迁移率 μ_v，电子的飘移速度趋于饱和值不再随电场增加而增加。高场畴就是这样从阴极附近产生，然后长大成熟，以一定速度向阳极渡越，并最后被阳极吸收。随着一个畴的消失，电场又开始升高，然后又在阴极重新产生另一个畴。这个过程反复进行，就形成了管内的振荡电流。

现在讨论电子平均速度 v 与时间 t 的关系(参看图 4.3－6)。

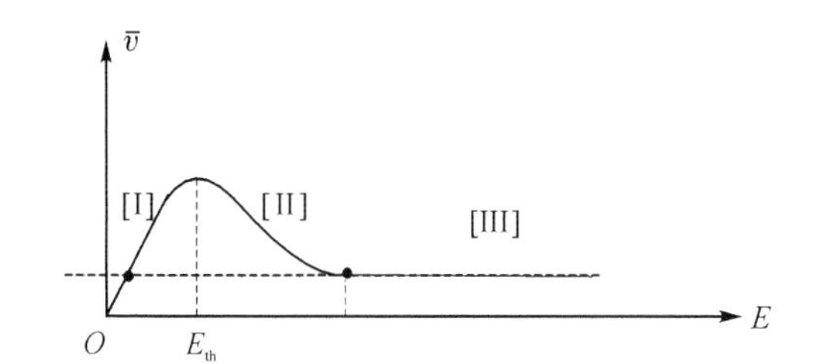

图 4.3－5 转移电子器件内平均速度与电场的关系

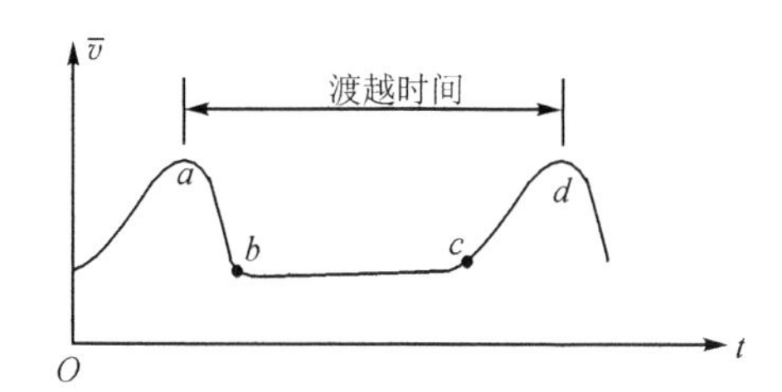

图 4.3－6 转移电子器内电子平均速度与时间的关系

a 点：电场达到阈值，畴刚开始在阴极形成，大多数电子还在低谷区，快电子占优，$\bar{v}$ 还比较大。

$a\sim b$：畴内电场升高，畴在长大，畴内电场超过 E_{th} 后，随着大多数电子跃迁到高能谷，总体平均速度 $\bar{v}$ 不断下降，到 b 点后畴基本成熟。

$b\sim c$：成熟的畴渡越，畴内、外平均电子速度相等。

$c\sim d$：随着畴的消失，平均速度 $\bar{v}$ 开始上升。

由于载流子漂移速度 $\bar{v}$ 与电流 I 成正比，因此 $\bar{v}(t)$ 曲线也是 $I(t)$的曲线。因此转移电子器件可产生脉冲振荡波形。

3. 电流电压特性

图 4.3－7 展示了转移电子器件的电流电压特性。

图中：

$A\sim B$：当 $V<V_{th}$ 时，I 与 V 基本呈线性关系。

$B\sim C$：当 $V>V_{th}$ 后，畴逐渐成长并成熟，电流 I 随电压升高而下降(负阻段)，材料的负微分迁移率越大，电流下降程度越大。

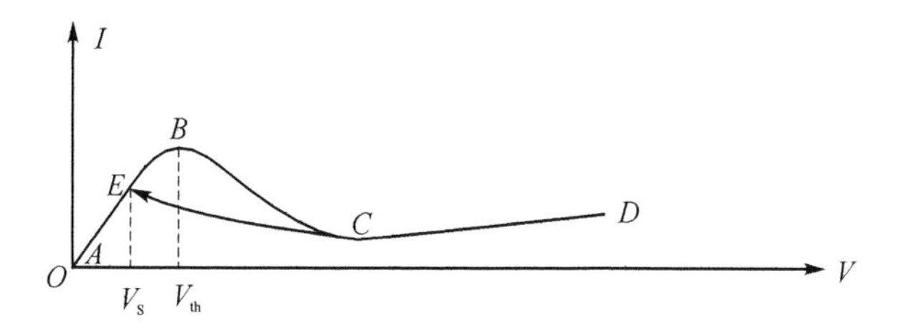

图 4.3-7　转移电子器件的电流电压特性

$C\sim D$：畴成熟并向阳极渡越。

当电压 V 从较高值下降时，$D\sim C$ 段原路返回，在 C 点以下，电流不再沿 $C\sim B$ 返回，而是沿 $C\sim E$ 线下降。这是因为偶极畴在渡越乃至消亡期间，即使端电压降到阈值以下，畴内电场仍很高，畴不会马上消失。只有在端电压 $V\leqslant V_s$ 时，畴内电场低于 E_{th}，畴才会消失或猝灭。V_s 被称为畴的维持电压。

转移电子器件的等效电路如图 4.3-8 所示。

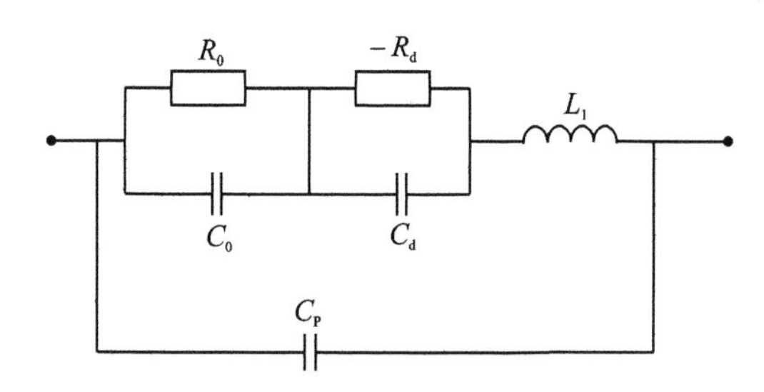

图 4.3-8　转移电子器件的等效电路

图中：$-R_d$ 是畴负阻，C_d 是畴电容，C_0 是畴外部电容，R_0 是畴外电阻，L_s 是引线电感，C_P 是壳电容。

国产管一般允许外加电压小于 20 V，如 C 波段典型电压为 14 V。X 波段典型电压为 10 V。最大允许电流一般为几百 mA。R_d 值从几十 Ω～几百 Ω。C_d 值一般为零点几 pF 法。

4.3.2　振荡模式

1. 畴的生长时间 T_D

偶极畴从核开始生长到成熟需要一定时间，称为畴的生长时间 T_D。下面导出其定义。

在均匀线性导电媒质中，电荷随时间的变化规律是指数衰减形式

$$\rho(t)=\rho_0 e^{-\frac{t}{T_d}} \tag{4.9}$$

式中：ρ_0 是 $t=0$ 时的电荷初值；$T_d=\dfrac{\varepsilon}{\sigma}$，$\varepsilon$ 是介电常数；$\sigma=|e|n_0\bar{\mu}$ 是电导率。$\bar{\mu}=\dfrac{d\bar{v}}{dE}$ 是微分迁移率，所以

$$\rho(t)=\rho_0 e^{-\frac{t}{\varepsilon}|e|n_0\bar{\mu}} \tag{4.10}$$

如果 $\bar{\mu}=\dfrac{d\bar{v}}{dE}>0$，则 $T_d>0$，$t\rightarrow\infty$ 时，$\rho(t)\rightarrow 0$。$\bar{\mu}$ 越大，$\rho(t)$ 衰减越快。当 $t=T_d$ 时，

$\rho(T_d)=\rho_0 e^{-1}$。T_d 是电荷密度衰减到初始值 ρ_0 的 $1/e$ 倍的时间，称为介质弛豫时间。

在具有负微分迁移率的媒质中，$\bar{\mu}<0$，$T_d<0$，$t\to\infty$，$\rho(t)\to\infty$。于是定义

$$T_D=|T_d|=\frac{\varepsilon}{|e|n_0|\bar{\mu}|} \tag{4.11}$$

为在负微分迁移率的媒质中的电荷生长时间。它是电荷生长到初始值 ρ_0 的 e 倍的时间。即 $\rho(T_D)=\rho_0 e$。

当加于砷化镓的电压超过 V_{th} 时，微分迁移率 $\bar{\mu}$ 变负，偶极畴开始形成。T_D 代表砷化镓中畴的生长时间。如果电压等于 V_{th} 时的电荷为 ρ_0，则在 T_D 时间内畴内电荷升高 e 倍，这时认为畴已生长成熟，这时微分迁移率 $\bar{\mu}=\mu_v$。

用下能谷中的微分迁移率 μ_L 代替 $\bar{\mu}$，则 $T_d=\dfrac{\varepsilon}{|e|n_0\mu_L}$是砷化镓在低场区的介质弛豫时间。一般 $T_D\gg T_d$，即 $E<E_{th}$ 时的电荷密度衰减率比 $E>E_{th}$ 时的电荷增长率快得多。

若转移电子器件的有源区长度为 L，电子饱和漂移速度为 v_m，则成熟的畴从阴极到阳极渡越所需时间为

$$T_t=\frac{L}{v_m}$$

当 $T_D>T_t$ 时，表示电子将在畴成熟前到达阳极，所以不能形成畴。因此畴建立的条件为 $T_D<T_t$，即$\dfrac{\varepsilon}{|e|n_0|\mu_v|}<\dfrac{L}{v_m}$，或

$$n_0 L>\frac{v_s\varepsilon}{|e||\mu_v|}$$

将 $v_m=10^7\,\text{cm/s}$，$\varepsilon=1.1\times10^{12}\,q/(\text{V}\cdot\text{cm})$，$|\mu_v|=100\,\text{cm}^2/(\text{V}\cdot\text{s})$，$|e|=1.6\times10^{19}\,q$（这里 q 代表库仑）代入上式中可得起振条件

$$n_0 L>10^{12}\,\text{cm}^{-2} \tag{4.12}$$

这里 n_0 为载流子浓度，L 为有源区长度。

转移电子器件与外控制电路结合可构成微波振荡器，并可产生多种振荡模式，下面逐一讨论。

2. 纯粹渡越时间模(耿式模)

图 4.3-8 所示是纯粹渡越时间模工作原理图，其特点是 $T_0=T_t>T_D$，该模式选取工作周期 T_0 刚好与电子渡越时间 $T_t=\dfrac{L}{v_m}$相等。该模式中，器件被偏置超过阈值电压 V_{th}，外电路是一个低 Q 值的电路，则交流电压的振幅很小，保持器件上总的合成电压

$$V_D=V_0+V_{ac}\sin(2\pi\omega_0 t)$$

的最小值仍大于 V_{th}，从而保证前一个畴刚到达阳极而消失，下一个畴立即在阴极形成核。这样，偶极畴从阴极到阳极的渡越时间 T_t 就是器件的振荡周期 T_0。

在 t_1 瞬时(参见图 4.3-9)，由于总的电压的最小值仍大于阈值，器件内形成了偶极畴，因而电流立即从 a 点急剧下降到 b 点，畴成熟。在 $t_1\sim t_2$ 期间，畴由阴极向阳极渡越，电流基本不变。在 t_2 瞬时，畴到达阳极被吸收，由于畴的消失，电压下降，电流又迅速回升，与此同时另一个畴又在阴极形成。如此反复就形成一系列电流脉冲。因此该模式中，只有畴到达阳极而

消失和在阴极生长时，才产生一个脉冲电流。为了产生偶极畴振荡，除了样品本身必须满足 $n_0L>10^{12}\,\text{cm}^{-2}$，谐振回路也应调谐在渡越时间频率上。

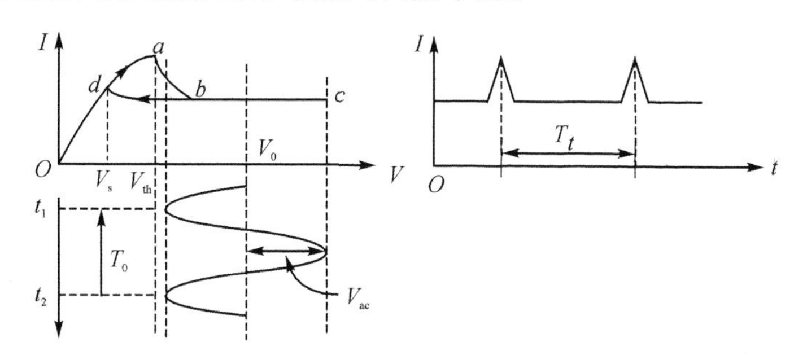

图 4.3－9　纯粹渡越时间模工作原理

纯粹渡越时间模(耿式模)形成振荡的特点如下：

① 畴的渡越时间就是形成脉冲串的重复周期，也是脉冲电流的基波周期，因此形成的振荡频率就是器件的渡越时间频率或固有频率。

② 渡越频率反比于器件有源区长度，所以存在提高频率与提高功率之间的矛盾。

③ 输出脉冲是尖峰脉冲，分离出的基波分量很小，效率较低，理论最大值 10%，实际上为 1%～2%。

3. 偶极畴延迟畴模

偶极畴延迟畴模的特点是 $T_D<T_t<T_0$，图 4.3－10 是延迟畴模的工作原理图，该模式工作信号周期 T_0 大于电子渡越时间 T_t。旧畴消失一段时间后新畴才产生。

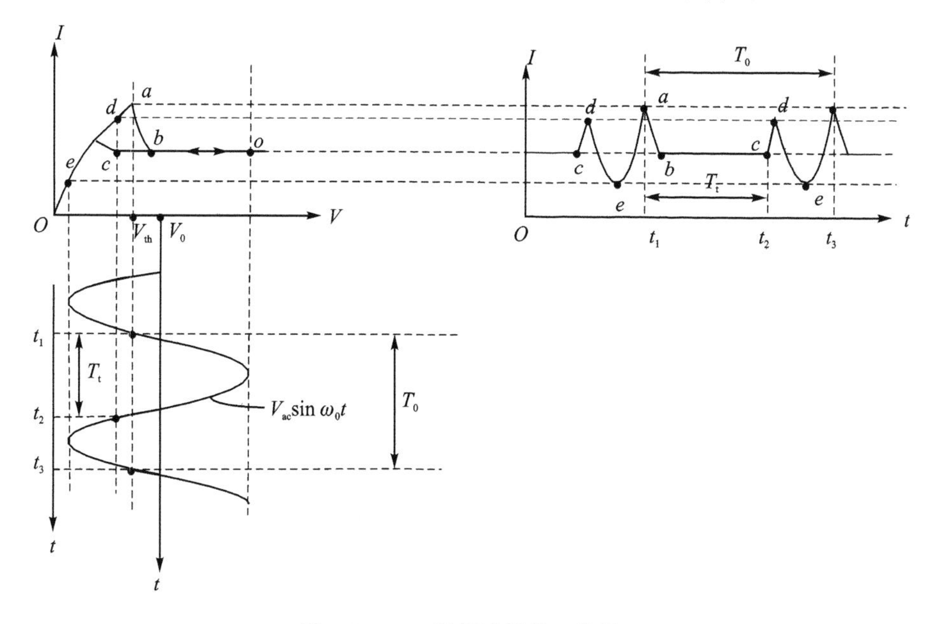

图 4.3－10　延迟畴模的工作原理

$t=t_1$ 时，$V=V_{th}$，偶极畴开始形成，电流由 a 点下降到 b 点(畴的生长期 T_D)。由 b 点至 o 点再返回 c 点，是畴的平稳渡越期(电流几乎不变)。a 点至 c 点($t_1\to t_2$)是总的渡越时间 T_t。当 $t<t_2$(c 点)时，$V<V_{th}$，畴渡越到阳极消失，电流跃升到静态曲线上的 d 点(电压下降，

载流子平均速度回升)，当电压进一步下降时，电流将沿静态曲线最低下降到 e 点。然后随电压的上升又回到 a 点形成下一个畴。

该模式中畴的渡越时间 $T_t=t_2-t_1$，振荡周期 $T_0=t_3-t_1$。显然 $T_0>T_t$，但 $f_0=\frac{1}{T_0}$ 的下限不能小于渡越频率 $f_t=\frac{1}{T_t}$ 之半。假如 $f_0<\frac{f_t}{2}$ 或者 $T_0>2T_t$，当畴到达阳极时，外电压仍大于 V_{th}，则新畴立即产生，这就不再是延迟畴模。所以延迟畴模工作频率应满足

$$\frac{f_t}{2}<f_0<f_t$$

延迟畴模振荡条件是

$$\left.\begin{aligned}&n_0L>10^{12}\,\mathrm{cm}^{-2}\\&0.5\times10^7\,\mathrm{cm\cdot s^{-1}}<f_0L<10^7\,\mathrm{cm\cdot s^{-1}}\end{aligned}\right\}\tag{4.13}$$

延迟畴模式形成振荡的特点如下：

① 这种振荡模式可以用改变电路的振荡频率进行调谐。必须满足 $T_0/2<T_t<T_0$ 的条件，否则假如 $T_0>2T_t$，则畴在阳极消失时，器件端压还大于阈值电压，这时在阴极附近就可能会立即产生新的畴核。

② 效率理论最大值 20%，实际为 3%～5%。

4. 猝灭畴模

该模式的特点是 $T_D<T_0<T_t$，图 4.3-11 是猝灭畴模的工作原理图，该模式工作频率 f_0 大于渡越频率 f_t。当畴未到达阳极前外电压已小于阈值电压 V_{th}，时畴提前结束(或猝灭)。

同样，当 $t=t_1$ 时，$V=V_{th}$，偶极畴开始形成，电流由 a 点下降到 b 点，畴成熟并渡越，b 至 c 电流基本不变。$t=t_2$ 时，外电压已下降到 V_s，但畴还未到达阳极只好提前猝灭，这时电流沿静态曲线变化，随外电压的变化由 c 至 d 再升到 a 点，新畴又产生。

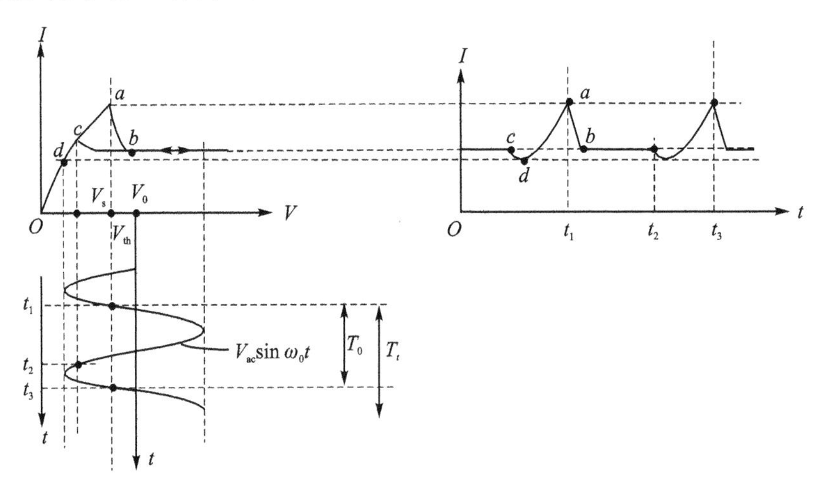

图 4.3-11 猝灭畴模的工作原理

振荡条件

$$\left.\begin{aligned} n_0 L &> 10^{12}\,\mathrm{cm}^{-2} \\ f_0 L &> 10^{7}\,\mathrm{cm\cdot s^{-1}} \end{aligned}\right\} \tag{4.14}$$

猝灭畴模式形成振荡的特点如下：

① 这种振荡模式可以用改变电路的振荡频率来进行频率调谐，只要信号的振荡周期满足 $T_D < T_0 < T_t$ 即可。

② 其振荡频率上限由畴的猝灭时间确定，此时间由介质的弛豫时间 T_d、畴外电场、电阻 R_0 和畴电容 C_D 串联形成的电路时间常数 R_0C_D 共同决定。用触发多个偶极畴的方法可以提高猝灭畴的频率上限。

③ 在多畴工作中，每个畴所对应的电容相互串联，总电容减小，R_0C_D 减小，畴的猝灭速度变快，因而可获得更高的频率极限。

④ 要得到多个畴，常采用的办法是使偏置电压由低于阈值电压非常迅速地升到高于阈值电压，这样畴核不仅在阴极附近形成，而且在沿器件长度掺杂不规则起伏的地方也形成畴核，从而实现多畴工作。

⑤ 效率理论最大值 13%，实际大约为 2%。

以上三种模式不能截然分开。在低 Q 电路中，当电路调谐在 f_t 时，器件以渡越时间模式振荡；在高 Q 电路中，当调谐到高于 f_t 的频率时，就以猝灭畴模振荡；当调谐到低于 f_t 的频率时，就以延迟畴模振荡。三种振荡模式在器件内部都必须形成偶极畴，故通称为行畴模。

还有很多种振荡模式，下面只做简要介绍。

5. 限累模式

限累模式全称是限制空间电荷积累模式，简称 LSA 模式。这种模式的特点是没有成熟的畴存在，直流功率到交流功率的转换，是直接通过电子的负微分迁移率实现的。

形成条件如下：

① 时间关系为 $T_d \ll T_0 < T_D$，T_d 是介质的弛豫时间。

② 偏置电压的振幅 V_{dc} 足够大。

③ 谐振电路 Q 值应保证交流电场能在振荡周期内一个很小的时间间隔内摆动到正迁移率区(即 $E < E_{th}$)区。

④ 选取 f_0、n_0、E_0 和 E_{ac} 等参量，使畴核在器件端压大于阈值的期间内不至于长到使电场发生明显的畸变，即积累的电荷偶极层达不到成熟的偶极畴。

振荡特点如下：

① 限累模式直接利用器件的负微分迁移率，工作频率和器件长度无关，因此在提高工作频率(仅由谐振电路决定)的同时增大输出功率。

② 效率较高，理论上为 23%。

③ 对材料质量要求很高，不允许材料的掺杂浓度有明显的畸变区存在。

总之，该模式是高频率、大功率和高效率的工作模式。

6. 混合模式

① 混合模式是介于偶极畴模式和限累模式之间的中间状态模式。在这种模式中，由谐振电路确定的振荡周期可以与畴的生长时间相比拟。

② 与限累模式相比，有更明显的电荷积累层形成，器件内电场存在更为明显的畸变。

③ 在射频周期的大部分时间内，虽然端压大于阈值电压，却不能生长为成熟的畴，维持器件两端的振荡是依靠负微分迁移率的作用。

④ 允许在比渡越频率更高的频率下工作，且较之 LSA 模式可以工作在更大的 n_0/f_0 范围，效率也相当高。

转移电子器件具有宽调谐、低噪声、工作电压低、体积小、质量轻、可靠性高、制造工艺简单等优点。转移电子器件的工作周期可由 $T_0<T_t$ 到 $T_0>T_t$，有很宽的工作频带。合理地调节控制电路参数，可使工作模式连续过渡，形成宽带频率源。

但是转移电子器件也有明显的缺点，工作在畴渡越时间模式的管子，工作频率受到器件尺寸限制，频率与功率之间存在较大的矛盾；效率不高(原因是输出电流呈尖峰状脉冲，基波分量比较小)；只有畴内是负阻区，电子与微波场的能量交换只在局部的高场畴内进行，畴外部分是正阻区，要消耗能量，因而效率低。

4.4 负阻振荡器的工作原理及基本电路

雪崩渡越时间二极管和转移电子器件(耿式管)在一定偏压作用下呈现负阻特性，由这些器件构成的振荡器叫负阻振荡器。由这两种器件构成的振荡器有很多共同点，故将该两种器件的一般理论和电路合并在一起介绍。

4.4.1 负阻振荡器的工作原理

1. 起振条件

一个有耗网络的振荡是一个衰减振荡，要使振荡得到维持，需在网络中引入负阻 R_d。其串联形式电路见图 4.4-1。

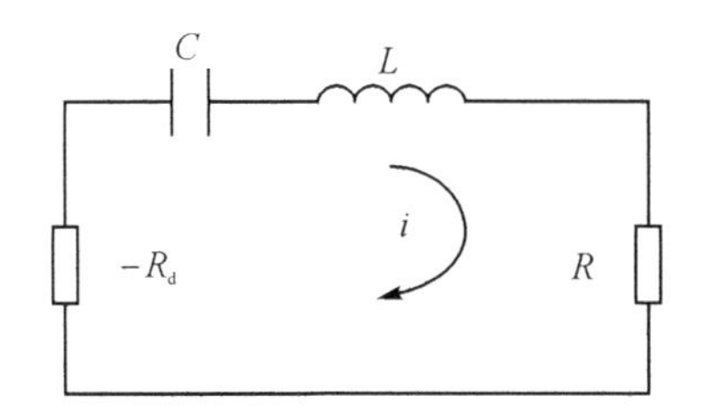

图 4.4-1 包含负阻器件的串联振荡回路

有耗网络的回路电流可表示为

$$i(t)=I\mathrm{e}^{-\alpha t}\cos(\omega t+\theta) \tag{4.15}$$

式(4.15)中 $\alpha=\dfrac{R-R_d}{2L}$，是串联电路的衰减系数。

当 $R>R_d$ 时，$\alpha>0$，电路呈现衰减振荡；当 $R=R_d$ 时，$\alpha=0$，电路等幅振荡；当 $R<R_d$ 时，$\alpha<0$，电路为增幅振荡；串联电路起振条件：$R_d\geqslant R$。并联形式电路见图 4.4-2。

$-G_d$ 是器件小信号电导，G 是回路电导，电压 $v(t)$ 可表示为

$$v(t)=V\mathrm{e}^{-\alpha t}\cos(\omega t+\theta) \tag{4.16}$$

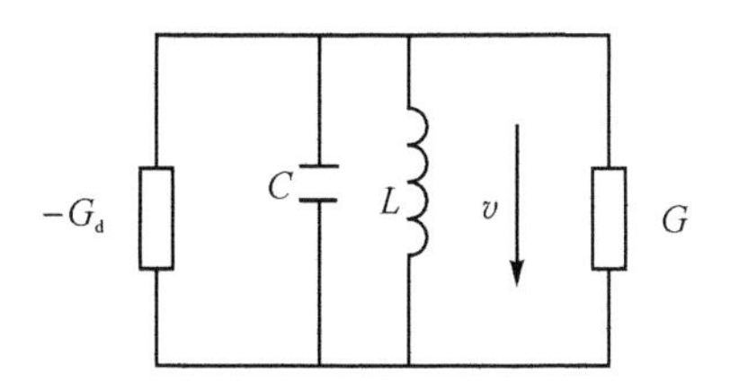

图 4.4－2　包含负阻器件的并联振荡回路

其中衰减因子 $\alpha=\dfrac{G-G_d}{2C}$，并联电路起振条件：$G_d \leqslant G$。

2. 平衡条件

现在讨论振荡达到稳态时电路必须满足的平衡条件。负阻振荡器的一般等效电路可表示为图 4.4－3 所示形式，其中 R_L 是负载阻抗，$-Z_d(I)$表示负阻。通常是电流振幅 I 和频率 ω 的函数，由于负阻抗随频率的变化相比于电流 I 来说比较缓慢，在工作频段内变化不大，可只看成是 I 的函数。$Z(\omega)$是从器件向电路看入的阻抗。

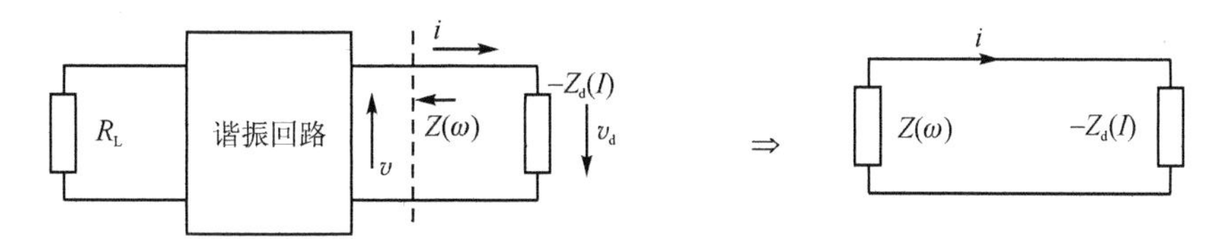

图 4.4－3　负阻振荡器等效电路

由于谐振回路的滤波作用，只考虑基波分量。在稳态振荡时，电流的复数形式为

$$\dot{I}=I\mathrm{e}^{-\mathrm{j}(\omega t+\theta)} \tag{4.17}$$

器件上的电压基波分量为

$$\begin{aligned}V_d(t)=&R_e[-Z_d(I)I\mathrm{e}^{-\mathrm{j}(\omega t+\theta)}]=\\&R_e\{[-R_d(I)+\mathrm{j}X_d(I)][I\cos(\omega t+\theta)+\mathrm{j}I\sin(\omega t+\theta)]\}=\\&-R_d(I)I\cos(\omega t+\theta)-X_dI\sin(\omega t+\theta)\end{aligned}$$

$-Z_d(I)=-R_d(I)+\mathrm{j}X_d(I)$是器件负阻，是由器件上的基波电压除基波电流得到的。

令 $Z(\omega)=R(\omega)+\mathrm{j}X(\omega)$，它是与器件并联的电路总阻抗，则 $Z(\omega)$上的电压为

$$\begin{aligned}V(t)=&R_e\{[R(\omega)+\mathrm{j}X(\omega)][I\cos(\omega t+\theta)+\mathrm{j}I\sin(\omega t+\theta)]\}=\\&R(\omega)I\cos(\omega t+\theta)-X(\omega)I\sin(\omega t+\theta)\end{aligned} \tag{4.18}$$

由于自激振荡器无外加信号，所以 $V(t)+V_d(t)=0$，或

$$[R(\omega)-R_d(I)]I\cos(\omega t+\theta)-[X(\omega)+X_d(I)]I\sin(\omega t+\theta)]=0 \tag{4.19}$$

用 $\cos(\omega t+\theta)$分别乘上式等号两边，并在一个周期内积分，由三角函数的正交性

$$\int_{-\pi}^{\pi}\cos x\cos x\,\mathrm{d}x=\pi$$

$$\int_{-\pi}^{\pi}\cos x\sin x\,\mathrm{d}x=0$$

上式成为

$$R(\omega)-R_d(I)=0 \qquad \text{（振幅平衡条件，决定输出功率）}$$

用 $\sin(\omega t+\theta)$乘上式两边，并在一个周期内积分，由三角函数的正交性

$$X(\omega)+X_d(I)=0 \qquad \text{（相位平衡条件，决定振荡频率）}$$

稳定工作条件为

$$\begin{cases}R(\omega)=R_d(I)\\X(\omega)=-X_d(I)\end{cases} \quad \text{或} \quad Z(\omega)-Z_d(I)=0 \tag{4.20}$$

图 4.4-4 中 $Z(\omega)$的箭头方向表示电路阻抗线随 ω 增加的方向，$Z_d(I)$的箭头方向表示器件线随电流 I 增加的方向。两线交汇点是工作点(ω,I_0)。

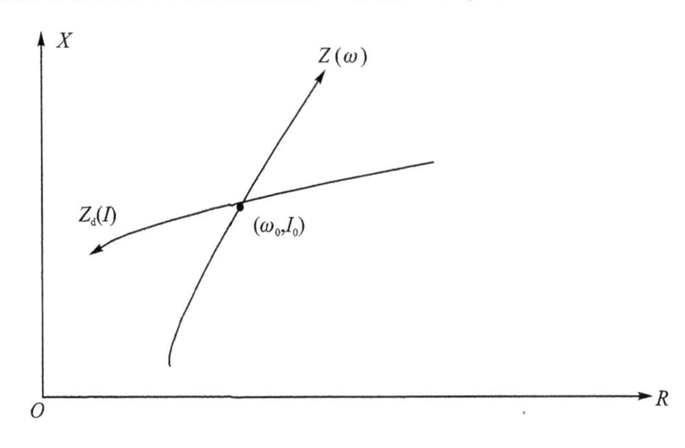

图 4.4-4 器件线和电路阻抗轨迹

也可用并联电路讨论。如果器件导纳为

$$-Y_d(V)=-G_d(V)+jB_d(V)$$

电路导纳为

$$Y(\omega)=G(\omega)+jB(\omega)$$

也可导出平衡条件

$$\begin{cases}G(\omega)=G_d(V)\\B(\omega)=-B_d(V)\end{cases} \quad \text{或} \quad Y(\omega)=Y_d(V) \tag{4.21}$$

3. 稳定条件

当振荡器工作在某个工作点(ω_0,I_0)时，假如由于某种外来因素使电流振幅 I_0 偏离一个小的增量 δI，若引起振幅偏离的因素消失，振荡器自动回到原工作点，叫稳定的工作点，如不能恢复或停振，就是不稳定的工作点。

当电路阻抗轨迹具有复杂形状时，它与器件的交点就不止一个，必须判断这些工作点的稳定性，以便选择合适的工作点。

如果电流振幅值偏离稳定值一个小的增量 $\delta I>0$，即 $I=I_0+\delta I$，如果 δI 随 t 增长，即$\dfrac{d\delta I}{dt}>0$，越走越远，则工作点回不到 I_0 则电路工作不稳定。若$\dfrac{d\delta I}{dt}<0$，越来越接近 I_0，则电路工作稳定。

所以稳定条件为：若 $\delta I>0$，则 $\dfrac{d\delta I}{dt}<0$；若 $\delta I<0$，则 $\dfrac{d\delta I}{dt}>0$。

用理论分析方法可推导出振荡器稳定工作的一个复杂公式

$$[SX'(\omega_0)-\gamma R'(\omega_0)]R_d(I_0)>0 \tag{4.22}$$

式中：$R'(\omega_0)=\frac{dR(\omega)}{d\omega}\Big|_{\omega=\omega_0}$；$X'(\omega_0)=\frac{dX(\omega)}{d\omega}\Big|_{\omega=\omega_0}$；$S=-\frac{I_0}{R_d(I_0)}\frac{\partial R_d(I_0)}{\partial I}$ 是负阻饱和因子；$Z_d(I)$叫器件电抗饱和因子。

工程上一般不用上式判别，而是利用上式导出更简单的图解判别法（见图4.4-5）。

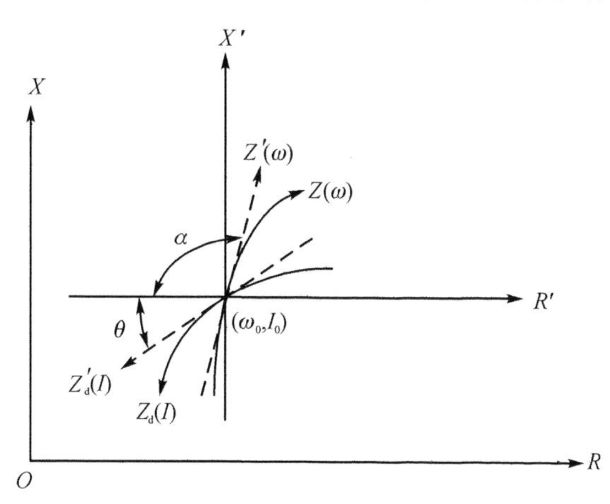

图4.4-5　θ与α的定义

$Z(\omega)$在ω_0处的切线夹角为α，切线方向为$Z'(\omega_0)$。$Z_d(I)$在I_0处的切线夹角为θ，切线方向为$Z'_d(I_0)$。由于

$$Z'_d(I_0)=\frac{\partial R_d(I_0)}{\partial I}-j\frac{\partial X_d(I_0)}{\partial I}$$

$$R'_d(I_0)=\frac{\partial R_d(I_0)}{\partial I}=|Z'_d(I_0)|\cos(\pi+\theta)=-|Z'_d(I_0)|\cos\theta$$

$$-X'_d(I_0)=\frac{\partial X_d(I_0)}{\partial I}=|Z'_d(I_0)|\sin(\pi+\theta)=-|Z'_d(I_0)|\sin\theta$$

$$S=\frac{I_0}{R_d(I_0)}\left|\frac{\partial Z_d(I_0)}{\partial I}\right|\cos\theta$$

$$\gamma=\frac{I_0}{R_d(I_0)}\left|\frac{\partial Z_d(I_0)}{\partial I}\right|\sin\theta$$

同理

$$Z'(\omega_0)=R'(\omega_0)+jX'(\omega_0)$$

$$\left.\begin{aligned}R'(\omega_0)&=|Z'(\omega_0)|\cos(\pi-\alpha)=-|Z'(\omega_0)|\cos\alpha\\X'(\omega_0)&=|Z'(\omega_0)|\sin(\pi-\alpha)=-|Z'(\omega_0)|\sin\alpha\end{aligned}\right\} \tag{4.23}$$

将上述表达式代入稳定条件判别式得到如下形式：

$$I_0\left|\frac{\partial Z_d(I_0)}{\partial I}\right||Z'(\omega_0)|\sin(\theta+\alpha)>0 \tag{4.24}$$

式(4.24)要普遍成立，其每一项都必须大于零。

$$\sin(\theta+\alpha)>0$$

稳定条件

$$\theta+\alpha<\pi \tag{4.25}$$

式中：α 与 θ 是 $Z'_d(I_0)$ 与 $Z'(\omega_0)$ 同 R' 轴负向的夹角，如图 4.4-6 所示。

由此可见：在稳定工作点处，从器件线箭头沿顺时针方向转到阻抗轨迹的箭头所得到的角度应该小于 180°，如图 4.4-6 所示。

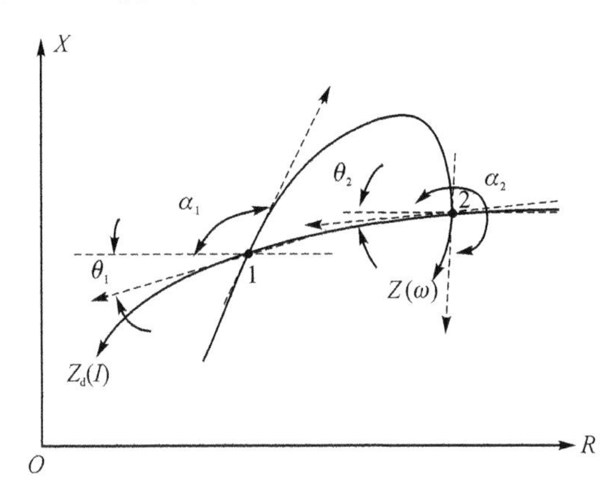

图 4.4-6 判别工作点的稳定性

由于图中 1 点$(\theta_1+\alpha_1)<\pi$，所以 1 点是稳定工作点；而 2 点$(\theta_2+\alpha_2)>\pi$，点 2 是不稳定工作点。

4.4.2 负阻振荡器基本电路

有两项工作确保负阻振荡器正常工作：

① 提供必要的电抗，对器件电抗调节，并构成谐振回路，即相位平衡条件。

② 将负载阻抗变换到适当数值，以便和电路匹配，即振幅平衡条件。

1. 同轴腔振荡器

图 4.4-7 是同轴腔振荡器结构示意图及等效电路。图中负阻器件的电纳部分通过短路活塞进行调谐，以谐振在不同频率上。

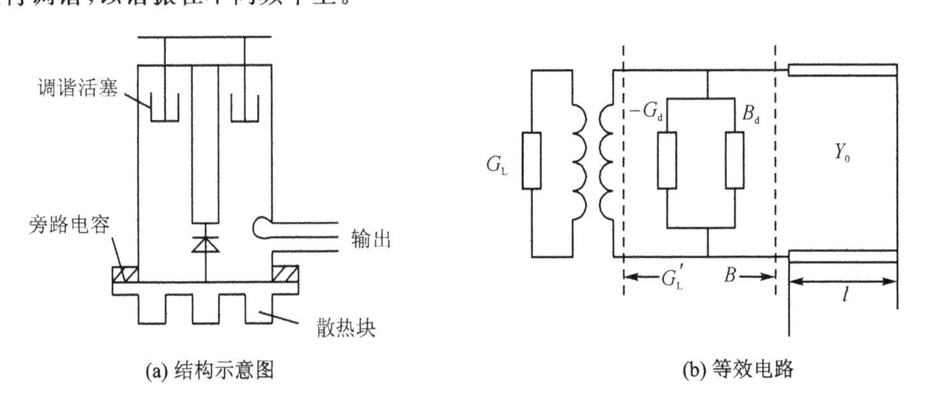

图 4.4-7 同轴腔振荡器

G'_L 可通过改变耦合环的插入深度及方向来调谐。根据等效电路振荡平衡条件

$$\left.\begin{aligned} G_d &= G'_L \\ B_d &= -B = Y_0 \tan \frac{2\pi}{\lambda} L \end{aligned}\right\} \tag{4.26}$$

则 $L=\frac{\lambda}{2\pi}\arctan\frac{B_d}{Y_0}$。不同的 λ，对应的 L 不同，改变 L 可改变频率。

特点：同轴腔振荡器调谐频率范围较宽，可达一个倍频程以上，但电路损耗大，只适用于厘米波段。

2. 微带振荡器

图 4.4-8 是微带振荡器示意图。负阻器件并联在微带线上，右边是一段终端开路线，起调谐作用，其左边是宽度渐变的微带线，进行阻抗变换与负载匹配；直流偏压经低通滤波器输入(工作原理同上)。

特点：结构简单，制造方便，损耗大，只适于较低微波频率工作，不便于调谐，只作为小功率振荡器。

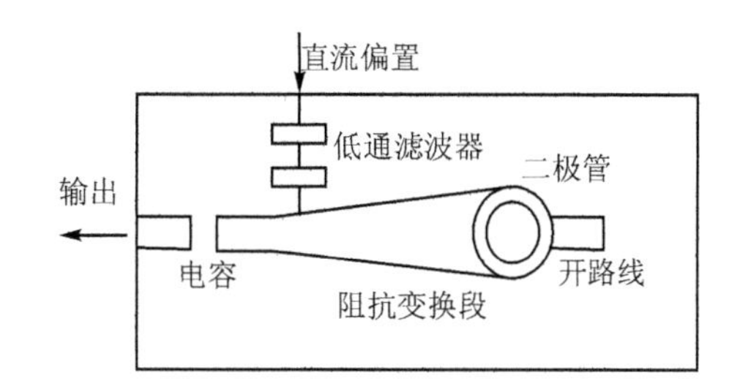

图 4.4-8 微带振荡器示意图

3. 波导腔振荡器

波导腔振荡器结构如图 4.4-9 所示。

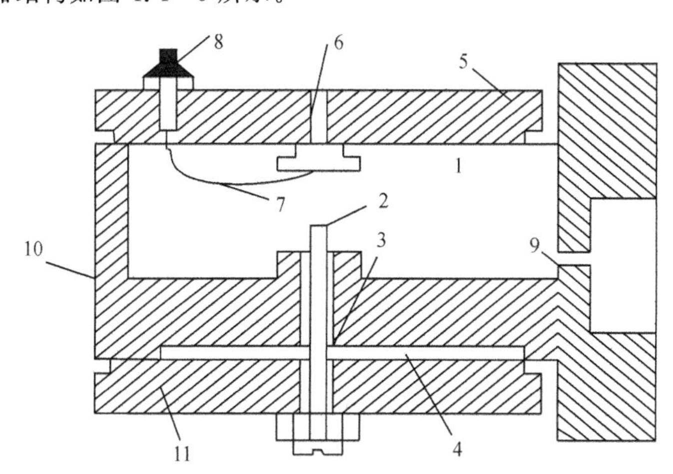

1—谐振腔，由 $\frac{\lambda_g}{2}$ 长的矩形波导构成；2—调谐棒，调谐频率，电抗调谐；3—$\frac{\lambda_g}{2}$ 同轴线；4—$\frac{\lambda_g}{2}$ 径向短路线，2、4 为抗流结构，限制高频能量通过调谐棒泄漏；5—上盖；6—负阻器件，管芯插入腔内，与场平行；7—偏压引线；8—穿芯电容，直流输入端；9—耦合窗，将腔内振荡能量耦合给外波导；10—主腔体；11—下盖

图 4.4-9 波导腔振荡器结构

谐振腔工作在 H_{101} 模，其可存在电磁场为

$$\begin{cases} A = -2K_c^2 D \\ H_z = A\cos\dfrac{\pi}{a}x\sin\dfrac{\pi}{l}z \\ H_x = A\sin\dfrac{\pi}{a}x\cos\dfrac{\pi}{l}z \end{cases}$$

特点：调谐回路（谐振腔）有较高的 Q 值，因而有较高的频率稳定度，噪声性能好，能获得更大的振荡功率和效率，用于 X 波段以上。

4.5 负阻振荡器的频率调谐

工程应用中，负阻振荡器需要一定的频率调谐范围，有时要求很宽的频带和快速变化，这需要外加调谐回路。常采用变容管和 YIG 小球提供调谐电抗。电调谐振荡器的指标包括调谐线性度、调谐范围、频谱纯度、调谐速度、输出功率和频率稳定度等。

变容管调谐：具有体积小、质量轻、电路结构简单、调节速度快（3 MHz/μs）的优点；缺点是调谐范围窄，相对带宽仅 10%左右，调谐线性度及频谱纯度差。

YIG 调谐：调谐范围宽，能在一个到几个倍频程内实现宽带调谐，线性度和频谱纯度好，频稳度高，广泛用于扫频仪、频谱仪等微波设备。缺点：体积大，质量大，调谐速度慢（0.25 MHz/μs）。

4.5.1 变容管调谐负阻振荡器

利用变容管与振荡器耦合，改变变容管的偏压，即可改变振荡频率。电抗部分不用传输线，而采用变容管提供可变电抗，便于自动控制。并联、串联耦合方式均可（见图 4.5－1）。

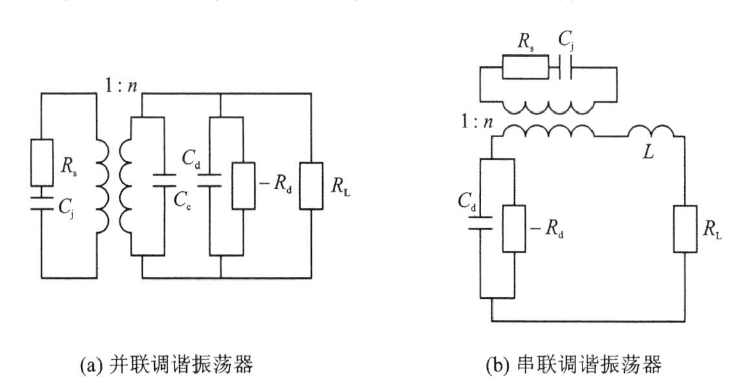

图 4.5－1　变容管调谐负阻振荡器的等效电路

变容管与谐振腔耦合越紧，谐振腔 Q 值越低，调谐范围越宽，但是变容管吸收的功率也就越大，从而使输出功率下降，Q 值低，稳定性和噪声性能也越差。反之，耦合松，Q 值高，输出功率大，稳定性好，但调谐范围窄，要适当考虑。

理论证明：当变容管调谐振荡器的频率调谐范围 Δf 与中心频率 f_0 之比很小时，变容管并联调谐时的相对带宽

$$\frac{\Delta f}{f_0} = \frac{P_C}{P_D} \cdot \frac{C_{j0} - C_{jmin}}{C_{j0}} \cdot \frac{Q_{v0}}{2\omega(C_D + C_C)R_D} \tag{4.27}$$

式中：P_C 为变容管吸收功率；P_D 为负阻器件提供的功率；C_{j0} 为变容管零偏压时的电容；C_{jmin} 为变容管最小电容；C_D、R_D 为负阻器件等效电容和负阻；C_C 为分布电容；Q_{v0} 为变容管零偏时的 Q 值；$Q_{v0}=\frac{f_{c0}}{f_0}$，$f_{c0}$ 为零偏时的截止频率，将 Q_{v0} 代入式(4.27)

$$\frac{\Delta f}{f_0}=\frac{P_C}{P_D}\left(1-\frac{C_{jmin}}{C_{j0}}\right)\frac{f_{c0}}{4\pi f_0^2(C_D+C_C)R_D} \tag{4.28}$$

同理可证：$\Delta f \ll f_0$ 时，变容管串联调谐时的相对带宽为

$$\frac{\Delta f}{f_0}=\frac{P_C}{P_D}\left(1-\frac{C_{jmin}}{C_{j0}}\right)\frac{f_{c0}}{4\pi f_0^2(C_D+C_C)R_D} \tag{4.29}$$

两式相比可见，串联调谐带宽比并联调谐带宽大了近 C_{j0}/C_{jmin} 倍，所以要得到较大的调谐带宽应选用串联电路；但是在波导电路中，由于结构限制，用并联方式更方便。

4.5.2 YIG 调谐负阻振荡器

YIG 是一种单晶铁氧体材料，又称钇铁柘榴石（Yttrium - Iron - Garnet），由稀土金属氧化物和 Fe_2O_3 化合而成，与自然界中柘榴石结构相似，又因制成球形也叫 YIG 小球，直径为 0.5～1.5 mm。

在单晶铁氧体材料中，每个分子中都含有一个未成对的电子，这些电子自旋而产生磁矩 $\bar{m}$。如果外加一个恒定磁场 $\bar{H}_0$，若 $\bar{H}_0$ 与 $\bar{m}$ 方向不一致，则由于 $\bar{H}_0$ 的作用，磁矩 $\bar{m}$ 将以一定角度 α 围绕 $\bar{H}_0$ 运动（右手法则）。方向 $\hat{n}=\bar{H}_0\times\bar{m}$，运动频率取决于 $\bar{H}_0$ 的幅度，$f_0=\gamma H_0$，$\gamma=2.8\times10^6$ 为旋磁比。如果没有能量补充，运动角 α 将逐渐减小，直到 $\bar{m}$ 平行于 $\bar{H}_0$，运动停止。在运动过程中，在 YIG 小球周围可测得存在一个圆极化的高频磁场，如图 4.5-2 所示。它是由磁矩 $\bar{m}$ 以运动频率 f_0 旋转而产生的，随运动停止而消失。现在若外加一个圆极化高频磁场 $\bar{h}$，极化方向与 $\bar{H}_0$ 垂直，这个高频磁场作用于 $\bar{m}$，产生一个侧向力矩，则 $\bar{m}$ 将在恒定磁场 $\bar{H}_0$ 和 $\bar{h}$ 的共同作用下做强迫运动，这时有三种情况：

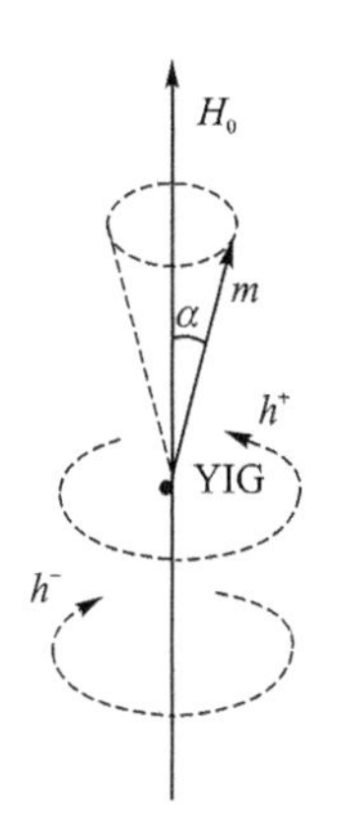

图 4.5-2　YIG 小球的高频磁场

① 外加磁场是一个右旋圆极化波 $\bar{h}^+$，而且频率与自由运动频率 f_0 相同，相当于一个高频磁场不断对电子补充能量。$\bar{h}^+\times\bar{m}$ 的力矩方向是 α 角变大的方向，这时 YIG 的运动将维持下去，向外不断辐射一个高频圆极化磁场。

② 如果外加磁场是一个左旋极化波 $\bar{h}^-$，则由于 $\bar{h}^-\times\bar{m}$ 的方向是使 α 减小的方向，所以运动很快停止。

③ 加线性极化波，而且频率为 f_0，则由于线极化波中包含右旋圆极化波，而右旋波将使运动维持下去。（实用中加线性磁场与 $\bar{H}_0$ 共同作用）

综上讨论：YIG 小球犹如一个振荡回路，只有当外加磁场频率为 f_0，且含有右旋圆极化

波时，YIG 才能向外辐射高频磁场。因此，只要电路结构适当，负阻振荡器与 YIG 恰当耦合，就可构成一个 YIG 调谐的负阻振荡器。由于小球的特性类似于 LCR 谐振电路，也称为 YIG 谐振器，其 Q 值在 1 000～10 000 之间，通过改变外加磁场可方便地改变谐振频率，且两者呈线性关系。由于这些特点，YIG 不仅可以用来制作各种无源的微波器件，如电调滤波器等，而且还可以和各种有源器件（如晶体管、各种负阻二极管等）组成电调振荡器，广泛地应用于扫频仪、扫频接收机、频谱仪等微波设备中。

YIG 小球有两个重要参数：饱和磁化强度 $4\pi M_s$ 及谐振线宽 ΔH。前者表示电子自旋磁矩 $\bar{m}$ 的密度大小，它决定工作频率的下限；后者与振荡器能否起振有关。无载 Q 值 Q_u 与两者的关系为

$$Q_u = \frac{\dfrac{f_0}{\gamma} - \dfrac{4}{3}\pi M_s}{\Delta H} \tag{4.30}$$

可知 ΔH 小，Q 值高，则振荡器易起振，应选 ΔH 小的 YIG 小球。对于纯 YIG 小球：$4\pi M_s$ =1 750 Gs（高斯），如 ΔH=0.6 Oe（奥斯特），f_0=10 GHz，则 Q_u=5 000。

YIG 小球的可调带宽范围：上限由负阻器件最高工作频率的限制；下限由小球产生的一致限幅效应的频率控制。该频率由式（4.31）计算：

$$f_0 = \frac{2}{3}\gamma(4\pi M_s) \tag{4.31}$$

对于纯 YIG 小球，$f_0 \approx 3.3$ GHz，所以工作频率 $f_0 > 4$ GHz 时才能正常工作。为了扩展调谐带宽，必须降低 YIG 的 $4\pi M_S$。

YIG 调谐振荡器结构如图 4.5－3 所示：输入回路与输出回路互相垂直，永磁铁提供 $\bar{H}_0$（z 方向），改变扫描电压，可改变总磁场 $H = H_0 + \mathrm{d}H$，使 $f_0 = \gamma H$ 改变，实现扫频测量。

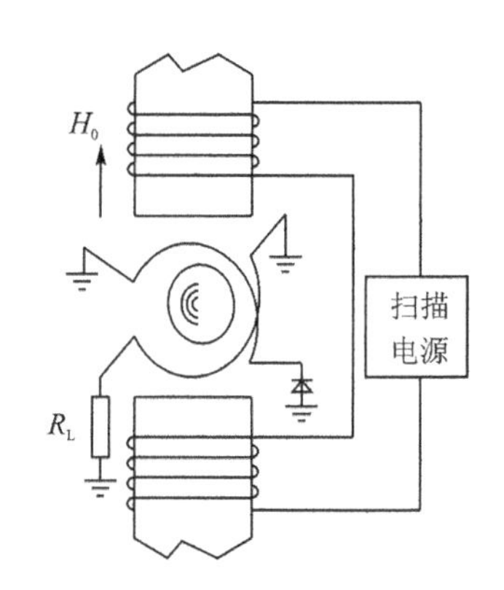

图 4.5－3　YIG 调谐振荡器的原理图

图 4.5－4 是 YIG 调谐振荡器的等效电路。负阻器件提供高频线极化磁场（线圈在 z 方向，磁场在 xoy 平面与 H 垂直），如果负阻器件是宽带的，只有 f_0 的频率才能产生振荡，输出端将得到 YIG 辐射的 f_0 信号。图 4.5－5 是 YIG 谐振器输出功率、频率与 H 的关系。

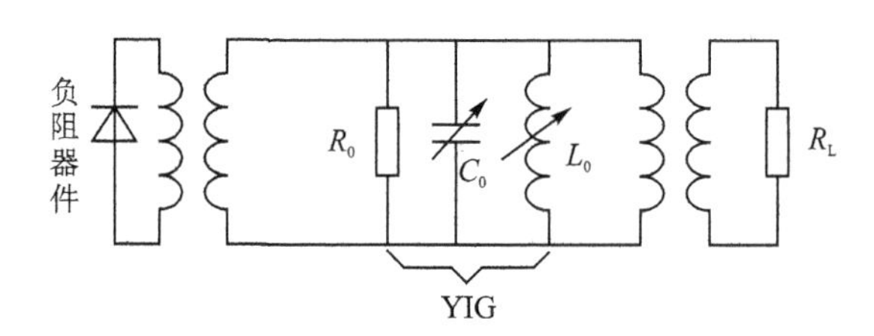

图 4.5－4　YIG 调谐振荡器的等效电路

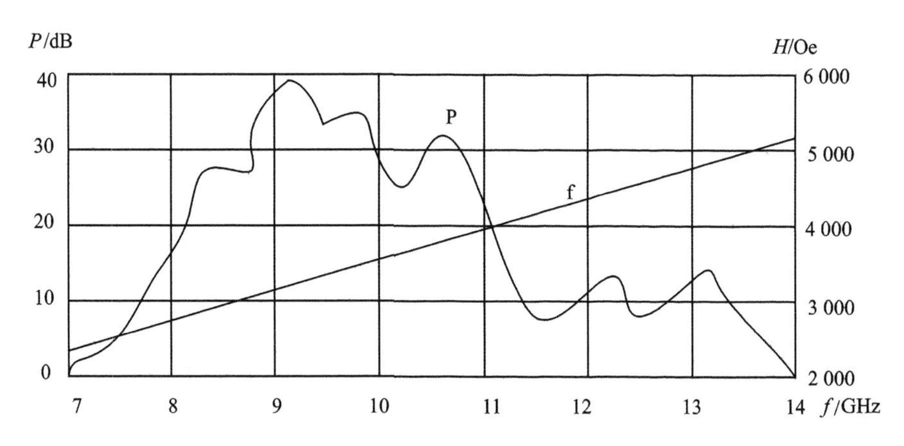

图 4.5－5　YIG 调谐振荡器的输出功率、频率与外加磁场的关系

4.6　噪声及频率稳定度

频稳度是振荡器的重要指标，影响稳定度的因素可分为系统性和随机性两类。前者如系统的漂移，老化等；后者如噪声的影响。

频率稳定度包括长时稳定度和短时稳定度。长时稳定度，主要是外界温度变化引起的漂移，具有规律性，是频率的慢变化函数，如 HP8360 信号源，长时稳定度 5 Hz/天。短时稳定度，是指频率的随机抖动，是和系统噪声密切相关的，一般为毫秒量级，由噪声调频调相引起。

4.6.1　噪声特性

雪崩管存在的噪声主要有：

① 雪崩噪声：由雪崩倍增过程中电流起伏引起。

② 上变频噪声：由于雪崩管是非线性器件，有变（混）频作用，一些低频噪声被变换到载频附近形成噪声干扰。

③ 热噪声：由串联电阻 R_s 引起，很小可忽略。但雪崩管噪声仍比耿式管大得多。

对耿式管而言，主要是热噪声和畴运动不均匀引起的起伏噪声。

图 4.6－1 表示稳定的频率源的调频噪声谱，图 4.6－2 是单边带噪声功率谱密度曲线。

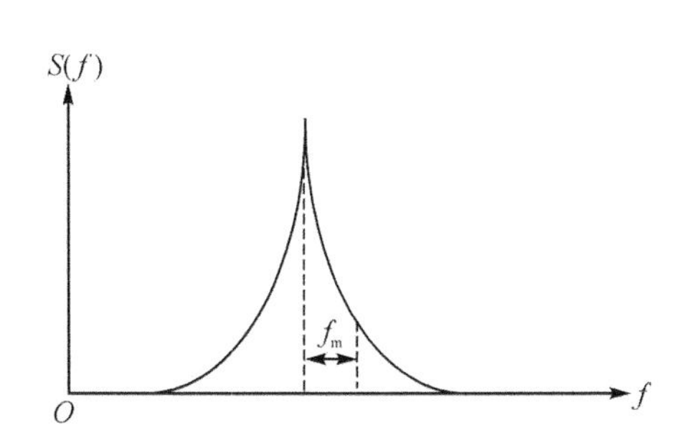

图 4.6－1　稳定的频率源的调频噪声谱

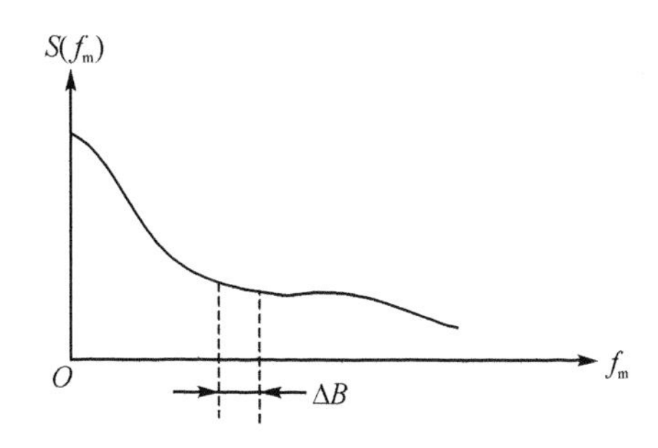

图 4.6－2　单边带噪声功率谱密度曲线

耿式振荡器的输出信号可表示为

$$V(t)=[V_c+\phi(t)]\sin[2\pi V_0 t+\phi(t)] \tag{4.32}$$

均方根频偏

$$\Delta f_{rms}=f_m\sqrt{\frac{2P_{SSB}}{P_C}} \tag{4.33}$$

式中：$f_m=f-f_0$ 为频率偏移；P_C 为载波功率；P_{SSB} 为偏离载频 f_m 处单位带宽(ΔB)内的单边带噪声功率，P_{SSB}降低则稳定度增加。Δf_{rms} 与$\frac{P_{SSB}}{P_C}$都可作为频率稳定度的标准。

4.6.2 提高频率稳定度的措施

对系统因素，可设法减小外界因素的变化，如采用恒温、稳压措施，在振荡器与负载之间加入隔离器，减小负载对振荡器的影响。对于随机类噪声因素，可采用多种电路改善措施，如温度补偿法、高 Q 腔稳频法、注入锁相法等。下面介绍两种方法。

1. 高 Q 腔稳频

改善噪声特性的关键因素是提高电路的 Q 值。采用高 Q 的稳频腔与振荡器腔体耦合，增强振荡回路的储能，即提高了 Q 值，降低了噪声，又不致使输出功率有严重下降，高 Q 稳频腔与振荡回路的连接方式可分为通过式、带阻式和反射式几种，这里只介绍反射式。

(1) 频带反射式外腔稳频振荡器

稳频腔串联在波导中(见图 4.6-3)，当稳频腔谐振在 f_0 时，参考面 1-1 处波导相当于开路(见图 4.6-4)等效电路图，并联谐振时，对 f_0 的信号在 1-1 处开路，产生很大反射。负阻器件利用终端开路线组成振荡回路(接入点要合适选择)，使电路谐振于 f_0。当稳频腔失谐时，参考面处接近短路(相当于 1-1 处短路)，匹配负载与阻抗器件并联，破坏起振条件，使振荡停止。因此，振荡器仅工作在 f_0 附近。

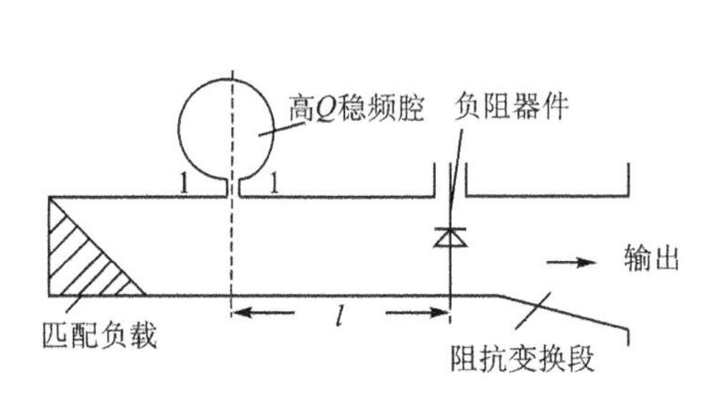

图 4.6-3 频带反射式外腔稳频振荡器结构示意图

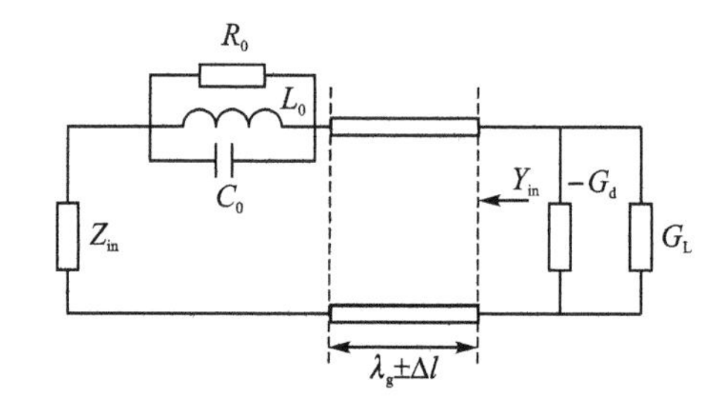

图 4.6-4 频带反射式外腔稳频振荡器的等效电路

(2) 高 Q 介质谐振器稳频法

图 4.6-5 是用介质谐振器稳频的转移电子器件振荡器，同轴和波导振荡器可以用高 Q 腔稳频。而微带型负阻振荡器一般用高 Q 介质谐振器稳频，用某些低损高介电常数的介质材料如二氧化钛(TiO_2)、氧化钡(BaO)、氧化锌(ZnO)等做成圆柱形谐振器，其 Q 值可达 2 000～3 000 具有极好的稳度特性。

2. 注入锁相法

图 4.6-6 是注入锁相的 IMPATT 振荡器微带电路，用高稳定度小功率信号源去锁定大

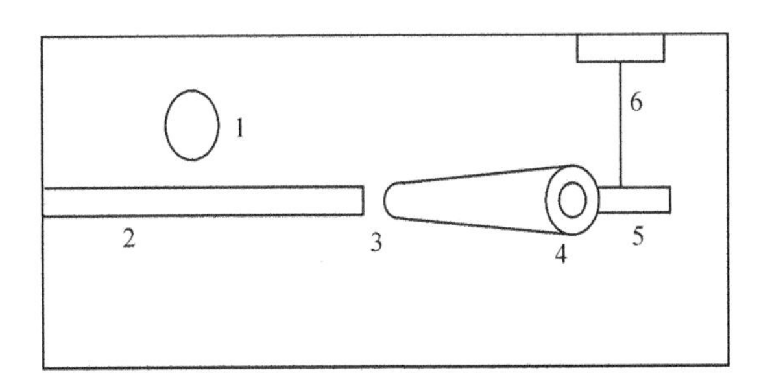

1—介质谐振器；2—输出线；3—隔直电容；4—二极管；5—谐振器；6—偏置电路

图 4.6-5　用介质谐振器稳频的转移电子器件振荡器

功率振荡器，使之具有与小功率源同样的频稳度。其原理是基于强迫同步振荡现象。

用信号源代替介质腔，相当于外力强迫振荡器与之同步，注入功率要合适，锁相频率有一定范围，ω 与 ω_0 不能相差太远。

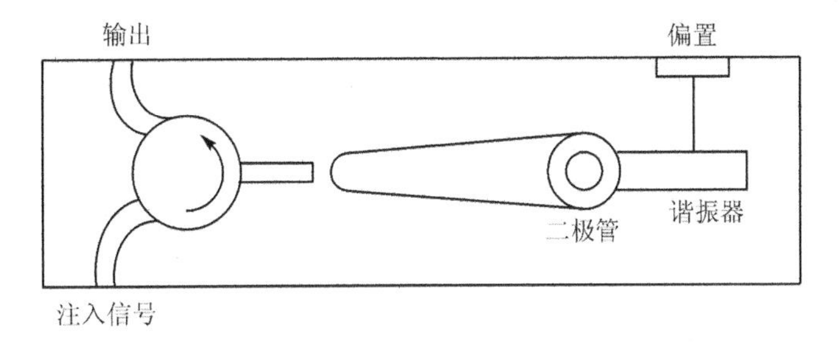

图 4.6-6　注入锁相的 IMPATT 振荡器微带电路

4.7　习　题

4-1　给出下列名词定义：

(1) 雪崩击穿效应、渡越时间效应。

(2) 耿氏效应、高场畴理论和双能谷理论。

4-2　试讨论雪崩渡越时间器件与转移电子器件之间的异同点。

4-3　总结概括产生转移效应的必要条件。

4-4　总结转移电子器件振荡器几种工作模式的特点和各自的优缺点。

4-5　试述变容管调谐与 YIG 调谐的优缺点。

4-6　对于如图 4.7-1 所示的负阻振荡器的负载线与器件线的交点（工作点），你认为哪些点是稳定工作点？

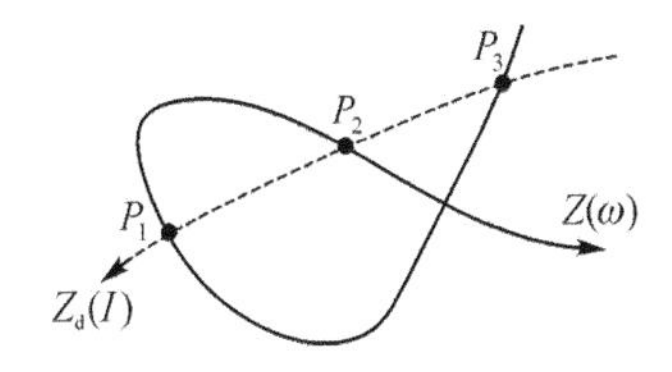

图 4.7-1　负阻振荡器的负载线与器件线

第5章　微波晶体管放大器和振荡器

5.1　引　言

自从20世纪50年代末第一只晶体管诞生以来,不断探求获得更高频率、更高功率、更低噪声一直是半导体技术领域的发展趋势。半导体材料不断推陈出新,从最初的第一代半导体材料锗、硅,到80—90年代研制成功第二代半导体材料砷化镓(GaAs),晶体管工作频率从最初的几百 MHz 发展到 THz。InP 基 HEMT 低噪管在 300 GHz 频率时的噪声系数达到了1.7,单管增益 17 dB;功率晶体管在 Ka 波段的单管功率达到了 3.5 W。功率增益达到了11.5 dB。目前以氮化镓(GaN)、金刚石等第三代半导体新型材料的研究正在进行中,这一代材料将在高温大功率器件和高频微波器件应用领域取得新的突破。

微波晶体管分为双极晶体管和单极晶体管两种。双极晶体管指 PNP、NPN 型结构,其特点是两种极性载流子参与导电,也称为三极管。单极管也称场效应管,只有一种载流子参与导电。

X 波段以上的放大器一般都采用场效应管。当时有人对晶体管的发展潜力进行了详细评估,从理论上推导出了频率-电压极限方程

$$V_m f_T=\frac{E_m\bar{v}_s}{2\pi}=\begin{cases}1\times10^{12}\ \mathrm{V\cdot s^{-1}}\rightarrow \text{砷化镓}\\2\times10^{11}\ \mathrm{V\cdot s^{-1}}\rightarrow \text{硅}\\1\times10^{11}\ \mathrm{V\cdot s^{-1}}\rightarrow \text{锗}\end{cases}$$

式中:V_m 是最大允许电压;f_T 是特征频率;E_m 是半导体材料的最大允许电场;$\bar{v}_s$ 是载流子饱和漂移速度。

从上式可看出,硅的极限值是锗的2倍,砷化镓的极限值是锗的10倍,所以双极晶体管一般都是硅管,其 $V_m f_T$ 值已接近 $10^{11}\ \mathrm{V\cdot s^{-1}}$,所以砷化镓材料还有很大潜力。

5.1.1　微波双极晶体管

1. 结构和等效电路

随着科技的发展,早期的直插式晶体管逐步被表贴型封装取代,图 5.1-1 是几种典型封装的晶体管外观。图 5.1-2 是微波晶体管管芯等效电路。

2. 双极晶体管性能参数

(1) 特征频率 f_T

特征频率 f_T 是晶体管放大系数下降到 $\beta=1$ 时所对应的频率,晶体管放大系数与频率的关系如图 5.1-3 所示。

双极晶体管特征频率 $f_T=\dfrac{1}{2\pi\tau}$,$\tau=\tau_e+\tau_b+\tau_x+\tau_c$。其中 τ_e 是发射极-基极结(电容)充

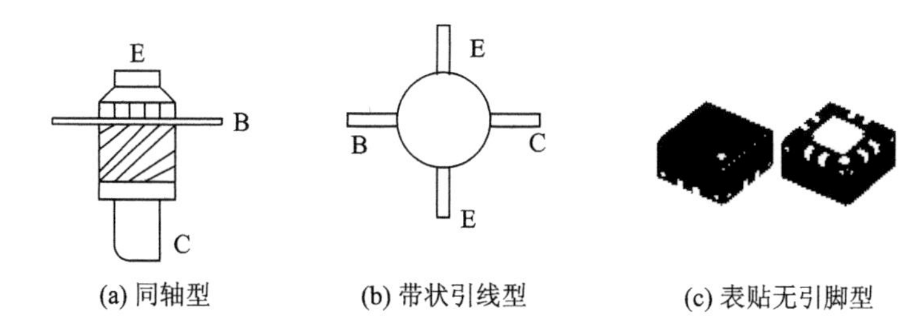

图 5.1-1　微波双极晶体管外观

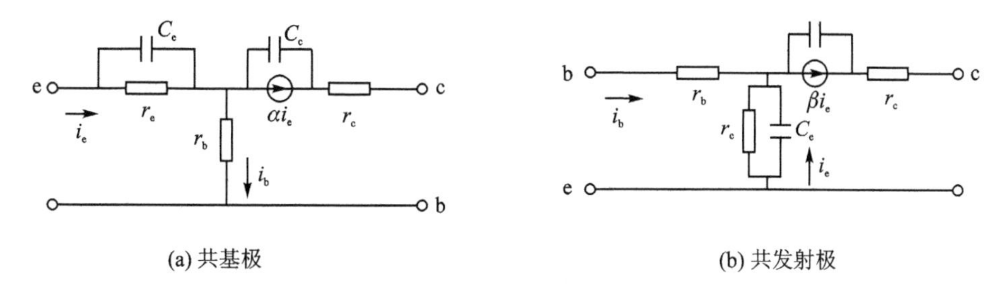

图 5.1-2　微波双极晶体管管芯等效电路

电时间；τ_b 是基区载流子渡越时间；τ_x 是基极-集电极耗尽层渡越时间；τ_c 是集电极-基极结(电容)充电时间。一般结充电时间 τ_e、τ_c 远小于渡越时间 τ_b、τ_x。所以

$$\tau \approx \tau_b + \tau_x \tag{5.1}$$

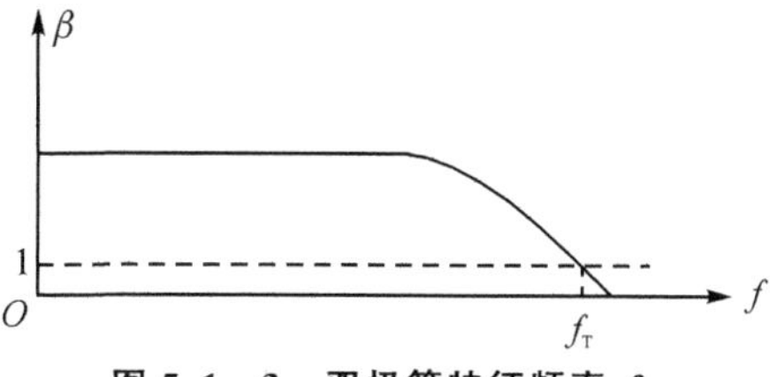

图 5.1-3　双极管特征频率 f_T

如某典型的双极晶体管工作状态 $V_{ce}=28$ V，外延层电阻率 $\sigma=1\ \Omega\cdot\text{cm}$。$\tau_x=1.7\times10^{-11}$ s；$\tau_b=8.3\times10^{-10}\delta^2$，$\delta$ 是基区宽度。

特征频率可近似表示为

$$f_T=\frac{1}{2\pi(\tau_b+\tau_x)} \tag{5.2}$$

从式(5.2)可知，基区宽度越小，特征频率 f_T 越高。

(2) 噪　声

噪声来源：热噪声，由载流子不规则热运动引起的，与晶体本身的欧姆电阻有关。

散弹噪声，由电流流动时载流子运动的起伏产生，与电流成正比。图 5.1-4 是共发射极等效电路噪声模型。

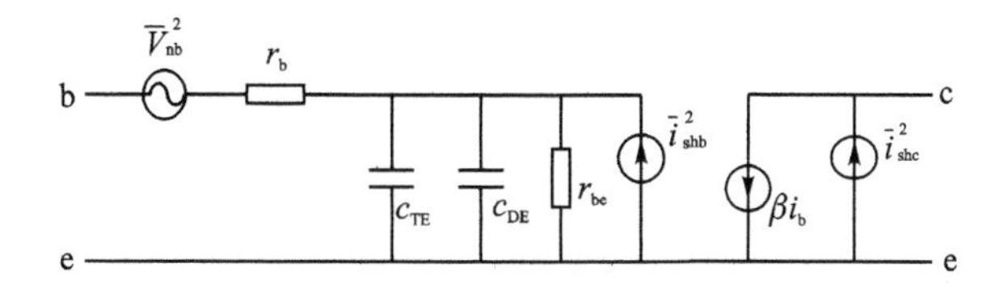

图 5.1-4　共发射极等效电路噪声模型

图中：$\bar{V}_{nb}^2=4\,kTBr_b$ 表示热噪声；$\bar{i}_{shb}^2=2eI_bB$ 是基极电流散弹噪声；$\bar{i}_{shc}^2=2eI_cB$ 是集

电极电流的散弹噪声；C_{TE} 是势垒电容；r_b 是基极电阻；C_{DE} 是扩散电容；$r_{be}=\frac{r_e}{1-\alpha_0}$，$\alpha_0$ 为共基极电流放大系数低频值。

利用上述电路及噪声源的表达式，可获得计算微波晶体管最小噪声系数的简便公式（幅井公式）

$$F_{min}=1+h\left(1+\sqrt{1+\frac{2}{h}}\right) \tag{5.3}$$

式中：$h=0.04I_c r_b\left(\frac{f}{f_T}\right)$；$I_c$ 单位为 mA；r_b 的单位为欧姆；幅井公式当 $h_{FE}>10\left(\frac{f}{f_T}\right)$ 时较为准确。

图 5.1-5 是双极管的噪声特性曲线图，当 F 在 2～4 mA 时有最佳值。当 $f<f_1$ 时，噪声 F 随 f 下降而上升，是由闪烁噪声引起的 F 上升，但在微波频段闪烁噪声可不考虑。

当 $f_1<f<f_2$ 时是白噪声区，噪声 F 与频率 f 基本无关；白噪声主要由热噪声和散弹噪声引起。

当 $f>f_2$ 时，F 随 f 上升以每倍频程 6 dB 的速度增加。其中：$f_2=f_\alpha\sqrt{1-\alpha_0}$（估算值），通常 $f_2=(0.18\sim0.35)f_T$。f_α 是共基极短路电流增益 α 的截止频率，$f_\alpha\approx1.2f_T$，通常 $\alpha_0>0.9$。为了获得低噪声放大器，应选用 f_T 几倍（最好 10 倍以上）于工作频率的晶体管。

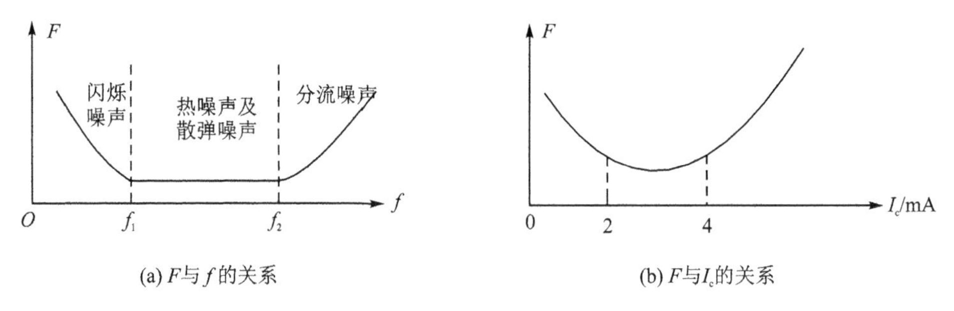

图 5.1-5 双极管噪声特性

5.1.2 微波场效应管

微波场效应管的种类有金属-半导体场效应管（MESFRT）、PN 结场效应管（JFET）和绝缘栅场效应管等多种。以在砷化镓衬底上制作的 N 沟道（MESFET）金属-半导体性能最好，也叫肖特基势垒栅场效应管。微波场效应管结构、工作原理及等效电路如图 5.1-6 所示。

衬底是用本征砷化镓材料，高电阻率（$\sigma=10^8\ \Omega\cdot\text{cm}$），相当于绝缘体。在衬底上生长一层 N 型外延层，称为沟道。在沟道上方制作源极、栅极和漏极，使栅极形成肖特基势垒（金属-半导体接触），源极和漏极成为欧姆接触。金属-半导体接触后将形成肖特基势垒，N 型半导体内由于电子被抽空，形成一层载流子完全被耗尽的区域。这个层的作用就像一个绝缘区，它压缩了 N 层中供电电流的截面积。图 5.1-7(a) 是加工作电压的情况。

当在 G（栅）极加负压 V_g（不加 V_d）后，耗尽层变厚，N 沟道变窄。如果栅负压进一步增加，到达某一数值 $-V_P$ 时，沟道完全夹断。$-V_P$ 叫夹断电压。如果不加栅压，而加漏电压 V_d，沟道中将有电流。由于沟道有一定电阻，因此沿沟道就产生电压降，从源（S）到漏（D），电

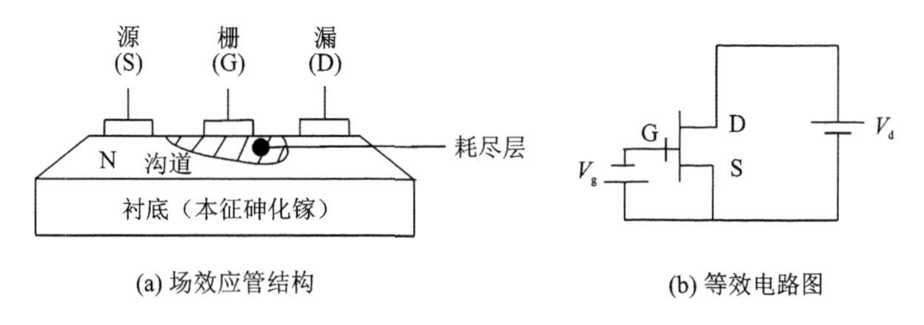

(a) 场效应管结构　　(b) 等效电路图

图 5.1-6　MESFET 结构和等效电路图

位越来越高，如果将 S 与 G 用导线相连（见图 5.1-7(b)情况），则 $V_g > V_s$ 也相当于反偏压，同样使沟道变窄。由于 G 极板有一定宽度，靠近源极处电压低一些，沟道宽，而靠近 D 端电位高一些，夹断严重，沟道窄。对于一个短栅场效应管，若栅极加负压 $-V_P$，漏极加上 V_d，电场分布如图 5.1-7(c)所示，电子在沟道中的漂移速度如图 5.1-7(d)所示。当 V_{ds} = 常数时，漏电流 I_{ds} 是反偏电压 V_{gs} 的函数，正因为 I_{ds} 受栅压 V_{gs} 的场效应控制，因此叫场效应管（场强变化引起的 I_{ds} 变化）。

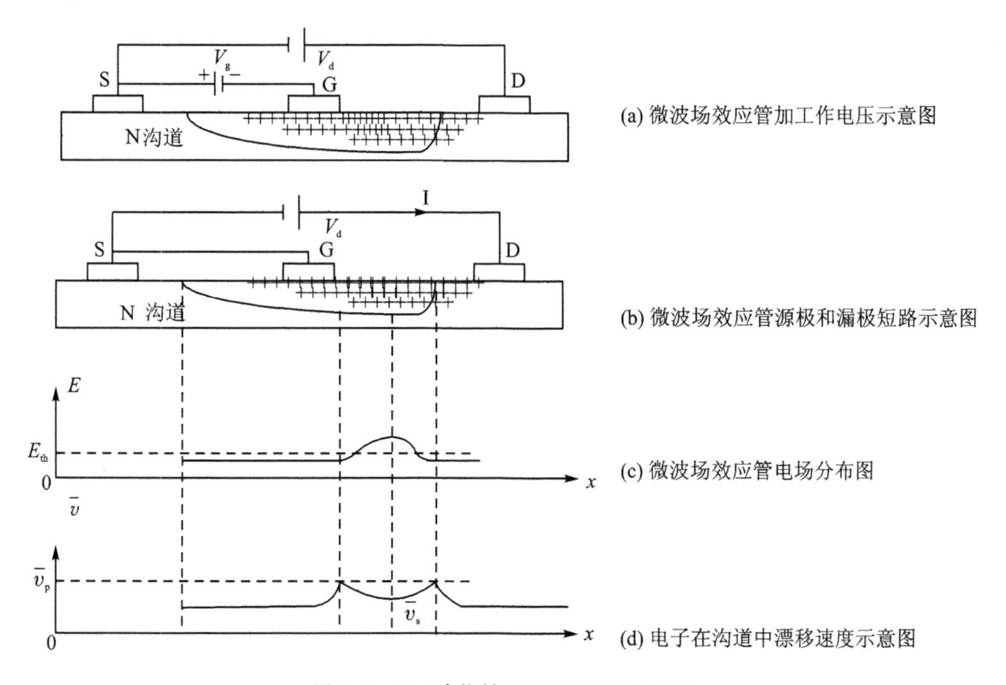

(a) 微波场效应管加工作电压示意图

(b) 微波场效应管源极和漏极短路示意图

(c) 微波场效应管电场分布图

(d) 电子在沟道中漂移速度示意图

图 5.1-7　砷化镓 MESFET 工作机理

对于不同的 V_{gs} 可得到 $I_{ds}-V_{ds}$ 特性曲线，如图 5.1-8 所示。

图 5.1-8 中 A 点为低噪声运用时选用的工作点；B 点为高增益工作点；C 点为甲类工作点；D 点为乙类工作点。$V_{gs}=0$ 时的曲线是饱和漏极电流 I_{dss}。

场效应管的互导（跨导为）

$$g_m = \frac{dI_{ds}}{dV_{gs}}\bigg|_{V_{ds}=ct} \tag{5.4}$$

式(5.4)表示 V_{gs} 对 V_{ds} 的控制能力。场效应管等效电路如图 5.1-9 所示。

图 5.1-9 中：g_m 称为跨导或互导；G_d 是 D-S 的漏电导；R_{gs} 是沟道电阻；C_{gs} 是 G-S

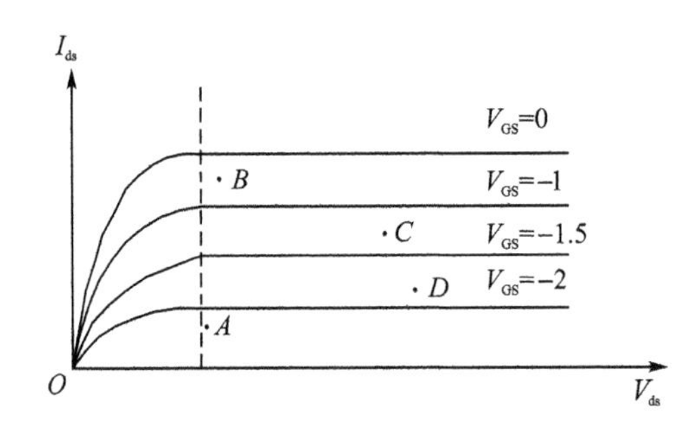

图 5.1-8 典型漏电压与漏电流曲线

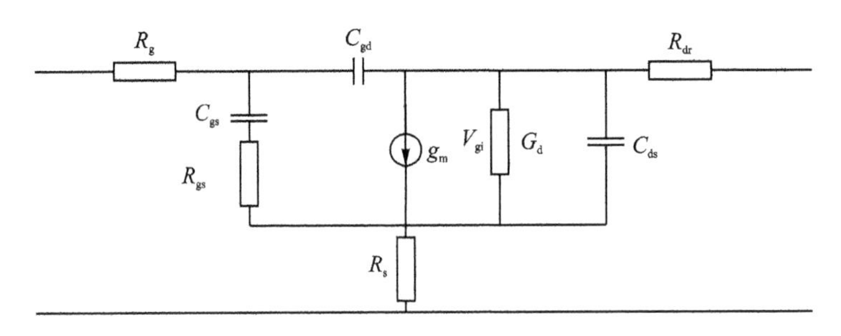

图 5.1-9 简化等效电路

的(源-栅)电容。另外还有外部寄生参量参数:源极电阻 R_s;栅极等金属的电阻 R_g;漏极电阻 R_{dr};衬底电容 C_{ds}。各参数具体位置见图 5.1-10。

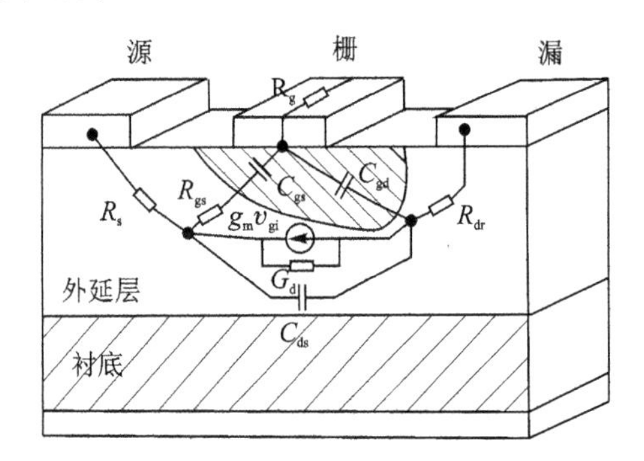

图 5.1-10 等效电路元件在结构中的位置

下面是一个典型的 C 波段 MESFET 的等效电路元件值:

$C_{gd}=0.014\,9$,$C_{gs}=0.629$,$C_{ds}=0.129$,$R_{gs}=2.6\ \Omega$,$R_s=2\ \Omega$,$g_{m0}=5.3\times10^{-2}/\Omega$,$R_d=400\ \Omega$,$R_g=2.9\ \Omega$,$R_{dr}=3\ \Omega$,条件是 $V_d=5\ \mathrm{V}$,$V_g=0\ \mathrm{V}$,$I_{ds}=70\ \mathrm{mA}$。

场效应管主要参数如下:

(1) 特征频率 f_T

$$f_T=\frac{g_m}{2\pi[C_{gd}+C_{gs}(1+g_mR_s)]}\approx\frac{g_m}{2\pi C_{gs}} \tag{5.5}$$

提高 f_T 的措施,使 g_m 上升,C_{gs} 下降。要 C_{gs} 下降,就要缩短栅极长度,所以微波管都是短栅。

(2) 噪声系数

$$F_{\min}=1+2\sqrt{PH(1-C^2)}\left(\frac{f}{f_T}\right) \tag{5.6}$$

式中：$C(0<C<1)$叫相关系数。C、P、H 的值与器件结构和所加 V_{DS} 有关。由式(5.3)可知，$F_{\min}$ 与 f 成正比，而双极管的 F 与 f^2 成比例。(双极管 $F_{\min}=1+h\left(1+\sqrt{1+\frac{2}{h}}\right)$，$h=0.04I_c r_b\left(\frac{f}{f_T}\right)^2$)。可以看出：单极管最小噪声系数随频率上升的趋势比双极管慢得多，这是为什么在微波低噪声放大器中都使用单极管的原因。

5.2 微波晶体管的 S 参数

一个封装后的晶体管的等效电路是很复杂的，采用等效电路进行器件性能分析很不方便。另一方面，在微波段已不能用集中参数进行分析。在 100 MHz 上，用 H、Y 或 Z 参数已不能精确地测量出来，因为要满足测量时所要求的开路或短路条件很困难，很可能产生自激。

由于微波晶体管在小信号作用下是线性器件，可看作线性有源网络，通常用 S 参数表征其特征，S 参数易测量，使用也方便。图 5.2-1 是晶体管两端口网络的 S 参数等效电路示意图。

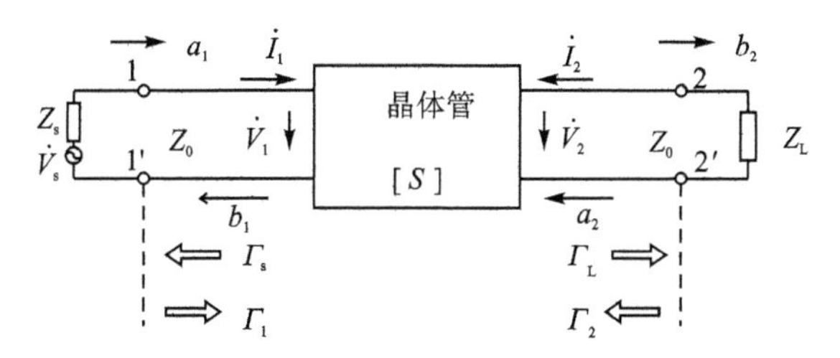

图 5.2-1　晶体管两端口网络的 S 参数

一个晶体管可等效为一个线性两端口网络，a_1、a_2、b_1、b_2 分别是端口 1、端口 2 的入射波与反射波(归一化)。

$$a_1=\frac{1}{2}\left(\frac{\bar{V}_1}{\sqrt{z_0}}+\bar{I}_1\sqrt{z_0}\right)=\frac{\bar{V}_1+\bar{I}_1 z_0}{2\sqrt{z_0}} \tag{5.7}$$

$$b_1=\frac{\bar{V}_1-\bar{I}_1 z_0}{2\sqrt{z_0}} \tag{5.8}$$

$$a_2=\frac{\bar{V}_2+\bar{I}_2 z_0}{2\sqrt{z_0}} \tag{5.9}$$

$$b_2=\frac{\bar{V}_2-\bar{I}_2 z_0}{2\sqrt{z_0}} \tag{5.10}$$

根据传输矩阵与 **S** 矩阵的关系

$$\left.\begin{aligned}b_1&=S_{11}a_1+S_{12}a_2\\ b_2&=S_{21}a_1+S_{22}a_2\end{aligned}\right\} \tag{5.11}$$

$S_{11} \sim S_{22}$ 表示晶体管的反射系数，是一组无量纲的系数，其大小与入射波和反射波的幅度无关。

定义：

$S_{11}=\frac{b_1}{a_1}\Big|_{a_2=0}=\frac{\bar{V}_1-\bar{I}_1 Z_0}{\bar{V}_1+\bar{I}_1 Z_0}=\frac{Z_1-Z_0}{Z_1+Z_0}$，$Z_1=\frac{\bar{V}_1}{\bar{I}_1}$是口 1 的输入阻抗；$a_2=0$ 说明 $Z_L=Z_0$，即输出端匹配。

$S_{22}=\frac{b_2}{a_2}\Big|_{a_1=0}=\frac{Z_2-Z_0}{Z_2+Z_0}\sqrt{b^2-4ac}$，$Z_2=\frac{\bar{V}_2}{\bar{I}_2}$是口 2 的输入阻抗；$a_1=0$ 说明 $Z_s=Z_0$，即输入端匹配。

$S_{12}=\frac{b_1}{a_2}\Big|_{a_1=0}=\frac{-2\bar{I}_1 Z_0}{\bar{V}_2+\bar{I}_2 Z_0}$，$S_{21}=\frac{b_2}{a_1}\Big|_{a_2=0}=\frac{-2\bar{I}_2 Z_0}{\bar{V}_1+\bar{I}_1 Z_0}$。

S_{11} 表示输出端接匹配负载 $Z_L=Z_0$ 时的输入端反射系数。

S_{22} 表示输入端接匹配负载 $Z_s=Z_0$ 的输出端反射系数。

S_{12} 表示输入端接匹配负载 $Z_s=Z_0$ 时的反向传输增益。

S_{21} 表示输出端接匹配负载 $Z_L=Z_0$ 时的正向传输增益。

由于微波晶体管的等效两端口网络是非互易网络，所以 $S_{12} \neq S_{21}$。

若网络输出端不匹配，$Z_L \neq Z_0$，设负载的反射系数为 Γ_L，则推导可得

$$a_2=\Gamma_L b_2$$

$$\Gamma_L=\frac{Z_L-Z_0}{Z_L+Z_0}$$

$$\left.\begin{aligned} b_1 &= s_{11}a_1+s_{12}\Gamma_L b_2 \\ b_2 &= s_{21}a_1+s_{22}\Gamma_L b_2 \end{aligned}\right\} \tag{5.12}$$

网络输入端反射系数 Γ_L 和输入阻抗 Z_1 为

$$\Gamma_1=\frac{b_1}{a_1}=S_{11}+\frac{S_{11}S_{21}\Gamma_L}{1-S_{22}\Gamma_L} \tag{5.13}$$

匹配时 $\Gamma_1=S_{11}$，$\Gamma_L=0$。

$$Z_1=Z_0\frac{1+\Gamma_1}{1-\Gamma_1}=Z_0\frac{1+S_{11}-S_{22}\Gamma_L-\Delta\Gamma_L}{1-S_{11}-S_{22}\Gamma_L+\Delta\Gamma_L} \tag{5.14}$$

式中：$\Delta=S_{11}S_{22}-S_{12}S_{21}$。

同理，若网络输入端不匹配，$Z_s \neq Z_0$，设源阻抗的反射系数为

$$\Gamma_s=\frac{Z_s-Z_0}{Z_s+Z_0}$$

则输出端的反射系数 Γ_2 和输出阻抗 Z_2 为

$$\Gamma_2=S_{22}+\frac{S_{12}S_{21}\Gamma_s}{1-S_{11}\Gamma_s} \tag{5.15}$$

匹配时 $\Gamma_2=S_{22}$，有

$$Z_2=Z_0\frac{1+S_{22}-S_{11}\Gamma_s-\Delta\Gamma_s}{1-S_{22}-S_{11}\Gamma_s+\Delta\Gamma_s} \tag{5.16}$$

5.3 功率增益

功率放大器中，若源阻抗与负载阻抗不相同，所得功率增益也不同，通常有功率增益，转换功率增益和资用功率增益三种表示法。图5.3-1是晶体管两端口等效网络。

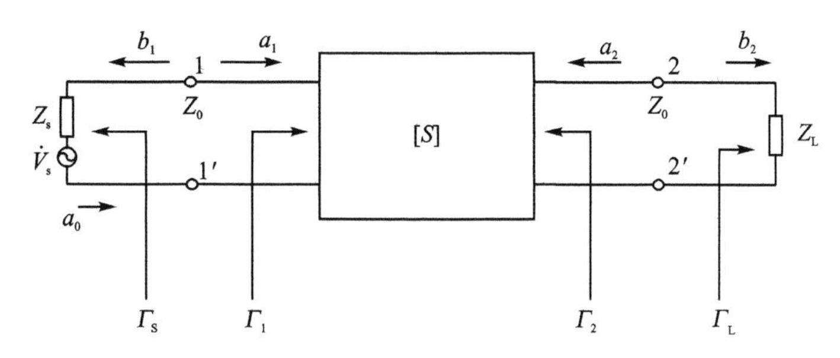

图5.3-1 晶体管两端口网络

从图5.31所示反射波与入射波的关系可知

$$b_1 = \Gamma_1 a_1$$

$$a_1 = a_0 + \Gamma_s b_1 = a_0 + \Gamma_s \Gamma_1 a_1$$

从上式可导出

$$a_1 = \frac{a_0}{1 - \Gamma_1 \Gamma_s} \tag{5.17}$$

a_0 是信号源输出的归一化入射波，a_1 中还包括由于源阻抗不匹配引起的二次反射波，双向匹配时 $a_0 = a_1$。由式(5.17)可知 $\dfrac{a_1}{a_0} = \dfrac{1}{1-\Gamma_1\Gamma_s}$，$a_2 = \Gamma_L b_2$。

由 $b_2 = S_{21} a_1 + S_{22}\Gamma_L b_2$ 得

$$\frac{b_2}{a_1} = \frac{S_{21}}{1 - S_{22}\Gamma_L} \tag{5.18}$$

网络输入功率为

$$P_1 = P_{1入} - P_{1反} = \frac{1}{2}(|a_1|^2 - |b_1|^2) = \frac{1}{2}|a_1|^2(1 - |\Gamma_1|^2) \tag{5.19}$$

网络输出功率为

$$P_2 = P_L = \frac{1}{2}|b_2|^2(1 - |\Gamma_L|^2) \tag{5.20}$$

1. 功率增益 G

定义：负载所吸收的功率 P_L 与输入功率 P_1 之比。

$$G = \frac{P_L}{P_1} = \left|\frac{b_2}{a_1}\right|^2 \frac{1 - |\Gamma_L|^2}{1 - |\Gamma_1|^2} = \frac{|S_{21}|^2(1 - |\Gamma_L|^2)}{|1 - S_{22}\Gamma_L|^2(1 - |\Gamma_1|^2)} \tag{5.21}$$

2. 转换功率增益 G_T

定义：负载吸收的功率 P_L 与信号源输出的资用功率 P_a 之比。资用功率是指信号源输出的最大功率，也就是满足条件 $P_1 = P_s^*$，输入端共轭匹配时的输入功率。

$$P_a = P_1 \Big|_{\Gamma_1 = \Gamma_s^*} = \frac{1}{2} |a_1|^2 (1 - |\Gamma_1|^2) \Big|_{\Gamma_1 = \Gamma_s^*} \tag{5.22}$$

将 $a_1 = \dfrac{a_0}{1-\Gamma_s \Gamma_1}$ 代入式(5.22)，则 $P_a = \dfrac{1}{2} \dfrac{|a_0|^2}{1-|\Gamma_s|^2}$，因此转换功率增益 G_T 为

$$G_T = \frac{P_L}{P_a} = \frac{|S_{21}|^2 (1 - |\Gamma_s|^2)(1 - |\Gamma_L|^2)}{|(1 - S_{11}\Gamma_s)(1 - S_{22}\Gamma_L) - S_{21}S_{12}\Gamma_s\Gamma_L|^2} \tag{5.23}$$

3. 资用功率增益 G_a

定义：负载吸收的资用功率 P_{La} 与信号源输出的资用功率 P_a 之比，即输出端共轭匹配时（$\Gamma_L = \Gamma_2^*$）的转换功率增益。

$$\Gamma_L = \Gamma_2^* = S_{22}^* + \frac{S_{12}^* S_{21}^* \Gamma_s^*}{1 - S_{11}^* \Gamma_s^*} \tag{5.24}$$

$$G_a = \frac{P_{La}}{P_a} = G_T \Big|_{\Gamma_L = \Gamma_2^*} = \frac{|S_{21}|^2 (1 - |\Gamma_s|^2)(1 - |\Gamma_s^*|^2)}{|(1 - S_{11}\Gamma_s)(1 - S_{22}\Gamma_2^*) - S_{21}S_{12}\Gamma_s\Gamma_2^*|^2} \tag{5.25}$$

通常 $G \geqslant G_T$，$G_a \geqslant G_T$，其中 G_T 是最常用的。只有输在入、输出端同时实现共轭匹配时，才有 $G = G_T = G_a$。

① G_T 是放大器输入端口单独实现共轭匹配的情况下产生的功率增益，是最常用的增益参数，通常电子设备指标中所列增益即为 G_T。G_T 表示当利用晶体管将某一负载匹配到信号源时，与将同一负载直接匹配到信号源（无晶体管）时，负载得到的增益，也即插入放大器后负载实际得到的功率是无放大器时负载得到的最大功率的倍数。

G_T 与 S 参数有关，还与信号源反射系数 Γ_s、负载反射系数 Γ_L 有关。因此 G_T 对于同时研究 Γ_s、Γ_L 对放大器功率增益的影响非常有利。

② G 是放大器工作在特殊情况下功率增益的量度，一般不能反映放大器真实工作状态的情况，在工程应用上实际意义不大。

③ G_a 与 S 参数有关，还与负载反射系数 Γ_L 有关。因此对于研究 Γ_L 对放大器功率增益的影响非常有利。G_a 是放大器在两个端口分别实现共轭匹配的特殊情况下产生的功率增益，不是实际的功率增益。G_a 可能大于 G，也可能小于 G，取决于放大器输入端口和输出端口的匹配情况。G_a 与 S 参数有关，还与负载反射系数 Γ_s 有关。因此对于研究 Γ_s 对放大器功率增益的影响非常有利。

5.4 放大器的稳定性

晶体管放大器必须远离自激振荡状态，保持工作的稳定性。稳定程度可分为两大类。一类叫绝对稳定，或无条件稳定，在这种情况下，负载阻抗和源阻抗可任意选择，放大器都能稳定工作。另一类叫有条件稳定或潜在不稳定，这种情况对负载阻抗和源阻抗有一定限制，否则放大器不能稳定工作。判断放大器是否稳定，可从放大器输入输出端是否有负阻来决定。

例如输入端，设输入阻抗 $Z_1 = R_1 + jX_1$，入射端反射系数为

$$\Gamma_1 = \frac{Z_1 - Z_0}{Z_1 + Z_0} = \frac{(R_1 - Z_0) + jx_1}{(R_1 + Z_0) + jx_1} \tag{5.26}$$

$$|\Gamma_1|=\sqrt{\frac{(R_1-Z_0)^2+x_1^2}{(R_1+Z_0)^2+x_1^2}} \tag{5.27}$$

当 $R_1<0$ 时，说明放大器存在负阻使反射波大于入射波。$|\Gamma_1|>1$ 放大器不稳定，所以输入端稳定条件为 $|\Gamma_1|<1$。输出端亦如此，稳定条件为 $|\Gamma_2|<1$。绝对稳定条件为 $|\Gamma_1|<1$，$|\Gamma_2|<1$。

无论源阻抗和负载阻抗如何，只要输入端及输出端反射系数的模都小于 1。网络都是稳定的，这称为绝对稳定条件，反之称为潜在不稳定。

1. 稳定区域的判定

下面讨论稳定区域的分布。当负载反射系数 Γ_L 改变时，网络输入端反射系数 Γ_1 的变化情况由式(5.28)决定。

$$\Gamma_1=S_{11}+\frac{S_{12}S_{21}\Gamma_L}{1-S_{22}\Gamma_L}=\frac{S_{11}-\Gamma_L(S_{11}S_{22}-S_{12}S_{21})}{1-S_{22}\Gamma_2}=\frac{S_{11}-\Gamma_L\Delta}{1-S_{22}\Gamma_L} \tag{5.28}$$

式(5.28)中，$\Delta=S_{11}S_{22}-S_{12}S_{21}$。由式(5.28)可得

$$\Gamma_L=\frac{S_{11}-\Gamma_1}{\Delta-S_{22}\Gamma_1}=\frac{(S_{11}-\Gamma_1)(|S_{22}|^2-|\Delta|^2)}{(\Delta-S_{22}\Gamma_1)(|S_{22}|^2-|\Delta|^2)} \tag{5.29}$$

将式(5.29)分子展开

$$(S_{11}-\Gamma_1)(|S_{22}|^2-|\Delta|^2)=S_{11}|S_{22}|^2+\Gamma_1|\Delta|^2-|S_{22}|^2\Gamma_1-S_{11}|\Delta|^2=$$

$$(S_{22}^*-S_{11}\Delta^*)(\Delta-S_{22}\Gamma_1)+S_{12}S_{21}S_{22}^*-S_{12}S_{21}\Gamma_1\Delta^*$$

式中：$|S_{22}|^2=S_{22}S_{22}^*$；$|\Delta|^2=\Delta\Delta^*$。

则

$$\Gamma_L=\frac{S_{22}^*-S_{11}\Delta^*}{|S_{22}|^2-|\Delta|^2}+\frac{S_{12}S_{21}}{|S_{22}|^2-|\Delta|^2}\cdot\frac{S_{22}^*-\Gamma_1\Delta^*}{\Delta-S_{22}\Gamma_1}=\rho_2+r_2h\mathrm{e}^{\mathrm{j}\theta} \tag{5.30}$$

式中　$\rho_2=\dfrac{S_{22}^*-S_{11}\Delta^*}{|S_{22}|^2-|\Delta|^2}$　　$r_2=\left|\dfrac{S_{12}S_{21}}{|S_{22}|^2-|\Delta|^2}\right|$　　$h=\left|\dfrac{S_{22}^*-\Gamma_1\Delta^*}{\Delta-S_{22}\Gamma_1}\right|$

$$\theta=\arg\left[\frac{S_{12}S_{21}}{|S_{22}|^2-|\Delta|^2}\cdot\frac{S_{22}^*-\Gamma_1\Delta^*}{(\Delta-S_{22})\Gamma_1}\right]$$

显然，不稳定的边界 $|\Gamma_1|=1$ 时，$h=1$。式(5.30)称为极坐标圆的方程，图 5.4-1 是输入反射系数在输出平面 Γ_L 上的映射圆。$|\Gamma_1|=1$ 的映射圆，是输入反射系数 $|\Gamma_1|=1$ 的单位圆在输出平面 Γ_L 上的映射。

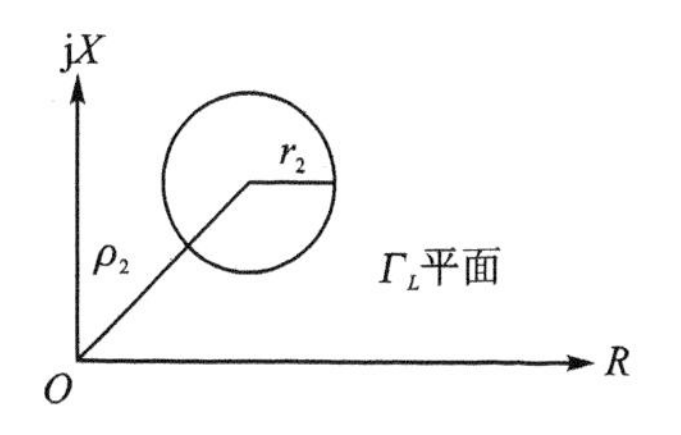

图 5.4-1　输入反射系数在输出平面 Γ_L 上的映射圆

$|\Gamma_1|=1$ 的映射圆把 Γ_L 平面分成圆内和圆外两个区域，为了判别哪个区域是稳定的，我们先看 Γ_L 平面原点情况。由 $\Gamma_1=S_{11}+\dfrac{S_{12}S_{21}\Gamma_L}{1-S_{22}\Gamma_L}$，当 $\Gamma_L=0$ 时，$\Gamma_1=S_{11}$；当 $|S_{11}|<1$ 时，$|\Gamma_1|<1$，即满足绝对稳定条件，所以原点($\Gamma_L=0$)是稳定的。

由于晶体管 $|S_{11}|<1$，不会出现 $|S_{11}|>1$ 的情况。当 $\Gamma_1<1$ 时，$\Gamma_L=0$ 的点是稳定的，可推论：

若 $|\Gamma_1|=1$ 的单位映射圆在 Γ_L 平面上包含原点，则映射圆内区域与 $|\Gamma_L|<1$ 的相交的

区域是稳定的。反之，若映射圆不包含 $\Gamma_L=0$ 的点，则圆外区域是稳定的。图 5.4-2 展示了 Γ_L 平面上几种不同映射情况的稳定区域判别方法。

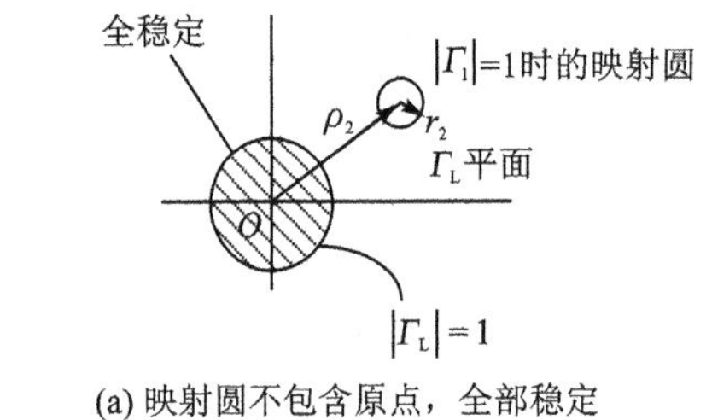

(a) 映射圆不包含原点，全部稳定

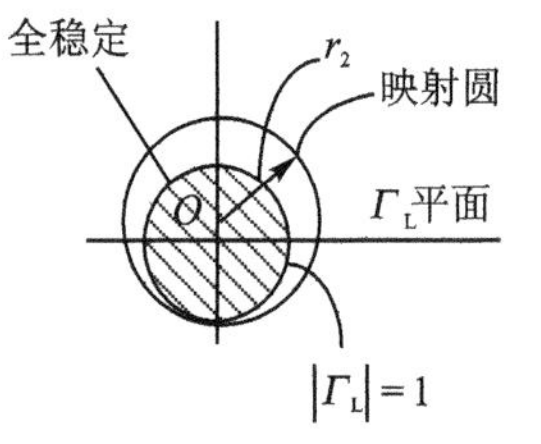

(b) 映射圆包含原点，全部稳定

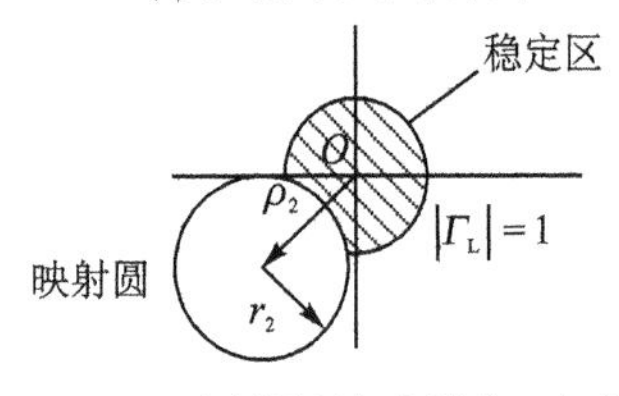

(c) 映射圆不包含原点，部分稳定

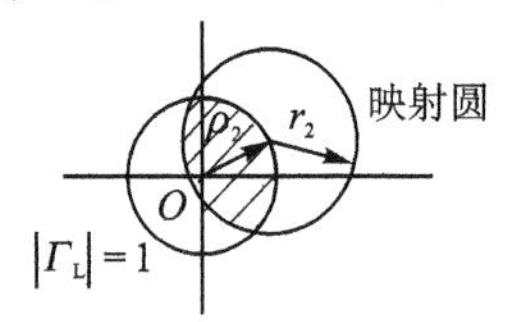

(d) 映射圆包含原点，部分稳定

图 5.4-2 Γ_L 平面上的稳定圆

图(a)：$|\Gamma_1|=1$ 的映射圆，不包含 $|\Gamma_L|=0$ 的点，圆外区域稳定。$|\Gamma_L|<1$ 内的区域稳定(全部稳定)。

图(b)：$|\Gamma_1|=1$ 的映射圆，包含原点 $|\Gamma_L|=0$，圆内区域稳定。$|\Gamma_L|<1$ 内的区域都稳定(全部稳定)。

图(c)：$|\Gamma_1|=1$ 的映射圆，不包含 $|\Gamma_L|=0$ 的点，所以 $|\Gamma_L|<1$ 内与映射圆相交的区域不稳定，其余部分稳定。

图(d)：$|\Gamma_1|=1$ 的映射圆，包含 $|\Gamma_L|=0$ 的点，所以与映射圆相交的区域是稳定的，其余部分不稳定。

其中图(a)、(b)是绝对稳定的，$|\Gamma_L|<1$ 的区域无条件稳定；图(c)、(d)是潜在稳定的，$|\Gamma_L|<1$ 内的区域局部稳定，须选择。

2. 绝对稳定判别准则

从前文可知，当 $|\Gamma_L|<1$ 时，在 $|S_{11}|<1$ 情况下，仍有绝对和潜在不稳定之分。自然希望有一个绝对稳定的判别准则。为此需找出 ρ_2 与 r_2 的关系。$|\rho_2|^2$ 可展开为

$$|\rho_2|^2=\left|\frac{S_{22}^*-S_{11}\Delta^*}{|S_{22}|^2-|\Delta|^2}\right|=r_2^2+\frac{1-|S_{11}|^2}{|S_{22}|^2-|\Delta|^2} \tag{5.31}$$

由于 $|S_{11}|<1, 1-|S_{11}|^2>0$，下面分两种情况讨论：

(1) 分母 $|S_{22}|^2-|\Delta|^2>0$ 时，必有 $|\rho_2|^2>r_2^2$(图 5.4-2(a)、(c)情况)

要使 $|\Gamma_L|=1$ 的圆内全部稳定，就要使稳定判别圆与单位圆不相交(图(a)情况)。要求满足 $|\rho_2|-r_2>1$，或 $|\rho_2|^2>(r_2+1)^2$，即

$$\frac{1-|S_{11}|^2}{|S_{22}|^2-|\Delta|^2}+r_2^2>1+2r_2+r_2^2$$

或

$$1-|S_{11}|^2-|S_{22}|^2+|\Delta|^2>2|S_{12}S_{21}| \tag{5.32}$$

(2) 分母$|S_{22}|^2-|\Delta|^2<0$,必有$|\rho_2|^2<r_2^2$,稳定圆包括原点$\Gamma_L=0$(图 5.4-2(b)、(d)情况)

要使单位圆$|\Gamma_L|=1$内均稳定,应使判别圆包含单位圆,即$r_2-|\rho_2|>1$,或$|\rho_2|^2<(r_2-1)^2$。

即
$$\frac{1-|S_{11}|^2}{|S_{22}|^2-|\Delta|^2}+r_2^2<1-2r_2+r_2^2$$

或
$$\frac{1-|S_{11}|^2}{|S_{22}|^2-|\Delta|^2}+r_2^2<1-2r_2$$

由于$|S_{22}|^2-|\Delta|^2<0$,所以

$$\frac{1-|S_{11}|^2}{|\Delta|^2-|S_{22}|^2}>2r_2-1$$

同样有

$$1-|S_{11}|^2-|S_{22}|^2+|\Delta|^2>2|S_{12}S_{21}| \tag{5.33}$$

由式(5.32)和式(5.33)可知,无论原点是否在判别圆内,绝对稳定条件是一致的。

定义稳定系数

$$K=\frac{1-|S_{11}|^2-|S_{22}|^2+|\Delta|^2}{2|S_{12}S_{21}|} \tag{5.34}$$

结论:在输出平面Γ_L上,稳定条件为

$$\left.\begin{array}{l}|S_{11}|<1\\ K>1\end{array}\right\} \tag{5.35}$$

同样可求得输入平面Γ_L上的稳定圆心坐标ρ_1与半径r_1和Γ_1分别为

$$\rho_1=\frac{S_{11}^*-S_{22}\Delta^*}{|S_{11}|^2-|\Delta|^2},\quad r_1=\left|\frac{S_{12}S_{21}}{|S_{11}|^2-|\Delta|^2}\right|$$

$$\Gamma_1=\rho_1+r_1e^{j\theta} \tag{5.36}$$

也可求出其绝对稳定条件

$$\left.\begin{array}{l}|S_{22}|<1\\ K>1\end{array}\right\} \tag{5.37}$$

综上所述,微波晶体管两口网络的绝对稳定条件为

$$\left.\begin{array}{l}|S_{11}|<1\\ |S_{22}|<1\\ K>1\end{array}\right\} \tag{5.38}$$

实际上是要满足$|\Gamma_1\Gamma_s|<1$及$|\Gamma_2\Gamma_L|<1$,则网络是稳定的。

实际电路中,放大器输入、输出端大多接有匹配网络,对稳定性会产生影响。在放大器两个端口加载可以把潜在不稳定变为稳定,这样的措施可以使放大器的稳定性增加。输入、输出匹配网络就属于两个端口的加载。理论证明:

① 如果在网络端口串联电抗或并联电纳,即外接无耗网络时,构成新网络的稳定性不变。

② 如果在网络端口串联电阻或并联电导,即外接有耗网络时,构成新网络的稳定性有改善。

③ 如果改变网络参量的归一化阻抗，则网络的稳定性不变。

5.5 微波晶体管放大器的噪声系数

对于由微波双极管或场效应管构成的放大器，都可用一个有噪声的两端口网络来表示，如图 5.5-1 所示。当研究这个网络的内部噪声时，可把网络中的噪声源取出来，把有噪网络画成噪声源与无噪网络的级联。

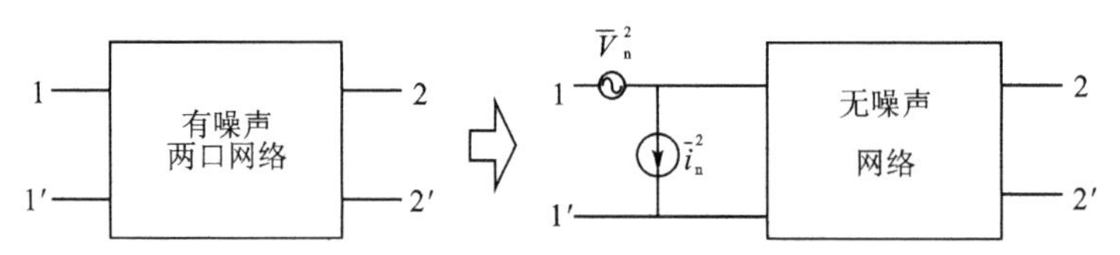

图 5.5-1　两端口噪声网络

图中：$\overline{V}_n^2$ 表示有噪网络的等效噪声电压源；$\overline{i}_n^2$ 为等效噪声电流源。如果去掉无噪网络，同时接上信号源就成为图 5.5-2。

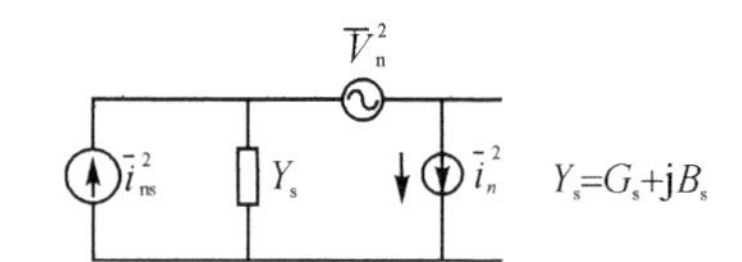

图 5.5-2　噪声网络等效电路图

这样便于对噪声系数的计算。由噪声系数的定义：两端口网络的噪声系数，可表示为总输出噪声均方电流 $\overline{i}_{no}^2$ 与仅由信号源内阻产生的输出噪声均方电流 $\overline{i}_{nso}^2$ 之比。

$$F=\frac{\overline{i}_{no}^2}{\overline{i}_{nso}^2} \tag{5.39}$$

假定网络的噪声和信号源内阻产生的噪声是不相关的，则从图 5.5-2 可知网络输出端总的短路噪声均方电流可表示为

$$\overline{i}_{no}^2=\overline{i}_{nso}^2+|\overline{i}_n+Y_sV_n|^2 \tag{5.40}$$

信号源在输出端产生的均方噪声电流

$$\overline{i}_{nso}^2=4KTG_sB \tag{5.41}$$

式中：G_s 为源电导；B 是带宽；K 是玻耳兹曼常数；T 是绝对温度。因此噪声系数

$$F=\frac{\overline{i}_{no}^2}{\overline{i}_{nso}^2}=1+\frac{|\overline{i}_n+Y_sV_n|^2}{\overline{i}_{nso}^2} \tag{5.42}$$

经过推导式(5.42)可具体化为下列形式

$$F=F_{min}+\frac{R_n}{G_s}[(G_s-G_{op})^2+(B_s-B_{op})^2] \tag{5.43}$$

式中：$F_{min}=1+2R_n(G_r+G_{op})$是最小噪声系数；$G_s$、$B_s$ 为源电导和源电纳；G_{op}、B_{op} 为最佳源电导和源电纳；R_n 为网络等效噪声电阻。R_n、F_{min}、G_{op}、B_{op} 称为噪声参量，在微波低噪声放大器设计中，上述参量是已知的，有时厂商还给出最佳源反射系数 Γ_{op} 之值。

下面推导等效噪声系数圆。选定晶体管时，R_n、F_{min} 最佳源电纳 $Y_{op}=G_{op}+jB_{op}$ 是给定的，噪声系数 F 是源导纳 Y_s 的函数

$$F=F_{min}+\frac{R_n}{R_e(Y_s)}|Y_s-Y_{op}|^2 \tag{5.44}$$

式中：$R_e(Y_s)=G_s$。由于导纳与反射系数的关系

$$Y_s=Y_c\frac{1-\Gamma_s}{1+\Gamma_s},\quad Y_{op}=Y_c\frac{1-\Gamma_{op}}{1+\Gamma_{op}}$$

式中：Y_c 是传输线导纳$\left(Y_c=\dfrac{1}{50\ \Omega}\right)$；$\Gamma_s$ 为源反射系数；Γ_{op} 是最佳源反射系数。于是

$$|Y_s-Y_{op}|^2=Y_c^2\left|\frac{1-\Gamma_s}{1+\Gamma_s}-\frac{1-\Gamma_{op}}{1+\Gamma_{op}}\right|^2=4Y_c^2\left|\frac{\Gamma_{op}-\Gamma_s}{(1+\Gamma_s)(1+\Gamma_{op})}\right|^2 \tag{5.45}$$

由于源电导 $G_s=R_e(Y_s)=\dfrac{Y_s+Y_s^*}{2}=Y_c\dfrac{1-|\Gamma_{op}|^2}{|1+\Gamma_{op}|^2}$，代入式(5.44)中得

$$F=F_{min}+\frac{R_n}{Y_c\dfrac{1-|\Gamma_s|^2}{|1+\Gamma_s|^2}}4Y_c^2\left|\frac{\Gamma_{op}-\Gamma_s}{(1+\Gamma_s)(1+\Gamma_{op})}\right|^2=$$

$$F_{min}+\frac{4Y_c^2R_n}{|1+\Gamma_{op}|^2}\frac{|\Gamma_{op}-\Gamma_s|^2}{(1-|\Gamma_s|^2)} \tag{5.46}$$

将与 Γ_s 有关项移到左边

$$\frac{|\Gamma_{op}-\Gamma_s|^2}{(1-|\Gamma_s|^2)}=\frac{(F-F_{min})|1+\Gamma_{op}|^2}{4Y_c^2R_n}=N \tag{5.47}$$

当 F 为常数时 N 也为常数，式(5.47)成为

$$|\Gamma_s-\Gamma_{op}|^2=N(1-|\Gamma_s|^2) \tag{5.48}$$

这是等噪声系数方程，还可写成

$$(\Gamma_s-\Gamma_{op})(\Gamma_s^*-\Gamma_{op}^*)=N(1-|\Gamma_s|^2)$$

展开上式

$$(1+N)|\Gamma_s|^2-\Gamma_s\Gamma_{op}^*-\Gamma_{op}\Gamma_s^*=N-\Gamma_{op}\Gamma_{op}^*$$

整理得

$$|\Gamma_s|^2-\frac{\Gamma_{op}}{1+N}\Gamma_s^*-\frac{\Gamma_{op}^*}{1+N}\Gamma_s=\frac{N}{1+N}-\frac{|\Gamma_{op}|^2}{1+N}$$

将上式两边加上$\dfrac{|\Gamma_{op}|^2}{(1+N)^2}$，并配方

$$\left|\Gamma_s-\frac{\Gamma_{op}}{1+N}\right|=\sqrt{\frac{N-|\Gamma_{op}|^2}{1+N}+\frac{\Gamma_{op}^*}{1+N}\frac{\Gamma_{op}}{1+N}}=$$

$$\frac{N}{1+N}\sqrt{1+\frac{1-|\Gamma_{op}|^2}{N}} \tag{5.49}$$

简写为 $|\Gamma_s-\rho_F|=r_F$，这是 Γ_s 平面上的圆方程(见图 5.5-3)。

圆心坐标　　$\rho_F=\dfrac{\Gamma_{op}}{1+N}$

圆半径　　$r_F=\dfrac{N}{1+N}\sqrt{1+\dfrac{1-|\Gamma_{op}|^2}{N}}$

r_F 与 N 有关，当 $N=0$ 时，$r_F\to 0$，$\rho_F=\Gamma_{op}$，$F_{min}=3.2$ dB。

当 F 改变时 N 也改变，ρ_F、r_F 也随之变化。

在等噪声系数F圆上，如图5.5－3所示，源反射系数Γ_s是变化的，这说明为了得到同一噪声系数，可适用不同的源反射系数，进一步说明可选用不同的源导纳。给出不同的F值(或者说不同的N值)可画出一系列等噪声系数圆(见图5.5－4)。该图是在$f=4$ GHz、$R_n=10\ \Omega$、$\Gamma_{op}=0.48\angle 155°$条件下画出的；其圆心在原点到$\Gamma_{op}$的连线上。图5.5－5表示$\rho_F$、$\Gamma_{op}$与$N$的关系，如$N=0$，$\rho_F=\Gamma_{op}$，$r_F=0$(是一个点)；$N=1$，$\rho_F=\dfrac{\Gamma_{op}}{2}$，$r_F=\dfrac{1}{2}\sqrt{2-|\Gamma_{op}|^2}$；$N$、$\rho_F=0$，$r_F\to 1$。

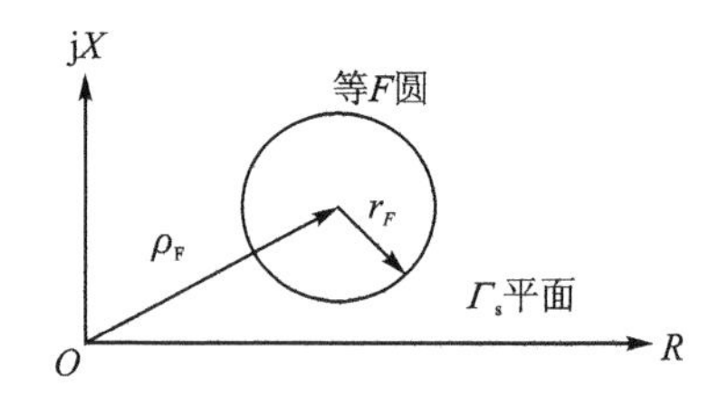

图5.5－3　N为任意值时的等效噪声系数圆

因此有
$$\begin{cases}0\leqslant N\leqslant\infty\\0\leqslant r_F\leqslant 1\\0\leqslant\rho_F\leqslant\Gamma_{op}\end{cases}$$

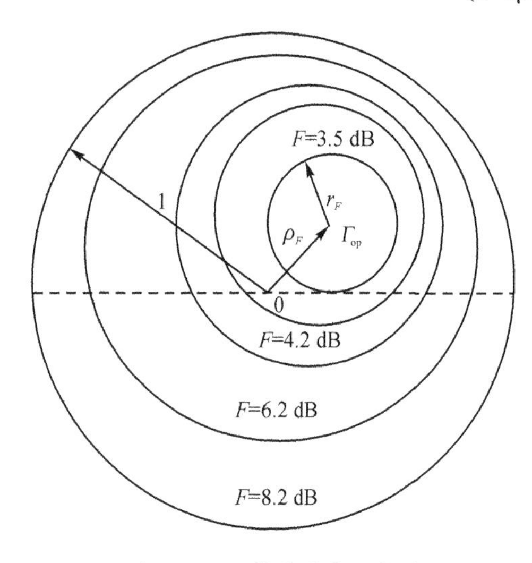

图5.5－4　等效噪声系数圆

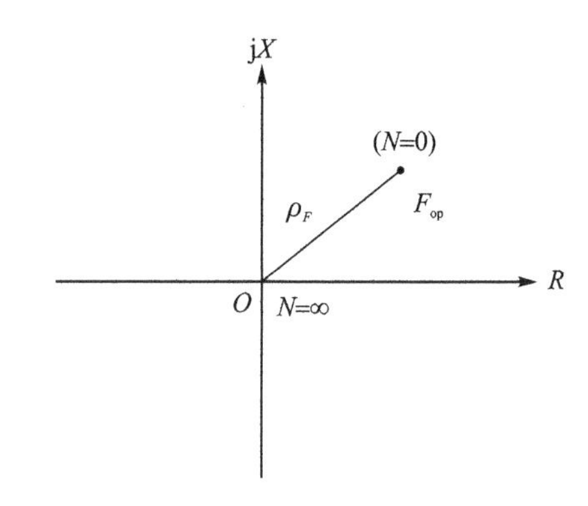

图5.5－5　ρ_F、Γ_{op}与N的关系

5.6　小信号微波晶体管放大器设计

(1) 设计依据

① 带宽和中心频率；

② 增益和增益平坦度；

③ 噪声系数；

④ 线性输出功率；

⑤ 输入和输出电压驻波比；

⑥ 稳定性。

(2) 设计步骤

① 选取适当的晶体管和电路形式，通常采用共发射极(或共源极)电路。工作频率在

6 GHz 以下多采用双极晶体管，在 6 GHz 以上选用场效应晶体管，并尽可能选用 f_T 高的管子。若设计低噪声放大器，则应选用低噪声微波晶体管。

② 测量晶体管的 S 参数；

③ 判定稳定性；

④ 设计输入和输出匹配网络。

对于高增益放大器，根据对增益和增益平坦度的要求设计匹配网络；对低噪声放大器，应根据噪声系数和增益的要求确定匹配网络。设计匹配网络可借助史密斯圆图。优点是简单、概念清楚，缺点是计算精度低。

5.7　微波晶体管振荡器

5.7.1　晶体管振荡器的基本分析方法

晶体管振荡器必须具有反馈网络，使输出功率一部分反馈到输入端；而且其反馈功率必须有适当的相位和振幅才能产生和维持振荡，反馈网络可以是外回路、内回路或内外回路结合。高频电路常用的振荡器电路在微波段仍然适用。图 5.7-1 是几种典型的振荡器电路图。

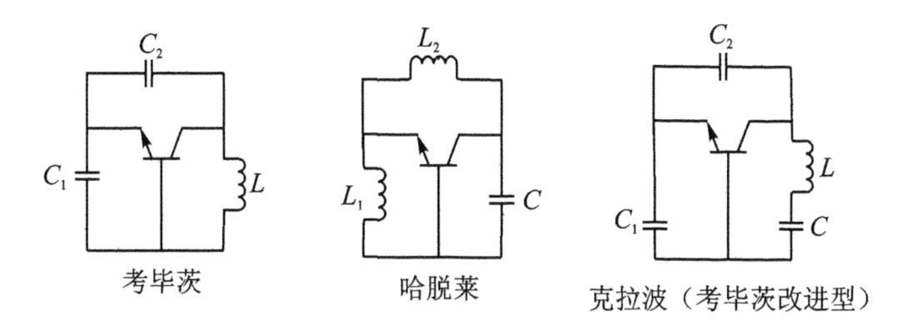

图 5.7-1　几种典型的振荡器电路图

由于在微波段用电感分压的方法难以实现，因此哈托莱电路很少使用。常用考毕茨和克拉波电路。反馈电容 C_2 通常就借用寄生电容，不再外加反馈元件。图 5.7-2 是微波晶体管振荡器原理图。场效应晶体管振荡器多采用共源电路。由于内部寄生反馈小，通常都利用外部反馈回路，以维持振荡，设计场效应晶体管振荡器的方法一般用 S 参数。即先测出 S 参数，然后转换成为 Y 或 Z 参数进行设计。

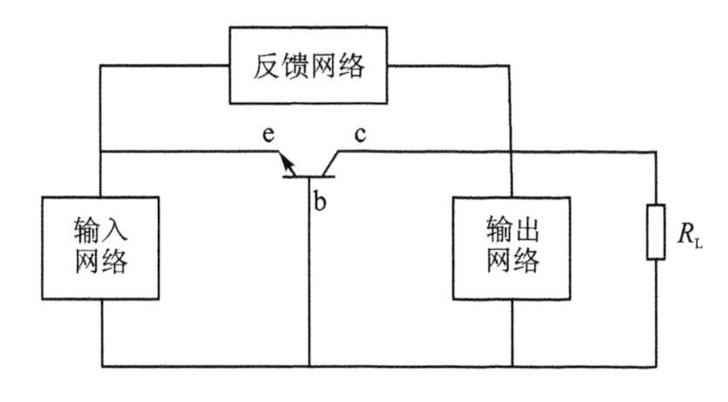

图 5.7-2　微波晶体管振荡器原理图

5.7.2 微波晶体管振荡器的设计

下面是以输入、输出阻抗为基础的设计，即已知输入阻抗、输出阻抗值，就可进行电路设计。通常把输出网络和谐振网络分开讨论。输出网络通常置于集电极，要求负载导纳与输出导纳共轭匹配，以获得最大输出功率。谐振网络可置于发射极与基极之间，也可置于集电极与发射极之间。

1. 谐振网络置于发射极与基极之间

对于L波段的微波晶体管，其大信号简化模型如图5.7－3所示，图中省略了电流源。$X_{\rm in}$、$R_{\rm in}$为输入电抗、电阻，输入电抗是感性的，R_0、C_0为输出电阻、电容。若把图5.7－2的串联电路变为并联电路，并加上反馈电容$C_{\rm ce}$，等效电路如图5.7－4所示。

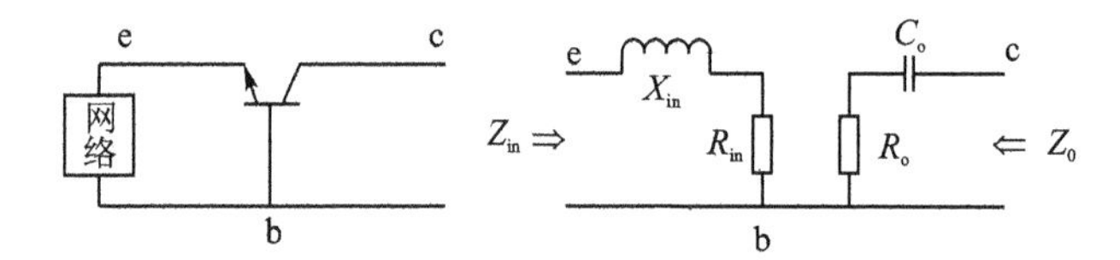

图5.7－3 谐振网络置于发射极与基极之间的原理电路

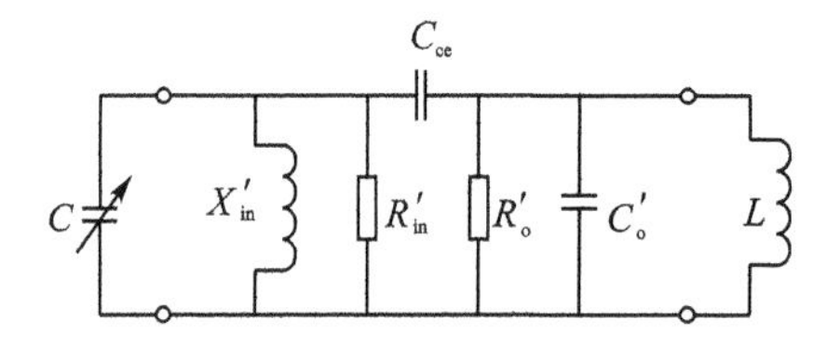

图5.7－4 谐振网络置于发射极与基极之间的并联电路

串、并联电路的参数转换关系如下：

$$R'_{\rm in}=\frac{R_{\rm in}^2+X_{\rm in}^2}{R_{\rm in}},\quad R'_{\rm o}=\frac{R_{\rm o}^2+X_{\rm o}^2}{R_{\rm o}}$$

$$X'_{\rm in}=\frac{R_{\rm in}^2+X_{\rm in}^2}{X_{\rm in}},\quad X'_{\rm o}=\frac{R_{\rm o}^2+X_{\rm o}^2}{X_{\rm o}}$$

这里$X_{\rm o}=\dfrac{1}{\omega C_{\rm o}}$。

转换原理为

$$Y_{\rm in}=\frac{1}{z_{\rm in}}=\frac{1}{R_{\rm in}+{\rm j}X_{\rm in}}=\frac{R_{\rm in}}{R_{\rm in}^2+X_{\rm in}^2}-{\rm j}\,\frac{X_{\rm in}}{R_{\rm in}^2+X_{\rm in}^2}=\frac{1}{R'_{\rm in}}-{\rm j}\,\frac{1}{X'_{\rm in}}$$

$$Y_{\rm o}=\frac{1}{z_{\rm o}}=\frac{1}{R_{\rm o}-{\rm j}X_{\rm o}}=\frac{R_{\rm o}}{R_{\rm o}^2+X_{\rm o}^2}+{\rm j}\,\frac{X_{\rm o}}{R_{\rm o}^2+X_{\rm o}^2}=\frac{1}{R'_{\rm o}}+{\rm j}\,\frac{1}{X'_{\rm o}}$$

图5.7－4中：外加一高Q电容C，调谐输入回路并联谐振，使$\omega C=\dfrac{1}{x'_{\rm in}}$，则输入端对$\omega$信号只剩纯阻$R'_{\rm in}$。输出端加一电感$L$，也与$C'_{\rm o}$谐振于$\omega$。这时工作频率为$\omega$时的电路如图5.7－5所示。

反馈电压$v_{\rm i}$是$V_{\rm o}$在$R'_{\rm m}$上的分压，可见$R'_{\rm m}$大则反馈强。改变$C_{\rm ce}$或$R'_{\rm m}$都可改变反馈电

平。L 也可串联在输出回路中，根据使用需要确定。

该电路的反馈网络的时间常数为 $\tau=R'_{in}C_{ce}$，τ 对提高振荡频率是一个限制。通常 τ 不会很小（由于 R'_{m} 不宜很小），所以这种电路只适于 L 波段以下的振荡。

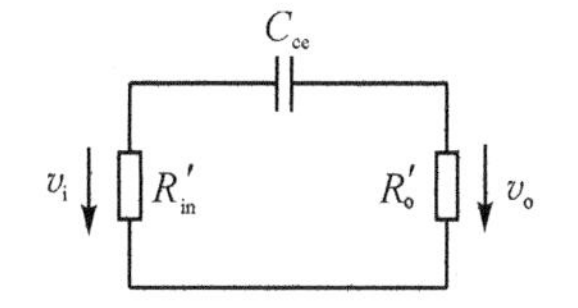

图 5.7-5　谐振网络置于发射极与基极之间的简化电路

2. 谐振网络置于集电极和发射极之间

晶体管振荡器工作在 S 波段以上时，电路输出一般呈感性负载 X_o。谐振网络这时应加在集电极和发射极之间，可得较高频率的振荡，这时管壳的影响不可忽略。L、C 回路是外加谐振网络。图 5.7-6 是振荡器电原理图。

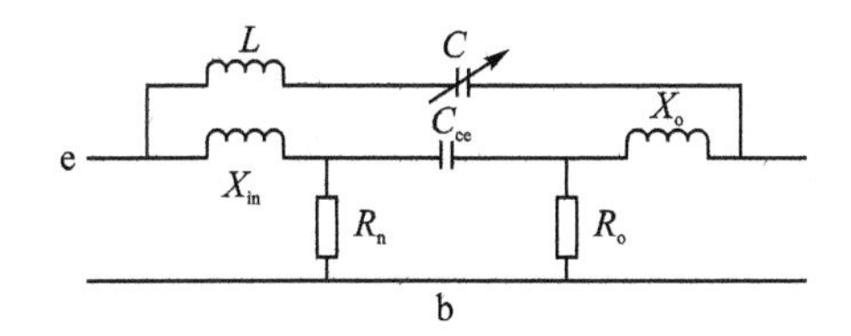

图 5.7-6　谐振网络置于集电极和发射极之间的原理电路

电感 L 和 C 的选择原则是使得它们同 X_{in} 及 X_o 一起等效为一个小电感 L'。图 5.7-7 是电路演化过程。

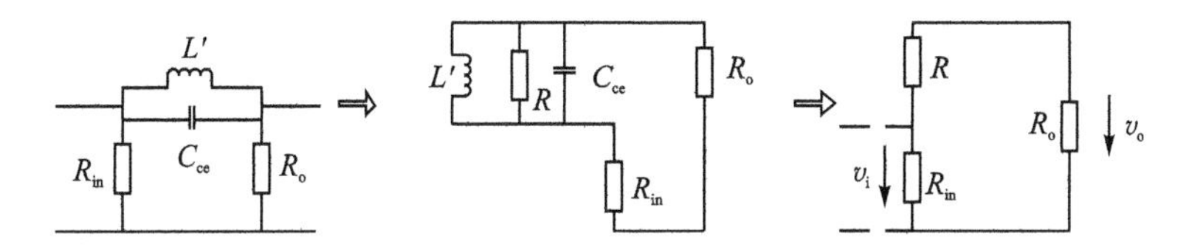

图 5.7-7　谐振网络置于集电极和发射极之间的分析电路

改变 C 可改变 L' 的大小，从而改变振荡频率，由于 L'、C_{ce} 都很小，因此振荡频率较高，当 L'、C_{ce} 并联谐振时，呈现阻抗 R。反馈电压 v_i 是 v_o 在 R_m 上的分压，v_i 同相的反馈至发射极以维持振荡。

例 1　设有一晶体管在 420 MHz 频率上输出功率为 4 W。增益为 6 dB，$V_c=28$ V，$I_c=400$ mA，$\frac{1}{\omega C_{ce}}=120\ \Omega$，此时输入、输出阻抗为：$Z_{in}=8+\mathrm{j}13\ \Omega$，$Z_o=17-\mathrm{j}25\ \Omega$。

请设计一个振荡器。

解： 工作频率在 L 波段以下，用谐振网络置于发射极与基极之间的电路。先将输入回路串联电路转成并联电路，输出回路不做转换（见图 5.7-8）。

由于 $X'_{in}=\frac{R_{in}^2+X_{in}^2}{X_{in}}=18\ \Omega$，输入端谐振时，$X'_{in}$ 应与 C 的容抗相等，即 $X_c=X'_{in}=18\ \Omega$，可求出电容 $C=\frac{1}{\omega X_c}=2.1$ pF。而 $R'_{in}=\frac{R_{in}^2+X_{in}^2}{R_{in}}=30\ \Omega$。

在输出电路中由电感 L 与 C_0 组成串联谐振电路。

由 $X_L=\omega L=25\ \Omega$，可求出 $L=10\ \mu$H。图 5.7-9 是振荡器实际电路图。

X_c 用一段开路线代替，X_p 是阻抗匹配器（17 Ω→50 Ω 变换），L_1、L_2 为大电感，其作用是阻止高频信号通过，其他阻容元件用于建立直流工作点和提供交流信号通路。

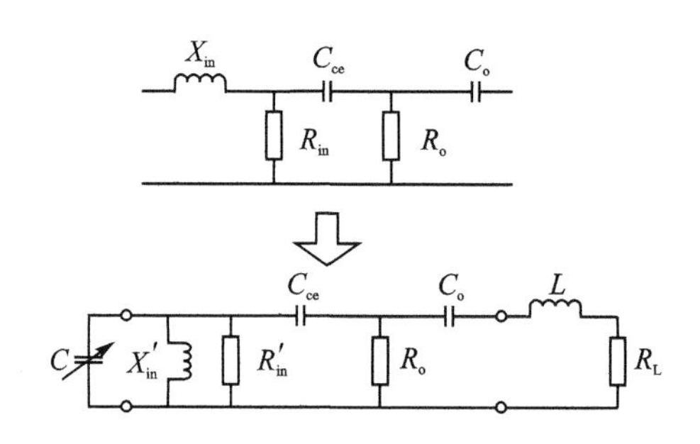

图 5.7-8　420 MHz 晶体管振荡器原理电路

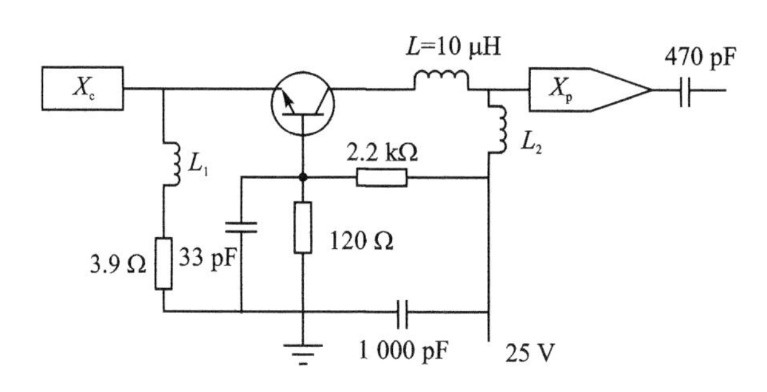

图 5.7-9　420 MHz 晶体管振荡器实际电路

例 2　已知某晶体管在 2 GHz 时输出功率大于 0.5 W,输出阻抗为

$$Z_{in}=(13+j27)\ \Omega$$

$$Z_o=(18-j40)\ \Omega$$

试计算振荡器在 2 GHz 时的反馈支路和输出匹配网络。

解: 由于频率较高,采用将谐振网络置于集电极与发射极之间的结构,如图 5.7-10 所示。已知微带电路板的介电常数 $\varepsilon=2.6$。

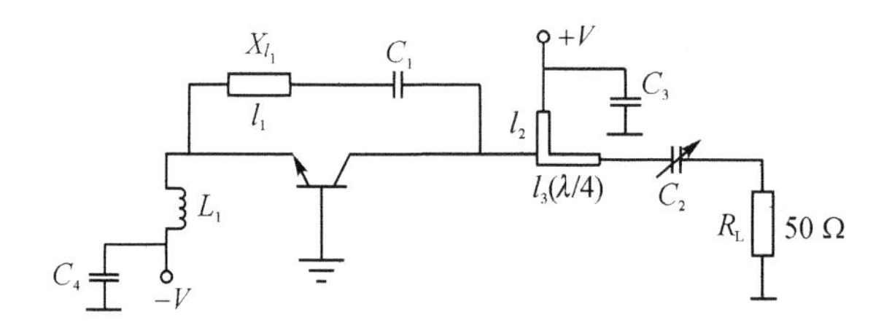

图 5.7-10　2 GHz 振荡器原理电路

图中 L_1 为大电感,C_3、C_4 是滤波用大电容。X_{l_1} 用一段长为 l_1 的传输线代替。X_{l_1} 与 C_1 构成谐振反馈网络。l_3 为$\frac{\lambda}{4}$阻抗变换器,将 $R_o=18\ \Omega$ 变换为 50 Ω。l_2 是补偿电感,用来抵消 $X_o=40\ \Omega$ 的容抗。C_2 是耦合电容,其与线路分布电感谐振在角频率 ω。

(1) 反馈电路的计算

图 5.7-11 表示了反馈支路电路模型。反馈支路谐振于 2 GHz,在该频率上若取 $C_1=1$ pF,则 $X_{C_1}=80\ \Omega$。X_{l_1} 用一段 50 Ω 特性阻抗的带状线代替。这段线是以晶体管的输入阻抗 $Z_{in}=(13+j27)\ \Omega$ 为负载的传输线。图 5.7-12 是传输线模型,l_1 的长度应使 Z_{in} 中电抗

部分与 X_{C_1} 产生串联谐振。

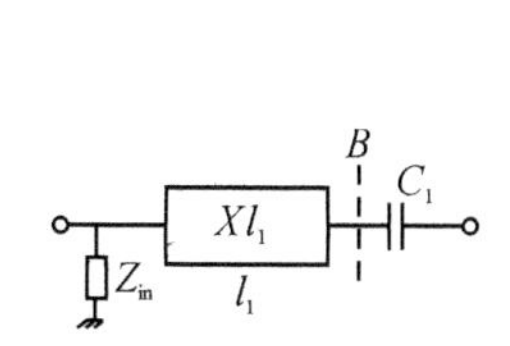

图 5.7－11　反馈支路模型

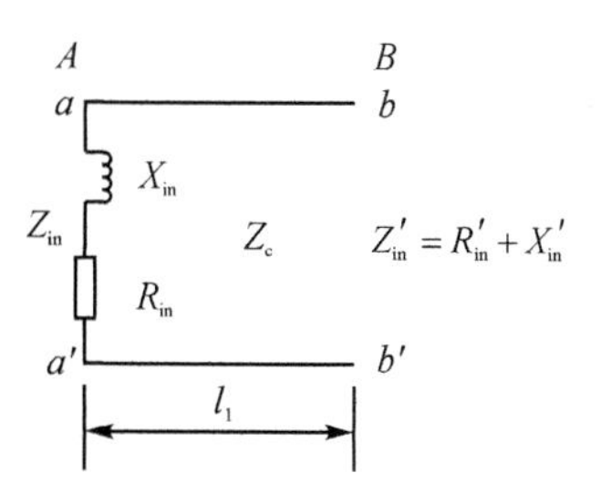

图 5.7－12　l_1 的传输线模型

输入阻抗归一化后，$\bar{Z}_{in}=\dfrac{Z_{in}}{50}=0.26+j0.54$，是从 $b-b'$ 口向负载方向看的阻抗，相当于阻抗圆图上 A 点（$\bar{Z}_{in}$ 位置）向电源方向沿等 Γ 圆转过 $\overline{l_1}$ 的电长度到达 B 点（参看图 5.7－13），$\bar{l}_1=\dfrac{l_1}{50}$。使 B 点阻抗为 $\bar{Z}'_{in}=\bar{R}'_{in}+\bar{X}'_{in}$；$\bar{X}'_{in}$应与 $\bar{X}_{C_1}$ 相等才能串联谐振，即

$$\bar{X}_{C_1}=\frac{X_{C_1}}{50}=\frac{80}{50}=1.6$$

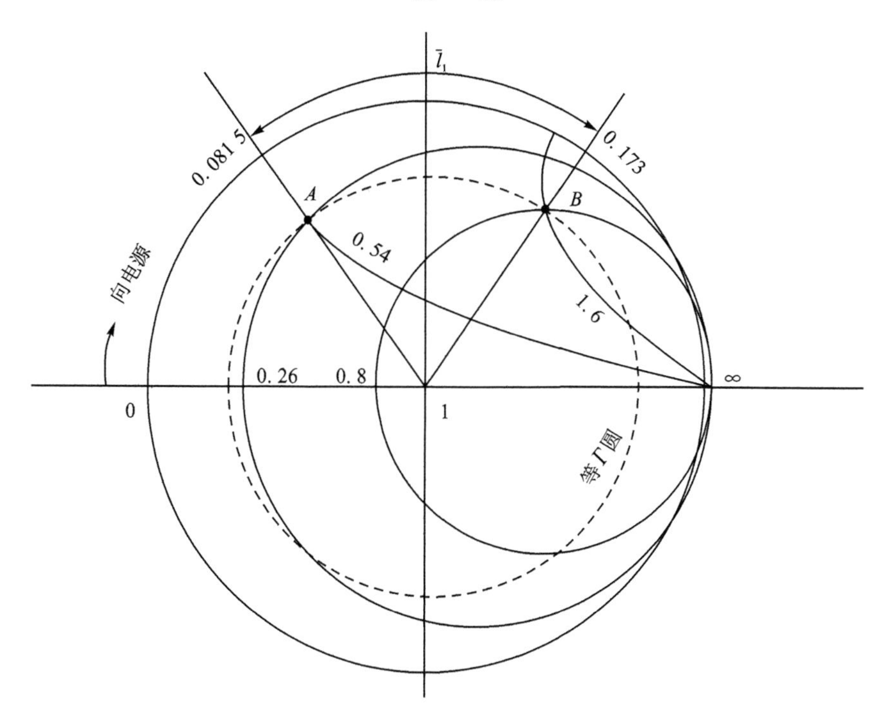

图 5.7－13　用阻抗圆图求电长度

B 点的电抗 $\bar{X}'_{in}$也应为 1.6，在圆图上从 A 点沿等 Γ 圆转到电抗为 1.6 的点（B 点），可查出 $\bar{R}'_{in}$的值。即由 A 点 $\bar{Z}_{in}=0.26+j0.54$ 延等 Γ 圆转到与 $\bar{X}=1.6$ 线相交的第一个点 B 处，查出 $\bar{R}'_{in}=0.8$，因此 B 点处归一化阻抗 $\bar{Z}'_{in}=0.8+j1.6$。

从图中可读得 $\bar{l}_A=0.0815$，$\bar{l}_B=0.173$，$\bar{l}_1=\bar{l}_B-\bar{l}_A=0.0915$，$l_1=\bar{l}_1\lambda_g=\bar{l}_1\dfrac{\lambda}{\sqrt{\varepsilon_e}}$，其中 $\lambda=\dfrac{C}{2\times10^9}=15\ \text{cm}$，微带介电常数

$$\varepsilon_e=\frac{1+\varepsilon_r}{2}+\frac{\varepsilon_r-1}{2}\left(1+\frac{10\,h}{W}\right)^{-\frac{1}{2}}$$

式中：h 是介质基片厚度，W 是带状线宽；当 $\dfrac{W}{h}=1$ 时，$\varepsilon_e=\varepsilon_r$（$\varepsilon_r$ 为介质基片材料的介电常数）。在已知 ε_r 和 Z_c 时可直接由带状线曲线图 5.7-14 或数据表查得 $\dfrac{W}{h}$ 及 $\sqrt{\varepsilon_e}$ 的值。

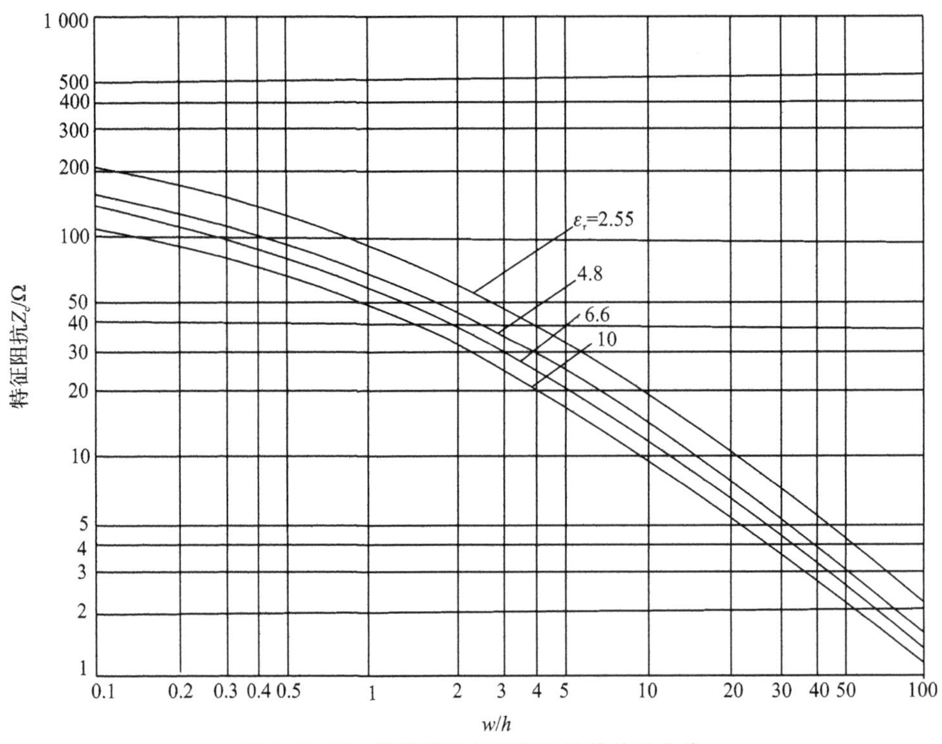

图 5.7-14 微带线宽与特征阻抗的关系曲线

已知例中 $\varepsilon=2.6$，$Z_c=50\ \Omega$，查得 $\dfrac{W}{h}=2.8$。当 $h=1\ \text{mm}$，$W=2.8\ \text{mm}$ 时，$\sqrt{\varepsilon_e}=1.462$，$\lambda_g=\dfrac{\lambda}{\sqrt{\varepsilon_e}}=10.026\ \text{cm}$，可以得到 $l_1=0.0915\times10.026\ \text{cm}=9.4\ \text{mm}$。

(2) 电抗支节 l_2 的计算

已知晶体管输出阻抗 $Z_o=18-\text{j}40$，选定 l_2 的 $Z_c=50\ \Omega$，则 $\bar{Z}_o=\dfrac{Z_o}{50}=0.36-\text{j}0.8$。对于并联支节用导纳圆图计算方便(见图 5.7-15)。

已知 A 点 $\bar{Z}_o=0.36-\text{j}0.8$，只要从 A 点沿等 Γ 圆转 180°就得到 B 点的导纳值 $\bar{Y}_o=\dfrac{1}{\bar{Z}_o}$，B 点 $\bar{Y}_o=\dfrac{1}{\bar{Z}_o}=0.48+\text{j}1$，为了抵消 $\bar{Y}_o$ 中的电纳分量，在 C 点应并联一个 $\bar{Y}_2=-\text{j}1$ 的电抗。

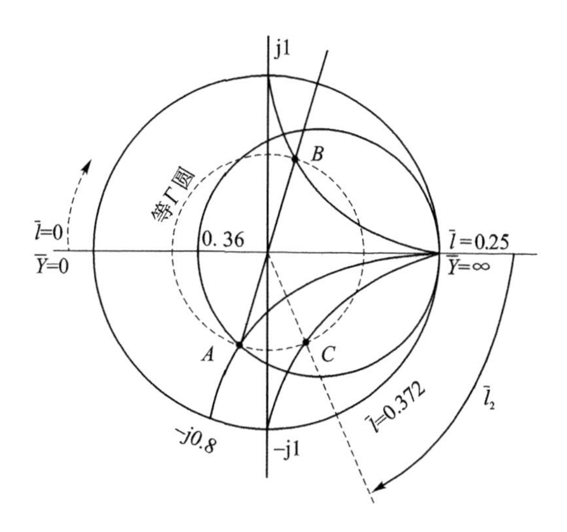

图 5.7-15　并联支路阻抗圆图

从图中查得 $\bar{l}_2=0.372-0.25=0.122$(由于 $\bar{l}_2$ 终端短路,$\bar{Y}=\infty$,对应 $\bar{l}=0.25$),所以 $l_2=\bar{l}_2\times\lambda_g=1.3$ cm,$Z_c=50$ Ω,$W=2.8$ mm,$h=1$。

(3) λ/4 波长阻抗变换器 l_3 的计算

要求出带状线 l_3 的特性阻抗,需要求出加了反馈支路后的晶体管输出阻抗,再由 $Z_c=\sqrt{R_L R_{out}}$ 算出。R_L 一般为 50 Ω。图 5.7-16 是振荡器等效电路图。输入回路串联谐振时,$X_{C_1}=-X'_{in}=-j80$ Ω,输入回路只剩纯阻 $R'_{in}=40$ Ω(参看图 5.7-17);输出回路并联谐振时,$X_o=-Y_2$,输出回路只剩纯阻 R'_o(参考图 5.7-18)。

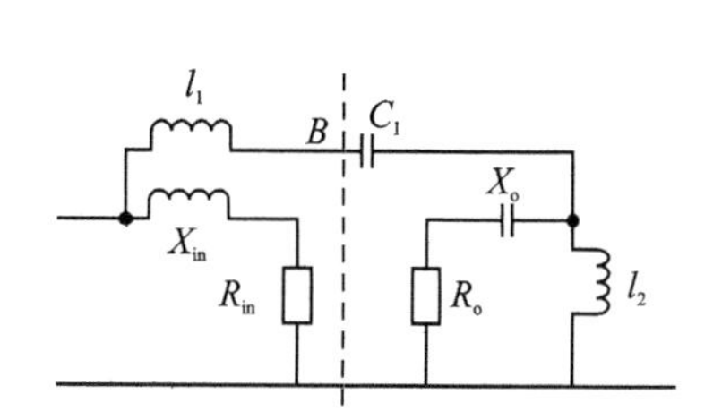

图 5.7-16　等效电路图

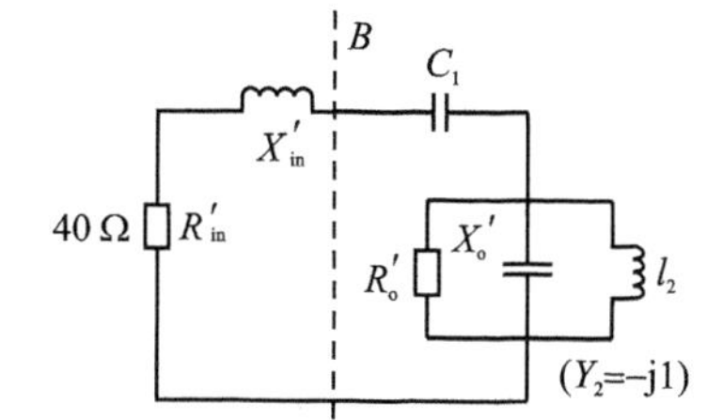

图 5.7-17　谐振时的等效电路

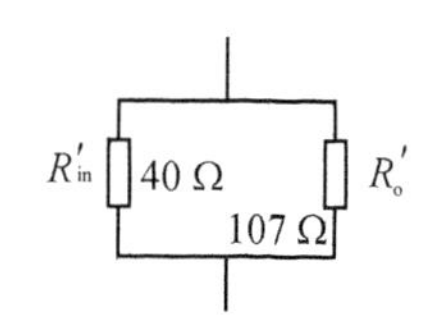

图 5.7-18　等效负载

已知 B 点归一化阻抗 $\bar{Z}'_{in}=(0.8+j1.6)$Ω,则 $Z'_{in}=(0.8+j1.6)50$ Ω$=(40+j80)$ Ω。

$$R'_o=\frac{R_o^2+X_o^2}{R_o}=107\ \Omega$$

晶体管振荡器的输出阻抗应是 R'_{in}与 R'_o的并联:$R_{out}=R'_{in}//R'_o=29$ Ω。

若已知负载 $R_L=50$ Ω,则$\frac{\lambda_g}{4}$变换器的特性阻抗 $Z_c=\sqrt{R_L R_{out}}=\sqrt{29\times50}=38$ Ω ,$l_3=\frac{\lambda_g}{4}=\frac{10.26}{4}=26.7$ mm,由 $\varepsilon_r=2.6Z'_c=38$ Ω 可查表得$\frac{W}{h}=4.2$,当 $h=1$ mm 时,$W=4.2$ mm。

3. 利用 S 参数的设计方法

S 参数是容易测量的,测出网络的 S 参数,就可以用公式转换成 Z 参数或 Y 参数,然后进行振荡器设计。图 5.7－19 是晶体振荡器的等效电路模型及其 Z 参数等效电路。

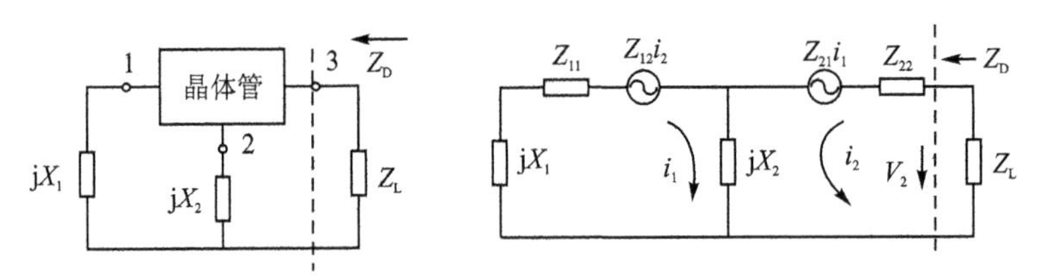

图 5.7－19　晶体振荡器的等效电路和 Z 参数等效电路

振荡器由晶体管、负载 Z_L 和两个电抗元件 X_1、X_2 组成，根据 Z 参数等效电路可写出两个回路方程。

$$[Z_{11}+j(X_1+X_2)]i_1+(Z_{12}+jX_2)i_2=0 \tag{5.50}$$

$$(Z_{22}+jX_2)i_2+(Z_{21}+jX_2)i_1=V_2 \tag{5.51}$$

从中消去 i_1，则输出阻抗

$$Z_D=\frac{V_2}{i_2}=Z_{22}+jX_2-\frac{(Z_{12}+jX_2)(Z_{21}+jX_2)}{Z_{11}+j(X_1+X_2)} \tag{5.52}$$

计算过程：将 S 参数转换成 Z 参数，然后通过计算机用式(5.52)计算 Z_D，振荡器的起振条件为输出阻抗 Z_D 应是负阻，当输入一组 X_1、X_2 的值计算出最大负阻时，即可进行电路设计。

为了获得最大振荡功率，在负载串联的电路中应选：

$$\text{Re}(Z_L)=-\frac{1}{3}\text{Re}(Z_D),\quad \text{Im}(Z_L)=-\text{Im}(Z_D)$$

例 3　场效应管 10 GHz 的 S 参数测量如下：$S_{11}=0.71\angle-138°$，$S_{21}=1.34\angle40°$，$S_{12}=0.067\angle68°$，$S_{22}=0.67\angle-88°$，设计 10 GHz 振荡器。

解： 先将 S 参数转成 Z 参数

$$Z_{11}=(11.97-j16.56)\ \Omega$$

$$Z_{12}=(3.44-j1.16)\ \Omega$$

$$Z_{21}=(71.7-j11.87)\ \Omega$$

$$Z_{22}=(23.41-j46.15)\ \Omega$$

然后用计算机算出一系列 X_1、X_2 时的 Z_D 值，当 Z_D 最负时确定出 X_1、X_2 的值，计算最终结果如下：

$$Z_D=(-97-j788)\ \Omega$$

$$X_1=-220\ \Omega$$

$$X_2=343\ \Omega$$

X_2 为正值，可用段短路接地线实现；X_1 为负值，可用一段开路线实现，实际电路图如图 5.7－20 所示。

为了保证最大功率，要求

$$\text{Re}(Z_L)=-\frac{1}{3}\text{Re}(Z_D)=32.3\ \Omega$$

$$\text{Im}(Z_L)=-\text{Im}(Z_D)=788\ \Omega$$

即 $$Z_L = (32.3 + j788)\ \Omega$$

Z_L 可用一段传输线 l_3 与电容 C 串联实现；当负载为 50 Ω 时，各段传输线的参数如下：

特性阻抗

$$Z_1 = Z_2 = Z_3 = Z_o = 50\ \Omega$$

传输线长度

$$\begin{cases} l_1 = 0.036\lambda_g \\ l_2 = 0.226\lambda_g \\ l_3 = 0.48\lambda_g \end{cases}$$

式中 λ_g 是带线内波长，为简化图中未画出直流供电网络。

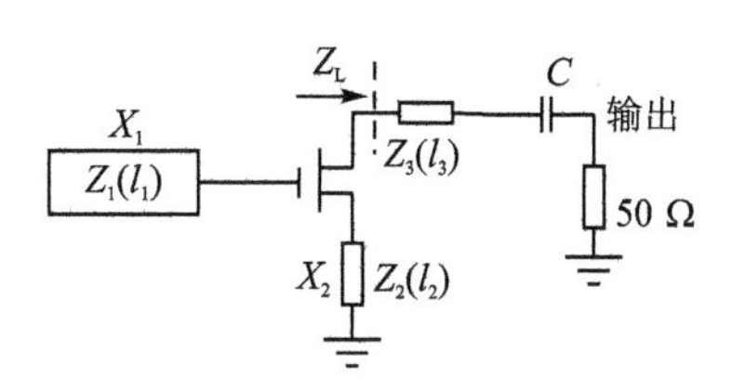

图 5.7-20　振荡器电路

5.8　习　题

5-1　微波晶体管放大器的稳定条件是什么？什么是绝对稳定？什么是潜在不稳定？

5-2　微波晶体管放大器常用的功率增益有哪几种？它们是如何定义的？它们与哪些参数有关？

5-3　根据图 5.8-1 中 Γ_L 平面给出的 $|\Gamma_1|=1$ 的稳定判别圆情况，判别其稳定性并打斜线，指出哪些情况是绝对稳定或潜在不稳定的。

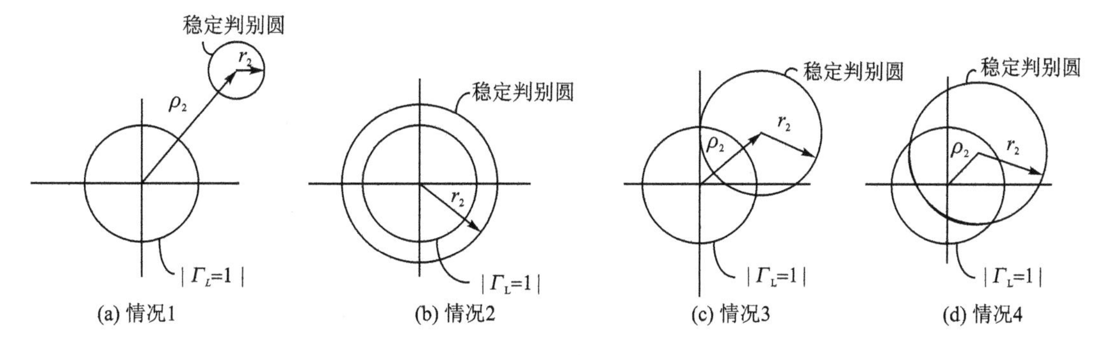

图 5.8-1　题 5-3 图

5-4　已知 4 个微波晶体管的 S 参数如下，试判别它们的稳定性。

$$\text{(a)}\begin{cases} S_{11} = 0.39\angle -55^\circ \\ S_{12} = 0.04\angle 90^\circ \\ S_{21} = 3\angle 78^\circ \\ S_{22} = 0.89\angle -26^\circ \end{cases} \qquad \text{(b)}\begin{cases} S_{11} = 0.25\angle 170^\circ \\ S_{12} = 0.2\angle 103^\circ \\ S_{21} = 3.7\angle 35^\circ \\ S_{22} = 0.88\angle -53^\circ \end{cases}$$

$$\text{(c)}\begin{cases} S_{11} = 0.11\angle -52^\circ \\ S_{12} = 0.02\angle -60^\circ \\ S_{21} = 10.4\angle -54^\circ \\ S_{22} = 0.035\angle -60^\circ \end{cases} \qquad \text{(d)}\begin{cases} S_{11} = 0.62\angle -44^\circ \\ S_{12} = 0.012\angle 75^\circ \\ S_{21} = 9\angle 130^\circ \\ S_{22} = 0.96\angle -6^\circ \end{cases}$$

第6章 微波控制电路

微波控制电路是指那些用来控制微波信号的传输路径、幅度及相位的电路。例如：微波开关、数字移相器、电调衰减器、微波调制器和限幅器等，采用的控制元件主要是PIN管、变容管和肖特基二极管等，应用最广的是PIN管。本章主要介绍PIN管控制电路。

6.1 PIN管

图6.1-1是PIN管结构示意图，两边为重掺杂的P^+和N^+型半导体，中间夹一层电阻率很高的本征(I)层。中间层不可能理想。多少会有杂质($\sigma = 1\ 000\ \Omega/\text{cm}$)，如含P型杂质称为$\pi$型，含N型杂质(多电子)称为$\nu$型。实际的PIN不是$P^+\pi N^+$管就是$P^+\nu N^+$管，下面以$P^+\nu N^+$来说明PIN特性。

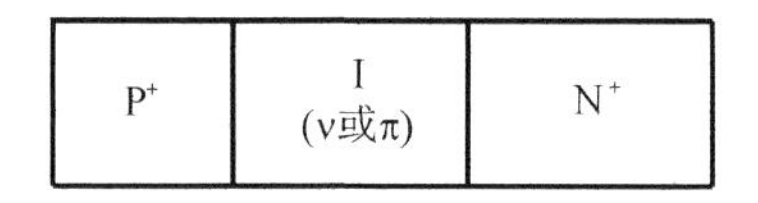

图6.1-1 PIN管模型

6.1.1 直流特性

$P^+\nu N^+$实质上是一个双结二极管。$P^+\nu$结是一个PN结。零偏压时在结两边形成由扩散引起的空间电荷层。由于P层中的空穴浓度远高于ν层中的电子浓度，所以P层中的电荷层远比ν区中的电荷层薄，整个$P^+\nu$结的宽度基本上等于ν层中电荷层宽度。在νN^+界面上也会存在一些(由浓度差引起)的载流子的扩散运动，但比$P^+\nu$结处小很多，其空间电荷层太薄，可忽略。

零偏时，整个ν层分成两部分：一部分为空间电荷层，载流子已耗尽；另一部分为ν层，电阻率很高，$P^+\nu N^+$管呈现高阻抗。图6.1-2展示了零偏压时$P^+\nu N^+$的杂质空间电荷和电场分布 。

反偏时的情况如图6.1-3所示。外电场与内电场的电场方向一致，使总的电场增加，$P^+\nu$结的耗尽层变宽，当反偏压加到一定数值，整个ν层变为耗尽层，成穿通状态，这个偏压称为穿通电压或耗尽电压。因此，PIN管反偏时比零偏时阻抗还要大。

加上正向偏压时，P^+层中的空穴和N^+层中的电子在外加电场作用下，向ν层注入。尽管注入的空穴和电子不断在ν层中复合，但由于外加电源的存在，载流子源源不断地得到补充，最后注入的载流子数和复合的载流子数达到平衡，注入电流达到稳定值。这时，在ν层有大量载流子，使ν层电阻率下降，PIN管呈低阻，外加偏压越大，通过PIN的电流也就越大，ν层电阻率越低。因此，改变PIN管的正向偏流可改变其电阻值，使PIN管成为一个可变电阻器。

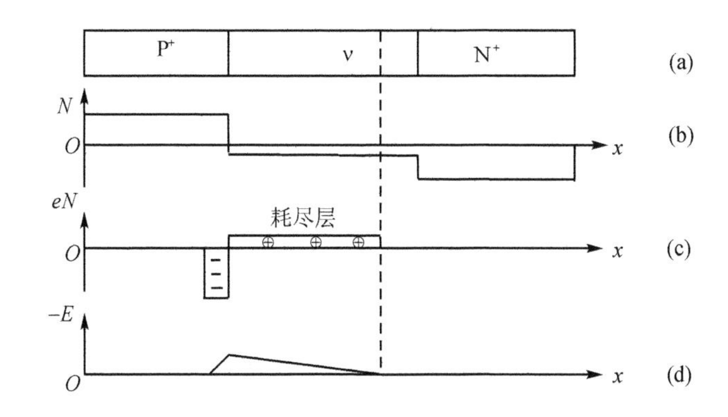

图 6.1-2　零偏压时 $P^{+}\nu N^{++}$ 的杂质空间电荷和电场分布

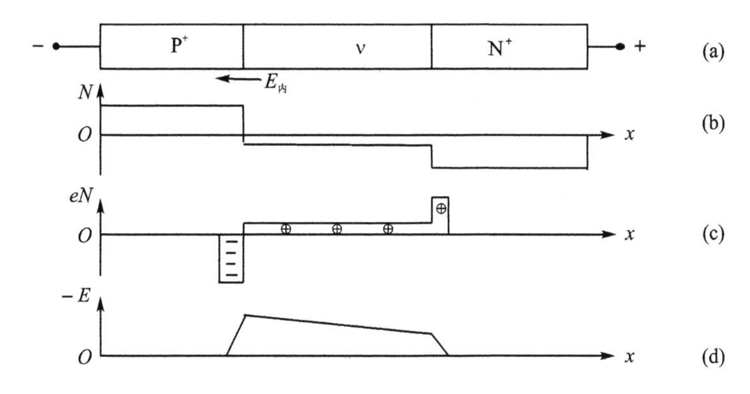

图 6.1-3　ν 层完全耗尽时 $P^{+}\nu N^{+}$ 的杂质空间电荷和电场分布

6.1.2　交流作用下的特性

PIN 管的交流特性与信号的频率和幅度有关。

低频段：由于交流信号的周期很大，载流子渡越 I 层的时间可忽略。这时 PIN 管与普通二极管没什么两样。具有明显的单向导电性，可作为整流元件。

随着频率的升高，载流子进出 I 层的渡越时间与交流信号的周期相比不能忽略，单向导电性逐渐减小，最后当频率足够高时（如 100 MHz）PIN 管在交流信号正、负半周的阻抗基本相同。此时，整流作用完全消失，PIN 管类似于一个线性元件。频率升高意味着周期减小，当信号由负半周变为正半周时，正、负载流子从 I 层两侧注入，但在正、负载流子尚未相遇时，外加信号已改变极性，因此在正半周 I 层并未真正导通。

当信号由正半周变为负半周时，I 层载子在反向电压作用下，做返回运动。然而由于浓度梯度不同，部分载子在负半周开始阶段仍要向 I 层中央做扩散运动，返回的载子也需要有一定的渡越时间，因此在负半周 I 层的载流子来不及全部流出 I 层。所以在负半周 I 层始终存在一定数量的载流子，二极管未达到真正截止。

6.1.3　交直流电压作用下的特性

本小节重点讨论 PIN 在直流偏压和微波信号同时作用下的性能。正向偏置时，偏置电流

为 I_0，I 层储存电荷为 Q_0，τ 为载流子寿命，Q_0 在 τ 时刻消失。平衡时外电流补偿 Q_0 消失量。储存电荷量与 I_0 成正比：$I_0=\dfrac{Q_0}{\tau}$，I_0 正好补偿 Q_0 的消失，PIN 管呈低阻状，其量值由 I_0 决定。

现在考虑加入微波信号情况，设微波信号电流为 $i_s=I_1\sin\omega t$，则总瞬时电流为 $i=I_0+I_1\sin\omega t$，当 $I_1\ll I_0$ 时为小信号工作，无论信号正负半周 i 都大于 0，PIN 管低阻导通。当 $I_1\gg I_0$ 时为大信号状态(参看图 6.1-4)，似乎负半周管子将截止，实际上不然，因为在 I_0 作用下，I 层内已储存有电荷 Q_0，只要微波频率足够高，在负半周 I 层中电荷的减少量远小于 Q_0，换句话说，在负半周尽管由于反向电压的作用，将有部分载子从 I 层吸出，但只要频率足够高(由 6.1.2 小节讨论过的现象，正负半周阻抗相同，低阻)，I 层中仍有足够的储存电荷维持导通。

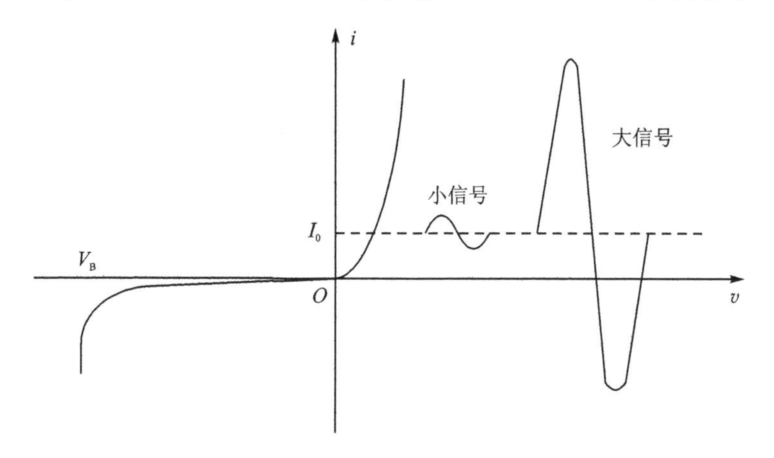

图 6.1-4 微波信号作用于正向偏置 PIN 管

例如一个 PIN 管的 $\tau=1\ \mu s$，工作频率 $f=2$ GHz($T=0.5$ ms)，$I_0=10$ mA，$I_1=1$ A，$Q_0=I_0\tau=10^{-8}$C，由于 $I_1\gg I_0$，$i\approx I_1\sin\omega t$，$dQ=\int i\,dt$，在微波信号负半周，I 层中电荷变化量为

$$\Delta Q=\int_0^{\frac{T}{2}} I_1\sin\omega t\,dt=\frac{2I_1}{\omega}=1.6\times10^{-10}\ \text{C}$$

而 $Q_0=I_0\tau=10^{-8}$C，则$\dfrac{Q_0}{\Delta Q}=62$。

可见，微波信号的负半周，尽管 $I_1\gg I_0$，但引起电荷变化量 $\Delta Q\ll Q_0$，远不能使 PIN 截止。微波信号负半周 I 层电荷的减少量只占总电荷很小部分。不影响导通，而改变 I_0 可使 PIN 进入控制状态，即只要有很小的正向偏流 I_0，就可以控制很大的微波信号工作在 PIN 的正向导通状态(低阻)。

同理，在较小的反向直流偏压下，即使微波信号电压的幅度很大，也可保证 PIN 管始终工作在反向截止状态(高阻截止)。

结论：在微波信号与直流偏置同时作用下，PIN 管所呈现的阻抗大小主要由直流偏置的极性及其量值决定，而与微波信号的幅度无关，就是为什么 PIN 管可以用很小的直流控制功率来控制很大的微波功率基本原理。

6.2　PIN 管等效电路及参数

PIN 管结构：早期的 PIN 管有台式型和平面型，如图 6.2－1 所示。台式用于大功率封装，便于散热；平面型用于小功率，目前小功率管有表贴封装型，工作原理一样。图 6.2－2 所示是传统 PIN 管的封装结构。

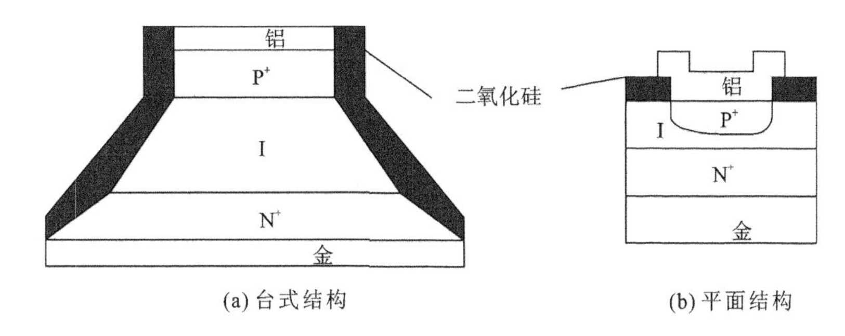

(a) 台式结构　　(b) 平面结构

图 6.2－1　PIN 管管芯结构

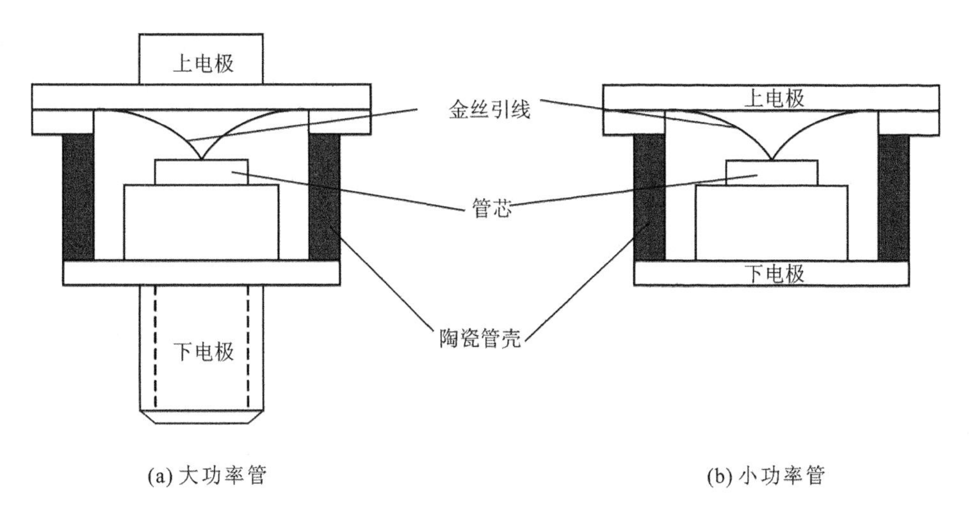

(a) 大功率管　　(b) 小功率管

图 6.2－2　PIN 管的封装结构

6.2.1　正向偏置的等效电路

图 6.2－3 所示是 PIN 管正向偏压时的等效电路。重掺杂的 P^+ 和 N^+ 区等效为一个电阻。它与电极的欧姆接触电阻合起来用 R_s 表示，正向偏置的 I 层可用 R_j 和 C_j 并联表示。R_j 是 I 层电阻，C_j 是结电容与扩散电容之和，主要是扩散电容，是注入载流子在 I 层边界上产生的电荷储存所引起的电容。

R_j 与 I_0 有关。设注入 I 层的电子与空穴密度分别是 n 和 p，它们的迁移率分别为 μ_n 和 μ_p，当 $n=p$ 时，I 层电阻率 $\sigma=\dfrac{1}{en\mu_n+ep\mu_p}=\dfrac{1}{ne(\mu_n+\mu_p)}$。

于是 I 层电阻 $R_j=\sigma\dfrac{D}{A}$，D 为 I 层厚度，A 为 I 层截面积。所以

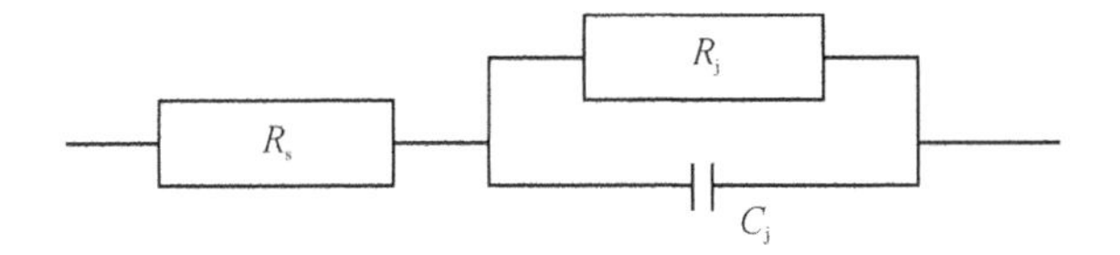

图 6.2-3 正向偏置等效电路

$$R_j=\frac{D}{ne(\mu_n+\mu_p)A}$$

由于 $I_0=\frac{Q_0}{\tau}=\frac{neAD}{\tau}$，式中 ne 是单位体积电量，AD 是 I 层体积。

所以 $R_j=\frac{D^2}{I_0\tau(\mu_n+\mu_p)}$。由该式可知 R_j 与 I_0 成反比，I_0 越大，R_j 越小。

当满足 $X_c=\frac{1}{\omega C_j}\gg R_j$ 时，C_j 很小，可忽略，这时 PIN 管等效为一个电阻

$$R_f=R_s+\frac{D^2}{I_0\tau(\mu_n+\mu_p)}=R_s+R_j$$

R_s 约为 1 Ω，在正偏流为 0 或很小时，$R_f\approx R_j$，但随着正向偏流增大，R_j 很快下降，当 I_0 为几十毫安时，R_j 大约为几个欧姆，R_s 这时不能忽略，当 R_j 继续减小时 $R_f\approx R_s$，这是大偏流时的情况。

6.2.2 反向偏置的等效电路

图 6.2-4 是 PIN 管反向偏置的结构示意图和等效电路。当反向电压小于耗尽电压时，I 层未穿通。整个 I 层由两部分组成：一部分是宽度为 W 的空间电荷层，载流子已耗尽；另一部分($D-W$)是 I 层，有一定浓度的载子，这时的等效电路如图 6.2-4 所示。

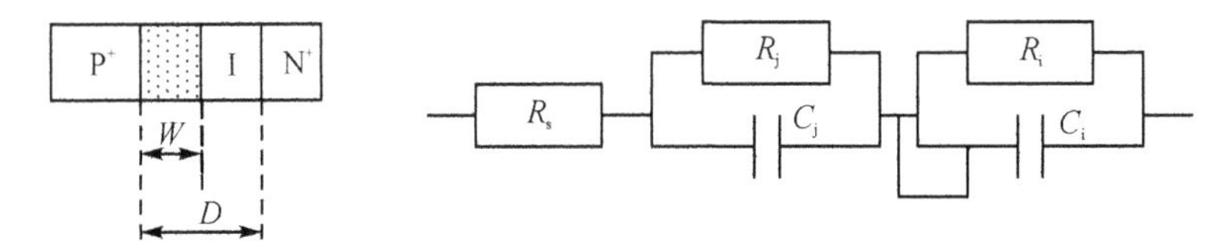

图 6.2-4 反向偏置结构示意图和等效电路

图 6.2-4 中：R_j、C_j 是耗尽层电阻电容；R_i、C_i 是 I 层电阻、电容；R_s 是串联电阻；$C_j=\frac{\varepsilon A}{W}$，一般零点几 pF，$R_j$ 在 MΩ 以上。$C_i=\frac{\varepsilon A}{D-W}$， $R_i=\gamma\frac{D-W}{A}$； γ 是未耗尽层的电阻率，R_i 在 10 kΩ 左右。

当反向偏压大于耗尽层电压时，等效电路近似为 R_s 与 C_j 的串联电路，如图 6.2-5 所示)。由于 R_s 与 $\frac{1}{\omega C_j}$ 相比很小，因此可忽略。最后得到反偏压大于耗尽层电压时的等效电路近似为电容 C_j。

如果 I 层的电阻率和工作频率都很高，远大于 1，则 I 层的总电容不随偏压变化，可看成是以 P^+、N^+ 层为极板，I 层为介质的平板电容器，$C_j=\frac{\varepsilon A}{D}$。

图 6.2-5　反向偏压大于耗尽层电压时的等效电路

6.2.3　PIN 参数

① 结电容 C_j(或总电容 $C=C_j+C_P$)；

② 正向电阻 R_f,一般是指在某一正向偏流时测得的正向微分电阻；

③ 反向电阻 R_r,一般是指在某一反向电压下测得的反向微分电阻；

④ 击穿电压 V_B,反向电流为 1 μA 时的反向电压,不一定实际击穿；

⑤ 管壳电容 C_P；

⑥ 引线电感 L_s；

⑦ 截止频率 $f_c=\dfrac{1}{2\pi C_j\sqrt{R_f R_r}}$；

⑧ 最大功率容量 P,指最大使用功率,如最大平均功率、最大脉动功率。

6.3　PIN 开关

利用 PIN 管正向与反向的阻抗特性,可用来控制微波电路的通与断,组成微波开关。常用的开关有两种：一种是通断式,如单刀单掷开关；另一种是换接开关,如单刀双掷,单刀多掷开关。图 6.3-1 是两种常用微波开关的示意图。

(a) 单刀单掷开关　　(b) 单刀双掷开关

图 6.3-1　微波开关示意图

6.3.1　单刀单掷开关

单刀单掷开关电路结构是最简单的,如图 6.3-2 所示,用一个 PIN 管即可组成。串联型由于装配结构困难,因此很少用,在此不讨论。并联型易于和波导传输线连接,散热条件好,常用。并联开关特点：管子呈高阻抗时,对传输线功率影响很小,相当于开关导通。管子导通呈低阻抗时,形成短路点,传输功率大部分被反射回去,插入衰减很大,相当于开关断开状态。

实际的 PIN 管阻抗既不可能减小到零,也不可能无限大,所以实际的衰减量只介于两者之间,开与关衰减量比值应尽可能大。

一般称开关导通时的衰减为插入损耗,称开关断开时的衰减为开关的隔离度。插入损耗和隔离度是衡量开关质量的基本指标。

图 6.3-2　单刀单掷开关电路的串、并联形式

设 Y_D 为 PIN 的等效导纳，则开关的散射矩阵可表示为

$$S=\begin{bmatrix}\dfrac{-Y_D}{2Y_o+Y_D} & \dfrac{2Y_o}{2Y_o+Y_D}\\ \dfrac{2Y_o}{2Y_o+Y_D} & \dfrac{-Y_D}{2Y_o+Y_D}\end{bmatrix}$$

正向传输的衰减

$$L=10\lg\frac{1}{|S_{21}|^2}=10\lg\left[\left(1+\frac{G_D}{2Y_0}\right)^2+\left(\frac{B_D}{2Y_0}\right)^2\right] \tag{6.1}$$

由于 PIN 管开关等效导纳是频率的函数，当频率 f 改变时，插入损耗和隔离度都要发生变化。图 6.3-3 所示为并联型开关的衰减特性的典型例子。

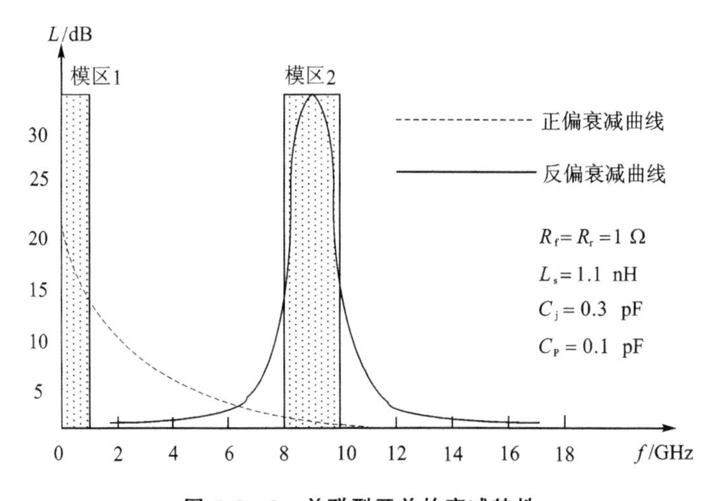

图 6.3-3　并联型开关的衰减特性

正偏使用时，其工作区为模区 1；工作频率较低时，正向偏置下的 PIN 管类似于一般的二极管，正向电阻很小，信号被短路反射形成大的衰减，即有较大的隔离度。随着频率的升高，PIN 成为线形电阻。模区 I 在管子反偏时开关呈导通状态，正偏时截止。

反偏使用时，其工作区为高频模区 2，PIN 管在某个频率段内反偏时有较大的反射，即呈现较高隔离度，也可做开关使用；其他频率区域隔离度很小，不能起开关作用，在高频模区正偏时开关反而导通。

无论正偏工作区还是反偏工作区，只有部分频域可工作，造成这种开关性能恶化的原因是封装参数的影响(形成了并联谐振)。

为了扩展开关的工作模区，展宽带宽，近年来人们多使用不封装的 PIN 管芯。另一途径是改进开关电路的结构，改善开关特性。下面介绍一些改进开关特性的方案。

1. 谐振式开关

图 6.3-4 所示是谐振式开关示意图。由于 PIN 开关隔离度有限(20～30 dB),谐振开关可改善隔离度。在电路中加入调谐元件 X_p、X_s,在 PIN 管正偏时,在给定频率上调节 X_s 与 PIN 电抗 X_D 串联谐振,使 PIN 接近理想短路。反偏时,调谐 X_p 与 PIN 管参数并联谐振,对给定频率接近理想开路。所以谐振式开关具有高的隔离度和低的插入衰减,缺点是只有很窄的频带。

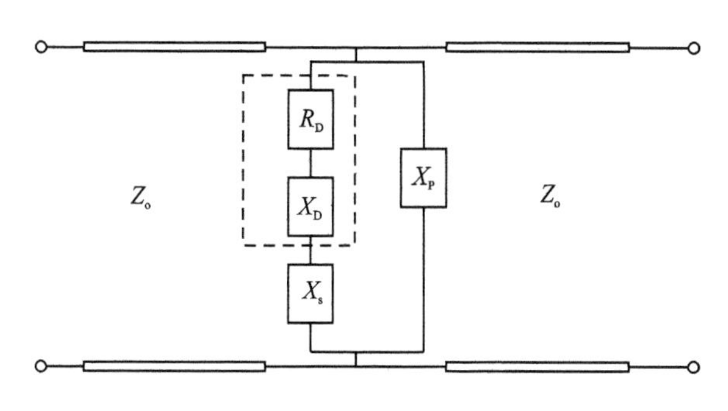

图 6.3-4　谐振式开关示意图

2. 阵列开关

单管开关的隔离度 L 及带宽都小,$L=20\sim30$ dB,相对带宽 $\dfrac{\Delta f}{f}=5\%\sim10\%$,采用图 6.3-5 所示的阵列式开关。用多管并联的方法可得大的隔离度和衰减控制量,但插损会有所增加。

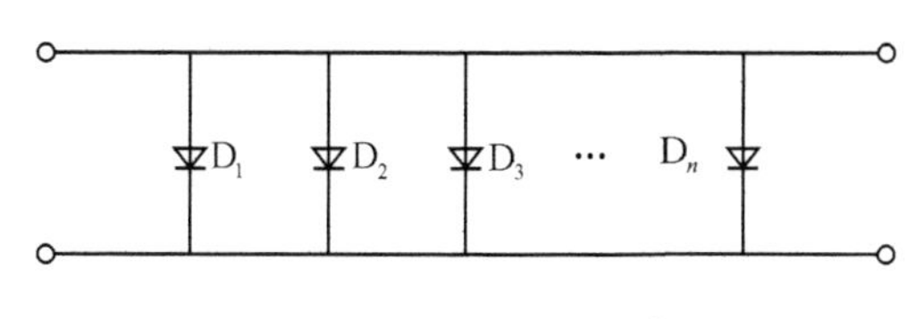

图 6.3-5　阵列开关示意图

3. 滤波开关

把 PIN 管与滤波器结合起来,可构成滤波器开关,如图 6.3-6 所示。

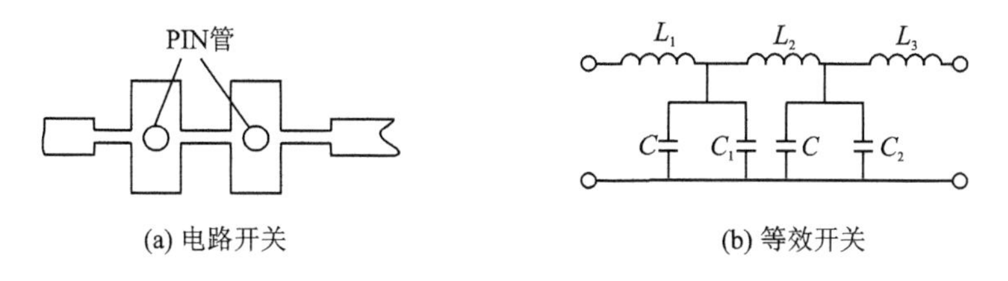

图 6.3-6　微带低通滤波开关

将 PIN 管的阻抗作为滤波器的一部分,当其偏置改变时,其阻抗发生变化,从而对信号呈现开关特性。图 6.3-6 为五阶滤波器。当 PIN 反偏时,其电容 C 与 C_1、C_2、L_1、L_2、L_3 共同组成低通滤波器。只要信号频率低于 LPF 的截止频率,信号功率则通过,插入衰减很小,形成开关导通状态;当 PIN 正偏时,其阻抗很低,近似于短路,输入信号几乎全部反射,形成开关断开状态。

6.3.2 单刀多掷开关

单刀双掷开关电路原理图如图 6.3－7 所示。

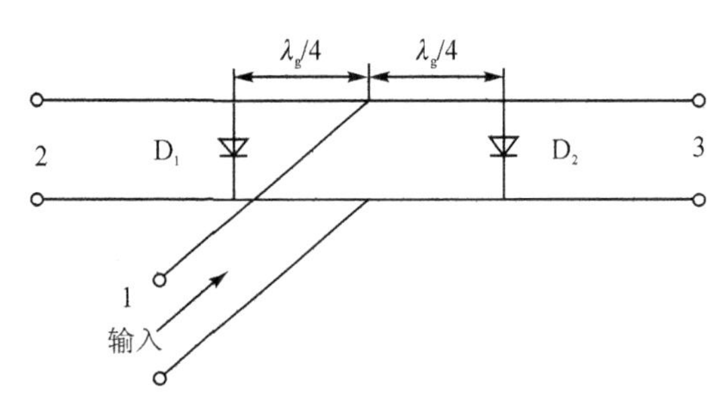

图 6.3－7 单刀双掷开关

1 口输入信号，其余两口并联 PIN 管，D_1 正向导通，D_2 反向截止，输入功率向 3 口转送。反之，D_1 截止，D_2 导通，输入功率向 2 口送。PIN 管距中心$\frac{\lambda_g}{4}$，可使 D_1 处短路变开路，对信号向 2 口传不受影响。

以此类推，单刀 N 掷开关只有一条通道（该路 PIN 管反偏），其他路 PIN 管正偏。

最小插损
$$L_{\min}=8.6\gamma\sqrt{N-1}\,\frac{f}{f_c} \tag{6.2}$$

隔离度
$$L\approx 20\lg\left(1.5+\frac{Z_o}{R_f}+\frac{N-2}{2}\right) \tag{6.3}$$

6.3.3 开关管功率容量

图 6.3－8 是开关管功率计算的等效电路图，图中 $v(t)$ 为输入信号源，振幅为 V_m，R_g 为信号源内阻，Z_L 为负载阻抗；传输线特征阻抗为 Z_o，且三者相等；PIN 管导通时，等效电阻为 R_f。

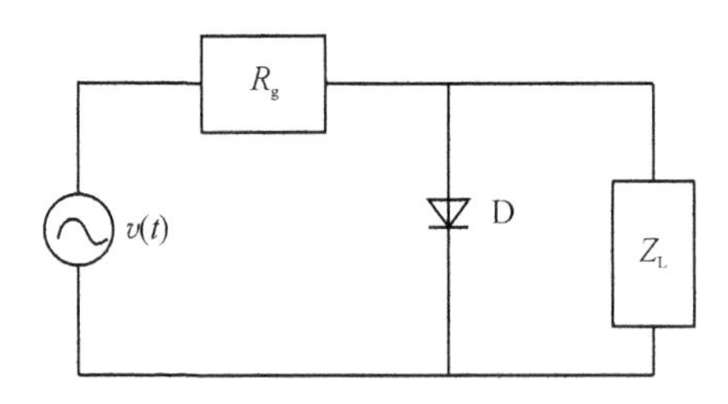

图 6.3－8 开关管功率计算等效电路图

这时，管子吸收的功率为

$$P_D=\frac{V_m^2R_f}{2(Z_o+2R_f)^2}$$

电源输出的资用功率为

$$P_a = \frac{V_m^2}{8Z_o} = \frac{(Z_o + 2R_f)^2}{4Z_oR_f} P_D \tag{6.4}$$

PIN 管最大允许功耗(正向导通)为

$$P_{am} = \frac{(Z_o + 2R_f)^2}{4Z_oR_f} P_{Dm} \tag{6.5}$$

PIN 管反向截止时,$Z_r \gg Z_o$,Z_r 为反向阻抗,这时加在管子两端的反向电压为$\frac{V_m}{2}$(由 Z_L 和 R_g 分压),设加在 PIN 管两端的电压等于反向击穿电压 V_B,则其对应的源资用功率即为 PIN 管的最大允许功率:

$$P_{am} = \frac{V_B^2}{2Z_o} \tag{6.6}$$

正、反向 P_{am} 不会相等,为了安全应选用其中较小者为开关功率容量。

例如已知一个 PIN 管开关的参数为 $P_{Dm}=3.2\ \mathrm{W}$,$V_B=200\ \mathrm{V}$,$R_f=0.8\ \Omega$,$Z_o=50\ \Omega$。通过式(6.4)和式(6.5)计算安全使用功率

$$P_{am} = \frac{(Z_o + 2R_f)^2}{4Z_oR_f} P_{Dm} = 5\ 3\ \mathrm{W} \qquad (正向)$$

$$P_{am} = \frac{V_B^2}{2Z_o} = 400\ \mathrm{W} \qquad (反向)$$

因此,工作时的最大功率应按 53 W 考虑比较安全。

6.4　PIN 管电调衰减器

用电信号控制微波信号衰减量的衰减器叫做电调衰减器。利用 PIN 管正向电阻随着偏置电流变化的特性,可做成各种类型的电调衰减器。

按产生衰减的物理原因,可分为反射型和吸收型。在反射型中,衰减主要由 PIN 管的反射形成;在吸收型中,衰减主要由 PIN 管的损耗形成。

电调衰减器的工作原理基本上与开关电路类同,其区别是:

① 偏置情况不同。开关电路中偏置是从正偏跳到负偏实现开关,而衰减器是正偏电流连续变化,以实现衰减量连续可调。

② 采用的 PIN 管不同。在开关电路中,为了缩短开关时间,一般选用 I 层较薄的管子,而衰减器为了获得较大的衰减量动态调谐范围,一般采用 I 层较厚的管子。下面介绍几种实用的电调衰减器电路的工作原理。

6.4.1　三分贝混合器型电调衰减器

三分贝混合器型电调衰减器由两个三分贝混合器(功率二分配器)和两个特性相同的 PIN 管组成,如图 6.4-1 所示,左边的混合器作为功率二分配器用,右边的混合器作为功率合成器用。R 是隔离电阻,两个 PIN 管 D_A 和 D_B 间距 $\lambda_g/4$。

PIN 管零偏压时,管子阻抗远大于特性阻抗 Z_o,此时,输入功率几乎无损地通过电路输出,D_A、D_B 不起作用。

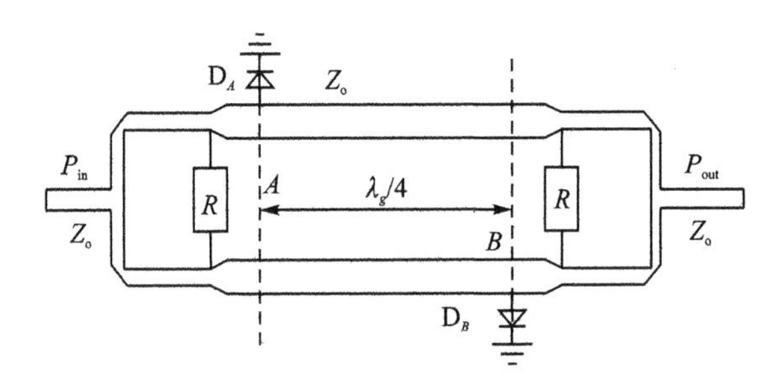

图 6.4-1　三分贝混合器型电调衰减器原理图

PIN 管正向偏流后，管子阻值减小，输入功率将分别在 A、B 两处反射回去，消耗在 R 上，另一部分耗散在 PIN 管上，其余经合成器输出，系统产生一定的衰减。若连续改变偏流，则衰减量可连续改变。

设 A、B 两处的反射系数分别为 Γ_A 和 Γ_B，并设两管的特性相同，其正向电阻为 R_f，则 A、B 处的并联阻抗为 $R_D=\dfrac{R_f Z_o}{R_f+Z_o}$，$Z_o$ 为传输线特性阻抗，则反射系数为

$$\Gamma_A=\Gamma_B=\frac{R_D-Z_o}{R_D+Z_o}=\frac{-1}{2\dfrac{R_f}{Z_o}+1}=\frac{-1}{2r_f+1} \tag{6.7}$$

式中：$r_f=\dfrac{R_f}{Z_o}$为归一化正向电阻。

设由 A 点反射到 R 中的电流为 $I\mathrm{e}^{\mathrm{j}\phi}$，由 B 点反射到 R 中的电流为 $I\mathrm{e}^{\mathrm{j}(\phi+\pi)}=-I\mathrm{e}^{\mathrm{j}\phi}$，在 R 中两个电流互相抵消为 0（消耗在 R 中），不会反射到输入端。

设输入端的入射电压为 V_{in}，则 D$_A$、D$_B$ 两管的电压为$\dfrac{V_{in}}{\sqrt{2}}$，分给每管的功率为

$$\frac{P_{in}}{2}=\frac{V_{in}^2}{2Z_o} \tag{6.8}$$

A 点 Z_o 上的电压为$\dfrac{V_{in}}{\sqrt{2}}$。

上面支路中经 A 点后的输入电压为

$$V_A=\frac{V_{in}}{\sqrt{2}}|1+\Gamma_A|,\quad -1<\Gamma_A<0 \tag{6.9}$$

输入功率为

$$P_A=\frac{V_{in}^2}{2Z_o}|1+\Gamma_A|^2 \tag{6.10}$$

下面支路

$$V_B=\frac{V_{in}}{2}|1+\Gamma_B| \tag{6.11}$$

$$P_B=\frac{V_{in}^2}{2Z_o}|1+\Gamma_B| \tag{6.12}$$

由于 $\Gamma_A=\Gamma_B=\Gamma$，总输入功率为

$$P_{out}=2P_A=\frac{V_{in}^2}{Z_o}|1+\Gamma|^2 \tag{6.13}$$

衰减量

$$L=10\lg\frac{P_{in}}{P_{out}}=20\lg\left|\frac{1}{1+\Gamma}\right|=20\lg\left(\frac{2r_f+1}{2r_f}\right) \tag{6.14}$$

电调衰减量随 r_f 的减小(或偏流的增加)而增大,改变偏流可控制 r_f 变化,使衰减量 L 得到调整。

6.4.2 三分贝定向耦合器型电调衰减器

图 6.4-2 所示是三分贝定向耦合器型电调衰减器示意图。各端口匹配时(阻抗等于 R),理想的三分贝定向耦合器 1 口输入,4 口无输出,2、3 口平分 1 口的输入功率,故衰减为 3 dB 。如果 2、3 口全反射,则反射功率全部从 4 口输出。

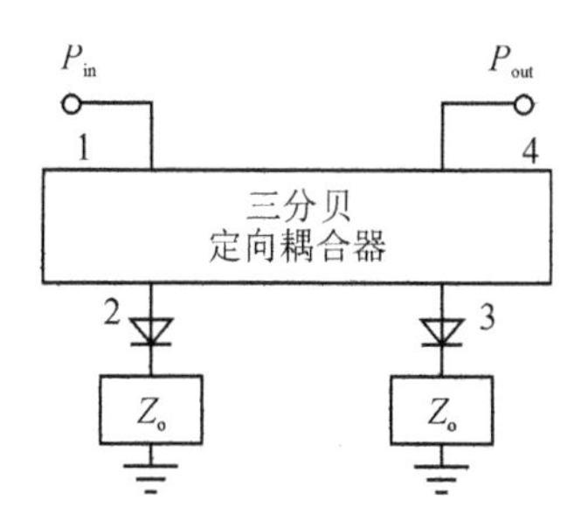

图 6.4-2 三分贝定向耦合器型电调衰减器

现在 2、3 口接 PIN 管和负载,当管子偏流改变时,4 口的反射功率随之改变。偏流大,2、3 口的阻抗趋于 Z_o,接近匹配,4 口输出减小,即衰减大;反之,偏流趋于 0 时,$Z\to\infty$,2、3 口反射增加,4 口输出增大,相当于衰减小。

2、3 口的反射系数为

$$\Gamma=\frac{Z-Z_o}{Z+Z_o}=\frac{R_f+Z_o-Z_o}{R_f+2Z_o}=\frac{R_f}{R_f+2Z_o}=\frac{r_f}{r_f+2} \tag{6.15}$$

4 口的输出功率为

$$P_4=P_{in}|\Gamma|^2=P_{in}\left(\frac{r_f}{2+r_f}\right)^2 \tag{6.16}$$

衰减量为

$$L=10\lg\left(\frac{P_{in}}{P_4}\right)=10\lg\left(\frac{2+r_f}{r_f}\right)^2=20\lg\frac{2+r_f}{r_f} \tag{6.17}$$

6.4.3 匹配型电调衰减器

图 6.4-3 所示是匹配型电调衰减器原理图及等效电路,两管距离 $\theta=\pi/2$。

设 PIN 正偏电阻 R_f,则图示电路归一化传递函数矩阵为

$$\boldsymbol{a}=\begin{bmatrix}1 & 0\\ \widetilde{G}_1 & 1\end{bmatrix}\begin{bmatrix}0 & \mathrm{j}\\ \mathrm{j} & 0\end{bmatrix}\begin{bmatrix}1 & 0\\ \widetilde{G}_2 & 1\end{bmatrix}=\begin{bmatrix}\mathrm{j}\widetilde{G}_2 & \mathrm{j}\\ \mathrm{j}(1+\widetilde{G}_1\widetilde{G}_2) & \mathrm{j}\widetilde{G}_1\end{bmatrix} \tag{6.18}$$

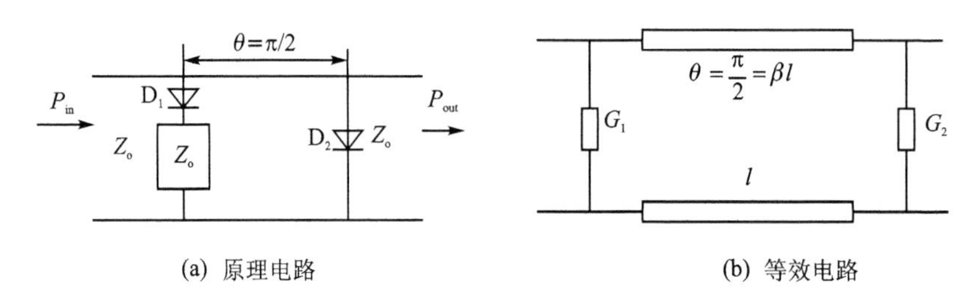

(a) 原理电路　　(b) 等效电路

图 6.4-3　匹配型电调衰减器原理图及等效电路

其中归一化电纳为

$$\begin{cases}\widetilde{G}_1=\dfrac{Z_o}{R_f+Z_o}\\ \widetilde{G}_2=\dfrac{Z_o}{R_f}\end{cases}$$

a 矩阵阵元为

$$\begin{cases}a_{11}=j\widetilde{G}_2\\ a_{12}=j\\ a_{21}=j(1+\widetilde{G}_1\widetilde{G}_2)\\ a_{22}=j\widetilde{G}_1\end{cases}$$

输入端反射系数为

$$\Gamma_{in}=S_{11}=\frac{(a_{11}+a_{12})-(a_{21}+a_{22})}{a_{11}+a_{12}+a_{21}+a_{22}} \tag{6.19}$$

带入 a 矩阵元可得

$$\Gamma_{in}=\frac{\widetilde{G}_2-\widetilde{G}_1\widetilde{G}_2-\widetilde{G}_1}{2+\widetilde{G}_1+\widetilde{G}_2+\widetilde{G}_1\widetilde{G}_2}=0 \tag{6.20}$$

由此证明：只要两管特性相同，且 $\theta=\frac{\pi}{2}$，输入端总是匹配的，所以称为匹配型电调衰减器。

衰减量

$$L=20\lg\left(1+\frac{Z_o}{R_f}\right) \tag{6.21}$$

6.4.4 吸收型阵列式衰减器

吸收型阵列式衰减器原理图及等效电路如图 6.4-4 所示。通常有两种方案布局。

① 若电路中采用特性相同的 PIN 管，且各管偏置相同，则称为等元件阵列式衰减器。

② 若采用特性相同的 PIN 管，但各管偏置不同，或采用特性不同的 PIN 管，但各管偏置相同，并使管阵电阻从输入端至输出端逐渐变小，则称为渐变元件阵列式衰减器。

后者最常用，可改善输入端驻波特性。

对于单支节(一个 PIN 管)的衰减器，衰减量不同时，其输入端驻波也在变化，当衰减增加时，驻波也增加，可见大的衰减和小驻波是一对矛盾。

单节衰减器不能同时满足高衰减、低驻波要求，并且频带也不够宽。

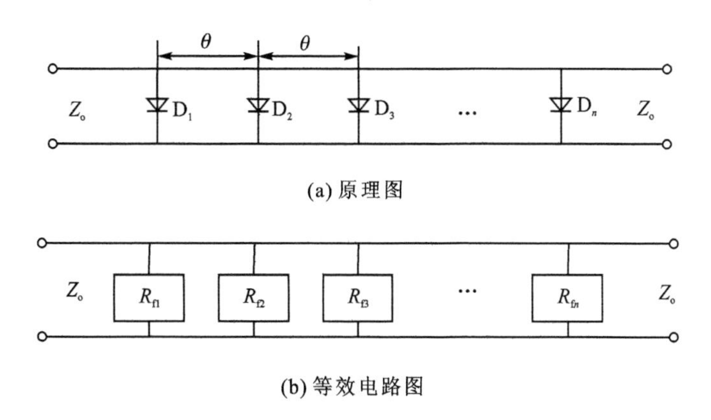

图 6.4－4　吸收型阵列式衰减器原理图及等效电路

采用多节级联，每个单节衰减可小一些，以减小驻波和增加带宽，高的衰减靠增加节数获得，其驻波在很宽频带内可在 $\rho<2$ 的范围。

实际应用的数字电调衰减器方案如图 6.4－5 所示。通过 A/D 变换器对 PIN 管进行偏流控制，实现衰减值的连续可调。

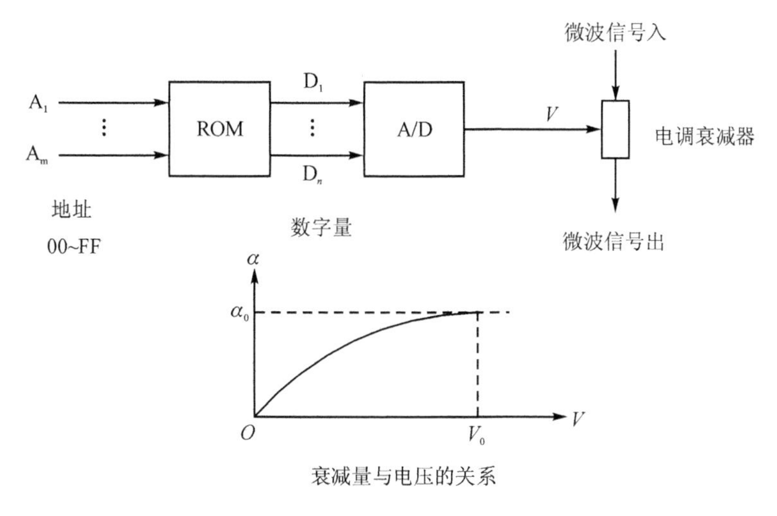

图 6.4－5　实际应用的数字电调衰减器原理图

6.5　习　题

6－1　试述为什么 PIN 管可用很小的直流功率控制很大的微波功率通断工作。

6－2　指出 PIN 电调衰减器的工作原理与 PIN 开关电路的区别。

6－3　简述谐振式开关是怎样改善隔离特性的。

6－4　简述三分贝定向耦合器型电调衰减器的工作原理。

6－5　根据图 6.4－5，简述电调衰减器的工作原理。

第7章 微波电真空器件

7.1 引 言

电真空器件也叫微波管，根据对电子流的控制方式可分为两种类型：一类是静电控制的微波管，如超高频三、四极管(也称栅极管)，主要用于微波小信号放大与振荡等用途。目前这类器件已被微波半导体器件所取代；另一类是动态控制的微波管，主要包括速调管、行波管和磁控管。在磁控管中，电子在正交的恒定电磁场中运动，所以磁控管又叫正交场器件。

微波管与微波半导体器件是性质完全不同的电子器件，它们各有特点。半导体器件体积小，质量轻，寿命长，成本低，耐冲击振荡，工作电压低，制造工艺简单，利于设备小型化、集成化；但稳定性和抗辐射性较差，制造工艺受电压-频率极限方程的限制，工作频率和功率不易同时提高。微波管的工作频率高，带宽和功率大，效率和增益高，耐高、低温和抗辐射干扰，性能稳定，可靠性高；但制造工艺复杂，成本高，体积庞大，抗振性差，工作电压高，辅助设备复杂。

目前，在低功率微波器件应用领域，半导体器件由于具有上述优势特点，已基本取代了微波管。而在大功率电子设备中(如高功率雷达)，一般采用微波管与半导体器件的结合。因此，微波管所具有的高频、高功率、高增益特点是目前半导体器件不可替代的，可预测它在今后很长一段时期内仍具有很强的生命力。

7.2 速调管放大器和振荡器

早在1920年，德国科学家巴克好生(Barkhausen)在实验中发现，利用电子在板极、阴极空间来回漂移，可以在外电路中产生高频振荡。设计微波管的基本思想就在于控制电子的渡越过程，电子在板、阴极之间渡越过程中将能量交还给电场，从而获得微波信号的振荡与放大。1935年，阿尔辛也娃(A. A. AperHbba)及海尔(o. Heil)应用对电子束的速度调制原理制造出了速调管。

速调管是最初问世的动态控制微波管，利用隙缝谐振腔作为输入、输出电路，工作频率超过100 GHz。它又分为直射式速调管和反射式速调管两种，前者用作微波放大，可产生很高的脉冲功率和连续波功率，其带宽为2%～15%，增益可达15～70 dB；后者用于微波振荡，其机械调谐带宽达30%，电调谐带宽为1%。

7.2.1 双腔速调管放大器

双腔速调管是利用动态控制实现能量交换的最简单例子。虽然目前已很少使用，但分析它的工作原理对了解电子的速度调制、群聚和能量交换等基本概念十分有效。

双腔速调管放大器结构如图7.2-1所示。它由电子枪、输入谐振腔、输出谐振腔、飘移空间和收集极组成。电子枪相对于其他部分处于$-V_0$电位。电子枪发射均匀的电子束，电子束将受到直流电位的加速，然后依次通过输入谐振腔、漂移空间、输出谐振腔，最后被阴极吸收。谐振腔的壁做成网状，称为高频隙缝；该网可屏蔽电场，使腔内的场不易泄漏，但电子束可穿透通行。由于输入、输出腔处于等电位，电子进入漂移区时其速度保持不变。

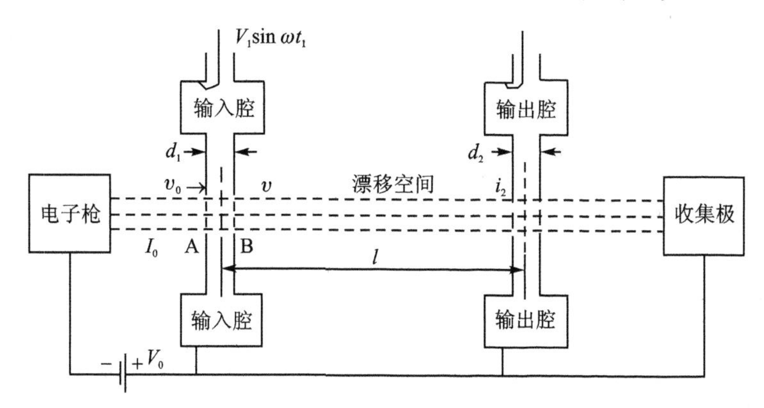

图 7.2-1 双腔速调管放大器结构示意图

1. 速度调制

电位V_0的存在使输入谐振腔与电子枪之间产生静电场，进入该区域的运动电子将被电场加速。假定电子的运动速度在电场力作用下，在到达栅网 A 时被加速到速度v_0，根据能量守恒原理，电子获得的动能等于直流电源加速电子所做的功，即

$$\frac{1}{2}mv_0^2=eV_0 \tag{7.1}$$

从式(7.1)可得出电子进入第一栅网 A 的速度为

$$v_0=\sqrt{\frac{2eV_0}{m}} \tag{7.2}$$

式中：e 是电子电量；m 是电子质量。

由于在输入谐振腔中存在微波振荡，在栅网 A、B 之间存在交变电压$V_1\sin\omega t_1$和相应的交变电场，当速度为v_0的电子流进入栅网后就会受到交变电场的调制，从而发生能量和速度的变化。假定电子束离开第一栅网 B 的速度为v，在忽略电子初速、空间电荷的影响、电子通过隙缝的渡越时间等因素，则电子在离开第一栅时的动能可表示为

$$\frac{1}{2}mv_0^2=e(V_0+V_1\sin\omega t_1) \tag{7.3}$$

式中：t_1表示电子到达第一隙缝中心的时间。由式(7.3)求得电子速度为

$$v=\sqrt{\frac{2eV_0}{m}}\left(1+\frac{V_1}{V_0}\sin\omega t_1\right)^{\frac{1}{2}}=v_0\left(1+\frac{V_1}{V_0}\sin\omega t_1\right)^{\frac{1}{2}} \tag{7.4}$$

通常$V_1\ll V_0$，将式(7.4)进行级数展开并取其展开式的前两项，则电子离开第一栅的速度近似为

$$v\approx v_0\left(1+\frac{V_1}{2V_0}\sin\omega t_1\right) \tag{7.5}$$

事实上，电子从进入栅网隙缝到离开栅网隙缝会有一定的渡越时间，考虑渡越时间后，电

子离开栅网的速度为

$$v = v_0\left(1 + \frac{M_1 V_1}{2V_0}\sin \omega t_1\right) \tag{7.6}$$

式中：$M_1 = \dfrac{\sin\dfrac{\theta_1}{2}}{\dfrac{\theta_1}{2}}$ 是调制系数或耦合系数；$\theta_1 = \dfrac{\omega d_1}{v_0}$是电子在第一隙缝里的直流渡越角；$d_1$ 是第一隙缝的宽度。

式(7.6)表明，电子束在通过第一隙缝后，在原来运动速度 v_0 上附加了一个时变分量，使得不同时刻进入隙缝的电子在时变电场的作用下，离开隙缝时的速度产生不同的变化，有的被加速，$v > v_0$；有的被减速，$v < v_0$。这就叫对电子的速度调制。

在隙缝宽度 d_1 很小及电子飞跃时间可忽略的情况下，电子束在通过隙缝期间是均匀不变的，因此，在交变电场正半周通过的电子数，等于交变电场负半周通过的电子数；或者说，被电场正半周加速的电子数等于被电场负半周减速的电子数。这样，电子束从交变电场正半周获得的能量在电场负半周时全部交出，总的结果是电子束与电场之间能量交换为零。

2. 密度调制

由于漂移空间无外加电场存在，受到速度调制的电子束进入漂移空间后将做惯性运动。在运动中，由于电子的运动速度不一致，正半周受到电场加速的、运动速度快的电子，在行驶一定距离后将会赶上受电场负半周减速的、运动速度慢的电子，使得漂移区一些地方电子聚居成堆，而另一些地方电子稀少，形成不均匀的电子流。这种现象叫做电子的密度调制，或叫群聚。图 7.2－2 可以解释受到速度调制的电子束在漂移区运动中是如何转化为密度调制的。

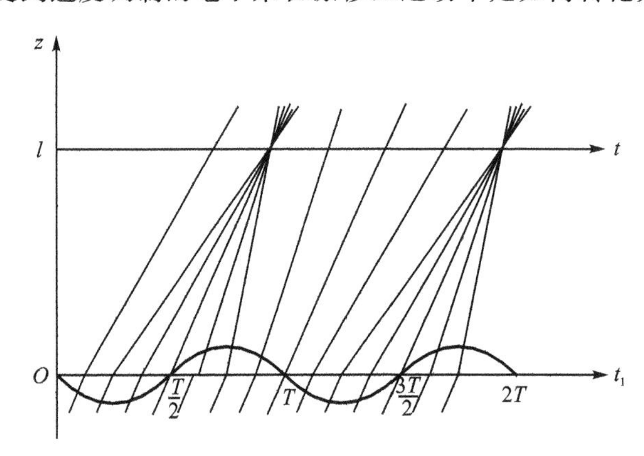

图 7.2－2　电子在漂移空间群居过程的时空图

图中纵坐标 z 表示电子远离第一栅的距离，在时空图中电子的运动轨迹是一条斜直线，电子的运动速度越快，斜线的斜率越大；反之，运动速度慢，斜线的斜率变小。在电子到达第一栅时($z=0$)，由于速度还没受到调制，斜线的斜率保持一致。在经过第一栅后($z>0$)，电子束受到电场的速度调制，不同时刻的电子的运动速度发生变化，在电场的正半周，由于速度加快，相应电子运动轨迹的斜率变陡。在电场正半周的波腹点斜率最陡。在电场的波节点上由于电场等于 0，斜率保持不变。电场的负半周为减速场，使运动轨迹的斜率变缓，在负半周的谷底斜率最小。在离第一栅某个距离处($z=l$)，后出发的快电子赶上了先出发的慢电子，出现了电子的群聚现象，即电子流由速度调制转变为密度调制。从图 7.2－2 中可见在 $z=l$ 处，快、慢电子是以电场节点通过隙缝（未受调制）的电子为中心群聚的，称这类运动轨迹斜率不变的电子为群聚中心。显然，群聚中心的出现频率恰好等于调制电场（或输入信号）的振荡频率。假如在 $z=l$ 处设置输出谐振腔（第二栅），电子束的群聚运动就会在输出腔中感生出同频微波振荡，只要电子束足够强，输出腔的振荡信号幅度会远大于输入信号幅度，从而实现放大作用。

下面用数学分析说明电子束的密度调制原理。设电子束从第一栅中心到第二栅中心的距离为 $z=l$，电子束到达第二栅中心的时间为 t_2，则电子束在漂移空间的渡越时间为

$$\tau_p = t_2 - t_1 = \frac{l}{v} = \frac{l}{v_0\left(1+\dfrac{V_1}{2V_0}\sin\omega t_1\right)} \tag{7.7}$$

由于 $V_1 \ll V_0$，对式(7.7)进行级数展开

$$\tau_p \approx \frac{l}{v_0}\left(1-\frac{V_1}{2V_0}\sin\omega t_1\right) = \frac{l}{v_0} - \frac{lV_1}{2v_0V_0}\sin\omega t_1 \tag{7.8}$$

式(7.8)说明，渡越时间与电子到达第一栅中心的时间 t_1 有关。因此电子到达第二栅中心的时间 t_2 可表示为

$$t_2 = t_1 + \frac{l}{v} - \frac{lV_1}{2v_0V_0}\sin\omega t_1 \tag{7.9}$$

也可写成渡越角形式

$$\begin{aligned}\omega t_2 &= \omega t_1 + \frac{\omega l}{v_0} - \frac{\omega l V_1}{2v_0V_0}\sin\omega t_1 = \\ &\omega t_1 + \theta_0 - X\sin\omega t_1\end{aligned} \tag{7.10}$$

式中：$\theta_0 = \dfrac{\omega l}{v_0}$是电子束到达 $z=l$ 处的直流渡越角，也即未受速度调制的电子通过漂移空间的渡越角；$X=\dfrac{V_1}{2V_0}\theta_0$ 称为群聚参量。将该表达式画成曲线形式（见图 7.2－3），可明确说明 X 对电子束群聚的影响。

假如没有调制电压存在，即 $V_1=0$，则 $X=0$，此时有

$$t_2 = t_1 + \frac{l}{v_0} \tag{7.11}$$

这表明电子束没有受到任何速度调制，均匀地通过第二栅，通过第一栅的电子束和通过第二栅的电子束完全相同。当 $X\neq 0$ 时，t_2 与 t_1 成为非线性关系。通过第二栅的电子束不再是均匀的，出现了周期的稀疏与稠密变化规律。如图中 $X=1$ 时的曲线上的 A 点，斜率很小，近似为零，在时间间隔 Δt_1 内通过第一栅的电子将在很短的时间间隔 $\Delta t'_2$ 内通过第二栅；也就是说，许多电子群聚着几乎同时通过第二栅中心。而在图中 $X=1$ 时曲线上的 B 点，曲线斜率很大，在时间间隔 Δt_1 内通过第一栅的电子将在很长的时间间隔 $\Delta t''_2$ 内通过第二栅，电子束很稀疏。因此，对于一定时间间隔 Δt_1 内通过第一栅的电子量，它们通过第二栅时间间隔 Δt_2 的长短反映了电子束的疏密程度。

群聚参量 X 的影响也可用渡越角的关系进行说明，如图 7.2－4 所示。

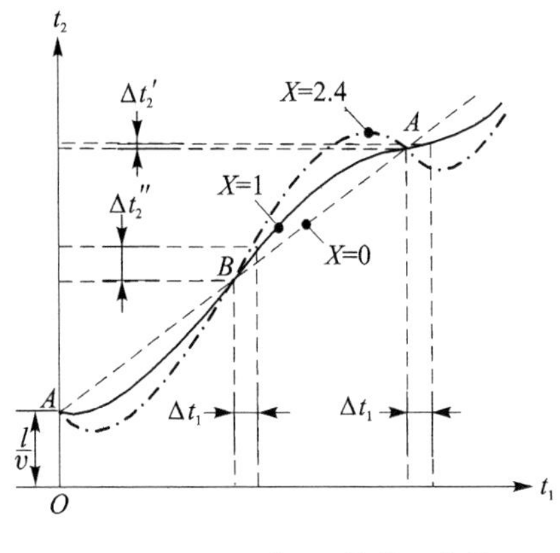

图 7.2-3　t_2 与 t_1 的关系曲线

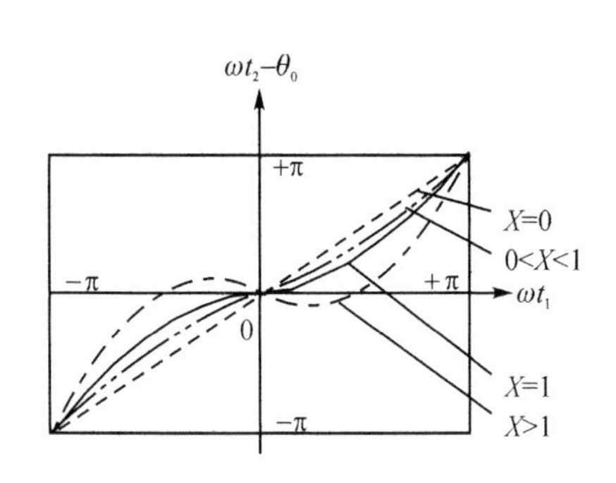

图 7.2-4　群聚参量 X 的影响

① 当 $X=0$，即 $V_1=0$ 时，$\omega t_2-\theta_0$ 与 ωt_1 呈直线关系，表示电子束以匀速通过漂移空间。在不同时刻进入漂移空间的电子，经过漂移空间后的渡越角均为 θ_0。所以到达输出腔的电子束的密度仍是均匀的。

② 当 $0<X<1$ 时，是一条经过原点的曲线，到达输出腔的电子束已有电子群聚现象发生。在 $\omega t_1=0$ 附近曲线比较平坦，说明原点是群聚中心。

③ 当 $X=1$ 时，曲线在原点与横轴相切，说明不同时刻离开输入腔的电子在几乎同一时刻到达输出腔。

④ 当 $X>1$ 时，调制电场过强，曲线有三点与横轴相切，在电场正半周后出发的电子比负半周先出发的电子率先到达输出腔，出现了电子的超越现象。

假设通过输入腔隙缝的均匀电子流为 I_0，通过输出腔的电子流为 i_2，在 $\mathrm{d}t_1$ 时间内通过第一栅的电子全部在 $\mathrm{d}t_2$ 时间内通过第二栅。根据电荷守恒性，$I_0\mathrm{d}t_1=i_2\mathrm{d}t_2$，因此通过第二栅的电子流瞬时值为

$$i_2=\frac{I_0}{\mathrm{d}t_1/\mathrm{d}t_2} \tag{7.12}$$

由式(7.9)可求得

$$\frac{\mathrm{d}t_2}{\mathrm{d}t_1}=1-X\cos\omega t_1 \tag{7.13}$$

代入式(7.13)

$$i_2=\frac{I_0}{1-X\cos\omega t_1} \tag{7.14}$$

i_2 是非正弦的周期函数，当 $X>1$ 时，$t_1=f(t_2)$ 是多值函数，即在几个不同时刻通过第一隙缝的电子可以在同一时刻通过第二隙缝。通过 t_1 与 t_2 之间的关系，可推导出 i_2 与 t_2 的关系

$$i_2=I_0+\sum_{n=1}^{\infty}2I_0J_n(nX)\cos[n(\omega t_2-\theta_0)] \tag{7.15}$$

i_2 由直流分量 I_0 和谐波分量组成，第 n 次谐波幅度为 $2I_0J_n(nX)$，其中 $J_n(nX)$ 是以 (nX) 为宗量的第一类 n 阶贝塞尔函数。将 i_2 以 X 为参数画成曲线，如图 7.2-5 所示。由图可见，受到速度调制的电子流经过漂移空间后，变成群聚的电子流。群聚电子流的形状取决于

群聚参量 X，即输入电压的幅度和渡越角的大小。

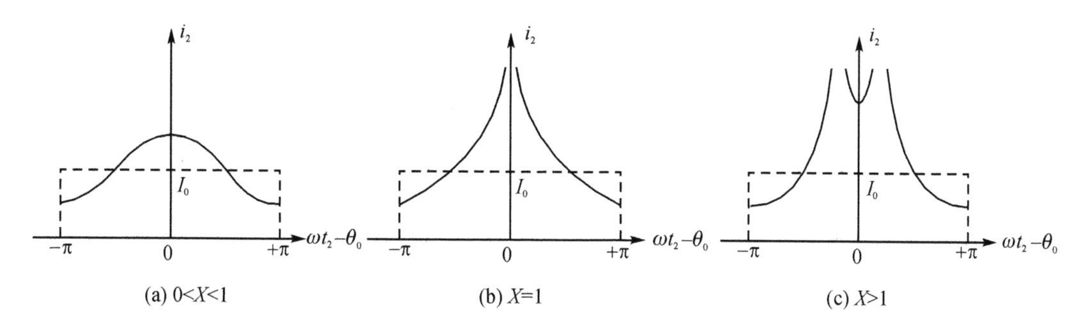

图 7.2－5　输出腔隙缝中的电子流波形图

由贝塞尔函数的性质，谐波分量中 $J_n(nX)$ 的幅度与谐波次数 n 及群聚参量 X 两者都有关系，凡与 $J_n(nX)$ 的最大值相对应的 X 值就称为该 n 次谐波的最佳群聚参量 X_{opt}。这时可得该次谐波的最大幅值 $I_{2n}|_{max}$。表 7.2－1 展示了 X_{opt} 与 $I_{2n}|_{max}$ 几组数据。从表中可知，当 $X_{opt}=1.84$ 时，$J_1(X)=0.582$，基波分量最大，这时双腔速调管可获得最大的输出功率和效率。

表 7.2－1　电流幅度随谐波次数变化

n	X_{opt}	$J_n(nX)\|_{max}$	$I_{2n}\|_{max}$
1	1.84	0.582	$1.164I_0$
3	1.40	0.433	$0.866I_0$
8	1.22	0.320	$0.640I_0$
16	1.13	0.260	$0.520I_0$

3. 输出功率和效率

电子束在输出腔处形成周期性群聚运动，在输出腔中感应交变电流 i_H。当输出腔的谐振频率与输入电压频率一致时，输出回路对感应电流的基波 i_{H1} 呈纯阻 R。感应电流流过 R 并在 R 上产生电压降 V_2，该电压横跨在隙缝上形成缝内电场 E_2，其方向对运动电子是减速场。电子在减速场中又把能量交还给电场，即将动能转换为高频微波振荡能量，通过输出腔的耦合孔输出给负载。图 7.2－6 展示了电子流在输出谐振腔中产生的感应电流和电压波形。

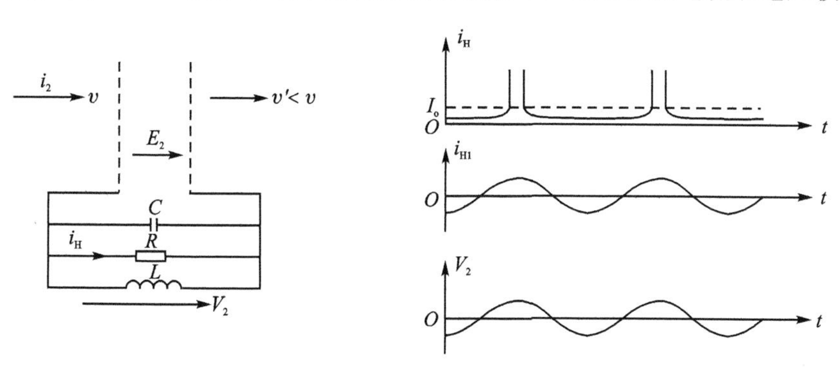

图 7.2－6　电子流在输出谐振腔中产生的感应电流和电压

设隙缝上感应的基波电压为V_2，电子流给出的基波功率为

$$P_e=\frac{1}{2}M_2V_2(2I_0J_1(X))=I_0M_2V_2J_1(X) \tag{7.16}$$

式中：$M_2=\dfrac{\sin\frac{\theta_2}{2}}{\frac{\theta_2}{2}}$是电子流与输出腔隙缝的耦合系数；

$\theta_2=\dfrac{\omega d_2}{v_0}$是电子在第二隙缝里的直流渡越角；

d_2是第二隙缝的宽度。

M_2当$\theta_2=0$时取得最大值为1，因此d_2必须很小，才能使$\theta_2\approx0$，以便获得较大输出功率。

已知电子流的输入功率为

$$P_0=I_0V_0 \tag{7.17}$$

效率为

$$\eta_e=\frac{P_e}{P_0}=\frac{V_2}{V_0}M_2J_1(X) \tag{7.18}$$

由前面分析可知，当$X=1.84$时$J_1(X)=0.582$，基波分量最大，在理想情况下$M_2=1$，而V_2最大不可能超过直流加速电压V_1，否则电子不可能穿过隙缝。因此V_2/V_1的最大值小于1。考虑这些因素，可输出的最大功率为

$$P_{e\max}\leqslant0.582I_0V_0 \tag{7.19}$$

相应最大可能的电子效率为

$$\eta_{e\max}\leqslant\frac{P_{e\max}}{P_0}\times100\%=58.2\% \tag{7.20}$$

实际上，由于双腔速调管中电子受到一次速度调制，群聚不够理想，电子之间的排斥作用也影响群聚效果，还有部分电子被栅网俘获，因此实际效率只有15%～25%。最大功率增益小于15 dB，由于谐振腔的Q值高，输出频带也很窄，还有噪声大的缺点，使得它不能用做小信号放大器，所以双腔速调管很少实际采用。

7.2.2 多腔速调管放大器

为了提高速调管放大器的增益和效率，展宽频带，最有效的手段就是采用多腔速调管代替双腔速调管。多腔速调管是在输入、输出腔之间加入一个或多个辅助谐振腔，利用它们对电子束进行多次速度调制，使电子流群聚效果更好，这样就增加了基波电流，从而提高功率和效率。下面以三腔速调管为例说明利用辅助腔改善群聚的原理。

图7.2-7是三腔速调管结构示意图。其工作原理可简述如下：均匀电子束通过输入隙缝时，受到高频电压的速度调制，经过第一个漂移空间后，形成初步群聚的电子流。该电子流在辅助腔中激励起感应电流i_H，并在隙缝上建立起高频电压V_2，由于辅助腔是空载振荡，所以振幅远大于输入腔的信号电压，只要相位关系合适，这个电压将对电子流进一步速度调制，就能使电子流在通过第二漂移空间时产生强烈的密度调制，使增益和效率有显著提高。在双

腔速调管中，输出腔处电子流的最大基波振幅 $I_{2n}|_{\max}=1.164I_0$，而在三腔速调管中，$I_{2n}|_{\max}=1.48I_0$，增加了 28%。分析及实验证明，每增加一个辅助腔，放大器增益可提高 15～20 dB。如六腔或七腔的速调管，其增益可达 60～70 dB。

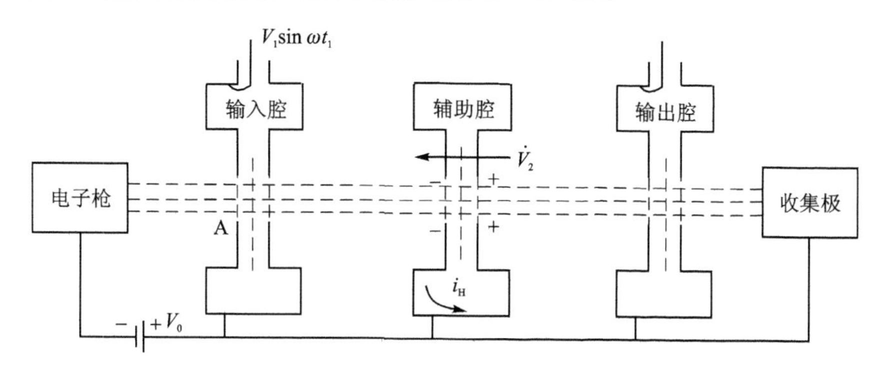

图 7.2-7　三腔速调管结构示意图

为了使辅助腔有利于电子的群聚，该腔隙缝上的电压必须保持合适的相位关系。分析表明，辅助腔应调谐于略高于输入频率的频率上，对输入频率呈现感性失谐。这时辅助腔内的感应电流和电压的相位关系如图 7.2-8 所示。

为了说明群聚过程，在输入电压时间图上取 5 个典型电子渡越位置。均匀电子流通过输入腔后，在交变电压由负最大值上升到正最大值过程中，1～3 区域之间的电子，在到达辅助腔时将围绕 2 形成群聚电子流 i_2。腔体中感应电流基波 i_{H1} 的相位与群聚电子流同相。一个周期内其他部分的电子不参加群聚。假如辅助腔谐振在信号频率上，则等效电路为纯阻，感应电压 V_2 与感应电流基波 i_{H1} 同相（见图 7.2-8 中虚线），由图可知，4 和 5 点出发的电子到达辅助腔时正好处于电压 0 点，因此不受调制。如果辅助腔频率调谐到高于信号频率，即感性失谐，隙缝上电压将超前 i_{H1} 大约 $\frac{\pi}{2}$ 的相位，如图 7.2-8 中所示。这样 4 和 5 之间的全部电子都参加群聚，使电子流的群聚进一步得到加强。

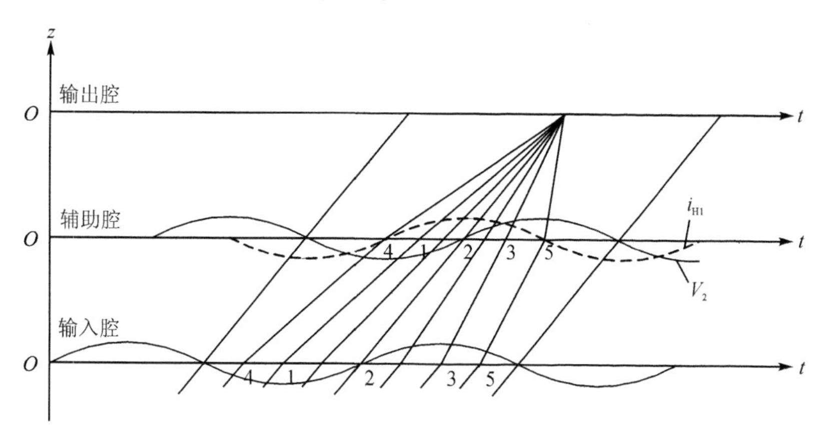

图 7.2-8　三腔速调管电子群聚原理图

必须指出，谐振回路失谐一方面可得到有利于电子群聚的相位，另一方面又会使谐振回路上的电压幅度下降，不利于速度调制，因此只有在某一频偏值时，才能获得最佳群聚。

采用多腔速调管放大器不仅提高了增益和效率，也可以采用参差调谐的方法将各个谐振腔调谐在不同频率，从而展宽频带。

由于多腔速调管放大器输出功率大、增益高、性能稳定，可以用在大功率雷达、通信设备及电视发送设备中作为末级功率放大器，也可作为工业加热或微波加速器的功率源。速调管放大器的主要缺点是频带窄、体积大、工作电压高、噪声大、效率中等。下面是某卫星通信地面站发射机末级功率放大器所用五腔速调管的技术参数。

型号：LD4132(V802)。

工作频率：5 925～6 425 MHz。

灯丝电压：5 V。

灯丝电流：7.2 A。

加速电压：7 500 V。

电子束电流：650 mA。

腔体电流：25 mA。

输出功率：2 200 W。

激励功率：400 mW。

功率增益：37.4 dB。

带宽(P_{-1dB})：40 MHz。

效率：41.3%。

负载驻波比：1.15。

7.2.3 反射速调管振荡器

1. 反射速调管工作原理

反射速调管是一种小功率微波自激振荡器，与双腔速调管不同之处是它只有一个谐振腔，既起调速作用又起输出作用，如图 7.2-9 所示。它由电子枪、谐振腔和反射极板三部分组成。谐振腔的两个壁呈栅网状，可让电子穿过，谐振腔相对电子枪(或阴极)带正高压，因此又是加速级。反射极相对阴极和谐振腔处于负电位，因此在反射电极和谐振腔之间形成电子的减速场。

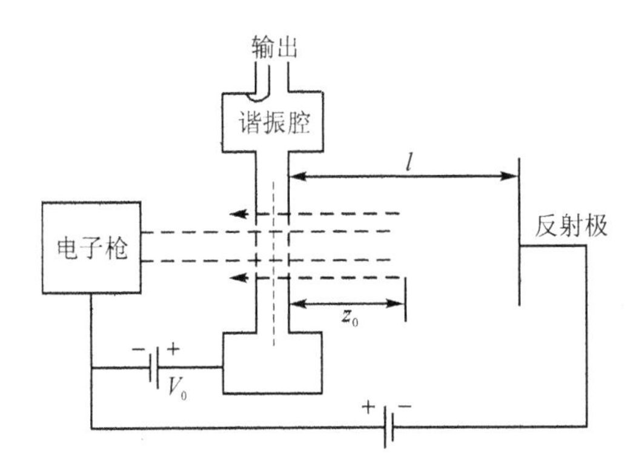

图 7.2-9 反射速调管结构示意图

(1) 速度调制

由电子枪发出的均匀电子流，在直流加速场作用下，以速度 υ_0 进入谐振腔隙缝，假如这时隙缝已存在高频电压 $V_1\sin\omega t$，电子将受到速度调制。这里的作用过程同双腔速调管输入隙缝的作用过程完全一样。电子飞离隙缝的速度表达式

$$\upsilon \approx \upsilon_0\left(1+\frac{V_1}{2V_0}\sin\omega t\right) \tag{7.21}$$

与双腔速调管不同的是，在反射速调管中，经过速度调制的电子流不是进入直流等电位的

漂移空间，而是进入直流排斥场空间。在该区域，电子除了惯性运动外，还受到排斥场的减速作用，最终使电子速度将为零，然后反转向谐振腔运动，由于不同时刻离开隙缝的电子速度不相同，它们各自返回谐振腔的时间也不同。这可以由反射速调管电子运动时空图清楚说明。

(2) 电子群居过程

图 7.2-10 是反射速调管电子运动时空图。在调制电压正半周（如 a 时刻）进入隙缝的电子速度最大，在减速场区行驶的距离最远，而调制电压负半周（c 时刻）进入隙缝的电子速度最小，在减速场区行驶的距离最近，在调制电压节点（b 时刻）进入隙缝的电子速度居中，在减速场区行驶的距离也居中。这三个在不同时刻通过隙缝的电子，在空间飞行的时间不等，最后在相同的时刻 e 返回谐振腔隙缝，就是说所有 a、c 时刻之间到达隙缝的电子流将以 b 时刻通过隙缝的电子为中心群聚起来，而其他半周到达的电子不参加群聚。

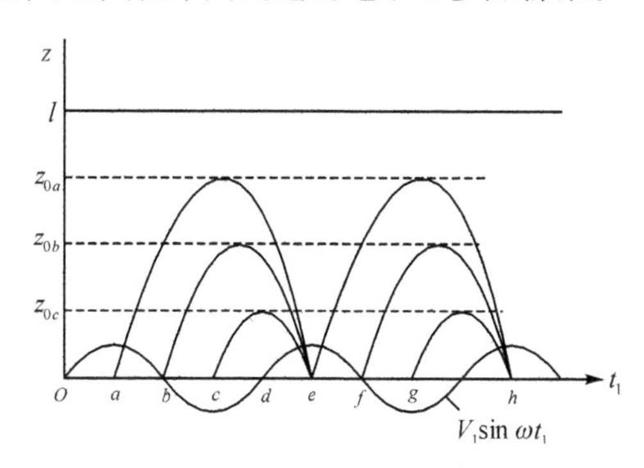

图 7.2-10　反射速调管电子运动时空图

电子在反射场空间飞越的时间和距离不仅与电子速度有关，还与反射极的电压强度 V_r 有关。如果我们利用反射极电压控制电子的飞越时间，使得电子群返回谐振腔时正好遇到高频电压的正半周最大值，如图 7-10 中所示情况，这对返回的电子来说是最大的减速场，因而电子的动能交还给电场，转换为高频振荡能量，而使谐振腔中的高频振荡得到维持。

能量交换最佳时机是密集的反射电子群到达栅网时正好遇到最大的减速场，由图 7.2-11 可知，电子群返回栅网的最佳时刻不止一个。只要电子在减速空间的往返渡越时间满足

$$\tau_0 = \left(n - \frac{1}{4}\right)T, \quad n = 1,2,3\cdots \tag{7.22}$$

或写成渡越角

$$\theta_0 = \left(n - \frac{1}{4}\right)2\pi, \quad n = 1,2,3\cdots \tag{7.23}$$

则电子群返回谐振腔时都有可能交出能量而产生振荡，这里 θ_0 称为最佳渡越角，T 是振荡周期。

不同的 n 值对应反射速调管不同的工作模式。图 7.2-11 只画出了 $n=1$、2 两种情况。如果电子的渡越角不满足式(7.23)的条件，但差得不是很多，群聚中心基本上还落在高频减速电场范围内，振荡仍可以维持，但振荡强度由于能量交换不充分而有所减弱。假如电子的渡越角与式(7.23)的条件相差太远，以致群聚中心甚至落在高频加速场中，振荡不可能存在。因此，对应不同的振荡模，具有多个分离的振荡区，如图 7.2-12 所示，这是反射速调管与双腔速调管的一个显著区别。

现在推导渡越角 θ_0 与反射极电压 V_r 的关系。电子在通过谐振腔进入排斥场空间所受电

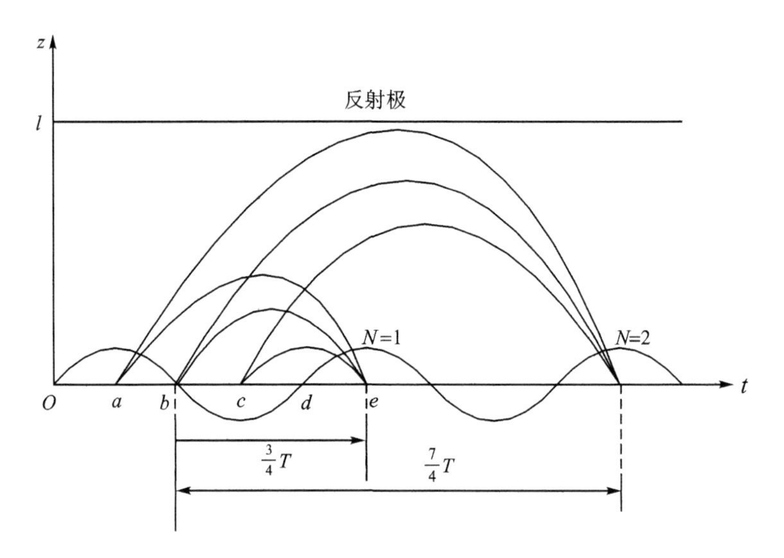

图 7.2-11　在减速场空间电子群聚时空图

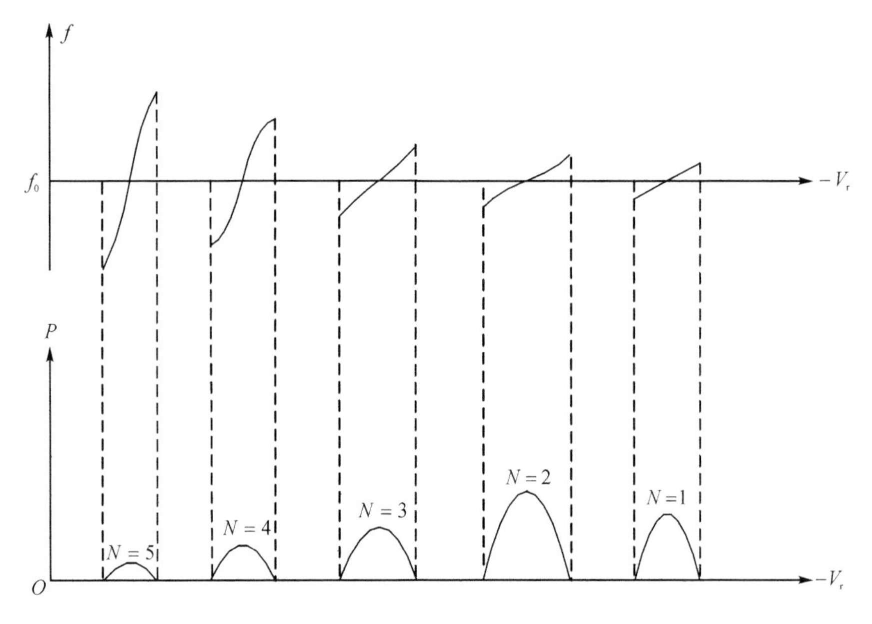

图 7.2-12　反射速调管电调谐特性

场力

$$F = -eE = -e\,\frac{V_0 + V_r}{l} \tag{7.24}$$

电子在电场中将受到加速度，其运动方程为

$$F = ma = m\,\frac{d^2 z}{dt^2} \tag{7.25}$$

比较式(7.24)和式(7.25)，则

$$\frac{d^2 z}{dt^2} = -\frac{e}{m}\,\frac{V_r + V_0}{l} \tag{7.26}$$

设群聚中心的电子离开栅网的时刻 n，此时 $z=0$，电子的初速度 $v_0=\sqrt{\frac{2eV_0}{m}}$，对式(7.26)积分可得

$$z=v_0 t-\frac{e}{m}\left(\frac{V_0+V_r}{l}\right)\frac{t^2}{2} \tag{7.27}$$

假定电子在 $t=t_2$ 时又返回栅网($z=0$)处，从式(7.27)求得

$$t^2=\frac{2m}{e}\left(\frac{l}{V_0+V_r}\right)v_0=2\sqrt{\frac{2mV_0}{e}}\left(\frac{l}{V_0+V_r}\right) \tag{7.28}$$

由此可得群聚中心电子在排斥场内的渡越角为

$$\theta_0=\omega(t_2-t_1)=\omega t_2=2\omega\sqrt{\frac{2mV_0}{e}}\left(\frac{l}{V_0+V_r}\right) \tag{7.29}$$

考虑最佳渡越角的条件 $\theta_0=\left(n-\frac{1}{4}\right)2\pi$，可得反射速调管自激的最佳渡越角与反射极电压的关系式

$$2\omega\sqrt{\frac{2mV_0}{e}}\left(\frac{l}{V_0+V_r}\right)=2\pi\left(n-\frac{1}{4}\right),\quad n=1,2,3\cdots \tag{7.30}$$

式(7.30)说明，任何一个振荡模，都有一个最佳的工作电压 V_r，此时能使群聚中心的电子在返回高频隙缝处正好遇到最大的高频减速场，这就是最佳的相位条件。

2. 反射速调管的电子调谐特性

改变反射极电压 V_r 会有不同的 n 值，每个 n 对应一个振荡区，在振荡区中心，即 $\theta_0=\left(n-\frac{1}{4}\right)2\pi$ 时，振荡功率最大，并有相同的振荡频率，可以认为就是谐振腔的自然谐振频率 f_0。如果偏离此渡越角，不仅会使振荡功率下降，还会由于相位的变化引起谐振频率的偏移。当反射电压加大时，电子群聚中心在排斥场的渡越时间就会缩短，因而提前返回谐振腔，谐振频率就会提高而大于 f_0；反之，当反射场减小时，振荡频率就会降低而小于 f_0。这种改变反射极电压而引起振荡频率改变的特性成为电子调谐特性。

由图 7.2-12 示出的电调谐曲线图可见，n 越大，电调谐范围越宽，但需要的电压变化范围越小。这是因为 n 越大，电子在反射场中的渡越时间长，行走距离远，V_r 稍有变化，引起渡越时间的变化就会大些，从而引起振荡频率的变化也要大一些。因此 n 值越大，调谐灵敏度越高。

反射速调管在一定负载情况下有一个最佳的 n 值，或最佳振荡区，振荡器能输出最大功率，通常最佳 n 值是 1 或 2。

描述反射速调管电调谐特性的参量有两个：

① 电子调谐斜率，又称电调谐灵敏度，是指在振荡区中心附近，V_r 改变 1 V 所引起振荡频率的变化量。单位为 Hz/V。

② 电调谐范围，指在振荡区中心两侧两个半功率点所对应的振荡频率之差 Δf，在振荡中心附近的区域电子调谐特性近似为线性调谐。

振荡频率的调谐还可以采用机械调谐法，即通过改变振荡腔的尺寸实现。这里不作介绍。

反射速调管振荡器的优点是结构简单、体积小、工作频率高，可达毫米波甚至亚毫米波段，

其噪声性能和频稳度高于转移电子器件和雪崩管振荡器，同时还具有耐高温、耐辐射等特点。

反射速调管振荡器的缺点是工作效率很低，理论效率只有5.4%，只宜作小功率信号源。在X波段，它的输出功率为几十毫瓦，电子调谐斜率为2 MHz/V。在C波段，它的输出功率为几百毫瓦，电子调谐斜率为0.6～0.8 MHz/V。

反射速调管振荡器可以用作接收机本振、参放泵源及微波信号源等。在使用中，要根据所需的功率、电调谐带宽、振荡的稳定度等要求，选择适当的工作模式。

最后，说明一下谐振腔上起止电压是如何产生的。电子枪发射的电子流不是绝对均匀的，存在散弹噪声。这种噪声包含很宽的频谱分量。当电子流通过谐振腔时，就会产生感应电流，感应电流中也包含噪声的各种频谱分量，其中频率等于谐振腔自然频率的那个分量就会在隙缝上建立起感应电压，这个电压对电子流进行速度调制和能量交换，从电子流中获得能量而逐步增长起来，最后在平衡状态下成为稳定的振荡电压。

7.3 行波管放大器

速调管放大器的主要缺点是频带窄，这是因为速调管放大器采用了谐振腔，腔内电场呈驻波分布，利用电子流通过谐振腔时和驻波电场交换能量。为了提高输出功率和效率，应使隙缝处电场幅度足够高，这就要求谐振腔具有很高的Q值，因此工作频带很窄。可以设想，如果电子流不是和驻波电场交换能量，而是与行波电场相互作用，这样就不用谐振系统；但行波电场很弱，不能充分调制电子流和获取电子流的能量。如果设法使电子流和行波电场以相同的速度同向传播，使它们相互作用的时间拉长，这样也有可能使电场从电子流获得较多的能量，获得高增益。这就是行波管放大器的基本原理。由于行波管没有谐振腔，所以工作频带很宽，可达几个倍频程。也由于没有谐振腔，电子流不需要通过一道道栅网，因此电流分配噪声很小，可获得很低的噪声系数。小功率低噪行波管的噪声系数一般为1～6 dB。

行波管作为放大器的主要特点是频带宽，动态范围大，噪声低，功率和增益高，因而至今在雷达、通信、广播、电视、遥测、电子对抗等设备中广泛应用。

行波管按用途可分为两类。一类是低噪行波管，一般用于微波接收机的前置级。由于它具有频带很宽的特点，在许多场合目前仍不能被参放和半导体器件所取代。另一类是功率行波管，可作为发射机的末级或中间级功率放大器。这类行波管的效率高达70%，输出功率可达兆瓦。

根据工作原理，行波管又可分为两类：一类利用电子损失动能使行波电场放大，叫做“O”型行波管；另一类利用电子损失位能使电场放大，叫“M”型行波管。本章只介绍“O”型行波管。

7.3.1 行波管放大器的结构

行波管的结构如图7.3-1所示。行波管主要由电子枪、聚焦系统、慢波系统、输入、输出机构和收集极组成。从电子枪出发的电子流，经过加速极电压（几百伏至几千伏）的加速，飞入慢波系统。在这里它和输入电磁波的行波电场相互作用，交出一部分能量，最后达到收集极被吸收，被放大了的电磁波从慢波系统终端输出。

由于电子流密度较大，电子电荷的排斥力使电子流有散开的倾向。如果打在慢波线上，不

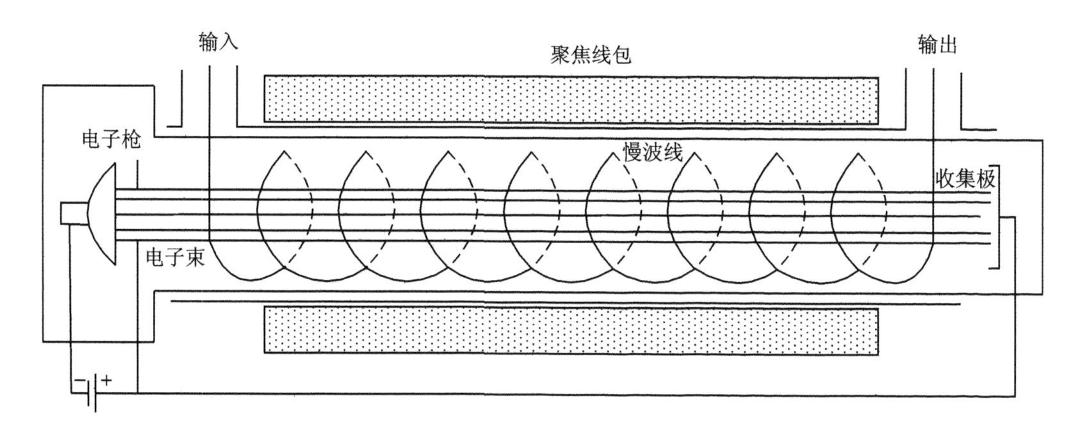

图 7.3-1　行波管结构示意图

仅造成功率损耗，还可能烧毁慢波线，所以行波管中采用聚焦系统对电子流进行聚焦。聚焦系统可使用永久磁铁，也可使用通以电流的聚焦线包形成内部磁场。它们在行波管内产生几百至几千高斯的纵向磁场。

输入、输出机构的作用是输入、输出微波信号，可采用同轴线或波导结构。为了使行波管具有宽频带，必须保证行波管中的电磁波呈行波状态，因此要求输入、输出机构必须在很宽的频带内和慢波线之间保持良好的阻抗匹配。

慢波系统是行波管的重要部分，小功率行波管常采用螺旋线作慢波系统。什么叫慢波系统呢？我们知道，电磁波沿双线或同轴线传播时，传播的相速等于光速，沿波导传播时的相速大于光速。在行波管中，为使运动电子与行波电场相互作用，必须使行波电场与电子的行进速度相近。而电子的速度由加速电压决定，比光速小得多，因此必须减慢行波电场的行进速度，使其与电子同步。使电磁波传播速度小于光速的传输系统称为慢波系统。

在行波管中对慢波系统的要求有以下几点：

① 电磁波在其中传播速度小于光速，以便和电子运动速度同步。电子速度 $v_0=\sqrt{\frac{2eV_0}{m}}$。当 $V_0=1\ 000\ \mathrm{V}$，$e=1.6\times10^{-19}\ \mathrm{C}$，电子质量 $m=9.156\times10^{-31}\mathrm{kg}$，求得 $v_0=0.063c$，这里 c 是光速。因此，在慢波系统中相速远小于光速。

② 慢波系统中高频场应有足够强的纵向分量。因为电子沿纵向运动，只有纵向电场分量才能进行能量交换，因此应尽量减小电场的横向分量，以免电子横向扩散。

③ 电磁波在慢波系统传播的相速应在相当宽的频带内保持恒定，即色散要小，以便在宽频带内保持同步条件。

图 7.3-2 是几种慢波结构示意图。对于小功率行波管，螺旋线是一种理想的慢波系统。中功率管常用螺旋线的变态结构，如图 7.3-2 中的环圈结构。大功率管常用耦合腔结构。结构的改变主要是考虑功率容量和散热问题。

我们以螺旋线为例，简要说明慢波结构如何减慢电磁波的相速。电磁波沿导线以光速传播，现在将导线绕成螺旋线形状，就迫使电磁波走弯路，沿着导线一圈一圈地前进，结果电磁波沿轴线的传播速度就减慢了许多。图 7.3-3 画出了螺旋线中相速与光速的关系。

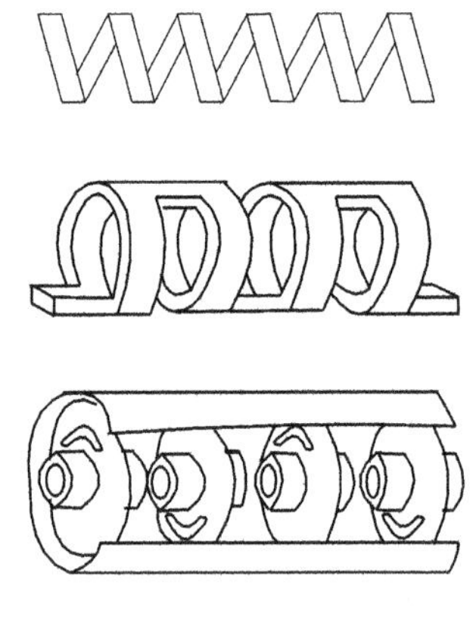

图 7.3-2 几种慢波结构

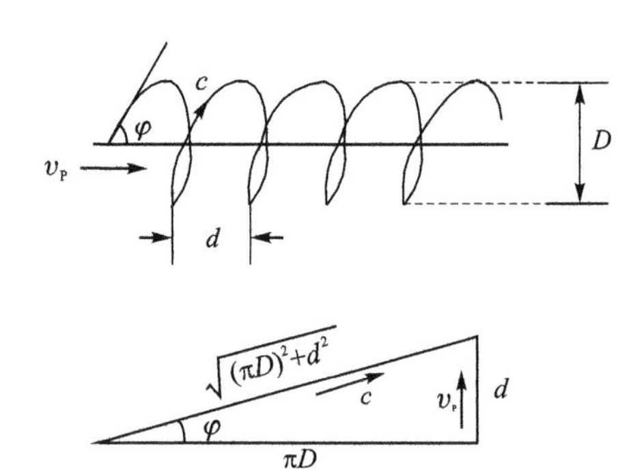

图 7.3-3 螺旋线中相速与光速的关系

定义慢波比为相速与光速之比为

$$\frac{v_p}{c}=\frac{d}{\sqrt{(\pi D)^2+\mathrm{d}^2}} \tag{7.31}$$

式中：d 表示螺距，D 表示螺旋线的直径，v_p 是相速。通常 $d \ll D$，所以可近似认为

$$v_p=\frac{d}{\pi D}c \tag{7.32}$$

从式(7.32)看好像慢波比与频率无关，这是因为上面的分析很粗劣，严格的理论分析表明，在频率较低时会有严重的色散存在，而当频率高于某个值后，在很宽的频段内，其相速几乎与频率无关。

7.3.2 行波管放大器的工作原理

沿螺旋线传播的电磁波在螺旋线内部和外部都产生电场和磁场。由于磁场对电子流的作用很小，所以只考虑电场的影响。螺旋线内的电场存在切向分量、径向分量和轴向分量，由于电子只沿轴向运动，所以只有轴向电场能够对电子起加速或减速作用，进行能量交换。所以只考虑轴向电场的作用。

从电子枪发射的电子在慢波线的始端和微波信号的电场相遇，根据相遇时电场的相位不同，对电子也许是加速场，也许是减速场，或者作用力为零。也就是说，电子受到电场的速度调制。

① 第一种情况，电子流的速度 v_0 等于波的相速 v_p。图 7.3-4(a)表示在某瞬时($t=t_1$)慢波线起始部分电场与电子的分布情况。图中用 1～8 个点表示电子的分布是均匀的。但是由于它们进入螺旋线的时刻不同，遇到的电场相位不同，从而受到的电场力不同。有的被电场加速(如 2、3、4)趋于向 5 靠拢集聚，有的被电场减速(如 6、7、8)也趋于向 5 后退集聚，有的不受力(如 1、5)。经过一段时间的飞越，当 $t=t_2$ 时(见图 7.3-4(b))，受到速度调制的电子转化为密度调制。电子 2、3、4 和 6、7、8 以电子 5 为中心群聚起来。形成周期性分布的电子群。群居的电子将和电场以相同的速度向终端传播。但是由于被加速的电子数等于被减速的电子数，所以平均起来电子流与高频电场之间没有能量交换，微波信号得不到放大。

② 第二种情况，电子流的速度 v_0 大于波的相速 v_p，如图 7.3-5 所示。

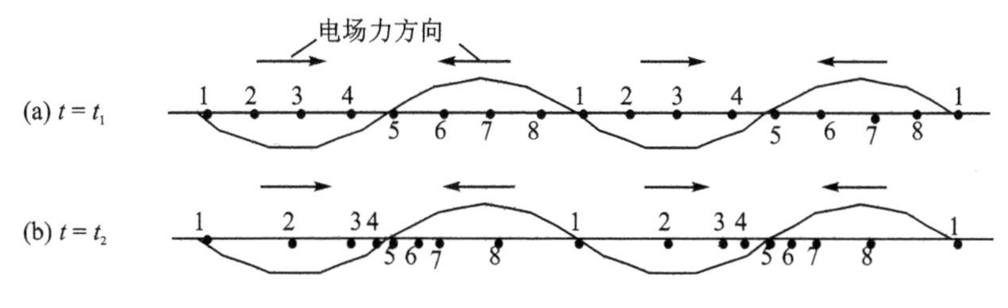

图 7.3-4　$\upsilon_0=\upsilon_p$ 时的情况

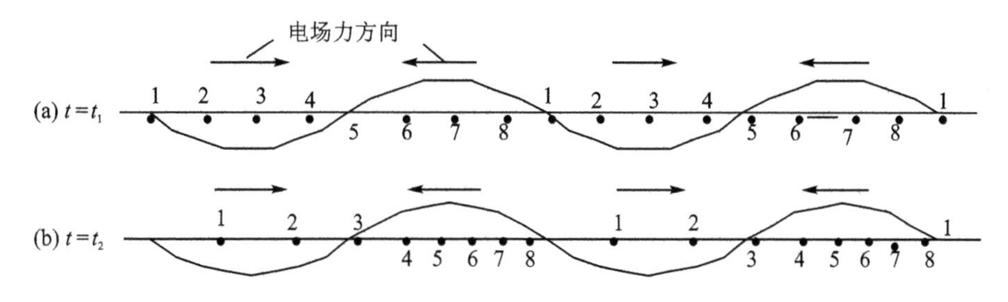

图 7.3-5　$\upsilon_0>\upsilon_p$ 时的情况

$t=t_1$ 时刻(见图 7.3-5(a)),在电场的负半周电子受电场的加速作用。本来 $\upsilon_0>\upsilon_p$,由于受到电场加速,电子的运动速度更快了,因此很多电子冲进前面的减速场区。在电场的正半周内的电子,受减速场的作用速度慢下来,但仍停留在减速场区。结果在 $t=t_2$ 时刻(见图 7.3-5(b)),电子群聚在减速场区。在这种情况下,由于被减速的电子数多于被加速的电子数,电场从电子流中获得能量而得到放大。被放大的电场又反过来作用于电子流,对它进行速度调制,使它进一步群聚,交出更多的能量。这样就出现了从输入端到输出端,电子的群聚不断加剧,电场逐渐被放大的情况,如图 7.3-6 所示。

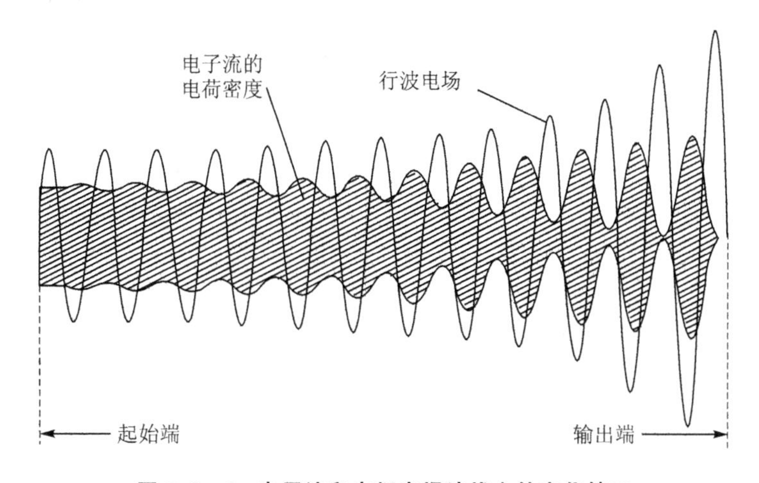

图 7.3-6　电子流和电场在慢波线上的变化情况

必须指出的是,为使电子群与减速场同步,不断交出能量,电子流的起始速度与相速不能相差太多,υ_0 只能稍大于 υ_p。

③ 第三种情况,电子流的速度 υ_0 小于波的相速 υ_p,如图 7.3-7 所示。按照前面分析不难看出,在这种情况下,电子流将群聚在加速场区,结果是电子流吸收电场的能量,使电场衰减,没有放大作用。

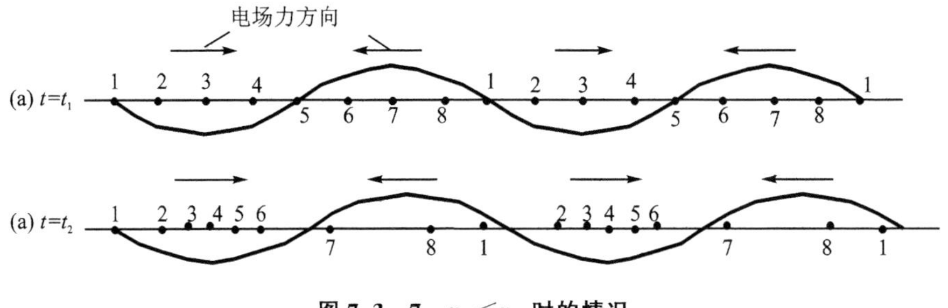

图 7.3-7　$\upsilon_0 < \upsilon_p$ 时的情况

综上所述，行波管中电子流和行波电场的相互作用也与速调管类似，包括速度调制、密度调制和能量交换三个过程。不同之处是这三个过程不是分开的，而是同时发生的；另外这些过程不是局限在某个特定空间，而是连续分布在慢波线上。

7.3.3　行波管放大器的特性

1. 增　益

行波管放大器的增益定义为输出功率与输入功率之比。在电子流大小和输入信号频率不变的条件下，调节加速极电压，得到行波管放大器的增益曲线，如图 7.3-8 所示。只有当加速极电压处于某一狭窄范围内，行波管才能放大。当加速电压为$(V_0)_{opt}$时，增益最大。该电压叫同步电压。当慢波线和信号频率给定时，波的相速就基本确定了。改变加速电压使电子流的速度发生变化，同时对波的相速也有一定影响。当加速电压等于同步电压时，电子流的速度和波相速满足同步条件 $\upsilon_0 \approx \upsilon_p$（$\upsilon_0$ 略大于 υ_p），电子流交出的能量最多，所以增益最大。

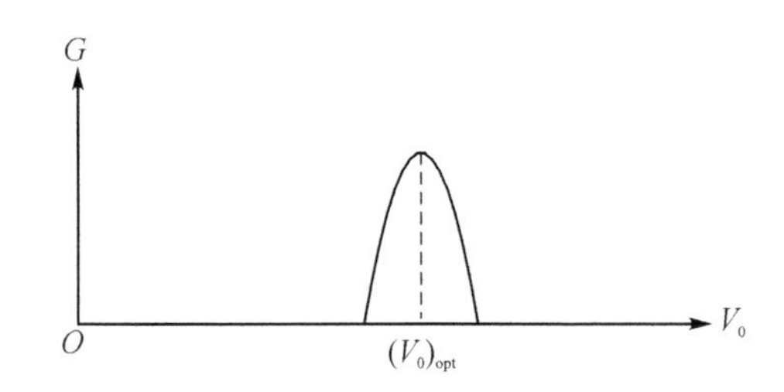

图 7.3-8　增益与加速电压的关系

行波管放大器的增益、输出功率与输入功率的关系与其他类型微波功放相同。在输入功率低于某值时，输出功率与输入功率呈线性关系，增益不变。当输入功率大于该值时，增益下降，输出功率出现饱和现象。对应最大输出功率的增益叫放大器饱和增益。

行波管放大器饱和现象也可这样解释：在 I_0、V_0、ω 给定的行波管中，电子流所能给出的最大功率也就确定了。功率大小取决于电子流速度与波相速之差。当输入功率由较低值逐渐上升时，输入信号电压对电子流的速度调制作用逐渐增强，使电子流越来越快地群聚起来，因而输出功率也随之线性增加。这是小信号工作状态。但随着输出功率的增加，由于强烈的群聚，大多数电子进入减速场区，减速场幅度越高，对电子流的减速作用越明显，使电子流的速度越来越慢，而且电子群在减速场中的位置越来越滞后。当输入功率增加到某值时，电子流的速度已减慢到等于波的相速，而且电子群中心退到高频电场为零的相位；再加上由于空间电荷力的排斥作用，电子群发生分裂，一部分留在减速场区，一部分退到加速场区。这样，一部分电子流不再交出能量或转而吸收能量。此时继续增加输入功率只能缩短电子交出能量的过程，而不能使输出功率增加，也就是进入饱和状态。

2. 效　率

为使慢波系统中的电子群和减速场同步，电子流的速度只能略大于波的相速。当电子流交出一定能量，速度减缓到与波速相等时，交换能量的作用就变得很差。由于速度差的限制，电子流交出的能量很有限。电子流在离开慢波系统时仍具有很高的速度，最后打到收集极上，使收集极发热。因此，若不采取措施，行波管的效率很低，大功率管的效率也很少超过 30%。提高效率的方法有两种。

(1) 速度再同步法

在电子流速度减缓的同时，设法降低波相速，使两者保持一定的速度差。这样，电子流就可继续交出能量，使行波管效率提高。这种方法叫速度再同步法。

为实现速度再同步可采取两种措施。一种是慢波线采用不均匀的结构，使波的相速沿传播方向逐渐减慢，与逐渐减慢的电子流保持同步。对于螺旋线结构，可采用逐渐减小螺距的方法，使相速连续减小。另一种方法是对减慢的电子流再加速，与波相速维持一定的相位差。为此，必须将慢波线分为几段，加上不同的电压。这些方法工程实现有一定困难。

(2) 收集极降压法

行波管中电子以很高的速度打在收集极上将造成能量的损耗。假如在收集极和慢波线上加不同的电位，使收集极的电位 V_c 小于慢波线的电位 V_0（见图 7.3-9），在它们之间构成减速场，使电子以较低的速度打在收集极上，就可减少能量损耗，提高行波管的效率。这种方法叫收集极降压法。

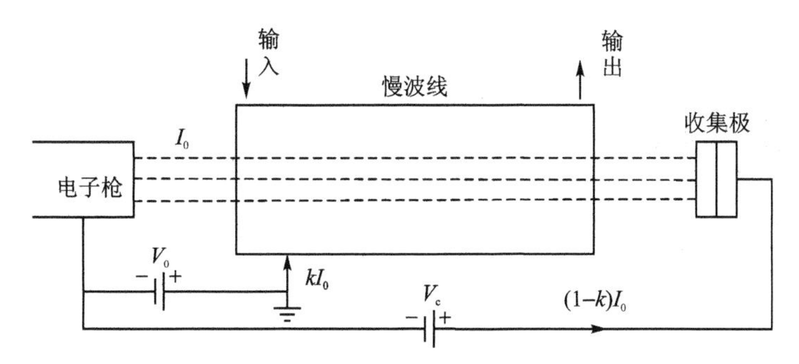

图 7.3-9　收集极降压法

设总电子流为 I_0，其中小部分电子流 kI_0（$k<1$）打在慢波线上，大部分电子流 $(1-k)I_0$ 被收集极所收集。这样加速电源供给的功率为 kI_0V_0，收集极电源供给的功率为 $(1-k)I_0V_c$，因此直流电源供给的总功率为

$$P_{DC}=kI_0V_0+(1-k)I_0V_c=I_0[kV_0+(1-k)V_c] \tag{7.33}$$

设电子流交出的高频场功率为 P_{out}，则效率为

$$\eta_1=\frac{P_{out}}{I_0[kV_0+(1-k)V_c]} \tag{7.34}$$

如果收集极不降压，则 $V_c=V_0$，代入式(7.34)有

$$\eta_2=\frac{P_{out}}{I_0V_0} \tag{7.35}$$

将两式相除，得到两种情况下效率之间的关系为

$$\eta_1=\frac{V_0}{kV_0+(1-k)V_c}\eta_2 \tag{7.36}$$

从式(7.36)可知，若 $k=0, V_c=\frac{V_0}{2}$，则 $\eta_1=2\eta_2$，效率提高一倍。若 $k=0.05, V_c=\frac{V_0}{2}$，则 $\eta_1=1.9\eta_2$，一般看来，收集极电压越低，效率越高。但实际上收集极电压也不能过低，因为电子速度过慢会使电子在减速场作用下返回慢波线，这样不仅会使收集极发热，还会由于信号的反馈使行波管工作不稳定。

行波管采取了提高效率的措施后，效率可提高到60%～70%。

3. 稳定性

有很多因素会使行波管放大器工作不稳定产生自激振荡。最常见的是由于输入或输出端不匹配产生的自激。造成自激的原因是波在慢波系统中来回反射。为使放大器稳定工作，必须设法阻断反射波。最常用的手段是在慢波线中段加衰减器，称为集中衰减器，其衰减量应大于管子的增益，用于吸收反射功率。这样肯定会影响增益指标，但对于提高稳定性十分有效。在大功率管中，常将慢波系统在适当的位置隔断，并在隔断处附近喷涂石墨衰减层。在螺旋线断开处，电磁波几乎全部被反射，并被衰减器吸收。这种方法可得很大的衰减。

慢波线中插入衰减器也不会对增益造成太大的影响，这是因为衰减器只能对高频场产生较大的影响，不会影响电子流。在通过衰减器后，群聚的电子流仍旧在慢波线中激起幅度强大的电场，并且相互作用，输出很大的功率。

4. 工作频带

行波管的工作频带主要受慢波线色散特性的限制。假如波的相速随工作频率变化，就会使同步条件遭到破坏，引起增益下降。另外，输入、输出端的匹配性能也对频率特性有影响。为使行波管具有宽的频带，应选用由弱色散特性的慢波结构，同时在输入、输出端采用宽频带的阻抗变换器。

5. 噪声系数

低噪放大器必须考虑噪声系数。行波管的噪声源包括两个方面：一是由于电子流不均匀产生的散弹噪声；二是由于电子打在加速极或慢波系统上产生的电流分配噪声。为减小噪声，一方面设法改善电子流的聚焦(如加聚焦线圈)；另一方面设计低噪电子枪，降低散弹噪声。

下面给出 VJJ－2609－A4 型行波管的工作参数，该管用于卫星通信地面站发射机末前级功放。

工作频率范围为5.926～6.425 GHz；饱和输出功率为30 W；增益为45.8 dB；噪声系数为23 dB；螺旋线电压为3 280 V；螺旋线电流为0.3 mA；第一阳极电压为2 870 V；第一阳极电流为8 mA；收集极电压为1 900 V；收集极电流为50 mA；聚焦极电压为－50 V。

7.4 返波管振荡器

在研究行波管放大器的过程中，一种重要现象应引起注意。那就是在一定条件下，行波管可产生自激振荡，并且是在全匹配状态下。在自激时，能量沿慢波线的传播方向与电子流的

方向相反，即行波管的输入端成为振荡功率的输出端。同时还发现，自激振荡频率在很宽范围内随加速极电压而变化。对这些现象进一步研究，促成了一种新型微波振荡器——返波管的诞生。这种振荡器具有很宽(几个倍频程)的调谐范围，又能振荡到很高的频率(可达亚毫米波段)，所以得到了工程应用。

1. 振荡原理

图 7.4－1 表示返波管的结构示意图，与行波管结构基本相同，区别在于原来行波管的输入端现在是返波管振荡器的输出端，原来的输出端接入了匹配负载。为了说明返波管的工作原理，首先介绍空间谐波的概念。

对于波导、同轴线等一般的传输线，由于其结构沿纵向是均匀的，所以在各个截面处场强分布均匀相同。其电场可表示为

$$E = f(x, y)e^{j(\omega t - \beta_0 z)} \tag{7.37}$$

式中：$f(x, y)$是场强在横截面上的分布函数；β_0 是相位常数。

如前所述，慢波系统都采用周期结构(见图 7.4－2)，传输线横截面的形状是距离 z 的函数。因此，横截面内的场强分布也是 z 的函数。

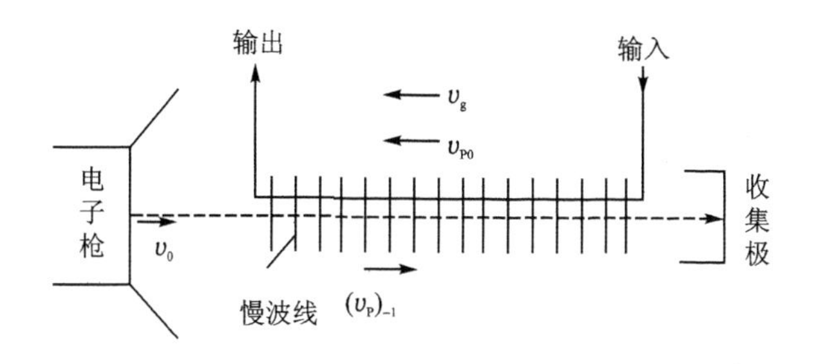

图 7.4－1　返波管结构示意图

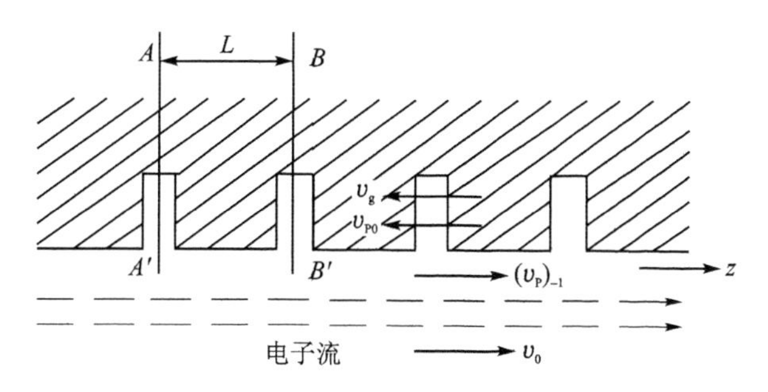

图 7.4－2　慢波系统的周期性结构

其分布电场可表示为

$$E = f(x, y, z)e^{j(\omega t - \beta_0 z)} \tag{7.38}$$

由于慢波线结构是周期变化的，电场分布也呈周期变化。若空间周期长度为 L，则场强分布函数

$$f(x, y, z) = f(x, y, z - L) \tag{7.39}$$

例如图 7.4－2 中 AA'截面与 BB'截面的场强分布相同。对于周期性函数 $f(x, y, z)$，可

以对 z 展开为傅里叶级数

$$f(x,y,z)=\sum_{n=-\infty}^{\infty}F_n(x,y)\mathrm{e}^{-\mathrm{j}\frac{2n\pi}{L}z} \tag{7.40}$$

将式(7.40)代入到电场表达式，有

$$E=f(x,y,z)\mathrm{e}^{\mathrm{j}(\omega t-\beta_0 z)}=\sum_{n=-\infty}^{\infty}F_n(x,y)\mathrm{e}^{\mathrm{j}\omega t-\beta_0 z-\mathrm{j}\frac{2n\pi}{L}z}=\sum_{n=-\infty}^{\infty}F_n(x,y)\mathrm{e}^{\mathrm{j}(\omega t-\beta_0 z)} \tag{7.41}$$

式中：$\beta_n=\beta_0+\dfrac{2n\pi}{L}$。

式(7.41)的物理意义可借鉴时域谐波分析的概念来解释，沿 z 方向呈非正弦周期性分布的空间波，可分解为无数个横向场强分布及相速不同的沿 z 方向呈正弦分布的波。与时间谐波对应，这些波叫空间谐波。或者说，沿周期结构传播的波可看成无数个沿均匀传输线传播的波的叠加。各个波的横截面场强和相速均不同。$F_n(x,y)$表示第 n 次空间谐波的横向场强分布；β_n 表示第 n 次空间谐波的相位常数。$n=0$ 的叫基波，$n=1$ 的叫一次空间谐波，$n=-1$ 的叫负一次空间谐波，等等。

第 n 次空间谐波的相速为

$$v_{pn}=\frac{\omega}{\beta_n}=\frac{\omega}{\beta_0+\dfrac{2n\pi}{L}} \tag{7.42}$$

当 $n<0$，而且$\dfrac{2n\pi}{L}>\beta_0$ 时，$v_{pn}<0$，说明 $n<0$ 空间谐波的传播方向和基波相反；$n>0$ 的空间谐波的传播方向和基波相同。再看一看空间谐波的群速

$$v_{gn}=\frac{1}{\dfrac{\mathrm{d}\beta_n}{\mathrm{d}\omega}}=\frac{1}{\dfrac{\mathrm{d}\left(\beta_0+\dfrac{2n\pi}{L}\right)}{\mathrm{d}\omega}}=\frac{1}{\dfrac{\mathrm{d}\beta_n}{\mathrm{d}\omega}}=v_{g0} \tag{7.43}$$

式(7.43)说明，各次空间谐波的群速相同，都等于基波的群速。因此，空间谐波分为两类；一类波相速和群速方向相同，叫前向波；另一类波相速和群速方向相反，叫返波。有了空间波谱的概念，我们就可以理解电子流和反向传播的电磁波之间交换能量的可能性。

由图 7.4-3 返波放大器示意图可见，输入信号沿慢波系统的传播方向与电子流的方向相反。如前所述，慢波系统中的波可分解为无数个空间谐波之和，其中返波相速与群速方向相反，因而与电子流方向相同。如果我们控制电子流的速度使它和某一返波同步，就如行波管中那样，电子流就可以和这个返波相互作用，返波使电子流群聚，电子流将能量交给返波。与行波管不同的是，由于返波相速与群速相反，它所获得的能量将自右向左传播，因此输入信号自右向左增长，而电子流的群聚自左向右逐渐增强。

返波放大器与行波管放大器的重要区别是：在行波管放大器中，当电子流进入慢波系统时，对它进行速度调制的是未经放大的输入信号，作用于放大器输入端的是未群聚的电子流；而在返波管放大器中，当电子流进入慢波系统时，对它进行速度调制的是已经放大的输出信号，作用于放大器输入端的是已群聚的电子流。由于群聚的电子流可以在返波管输入端产生感应电流，激起新的输入信号，因此返波管放大器是反馈放大器。慢波系统相当于从输入端到输出端的放大途径，电子流相当于从输出端到输入端的反馈途径。电子流起双重作用，既是能

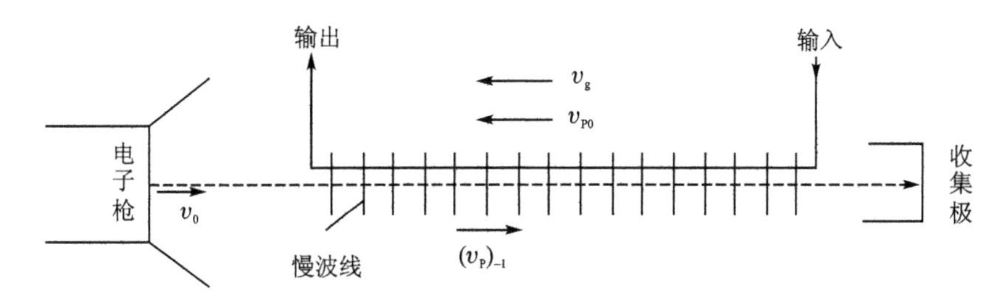

图 7.4-3　返波放大器示意图

量的来源，又是反馈环路。

电子流和−1 次空间谐波同步($v_0=(v_p)_{-1}$)的条件下，电子流向输入信号提供能量，使信号放大，而返波管放大器是正反馈放大器。当电子流足够大，因而群聚电子流在输入端激励的电压大于输入信号电压时，就会产生自激振荡，这样就构成了返波振荡器。

2. 返波管振荡器特性

(1) 电子调谐特性

返波振荡的条件是电子流与−1 次空间谐波同步，即

$$v_0 \approx (v_p)_{-1} = \frac{\omega}{\beta_{-1}} = \frac{\omega}{\beta_0 - \dfrac{2\pi}{L}} = \frac{1}{\dfrac{\beta_0}{\omega} - \dfrac{2\pi}{\omega L}} = \frac{1}{\dfrac{1}{v_{p0}} - \dfrac{1}{fL}} \tag{7.44}$$

式中：$v_{p0}=\dfrac{\omega}{\beta_0}$是基波相速。由式(7.44)可见，−1 次空间谐波的相速是频率的函数。即使基波没有色散，−1 次空间谐波也具有强烈的色散性。利用这一特性可实现振荡器的电子调谐。

返波管中电子调谐过程可简述如下：由于电子发射的随机性，未调制的电子流在慢波系统中产生的感应电流包含有噪声，噪声的频谱很宽，其中每一频率分量的感应电流将在慢波系统中激起微弱的电场，这些高频场可以分解为无数个空间谐波。当某一频率分量的−1 次空间谐波与电子流同步时，这个频率的场就能从电子流中获得能量而成长起来，最后形成稳定的振荡。如果改变加速电压 V_0，使电子流的速度发生改变，和它同步的−1 次空间谐波的相速也要发生变化。这就意味着振荡频率的变化，将由另一个频率的−1 次空间谐波和电子流同步。

和行波管放大器相反，在返波管振荡器中，为了获得宽的电子调谐范围，通常采用色散性强的慢波结构，如梳状、交指状结构。返波管的电子调谐范围可达几个倍频程。

(2) 负载特性

返波管的一个突出优点是它的振荡频率几乎不受负载变化的影响，振荡功率受负载的影响也很小。这一良好的特性是因为在靠近收集极的慢波线一端设置了匹配负载。当返波管的输出端匹配不好或者负载阻抗发生变化时，将在输出端产生反射，反射波的能量沿着电子流相同的方向传播。由于−1 次空间谐波的相速与电子流方向相反，因此与电子流没有相互作用。反射波经过慢波线的衰减，到达终端时被匹配负载吸收，因此输出端的反射不会对振荡器的工作产生重要影响。

(3) 效　率

返波管振荡器的效率很低，在厘米波段为百分之几，在毫米波段为千分之几，同时为防止

高模式振荡的干扰，电子流不能很大，因此返波管只能用作小功率振荡源。

7.5 多腔磁控管振荡器

在速调管与行波管中，直射的电子流和交变电场相互作用，电子通过损失动能使高频电场得到放大或产生振荡。外加的恒定磁场和电子运动方向相同，只起聚焦作用而不影响能量交换过程。本章将介绍正交场器件，在这类器件中，电子在相互垂直的恒定电场和恒定磁场中运动；外加磁场与电子运动方向垂直，对能量交还起控制作用；电子通过损失位能使高频电场放大或振荡。这类器件由于不存在能量交换与保持同步条件之间的矛盾，因此可获得更高的效率，输出更大的功率。

正交场器件种类有多种，本节介绍其中技术发展最成熟、应用最广泛的多腔磁控管。与速调管和行波管相比，磁控管具有效率高、工作电压低、结构紧凑、质量轻等优点。脉冲磁控管的最大输出功率在 L、S 波段达几兆瓦，连续波磁控管的输出功率达几十千瓦，效率在 80%以上。早期磁控管主要用在雷达发射机中作振荡管，随后从军事领域的应用扩展到通信、制导、工业加热、医疗、食品加工等民用领域。

7.5.1 多腔磁控管的结构

图 7.5－1 表示一种永磁铁多腔磁控管的外形结构，磁控管夹在两个磁极之间，磁场垂直于腔体；也可用直流通电线包形成磁场。图 7.5－2 展示了腔体的剖面图。腔体由三部分组成：阴极、阳极、输出耦合装置。阴极与阳极严格保持同轴关系。阴极的作用是发射电子流。为了输出足够大的功率，阴极的面积很大，其直径通常是阳极的一半。阴极内部设置螺旋状加热灯丝，灯丝的引线穿过玻璃管套引出。脉冲磁控管要求阴极有很高的脉冲发射能力，因此脉冲磁控管的阴极毫不例外地采用氧化物材料。而连续波磁控管要求阴极有低的逸出功（电子脱离阴极所需的功）、低的温度和较高的发射率，一般采用钍钨合金。

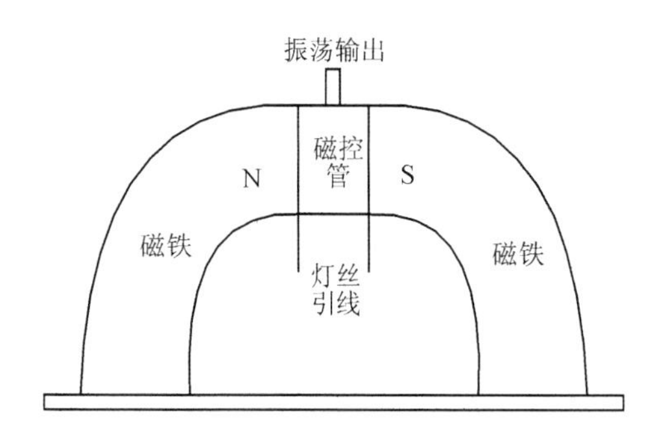

图 7.5－1 多腔磁控管外形图

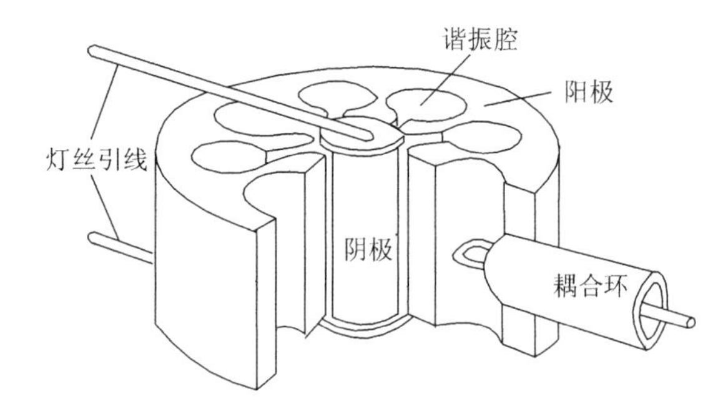

图 7.5－2 多腔磁控管腔体剖视图

阳极由无氧铜做成，阳极由偶数个（6～40 个）圆孔和槽缝组成，每一个孔缝构成一个小的谐振腔，振荡频率越高，所用谐振腔数量越多，多腔磁控管由此得名。这种周期性结构的作用与行波管中螺旋线的作用相同，形成一种慢波系统，阳极和阴极表面构成高频场的作用空间。阳极外表面一般做成片状便于散热。

输出装置将管中产生的高频振荡能量耦合到负载上去。输出装置包括阻抗变换器、耦合装置、传输线。输出装置可以是同轴型，也可以是波导型。

磁控管的阳极接地，阴极带有负高压，阴极和阳极之间形成径向的直流电场。磁控管夹在磁铁的两个极之间，形成与直流电场正交的轴向磁场。

连续波磁控管阳极与阴极之间所加的电压是恒定的，输出连续波功率。脉冲磁控管加的是脉冲电压，输出微波脉冲。通常脉冲很窄（微秒级），而脉冲周期很长（毫秒级），因而脉冲磁控管输出功率比连续波磁控管大得多。

7.5.2 电子在恒定电磁场中运动

1. 电子在恒定磁场中的运动

为了便于了解正交器件的工作原理，首先讨论电子在正交电磁场中的运动规律。

假定电子以速度 $\bar{v}$ 在磁通密度为 $\bar{B}$ 的磁场中运动，则作用于电子的洛仑兹力可表示为

$$\bar{F}_{\mathrm{m}}=-e(\bar{v}\times\bar{B}) \tag{7.45}$$

力的幅度 $F_{\mathrm{m}}=-evB\sin\alpha$，其中 α 是速度 $\bar{v}$ 与磁通密度 $\bar{B}$ 之间的夹角，作用力垂直于 $\bar{v}$ 和 $\bar{B}$。矢量 $\bar{v}\times\bar{B}$ 的方向根据右手法则确定。由于电子带负电荷，所以实际作用力与 $\bar{v}\times\bar{B}$ 的方向相反。下面分几种情况讨论（参照图 7.5－3）。

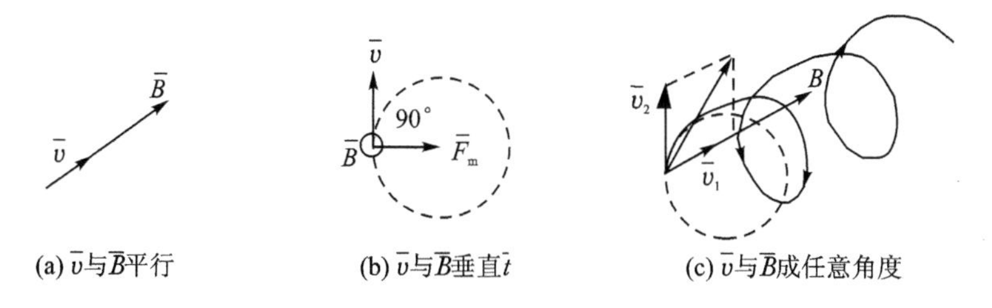

图 7.5－3　电子在恒定磁场中的运动轨迹

① 电子速度 $\bar{v}$ 与磁通密度 $\bar{B}$ 平行（$\alpha=0°$或 $180°$），如图 7.5－3(a)所示。由于 $\sin\alpha=0$，所以 $F_{\mathrm{m}}=0$，磁场对电子运动无影响。

② 电子速度 $\bar{v}$ 与磁通密度 $\bar{B}$ 垂直（$\alpha=90°$），如图 7.5－3(b)所示。作用在电子上的力 $|F_{\mathrm{m}}|=evB$，方向垂直于 $\bar{v}$ 和 $\bar{B}$。由于这个力总是和速度垂直，所以只改变速度的方向，不影响力的大小。电子的运动轨迹是一个圆。根据牛顿定律，对于圆周运动，若电子质量为 m，则向心力为

$$|F_{\mathrm{m}}|=evB=\frac{mv^2}{R} \tag{7.46}$$

由此得到圆半径 $R=\dfrac{mv}{eB}$；电子做圆周运动的周期 $T=\dfrac{2\pi R}{v}=\dfrac{2\pi m}{eB}$；角频率 $\omega=\dfrac{2\pi}{T}=\dfrac{eB}{m}$。角频率与磁通密度成正比。

③ 电子速度 $\bar{v}$ 与磁通密度 $\bar{B}$ 呈任意角，如图 7.5－3(c)所示。在这种情况下可将速度 $\bar{v}$ 分解成与磁通 $\bar{B}$ 平行与垂直的两个分量（$\bar{v}_1$ 和 $\bar{v}_2$），这时电子既做圆周运动又做直线运动，其轨迹是螺旋线。螺旋线的半径取决于 $\bar{v}_2$ 和 $\bar{B}$，螺距由 $\bar{v}_1$ 的大小决定。

由以上讨论可得结论：无论哪一种情况，磁场都不会影响电子速度的大小，只能改变其方向。因此可知，磁场对运动电子的作用并不使它的动能发生任何变化。

2. 电子在平面电极恒定电磁场中的运动

图 7.5-4 表示两平行平面电极，阳极相对于阴极带正高压，形成电场 E，同时存在恒定磁场 B。忽略边缘效应，电场和磁场都是均匀分布，并假定阴极附近没有空间电荷，电子离开阴极时初速为零。

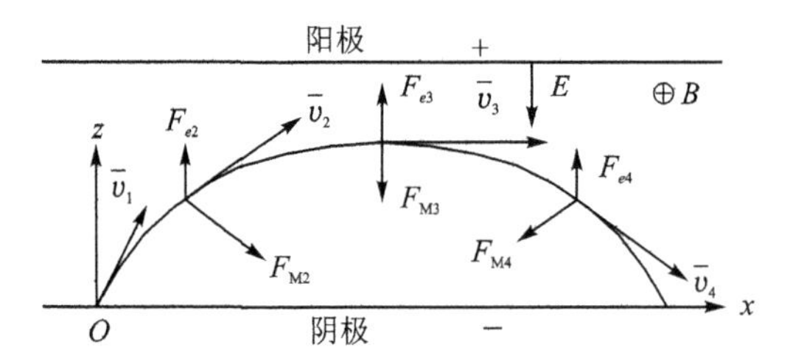

图 7.5-4　电子在平面电极恒定电磁场中的运动

如果磁场不存在，电子从阴极溢出后就会在电场作用下一直向阳极运动。电场对电子的作用力是

$$\bar{F}_{ez}=-e\bar{E} \tag{7.47}$$

这个力使电子向阳极作加速运动。但由于磁场的存在，运动电子还要受磁场力 $\bar{F}_{\mathrm{M}}$ 的作用。磁场对电子的作用力是

$$\bar{F}_{\mathrm{M}}=-e(\bar{v}\times\bar{B}) \tag{7.48}$$

这个力的方向平行于纸面而与电子速度 $\bar{v}$ 垂直。现在讨论电子在这两个力作用下的运动轨迹。

由于

$$\bar{F}_{\mathrm{M}}=M\bar{a}=-e(\bar{v}\times\bar{B}) \tag{7.49}$$

其中

$$\bar{F}_{\mathrm{M}}=\hat{i}_x F_{\mathrm{M}x}+\hat{i}_y F_{\mathrm{M}y}+\hat{i}_z F_{\mathrm{M}z} \tag{7.50}$$

$$\bar{a}=\hat{i}_x\frac{\mathrm{d}^2x}{\mathrm{d}t^2}+\hat{i}_y\frac{\mathrm{d}^2y}{\mathrm{d}t^2}+\hat{i}_z\frac{\mathrm{d}^2z}{\mathrm{d}t^2} \tag{7.51}$$

$$\bar{v}=\hat{i}_x\frac{\mathrm{d}x}{\mathrm{d}t}+\hat{i}_y\frac{\mathrm{d}y}{\mathrm{d}t}+\hat{i}_z\frac{\mathrm{d}z}{\mathrm{d}t} \tag{7.52}$$

$$\bar{B}=\hat{i}_x B_x+\hat{i}_y B_y+\hat{i}_z B_z \tag{7.53}$$

将式(7.49)利用矢量积运算法则展开，并用分量表示

$$F_{\mathrm{M}x}=m\frac{\mathrm{d}^2x}{\mathrm{d}t^2}=-e\left(\frac{\mathrm{d}y}{\mathrm{d}t}B_z-\frac{\mathrm{d}z}{\mathrm{d}t}B_y\right) \tag{7.54}$$

$$F_{\mathrm{M}y}=m\frac{\mathrm{d}^2y}{\mathrm{d}t^2}=-e\left(\frac{\mathrm{d}z}{\mathrm{d}t}B_x-\frac{\mathrm{d}x}{\mathrm{d}t}B_z\right) \tag{7.55}$$

$$F_{\mathrm{M}z}=m\frac{\mathrm{d}^2z}{\mathrm{d}t^2}=-e\left(\frac{\mathrm{d}x}{\mathrm{d}t}B_y-\frac{\mathrm{d}y}{\mathrm{d}t}B_x\right) \tag{7.56}$$

由于实际上 $B_x=B_z=0$，$B_y=B$。电子平行于纸面运动，所以 $v_y=\frac{\mathrm{d}y}{\mathrm{d}t}=0$，式(7.54)、

式(7.56)可简化为

$$F_{Mx}=m\frac{d^2x}{dt^2}=-eB\frac{dz}{dt} \tag{7.57}$$

$$F_{Mz}=m\frac{d^2z}{dt^2}=-eB\frac{dx}{dt} \tag{7.58}$$

考虑电子在 z 方向还受到电场力的作用,因此式(7.58)改写成

$$F_z=m\frac{d^2z}{dt^2}=eE-eB\frac{dx}{dt} \tag{7.59}$$

对式(7.57)进行一次积分运算

$$\frac{dx}{dt}=\frac{eB}{m}z \tag{7.60}$$

代入到式(7.59)中去得到

$$\frac{d^2z}{dt^2}+\frac{e^2B^2}{m^2}z=\frac{eE}{m} \tag{7.61}$$

式(7.61)是非齐次线性微分方程,通过边界条件可求出其通解和特解之和为

$$z(t)=\frac{eE}{m\omega_c}(1-\cos\omega_c t) \tag{7.62}$$

式中:$\omega_c=\dfrac{eB}{m}$,令

$$R=\frac{eE}{m\omega_c^2}=\frac{E}{B\omega_c}=\frac{mE}{eB^2}$$

则式(7.62) 成为

$$z(t)=R(1-\cos\omega_c t) \tag{7.63}$$

将式(7.63)代入式(7.60)中,并积分,得到

$$x(t)=R(\omega_c t-\sin\omega_c t) \tag{7.64}$$

将上两式整理后得

$$\left.\begin{aligned} z-R&=-R\cos\omega_c t\\ x-R\omega_c t&=-R\sin\omega_c t\end{aligned}\right\} \tag{7.65}$$

$$(z-R)^2+(x-R\omega_c t)^2=R^2 \tag{7.66}$$

这就是平面电极之间在正交电磁场作用下电子运动轨迹的表示式。它相当于一个半径为 R 的圆,以角速度 ω_c 沿阴极表面滚动时,圆周上某一点 P 的轨迹。这样的运动轨迹数学上叫摆线(见图 7.5-5)。

滚动圆的圆心的移动速度就是电子在 x 方向运动的平均速度 $v_c=R\omega_c$。当 $f_c=1$ Hz 时,$v_c=2\pi R$。摆线的最高点到阴极的距离为 $z_{max}=2R=\dfrac{2mE}{eB^2}$。

由 $R=\dfrac{mE}{eB^2}$ 可知,圆半径是电场强度 E 和磁通密度 B 的函数。当电场一定时,改变磁通密度的大小,电子的运动轨迹可以有以下这样几种情况:

① $B=0, R=\infty$。电子在电场作用下飞向阳极,如图 7.5-6 中直线 1 所示。

② 磁场较弱,电子受磁场的偏转力较小,半径 R 较大,$2R>d$。这里 d 是阳极到阴极的距离。在这种情况下,电子来不及做完摆线运动就打在阴极上,如图 7.5-6 中曲线 2 所示。

③ 磁通密度大小刚好使摆线最高点与阳极相切,如图 7.5-6 中曲线 3 所示,$2R=\frac{2mE}{eB^2}=d$。因为 $E=\frac{V_0}{d}$(V_0 是阳极电压),解出对应的磁通密度 $B=B_c=\sqrt{\frac{2mV_0}{ed^2}}$。$B_c$ 叫临界磁通密度。

④ $B>B_c$,电子收到磁场偏转力很大,电子在两极之间做摆线运动,达不到阳极,阳极电流截止,如图 7.5-6 中曲线 4 所示。

由此可见,临界磁通密度是判断阳极电流能否产生的标准。当阳极电压给定后,$B<B_c$ 有阳极电流,$B>B_c$ 无阳极电流。

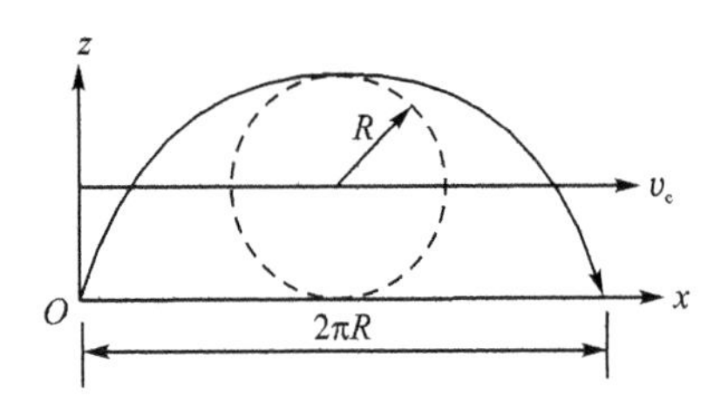

图 7.5-5 圆滚动形成摆线图

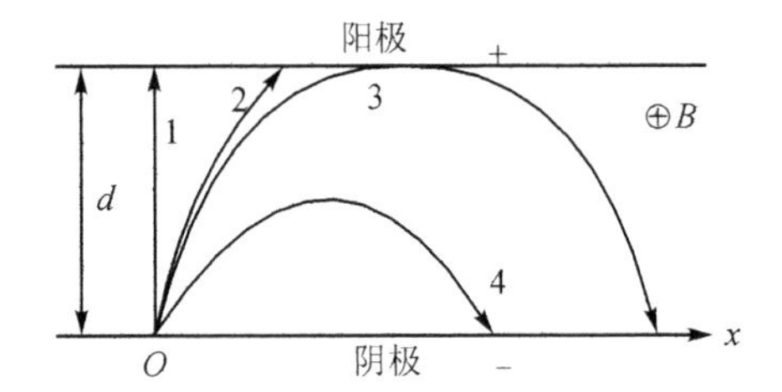

图 7.5-6 磁通密度对电子运动轨迹的影响

现在研究电子做摆线运动时的能量变化情况。电子从阴极出发时,速度等于零,动能等于零,位能最大等于 eV_0。在从阴极到摆线顶点的运动过程中,电场力始终存在与速度方向一致的分量,因此对电子起加速作用,使电子动能增加,位能减少。与此同时,磁场的偏转力也相应增加,但它只改变电子运动的方向,不影响电子速度的大小。当电子到达顶点时,速度最大,动能最大,位能最小。在这以后,电子在磁偏转力的作用下返回阴极。这时,电场力的方向对电子是减速的,因而电子速度下降,动能减小,位能增加,最后电子回到阴极时速度为零。在电子运动的全过程中,磁场的作用只是改变电子的运动方向,而不影响电子的速度。因此,磁场与运动电子无能量交换。但是,由于磁场的作用,使电子完成了从电场中吸取能量又交还能量的过程,因此可利用磁场控制能量交换的过程。

3. 电子在圆筒形电极恒定磁场中的运动

圆筒形电极如图 7.5-7 所示,阴极和阳极是同轴的圆柱体,其半径分别为 R_k 和 R_a。阳极相对于阴极带正高压,形成径向电场。电子从阴极发出,在电场和磁场作用下,在垂直于轴的平面内运动。电子运动轨迹与平板电极中类似,相当于一个圆沿阴极表面滚动时,圆周上一个点的运动轨迹。这种轨迹几何上叫外摆线。在阳极电压一定后,改变磁通密度的大小,电子的运动轨迹也可出现类似于平板电极的 4 种不同状况,如图 7.5-8 所示。

当外摆线与阳极相切时,对应的磁通密度叫临界磁通密度,可以表示为

$$B_c=\frac{2R_a}{R_a^2-R_k^2}\sqrt{\frac{2mV_0}{e}} \tag{7.67}$$

同样,当 $B<B_c$ 时有阳极电流;当 $B>B_c$ 时无阳极电流。电子在圆筒形电极中做摆线运动时,其能量交换过程与平板电极中相同。

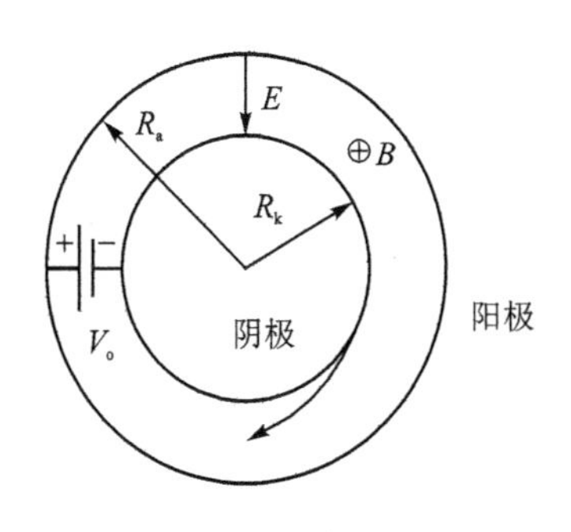

图 7.5-7　圆筒形电极中的电磁场

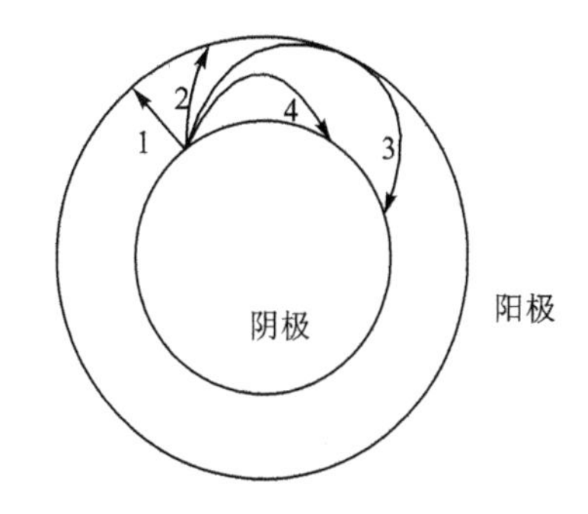

图 7.5-8　磁通密度对电子运动的影响

7.5.3　多腔磁控管的工作原理

图 7.5-9 表示多腔磁控管的截面图。在阴极和阳极之间有恒定的径向电场 E 和均匀的轴向磁场 B。此外，假定腔内已存在某种模式的高频振荡。这种模式的特点是相邻两个腔内的电磁场分布相位差为 180°，所以这种模式叫 π 模式，经过高频振荡的半个周期后，图中所有电力线都要反向；在隔半个周期后电力线又反向，如图 7.5-9 所示。

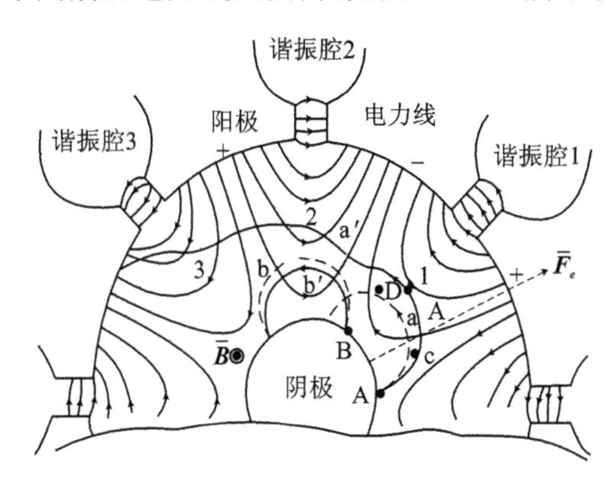

图 7.5-9　控管中电子与高频电场的能量交换

当高频电场不存在时，电子在恒定电磁场中的运动轨迹和前面所分析的圆筒形电极中相似，即按磁通密度不同，可以有如图 7.5-9 中所示的 4 种情况。在磁控管正常工作条件下，应选取 $B>B_c$。因此在没有高频电场作用时，电子运动的轨迹是如图 7.5-9 中虚线 a 和 b 所示的外摆线。在高频电场作用下，电子的运动轨迹将要发生变化，同时电子与高频电场要产生能量交换。如果能量交换使高频电场得到增强，磁控管就会维持振荡并输出功率。

现在看一下电子 A 的运动轨迹（图中 a′所示），电子 A 从阴极出发，在直流电场 E 和恒定磁场 B 的作用下，将沿外摆线轨迹运动，由于速度不断增加，其动能也随之增加而位能逐渐减小。但是，当电子到达高频电场作用空间时，首先遇到腔体 1 高频电场切向分量的减速作用，因此切向速度下降，电子损失能量而高频电场获得能量。径向速度有所增加，此时由切向速度决定的磁场力（指向阴极）也随之减小。这样一来，电子向外偏离外摆线轨迹，不再返回阴极，而是在直流电场加速下继续飞向阳极方向。但径向速度的增加又使电子受到的磁场偏转力增加，使电子飞入腔体 2 的高频电场作用空间。如果选取阳极电压 V_0 及磁通密度 B，控制电子旋转的角速度，使电子由腔体1飞到腔体2所需时间等于高频振荡的半个周期，那么，当它遇到腔体2所对应的高频电场时，电场的方向已和图中所示的方向相反，因此电子A在腔体2的作用空间遇到的仍是减速场，再一次向高频电场交出能量。由于切向速度分量减小，所受的磁场向心力亦减小，电子又不可能返回阴极，只能在直流加速场的作用下向更靠近阳极的方向飞去，但由于切向磁场力的作用又使它不能立即打到阳极上，而进入腔体3的高频电场区，再重复上述过程，直到打到阳极为止。在运动过程中，电子A一方面从直流电场取得能量(被径向直流电场加速)，一方面向高频电场交出能量(被高频切向电场减速)；每交出一次能量，其位置就越靠近阳极，即位能越低，因此电子是通过损失位能将直流电场能变换为高频电场能，最后电子仅以很低的速度打在阳极上。这种能量交换的效率很高。

再来看电子B的运动情况。它和电子A在相同的时刻从阴极出发，但它首先遇到的是腔体2切向高频电场的加速作用，因而切向速度分量增加，由切向速度决定的磁场力也变大，因此电子B比没有高频电场作用时以更快的速度返回阴极，其运动轨迹如图中实线b′所示。电子B从高频电场吸收能量，以一定速度打在阴极上，使阴极发热。从能量交换角度，该类电子是不利的电子，但这类电子很快被驱逐出作用空间，所以吸收的能量并不多，一般约占总直流输入功率的5%。

以上分析说明磁控管中存在一种自然选择现象，有益的电子(遇到减速场的电子)在作用空间的时间很长，在到达阳极前一次又一次向高频电场交出能量。不利的电子(遇到加速场、从高频电场吸收能量的电子)很快地退出作用空间，而且返回阴极。在许多磁控管中还利用这种电子对阴极的回轰使阴极发热，发射二次电子，可以节省灯丝功率。其缺点是降低阴极的使用寿命。总体上，有利的电子交给高频电场的能量远大于不利电子吸收的能量，因此，高频振荡得到维持。

值得注意的是，在上述能量交换的同时，还存在和行波管、速调管中类似的电子群聚过程。假定电子A到达腔体1高频电场的中心点时，正值高频电场到达最大值，因此受到切向电场的减速作用，交出最多的能量。这是出处于最佳相位的电子。

电子C从电子A右边位置出发，当电子A到达腔体1的中心点时，它还处在切向电场较小而径向电场较大的位置，因而不能在最佳相位交出能量。但是高频电场的径向分量恰好使电子加速，使电子有较大的径向速度分量，与速度成正比的切向磁场力使电子C以更快的速度向电子A靠拢。

对于电子D情况则相反。它从电子A左边的位置出发，当腔体1中心电场最大时，它处在中心点左边切向电场较小而径向电场较大的位置，但这里的高频径向电场对电子是减速场。电子径向速度的减小使它受到的切向磁场力也减小，因而电子D切向速度减慢也向电子A靠拢。

由此可见，电场径向分量的作用是使电子的径向速度分量发生变化，从而达到电子群聚的目的。同一时刻在电子A附近发射的电子将如C和D一样以电子A为中心群聚起来。

根据上述讨论可知，磁控管工作在π模式振荡状态下，其相互作用空间存在$N/2$个高频电场减速区，同时也有$N/2$个加速区。从阴极发出的电子群在径向高频电场作用下也就有$N/2$个群聚中心。它们在高频切向减速区域中以回旋运动方式逐步向阳极移动，在磁控管内每两个阳极瓣形成一条“轮辐状”电子云，如图7.5-10所示，这些电子云与高频电场同步的旋转，从而不断地交出能量。在π模式下，电子云的旋转角速度相当于在高频振荡每周期中通过两个阳极瓣。

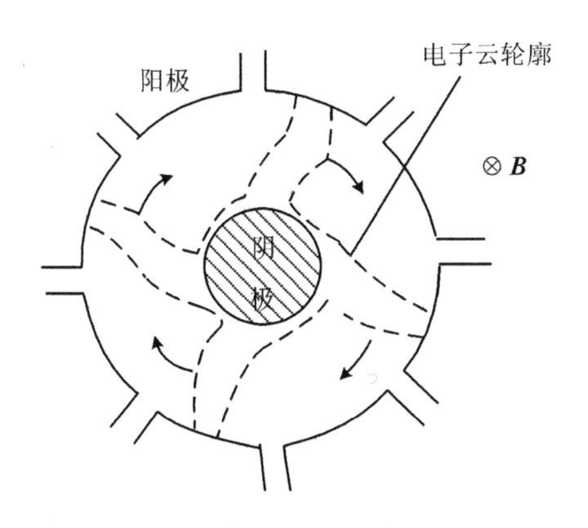

图 7.5-10　磁控管中旋转的电子云

多腔磁控管中高频振荡激发过程，起源于电子发射的不均匀性在谐振腔内感生噪声电流，从而激起各种模式的高频振荡。适当地选择阳极电压和磁通密度，使电子与 π 模式的高频振荡同步，在它们之间就会产生能量交换，则 π 模式振荡就会建立起来。

7.5.4　多腔磁控管的谐振频率和振荡模式

在前面分析中，我们假定谐振腔中已存在 π 模式的高频振荡，在本小节将讨论磁控管中存在哪些振荡模式，为什么要工作在 π 模式，如何保证振荡在该模式。

由于磁控管是由许多谐振腔沿圆周对称均匀地排列组成，因此每个腔的场分布的相位不同，而相邻两孔的相位差应相等。假如有 N 个谐振腔，相邻腔孔的相位差都为 ϕ。在谐振状态下，绕 N 个腔孔转一圈所产生的相位差应该是 2π 的整数倍，即

$$N\phi = 2n\pi, \quad n = 1、2、3\cdots \tag{7.68}$$

因此谐振条件是

$$\phi = \frac{2n\pi}{N} \tag{7.69}$$

式(7.69)说明，孔径数 N 确定后，不同的 n 值对应不同的 ϕ，而且是一些不连续的值。不同的 ϕ 值对应不同的场分布及谐振频率，也即对应不同的谐振模式。表 7.5-1 显示了 $N=8$ 时各谐振模式的 ϕ 值。

表 7.5-1　$N=8$ 时各谐振模式的 ϕ 值

N	0	1	2	3	4	5	6	7	8
ϕ	0	$\frac{\pi}{4}$	$\frac{\pi}{2}$	$\frac{3\pi}{4}$	π	$\frac{5\pi}{4}$	$\frac{3\pi}{2}$	$\frac{7\pi}{4}$	2π

图 7.5-11(a)是一个槽孔型八腔磁控管的等效电路。其中 C_P 表示隙缝电容，C_0 是阳极和阴极间的分布电容；L_P 表示孔径的等效电感。现在取其中一节来计算谐振频率，如图 7.5-11(b)所示。

电流 I 经过一节网络产生的电压降为

$$\dot{V}_p = \dot{V} - \dot{V}e^{j\phi} = \dot{I}Z_p \tag{7.70}$$

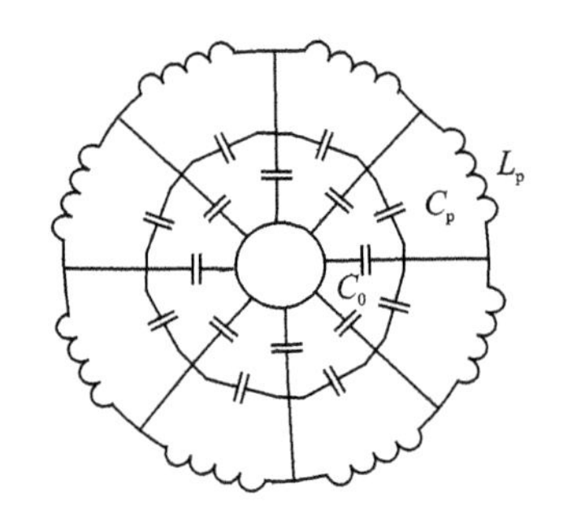

(a) 八腔磁控管的等效电路

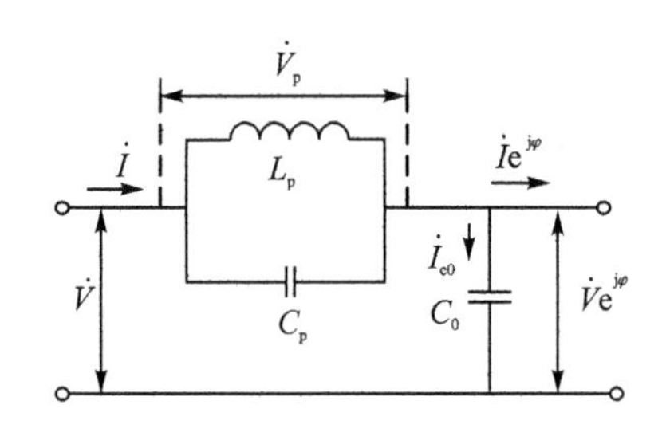

(b) 单支节等效电路

图 7.5-11 八腔磁控管的等效电路

式中：ϕ 是一个孔径产生的相位移；Z_p 是 L_p 和 C_p 并联的阻抗，即

$$Z_p = \frac{1}{j\omega L_p + \frac{1}{j\omega C_p}} \tag{7.71}$$

通过网络损失的电流为

$$\dot{I}_{c0} = \dot{I} - \dot{I}e^{j\phi} = \frac{\dot{V}e^{j\phi}}{Z_o} \tag{7.72}$$

式中：$Z_o = \frac{1}{j\omega C_0}$。由式(7.70)求出 $\dot{I}$ 值为

$$\dot{I} = \frac{\dot{V}(1 - e^{j\phi})}{Z_p} \tag{7.73}$$

另从式(7.72)也可求出 $\dot{I}$ 值为

$$\dot{I} = \frac{\dot{V}e^{j\phi}}{Z_o(1 - e^{j\phi})} \tag{7.74}$$

让上两式相等，可求出

$$\frac{Z_p}{Z_o} = \frac{(1 - e^{j\phi})^2}{e^{j\phi}} = (e^{-j\frac{\phi}{2}} - e^{j\frac{\phi}{2}})^2 = -4\sin^2\frac{\phi}{2} \tag{7.75}$$

将 Z_p 和 Z_o 的值代入式(7.75)，求得谐振频率

$$\omega = \frac{\omega}{\sqrt{1 + \frac{1}{4\frac{C_p}{C_0}\sin^2\frac{\phi}{2}}}} \tag{7.76}$$

将 $\phi = \frac{2n\pi}{N}$ 代入式(7.76)中，求得第 n 号模式的频率和波长为

$$\omega_n = \frac{\omega_p}{\sqrt{1 + \frac{1}{4\frac{C_p}{C_0}\sin^2\frac{n\pi}{N}}}} \tag{7.77}$$

$$\lambda_n = \lambda_p \sqrt{1 + \frac{1}{4\frac{C_p}{C_0}\sin^2\frac{n\pi}{N}}} \tag{7.78}$$

式中：$\omega_p = 1/\sqrt{L_p C_p}$，$\lambda_p = 2\pi c/\omega_p$ 分别是单个孔的谐振频率和波长。

现在讨论式(7.78)的意义。如果将 $n = 0,1,2,3,\cdots$ 代入式(7.77)和式(7.78)，可得到相应的谐振模式的频率 ω_n 和波长 λ_n。由于在参量 L_p、C_p、C_0 为定值的情况下，谐振频率 ω_n 和波长 λ_n 只由 $\sin^2\frac{n\pi}{N}$ 的值决定，而 $\sin^2\frac{n\pi}{N}$ 是以 π 为周期的函数，所以当 $N>n$ 后不会得到新的波长，例如 $n=0$ 和 $n=N+1$ 的结果一样。

当 $n=0$ 和 $n=N$ 时，$\omega_n=0$，$\lambda_n=\infty$，说明沿圆周电磁场没有周期变化，这种模式叫零模。由此可得结论，由 N 个腔体组成的谐振系统最多只能存在 N 个谐振模式，即从 $n=0$ 到 $n=N-1$。而不同的谐振模式对应磁控管内不同的电磁场分布。

由表 7.5-1 可知，$n=1$ 和 $n=7$ 这一对模式的相位差绝对值相等，而符号相反。但它们的谐振频率相同，这表明这一对模式的场结构相同，符号相反仅仅表明电磁场的旋转方向相反。我们称这一对模式为简并模式。同样，$n=2$ 和 $n=6$，$n=3$ 和 $n=5$，也是两对简并模式。只有 $n=4$，$\phi=\pi$ 的模式不可能与其他模式简并，是非简并模式，也叫 π 模式。

推广而言，若磁控管有 N 个腔，则 n 模式和 $N-1$ 模式都是简并模式。如果 N 为奇数，总的模式数 $N+1$ 是偶数，这时所有的模式都是简并模式。如果 N 为偶数，除了简并模式外，还存在一个 π 模式。实际磁控管都工作在 π 模式，都由偶数个谐振腔组成。π 模式的号数 $n=N/2$。

选择 π 模式工作有多方面原因，从结构上看，π 模式有独特的优点。图 7.5-12 表示八腔磁控管中四种模式分布图。可以看出，n 表示沿圆周一圈高频电磁场变化的周期数，或说驻波的个数。

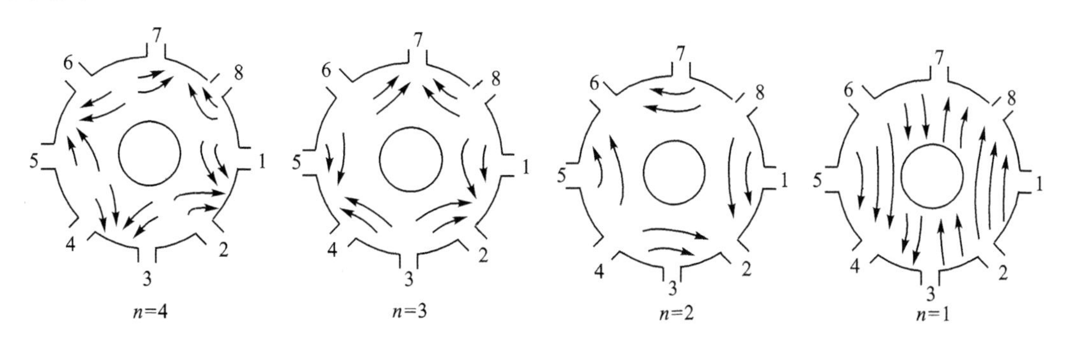

图 7.5-12　八腔磁控管中四种模式分布图

对于简并模式，$n<N/2$，即沿圆周一圈的驻波数小于孔径数目的一半，因此高频磁场的波腹数也少于孔径数目。这样，有的腔孔处于波腹点，受到很强的激励，有的则不是，有的甚至处于波节点处；而且随起振条件不同，有可能时而是波腹，时而是波节点，这种情况对于磁控管的能量耦合输出极为不利，因为采用耦合环输出时，我们希望耦合环始终处于波的腹点处，以便得到稳定的输出。简并模式显然不满足要求。π 模式情况则不同，因为 $n=N/2$，驻波的个数刚好等于孔径数的一半，磁场的腹点数等于腔孔数，因此每个腔孔都处于磁场的腹点，耦合环放在任意腔中都可得到稳定的输出。

如何保证磁控管工作在 π 模式，我们从磁控管的自激条件来说明这一问题。前面分析中曾经指出，为了产生 π 模式振荡，电子从一个孔径到下一个孔径所需的时间应等于 π 模振荡的半个周期。这个条件叫同步条件。

所谓同步条件，是指高频电场与电子以同一角速度环绕阳、阴空间旋转。设两孔径之间的距离为 d_L，则 π 模的相速表达式

$$(v_p)_\pi = \frac{d_L}{\frac{T}{2}} = 2f_\pi d_L = \frac{\omega_\pi}{\pi} d_L \tag{7.79}$$

式中：T 为高频振荡周期，f_π、ω_π 是 π 模式振荡的频率和角频率。$d_L = \frac{2\pi R_a}{N}$，R_a 是阳极半径，将 d_L 代入式(7.79)得

$$(v_p)_\pi = 2\left(\frac{\omega_\pi}{N}\right) R_a \tag{7.80}$$

应用同样概念，我们不难求出其他模式行波相速为

$$(v_p)_n = \frac{\omega_n}{\phi} d_L = \left(\frac{\omega_n}{n}\right) R_a \tag{7.81}$$

行波的旋转角速度

$$\Omega_n = \frac{(v_p)_n}{R_a} = \frac{\omega_n}{n} \tag{7.82}$$

由此可见，n 越大，行波相速和角速度就越小。π 模式的行波旋转角速度为 $\Omega_n = \frac{2\omega_n}{N}$。

为了保证在阳极表面 R_a 处的电子与行波同步，电子的切向速度 v_t 和行波的相速应该相等，即

$$v_t = (v_p)_\pi = \left(\frac{\omega_n}{n}\right) R_a \tag{7.83}$$

电子到达这一速度时的动能是 $\frac{1}{2} m v_t^2$，直流电位对该电子所做的功为 eV_0，相应的直流电位

$$V_0 = \frac{m}{2e} v_t^2 = \frac{m}{2e}\left(\frac{\omega_n}{n} R_a\right)^2 \tag{7.84}$$

V_0 被称为同步电压，如果磁控管的阳极电压 V_a 小于这个电压，磁控管就不能工作。因为即使电子的直流位能全部转换为电子的动能，也不足以使电子达到同步条件所要求的切向速度，因此 V_0 是使电子与行波同步的最低阳极电压，也称特征电压。

当 $V_a = V_0$ 时，电子刚好到达阳极表面，如前所述的临界磁通密度定义，工作磁场与电压 V_0 的关系为

$$B_0 = \frac{2R_a}{R_a^2 - R_k^2} \sqrt{\frac{2mV_0}{e}} \tag{7.85}$$

B_0 也成为特征磁场，将 V_0 的表达式代入式(7.85)后

$$B_0 = 2\frac{m\omega_n}{en}\left(\frac{R_a^2}{R_a^2 - R_k^2}\right)^2 \tag{7.86}$$

如果磁控管在特征电压 V_0 和特征磁场 B_0 下工作，则电子效率为零。因此，磁控管的实际工作点要高于特征值。

在磁控管工作时，如果固定磁场值，逐步提高阳极电压，当电子的切向速度达到某一模式的行波相速时，电子就会与微弱的初始激励场发生能量交换，接着发生相位挑选与群聚过程，就会有一部分电子到达阳极，出现阳极电流，并在某一模式上产生自激振荡。如果继续提高阳极电压，阳极电流和振荡功率就会急剧上升。在这一过程中，开始出现自激振荡的阳极电压被称为"门槛电压"或门限电压。分析表明，对于任何一个模式，任何一次空间谐波的普遍情况，门槛电压的计算公式是

$$V_t = \frac{R_a^2 - R_k^2}{2} \cdot \frac{\omega_n}{n + PN} B - \frac{m}{2e} R_a^2 \left(\frac{\omega_n}{n + PN} \right)^2 \tag{7.87}$$

式中：P 是空间谐波次数。由式(7.87)可见，V_t 与 B 呈线性关系。在 V_a 与 B 的坐标中表现为一条在特征点(V_0，B_0)与临界抛物线相切的直线，也叫哈垂(Hartree)线。图 7.5－13 显示了门槛电压与临界抛物线的关系。

在图中，以 a、b、c 三点分别画出了在 $B = B_1$ 时，不同阳极电压 V_a 下，管内电子运动的示意图。a 点表示电压较低，电子虽有轮摆，但切向速度低还不能与微弱的高频行波电场发生有效的作用，因此电子没有摆上阳极；b 点表示 V_a 跨入门槛值，电子运动与行波电场同步，开始自激；c 点表示 V_a 大于临界电压，电子一次轮摆时就打在阳极上，也不能与行波电场有效地交换能量。

图 7.5－14 展示了一个八腔磁控管四个振荡模式的门槛电压的哈垂线。就基波模式而言，模数号越高，门槛电压越低，因此 π 模式具有最低的门槛电压。当磁通密度确定后，随着阳极电压升高，π 模式首先被激发。由于在相同的磁场条件下，π 模式要求的工作电压最低，是非简并模式，工作稳定，电子效率最高，所以磁控管都采用 π 模式工作。

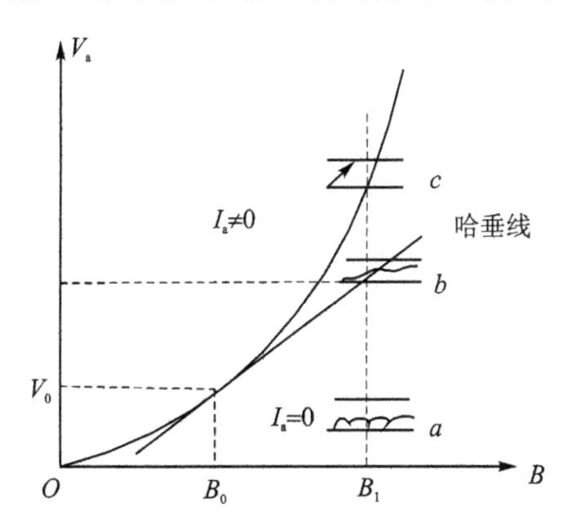

图 7.5－13　门槛电压与临界抛物线的关系

原则上，自门槛电压至截止抛物线之间的区域都是磁控管可以工作的区域，但为防止工作在其他模式上，阳极电压应高于 π 模的门槛而低于 $N/2-1$ 模的电压。一般选工作电压略高于门槛电压 15%～20%范围内。

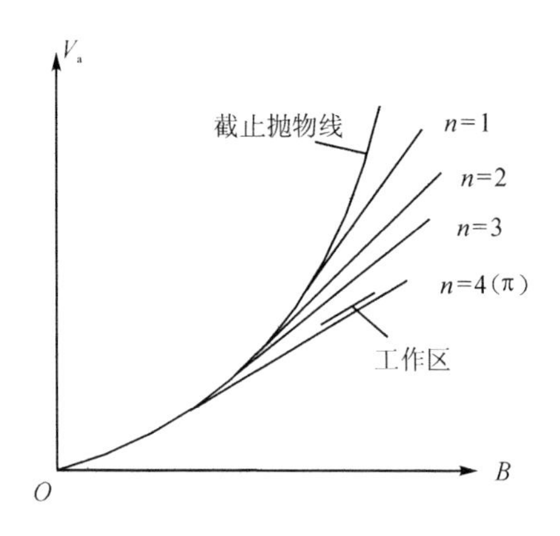

图 7.5-14 八腔磁控管门槛电压

7.5.5 多腔磁控管的工作特性和负载特性

磁控管的基本电气指标有振荡频率 f、输出功率 P、效率 η 以及频率稳定度等。这些指标和磁控管的工作状态(磁通密度 B、阳极电压 V_0、阳极电流 I_0)有关,也与外接负载有关。在外接匹配负载情况之下,以 B、P、η、f 为参变量画出伏安特性曲线,叫磁控管的工作特性。研究工作特性的目的在于选取最佳工作点;研究负载特性的目的在于了解负载变化后对磁控管工作状态的影响。

图 7.5-15 表示了一个 10 cm 波段磁控管的工作特性。它由 4 组伏安特性曲线组成,即等磁通线、等功率线、等频率线和等效率线。为了清楚起见,下面分别讨论 4 种曲线的含义。由于磁控管通常在恒定磁场下工作,阳极电压和阳极电流沿等磁通线变化,所以每组曲线都画出等磁通线。

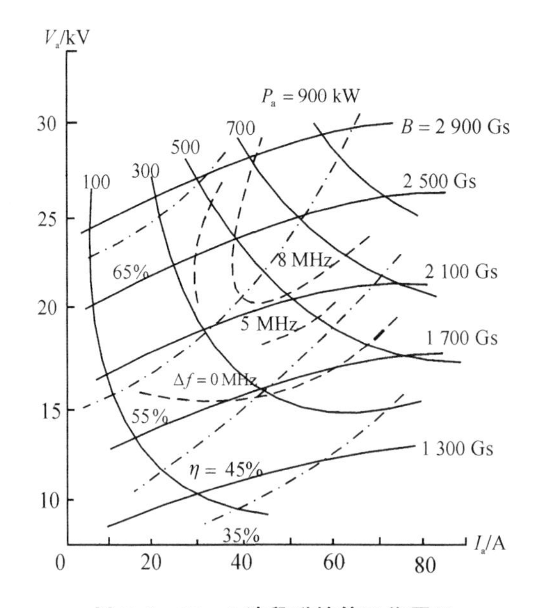

图 7.5-15 C 波段磁控管工作原理

图 7.5-16 是等磁通线图。由图可见,在磁通密度一定时,阳极电流与阳极电压在很大范

围内近似呈线性关系。阳极电压增加到一定值时，磁控管开始振荡，阳极电流急剧增加。由等磁通线可确定磁控管的静态电阻和动态电阻，为脉冲调制器的设计提供必要的依据。静态电阻是磁控管的直流电阻，定义为工作点的阳极电压与阳极电流之比 $R=\dfrac{V_0}{I_0}=\tan\alpha$。$R$ 与工作点有关，不同类型的磁控管，R 的值一般为几百欧到几千欧。

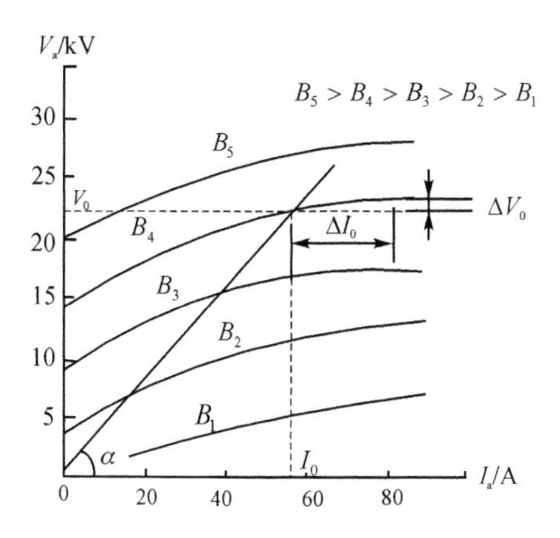

图 7.5－16　磁控管等磁通线

磁控管的动态电阻定义为阳极电压变化量与阳极电流变化量之比 $r=\dfrac{\Delta V_0}{\Delta I_0}$，$r$ 取决于等磁通线的斜率。由图可见，I_0 和 B 在很大范围内变化，r 值几乎不变。不同类型的磁控管，r 的值一般为几十欧到几百欧之间。

图 7.5－17 是磁控管等功率线。磁控管输出功率随阳极电压和电流的增加而增大。因为阳极电压的增加，意味着高频电场可从直流电场中获得更大的转换能量。阳极电流的增加，意味着交出能量的电子数量增加。

图 7.5－18 是磁控管等效率线。磁控管的效率随磁通密度的增加而上升。

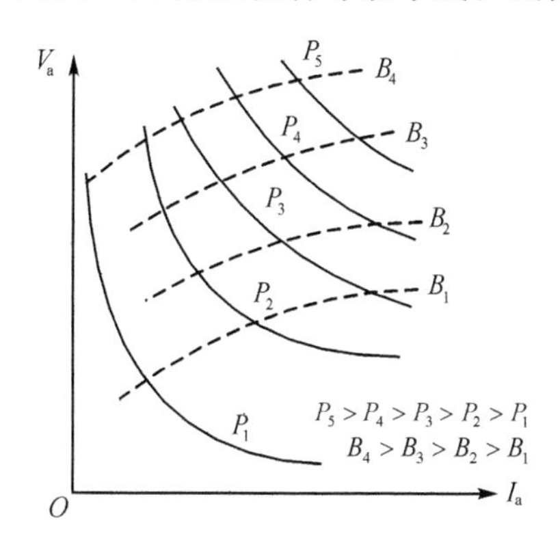

图 7.5－17　磁控管等功率线

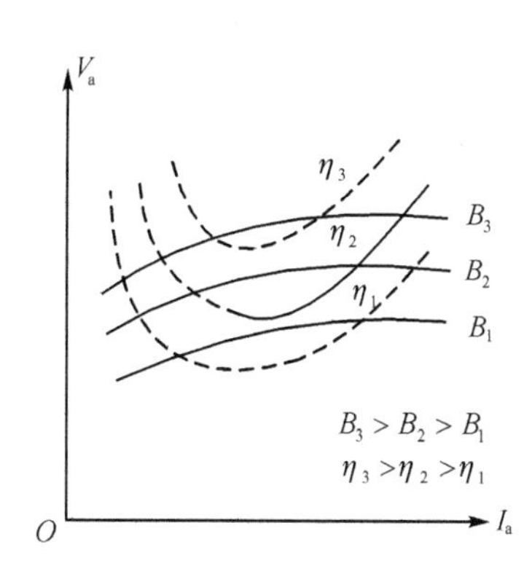

图 7.5－18　磁控管等效率线

其机理可用图 7.5－19 来说明，图(a)表示弱磁场作用下的电子轨迹，图(b)表示强磁场作用下的电子轨迹，电子在摆线运动的轨迹每拱的最高点速度几乎为零，这表明在这一点它把从直流电场取得的能量几乎全部交给了高频场。而这个能量正比于这个最高点与阴极之间的电位差，电位差与离阴极的距离成比例。所以磁场越强，摆线最后一拱的最高点离阴极的距离越远($d_2>d$),电子交出的能量最多,因此图(b)强磁场的换能效率明显强于图(a)的弱磁场的效率。

另一方面,当磁通密度保持不变而增加阳极电流时,效率开始增加,达到最大值时,又开始下降。其原因可以解释如下:当电流较小时,谐振腔上激起的感应电流很小,所建立的高频电场很弱,不足以使电子群聚得充分,因此效率很低。随着 I_0 的增长,振荡增强,高频电场径向分量也增加,电子的群聚得到改善,表现出能量交换的效率提高。当电流过大时,高频电场电子群聚很强,但由于空间电荷的相互排斥作用的增加而产生反群聚效应,使电子流趋于散开,效率下降。但这时输出功率还是增加的,因为效率的下降不如 I_0 增长得快。

图 7.5-20 是磁控管等频率线。在小电流区域内曲线变化很陡,在正常工作范围内,曲线几乎与等磁通线平行。如果沿等磁通线向右移动,振荡频率起初增加很快,然后增加减缓,当电流很大时频率略有下降。开始频率的升高可以解释为由于 E/B 增加,使电子旋转角速度增加,因而使振荡频率增加。电流很大时,频率的下降可能是阳极发热膨胀的缘故。

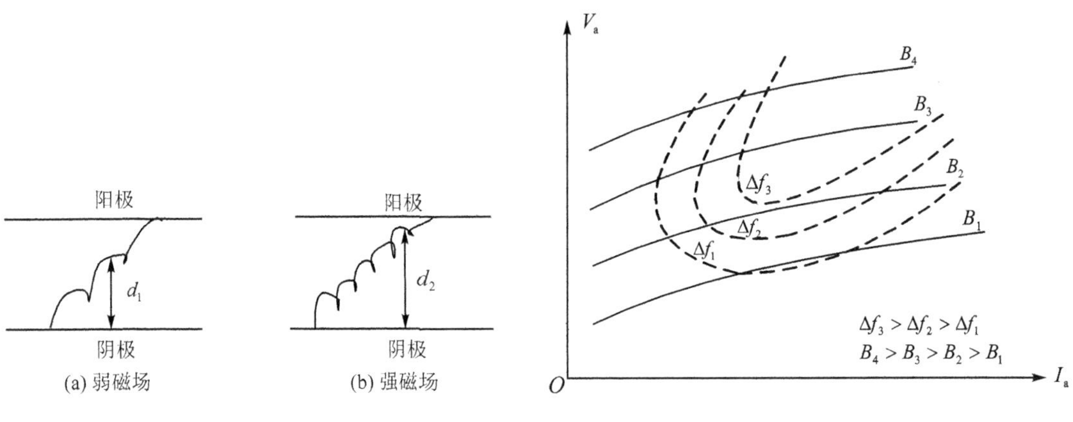

图 7.5-19 不同 B 值下电子运动轨迹

图 7.5-20 磁控管等频率线

在磁通密度不变的情况下,阳极电流变化引起的频率变化不大,但是会造成不利的影响,即对磁控管调幅的同时还会产生调频。例如,当磁控管工作时,脉冲顶部的不平坦度会引起频率的变化,使脉冲频谱展宽。这样,部分频谱的能量就可能落在接收机通频带之外,使雷达作用距离变小。

振荡频率随阳极电流的变化程度可以用电子频移来度量。它表示阳极电流变化 1 A 振荡频率变换多少兆赫兹,即 MHz/A。在使用上希望电子频移越小越好。通常 X 波段磁控管的电子频移约为 0.5 MHz/A。电子频移越大,对脉冲顶部平坦度要求越高。一般要求脉冲顶部的波动不超过 5%。

综上所述,我们可以根据工作特性图选择磁控管的最佳工作点。显然,在阳极电压 V_a 和阳极电流 I_a 太大或太小的区域都是不好的。从频率稳定的要求考虑,磁控管工作点应选择在等频率线与等磁通线接近平行的区域,这一区域电子频移最小。阳极电压太高,容易引起打火;而且阳极电压接近 $N/2-1$ 的门限电压,工作不稳定,容易引起跳模。阳极电压低,效率也低。磁控管的工作点应选择在工作特性图中间稍右偏的位置。

图 7.5-21 是实验得出的 X 波段脉冲磁控管的负载特性。在导纳圆图上画出了等功率线和等频率线。因为负载电导的变化主要影响振荡功率,负载电纳的变化主要影响振荡频率,所

以等功率线与等电导圆接近，等频率线与等电纳圆接近。

负载导纳通过测量反射系数得到，一旦测出反射系数 Γ，就可根据公式 $Y=Y_c=\dfrac{1-\Gamma}{1+\Gamma}$ 算出负载导纳。通过圆图可查出磁控管的功率和频率。

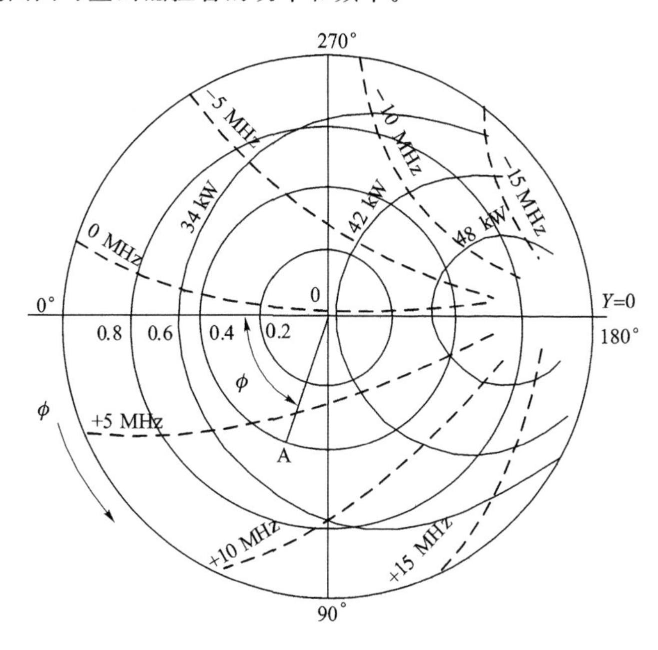

图 7.5-21　X 波段脉冲磁控管的负载特性

由图可见，当要求磁控管有大功率输出时，磁控管最好工作在反射系数相位 $\phi=180°$ 附近。但这里的等频率线较密，负载稍有变化，振荡频率就会变化很多。在相位 $\phi=0°$ 附近情况则相反，振荡频率随负载变化很小，但输出功率也小。这说明，如果磁控管负载不匹配，输出功率和振荡频率的稳定性之间存在矛盾，因此磁控管应选择在负载匹配的条件下（原点附近）工作为佳。

若磁控管不匹配，振荡频率将偏离中心频率，偏离的大小与反射系数的模有关，且随反射系数相位周期性变化。这种现象称为磁控管的频率牵引效应。通常把反射系数的模为 0.2（驻波为 1.5）、而相位变化 2π 时引起的频率最大频偏叫做频率牵引系数。

$$\Delta f_{(\rho=1.5)}=0.417\frac{f_0}{Q_L} \tag{7.88}$$

式中：ρ 是驻波比；负载与磁控管耦合越紧，Q_L 值越低，频率牵引系数越大。频率牵引系数是磁控管的重要指标之一，通常在 L 波段为 4～5 MHz，在 S 波段为 10～15 MHz，在 X 波段为 15～20 MHz。

在磁控管输出端一般接有大功率铁氧体隔离器，可以有效降低负载变化对功率和振频的影响。

磁控管的频稳度是一个重要性能指标，磁控管的频率不稳定有快变和慢变两种情况。引起慢变的因素有阳极温度引起的变化、电源电压的缓慢变化以及高频负载的变化等。为了减小慢变化的影响，可采用温度补偿的结构，采取恒温措施，改善电源的波动，输出端接隔离器等方法。频率的快变因素主要是由于调制脉冲失真引起的电子频移，因此减小快变的措施是改善调制脉冲的波形。此外,近年来发展起来的同轴磁控管也可以有效改善频率的快变化。

同轴磁控管是在阳极腔之外再套上一个尺寸较大的环形腔,具有较高的品质因数。这个腔通过一系列隙缝与阳极谐振叶片组成的作用空间耦合,利用这个腔提高振荡回路的储能,提高 Q 值,既提高了频稳度,又提高了输出功率。

7.5.6 多腔磁控管的频率调谐

早期的磁控管主要设计应用在固定的振荡频率,后因雷达反干扰的需要,促进了振荡频率可变型磁控管的发展。磁控管的频率调谐主要有以下几种方法:

① 机械调谐:用机械方法改变磁控管谐振系统的等效电容或电感,实现频率调谐的目的。

② 电气调谐:用电气方法改变谐振系统中填充介质(铁电体或铁氧体)的参数,实现频率调谐的目的。

③ 电子调谐:用改变磁控管的工作电压或电流的方法实现频率调谐的目的。

上述方法中,机械调谐磁控管应用最早、最广泛且调谐范围最宽。本小节只介绍机械调谐磁控管的基本原理。

1. 容性调谐

在磁控管内靠近电场集中区的调谐腔隙缝顶部,放置一个可移动的金属环,如图 7.5－22(a)所示。当通过调谐机构使容性调谐环沿轴向移动而靠近阳极时,调谐系统中的电场储能增加,相当于给原有系统增加了容性分量,这样可使谐振频率降低,金属环越靠近阳极,增加的电容量越大,磁控管振荡频率下降越多。容性调谐的另一方法是图 7.5－22(b)所示的结构,将一个金属扁环插入一对隔膜带中,也同样起到频率调谐的作用。

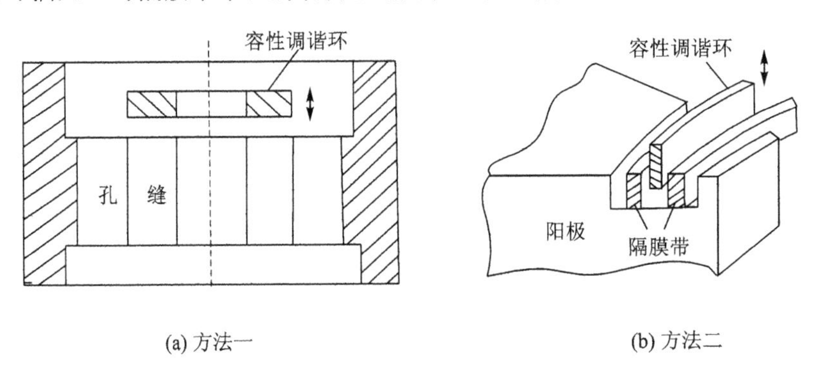

(a) 方法一　　(b) 方法二

图 7.5－22　容性调谐结构示意图

电容量的增加会使谐振系统的 Q 值下降,造成低频段效率和功率的下降。另一方面,如果使调谐范围增宽,必须缩短调谐元件与阳极、隔膜带之间的距离,而这些元件又位于高频场很强的区域,很容易产生击穿现象。因此,容性调谐方法往往在波长较长的磁控管中应用。容性调谐的相对调谐频宽可达 10%。

2. 感性调谐

另一种调谐方法是固定系统的电容量,改变电感量,图 7.5－23 表示了感性调谐结构示意图。其中图(a)是一个金属环位于谐振腔磁场集中区域的顶部,例如正对着孔缝型谐振腔圆孔部位上方。图(b)是将一系列金属杆插入各个谐振腔磁场集中的区域。这两种方法都是设法将磁场限制在更小的空间内,使谐振系统等效电感量有所减小,从而使谐振频率提高。

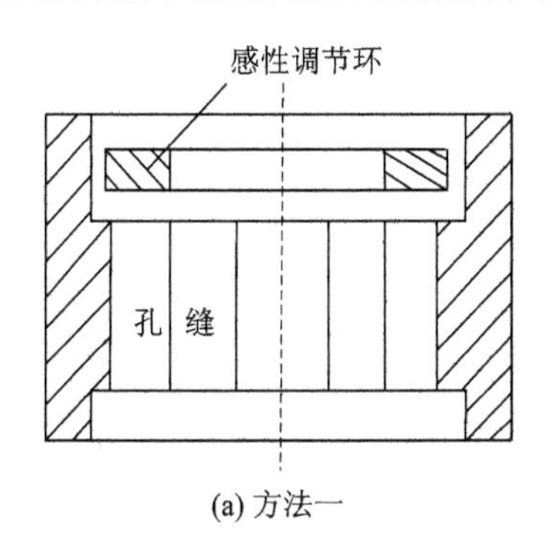

(a) 方法一

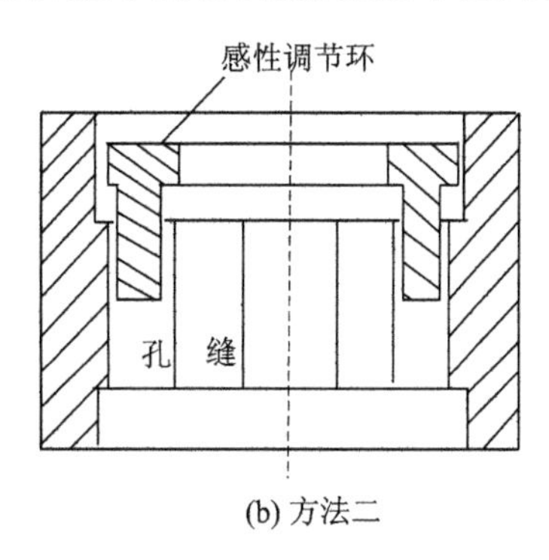

(b) 方法二

图 7.5-23　感性调谐结构示意图

在感性调谐磁控管中,由于金属杆插入孔内,既增加了杆上的高频损耗,又减小了谐振腔体积与面积,这意味着腔内高频储能与损耗之比有所减小,因此固有品质因数随频率的提高而下降,在感性调谐磁控管中,在调谐范围的高频段将出现效率和功率的下降趋势。

感性调谐机构可以提供的调谐频宽一般在5%～14%之间。在工作波长较短的磁控管中采用感性调谐比较方便。

3. 组合调谐

为了扩展机械调谐的范围,有时也采用容性调谐与感性调谐的组合机构。旋转同一手柄可以同时控制位于阳极某一顶部的电容环接近,而使另一顶部的电感环离开,从而同时实现容性和感性的调谐。采用这种组合在S波段的调谐范围可达50%,效率不低于50%。

4. 旋转调谐

上述调谐方法中,调谐元件的位移都是轴向的。为了提高调谐速度,出现了调谐元件做角向运动的旋转调谐方法。旋转调谐实质上仍然是感性调谐和容性调谐的组合。调谐元件是金属片,称为调谐盘。它不是沿轴向运动而是围绕管轴做转动。调谐盘带有多个叶片,数目与阳极谐振腔数目相关,如图7.5-24所示。

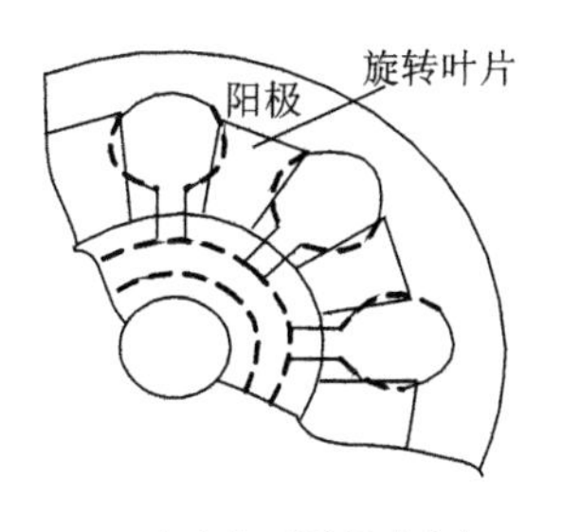

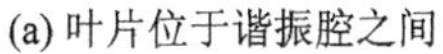
(a) 叶片位于谐振腔之间

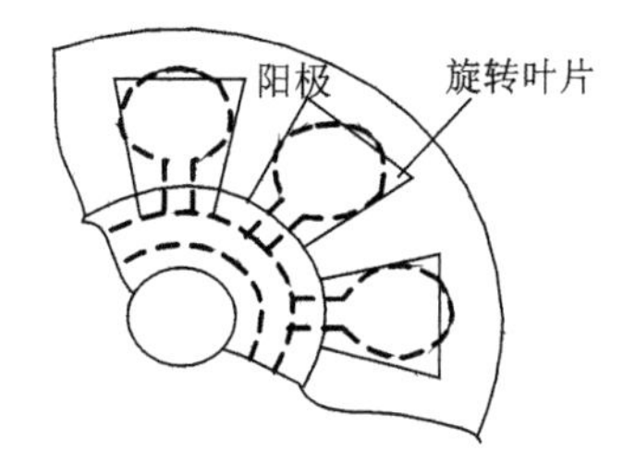

(b) 叶片位于谐振孔的顶部

图 7.5-24　旋转调谐叶片与阳极的相对位置

当调谐转动时,叶片相对于谐振腔的位置发生周期性变化。在图7.5-24(a)中,叶片位于谐振腔的孔之间,为谐振系统增加了一些容性分量,这时谐振频率最低,低于无叶片时的谐振频率。当调谐盘转动180°/N角度时,所有叶片位于谐振孔的顶部,如图7.5-24(b)所示,谐振系统电感分量减小，这时谐振频率最高，高于系统原有频率。容性和感性的强弱由叶片的径向长度和形状决定。

应用旋转调谐可提高调谐速度，其调谐相对带宽在L波段达10%，在S和X波段有5%左右。

7.6 习 题

7-1 速调管中电子流是如何从速度调制转变为密度调制的？电子流如何与高频场进行能量交换？

7-2 从电子群聚和能量交换的角度说明反射速调管效率低的原因。

7-3 试分析中间腔偏谐对多腔速调管的作用。

7-4 有一双腔速调管放大器，工作频率为3 GHz，加速电压 $V_0=1\ 500$ V，$I_0=10$ mA，输入腔隙缝耦合系数 $M_1=0.95$，漂移空间长 $l=3$ cm，试求：

(1) 漂移空间的渡越角；

(2) 输入腔隙缝距离；

(3) 最佳群聚时，输入信号的大小；

(4) 输出腔隙缝中心处群聚电流基波分量的大小。

7-5 行波管是如何克服速调管频带窄的缺点的？行波管的通频带又受什么因素影响？

7-6 某磁控管的结构参数为：$N=12$，$\lambda_0=3.2$ cm，$R_a=0.26$ cm，$R_k/R_a=0.5$。

(1) 画出它的临界抛物线；

(2) 当工作在 π 模式上，$B=500$ Gs时，试计算电子与 $P=0$ 的空间电压同步时，阳极电压是多少？并画出该管的门槛电压线。

7-7 从电子与高频场换能的角度，试述速调管、行波管、磁控管工作原理的异同点。

第 8 章　微波及半导体集成电路的封装

8.1　微波集成电路的发展及特点

微波电路是由微波无源元件、有源器件、传输线和互连线集成在一个基片上，形成具有某种功能的电路。微波集成电路起始于 20 世纪 50 年代。由于微波固态器件的发展，使得微波电路技术由同轴线、波导元件及其组成的系统向平面型电路转型，20 世纪 60—70 年代采用氧化铝基片和厚膜薄膜工艺，20 世纪 80 年代开始有微波单片集成电路（MMIC）。微波集成电路可分为微波混合集成电路和单片微波集成电路。

MMIC 起源于 20 世纪 80 年代，由于当时在材料和工艺结构上取得了技术突破，诞生了高电子迁移率晶体管（HEMT）。1984 年用 GaAlAs/GaAs 异质结取代硅双极晶体管中的 PN 结，研制成功频率特性优异的异质结双极晶体管（HBT）及微波单片集成电路（MMIC）。1985 年用性能更好的 InGaAs 沟道制成 PHEMT，使晶体管向更高频率、更低噪声的方向发展；由于 InP 材料具有高饱和、高电子迁移率、高击穿场强、良好的热导率、InP 基的晶格匹配 HEMT，其性能比 GaAs 基更为优越。随着 InP 单晶技术的进展，InP 基的 HEMT、PHEMT、MMIC 性能也得到很大提高。

20 世纪 80 年代中期以前的 MMIC，频率一般在 40 GHz 以下，器件是采用栅长为 0.5 mm 左右的 GaAs 金属半导体场效应晶体管（MESFET）。20 世纪 90 年代发展的 InP 基单片 HEMT 低噪管的工作频率达到 600 GHz，噪声达到 1.7 dB，增益为 17 dB；基于 InP 基 MMIC 功率放大器芯片在 Ka 波段输出功率为 3.5 W，相关功率增益为 11.5 dB，在 60 GHz 时的 MMIC 输出功率为 300 mW，在 94 GHz 时采用 0.1 mm AlGaAs/InGaAs/GaAs T 型栅两级集成的 MMIC 最大输出功率为 300 mW。HP 公司研制了 6～20 GHz 单片行波功率放大器，带内最小增益为 11 dB，带内不平坦度为±0.5 dB，20 GHz 处 1 dB 压缩点输出功率达 24 dBm。

进入 21 世纪，以变性 InAlAs/InGaAs HEMT（MHEMT）单片毫米（亚毫米）波集成电路技术，包括低噪放（LNA）、倍频器、混频器、共面波导等，已将使用频率范围拓展到 100 GHz～2 THz（2 000 GHz），此外，采用平面器件工艺还能将二极管和其他无源电路（如天线、滤波器等）集成在一起，THz 集成电路芯片的尺寸约为 1 mm×1 mm。人们还研制出高温超导纳米器件（HTC），获得了 2～3 THz 的连续波 mW 级功率输出。高频、低噪、大功率一直是 MMIC 不断追求的目标，对新材料、新工艺的开发研究从未间断；新型材料氮化镓（GaN）的研究与应用是目前全球半导体技术研究领域的前沿与热点。该材料与 IC、金刚石等半导体材料一起，被誉为继第一代 Ge、Si 半导体材料及第二代 GaAs、InP 化合物半导体材料之后的第三代半导体材料。它具有宽的直接带隙、强的原子键、高的热导率、好的化学稳定性（几乎不被任何酸腐蚀）等性质和强的抗辐射能力，在光电子、高温大功率器件和高频微波器件应用方面有着广泛的前景，利用 GaN 可以制造更大带宽、更高增益、更好效能、更小尺寸的 MMIC。

MMIC 具有电路损耗小、噪声低、频带宽、动态范围大、功率大、附加效率高等一系列优点，并可缩小电子设备体积，减轻质量，降低成本，这对军用电子装备和民用电子产品都十分重要。

制造混合集成电路常用的成膜技术有两种：网印烧结和真空制膜。用前一种技术制造的膜称为厚膜，其厚度一般在 15 μm 以上；用后一种技术制造的膜称为薄膜，厚度从几百到几千 Å(1 Å$=10^{-10}$ m)。若混合集成电路的无源网路是厚膜网路，即称为厚膜混合集成电路；若是薄膜网路，则称为薄膜混合集成电路。所用的介质有高氧化铝瓷、蓝宝石、石英、高优值陶瓷和有机介质等。

微波混合集成电路制作方法基本类似。采用厚膜技术或薄膜技术将各种微波功能电路制作在适合传输微波信号的介质上，然后将分立元件(诸如放大器、混频器、电控衰减器、电阻、电容、电感及控制器件等)安装在相应位置上组成微波混合集成电路。微波混合集成电路有集中参数和分布参数之分。集中参数电路在结构上与一般的厚薄膜混合集成电路相同，只是更微型化，在元件尺寸及布线精度上要求较高。而分布参数电路则不同，它的无源网路不是由外观上可分辨的电子元件构成的，而是全部由微带线构成的。对微带线的尺寸精度要求更高，所以主要用薄膜技术制造分布参数微波混合集成电路。分布参数电路比集中参数电路的工作频率更高一些。

微波集成电路器件一般都使用金属封装以增加电磁屏蔽效果。已研制成功并实用的微波集成电路有微波集成低噪声放大器、电视卫星接收机前端、微波功率放大器、微波压控振荡器、微波混频器、微波集成振荡器、集成倍频器、微波开关、集成相控阵单元等。这些电路的设计主要围绕微波信号的产生、放大、控制和信息处理等功能进行。

8.2 微电子封装的发展及展望

微电子封装是指原始管芯被封装成有引脚的元件，便于印刷电路板的焊接。集成电路封装形式主要有通孔插入型和贴片型，微波集成电路由于工作频率高，主要采用表面贴焊型，有些贴片器件封装的引脚已被焊盘所代替，新的发展趋势是向无封装发展，采用裸片加屏蔽结构直接焊封成器件成品，以减小分布参数。集成电路封装的发展历史可划分为三个阶段。

第一阶段：在 20 世纪 70 年代之前，高频微波固态器件技术还不太成熟，器件的工作频率不高。器件的封装主要以插装为主，包括最初的金属圆形(TO 型)封装，TO 型封装的典型应用是各种型号的以锗为材料的 PNP 系列晶体管，以及以硅为材料的 NPN 系列晶体管。微波产品中的直插器件还包括检波管、有线电视领域应用的放大器和混频器。后来陆续出现了陶瓷双列直插封装、陶瓷-玻璃双列直插封装和塑料双列直插封装(PDIP)。PDIP 由于成本低廉，成为批量生产的主流产品，典型的应用包括运放电路、CMOS 电路、TTL 及派生系列电路，直到目前，直插系列电子器件仍广泛应用，某些 ECL 系列器件工作频率达到 3 GHz。

第二阶段：在 20 世纪 80 年代后，以表面贴安装的四边引线封装(PQFP)为主，当时被称为电子封装领域的一场革命，得到迅速发展。随后一批适应表面贴安装技术的封装形式，如塑料四边引线扁平封装、塑料小外形封装以及无引线四边扁平封装应运而生。同期电子产品包括每边只有一个引脚的十字形贴片晶体管，到每边多达几十个引脚的微波集成电路芯片，如可编程放大器、衰减器、移相器、调制与解调器等，这些器件将电阻、电容甚至电感、逻辑单元同微波单元集成封装在一起，极大地缩减了外围电路的规模和空间。但某些工作频率较高、功率大的微波器件通常采用单片集成，很少采用混合集成封装，这是因为频率越高，混合集成带来的分布参数影响越大，为电路调试和批量生产带来困难，高频器件大多采用无引脚四边扁平封装结构。

表面贴安装技术提高了器件工作频率，减小了安装空间，方便了 PCB 板的制作，降低了生产成本，便于整机集成，直到目前 PQFP 仍是微波市场的主打产品。

第三阶段：20 世纪 90 年代以后，由于加工工艺的进步以及技术需求，集成电路发展到超大规模阶段，要求集成封装向更高密度和高速度发展，这一阶段的器件以面阵列封装形式为主。有插针型面阵结构，也有无引脚的点阵接触式结构。主要代表产品是 CPU 和各种大规模逻辑器件。

从半导体技术的发展趋势来看，高密度薄型化系统集成的（芯片叠层封装）POP、（系统级封装）SIP、（晶圆级封装）WLP、（硅通孔）TSV、3D 封装等代表着 IC 封测技术发展的主流方向，先进封装技术与 SIP 是产业发展的热门话题，其封装基板向更小尺寸发展，引脚数量进一步增多，引脚线宽/引脚间距更微细化，布线密度增大，芯片堆叠层数增加，原材料、设备、工艺技术难度更高都是其发展趋势。为减小封装壳体分布参数的影响，提高工作频率，微波产品将由有封装向少封装和无封装方向发展，芯片直接贴装（DAC）技术，特别是其中的倒装焊（FCB）技术将成为封装的主流方式。所谓倒装焊，是指将芯片的有源面直接面对基座焊接，去除了金丝引线，减小了 RC 延迟，有效地提高了电性能。倒装焊的封装面积与芯片尺寸之比最小，高度最薄，成本最低，实现了产品的小型化。

为了集成更多的功能，许多器件厂商都在寻求密度更高的 3D 芯片封装，3D 互联打破了当前芯片封装主要在 x 和 y 方向的格局，增加了 z 方向的封装布局，进一步提高了集成规模，该结构使用更短的信号通路，降低了信号的线路传输损耗，改善了器件的功率传输性能，3D 互联技术经过不断的技术创新将成为封装的重要发展方向。

半导体芯片封装技术的发展趋势将是封装尺寸越来越小、越来越薄，引脚越来越多，芯片制造与封装工艺逐渐融合，焊盘尺寸、节距越来越小，成本越来越低，还要求工艺过程绿色、环保。

8.3　微电子器件封装的基本内容

8.3.1　封装分级

一般来说，微电子封装分为三级。一级封装就是在半导体圆片（晶圆）裂片以后，将一个或多个集成电路芯片用合理的结构进行封装，并使芯片的焊区与封装的外引脚用引线（如金丝）键合（WB）、载带自动键合（TAB）和倒装芯片键合（FCB）连接起来，使之成为有实用功能的电子元器件或组件。一级封装包括单芯片组件（SCM）和多芯片组件（MCM）两大类。应该说，一级封装包含了从晶圆裂片到电路测试的整个工艺过程，还要包含单芯片组件和多芯片组件的设计和制作，以及各种封装材料如引线键合丝、引线框架、装片胶和环氧模塑料等内容，这一级也称芯片级封装，如图 8.3－1(a)所示。

二级封装就是将一级微电子封装产品连同无源器件（如电阻、电容和电感）一同安装到印制板或其他基板上，成为部件或整机。这一级所采用的安装技术包括通孔安装技术（THT）、表面安装技术（SMT）和芯片直接安装技术（DCA）。二级封装还包括双层、多层印制板、柔性电路板和各种基板材料的设计制作技术。这一级也称为板级封装，如图 8.3－1(b)所示。

三级封装就是将二级封装的产品通过选层、互联插座或柔性电路板与母板连接起来，形成三维立体封装，构成完整的整机系统，如图 8.3－1(c)所示。这一级封装应包括连接器、叠层组装和柔性线路板等相关材料的设计和组装技术。这一级封装称为系统级封装。对于微波器件，三级封装一般采用金属屏蔽结构，以获得良好的电磁屏蔽。有些特殊工作条件下工作的器件还要考虑气密性问题和环境实验(高低温、振动等)问题。

微电子封装是一个整体的概念，包括了从一级封装到三级封装的全部技术内容。同时也是一个广泛的概念，微电子封装所包含的范围应包括单芯片封装的设计和制造、多芯片封装的设计和制造、芯片的后封装工艺、各种封装基板的设计和制作、芯片互联与组装、封装总体电性能、机械性能、热性能和可靠性设计、封装材料、封装工模夹具以及绿色封装等多项内容。

(a) 完成一级封装的元件

(b) 完成二级封装的电路

(c) 完成三级封装的器件

图 8.3－1　电路封装分级

8.3.2　屏蔽结构

与一般电子器件相比，微波器件所要求的电磁屏蔽指标更高一些，除了要求封装本体面积与芯片面积之比(CSP)越小越好，还要有良好的金属屏蔽结构，从一级封装到三级封装都需考虑电磁屏蔽问题；屏蔽结构除了有电磁屏蔽效果外，有时还担负芯片 I/O 口与外界联通的功能，通常采用 SMA 接口、N 型接口或波导接口等。在特殊工作场合(如航天、航空及液体中工作)，某些电子器件还需考虑气密性问题，这就用到封焊技术，平行封焊机是专门用来进行产品批量封焊的设备，封焊技术可有效保持电子产品生产的可靠性和一致性。

为了减小外壳寄生参量，随着器件工作频率的提高，微波器件外壳尺寸会不断减小，对微波低噪声外壳是如此，对单管芯的微波功率器件也是如此，当然，对内匹配方法封装管芯的外壳不遵从这一规律。表 8.3－1 和表 8.3－2 分别是微波低噪声 GaAs 器件和微波功率器件外壳尺寸随频率的变化关系。

表 8.3－1　微波低噪声 GaAs 器件外壳尺寸随频率的变化

参数 \ 外壳型号	ST51	ST31	ST21	ST11
外形尺寸/mm	Φ5.6	Φ3	2×2	1.8×1.8
引线电感/nH	0.68	0.34	0.25	0.23
输入电容/pF	0.6	0.34	0.25	0.24
工作频率/GHz	1.6～10		12	18

表 8.3-2　微波功率器件 GaAs 器件外壳尺寸随频率的变化

外壳型号 / 参数	QF92	SG62	QF41	QF21
外形尺寸/mm	13×11×2.3	7×5×1.3	5.4×4×1.65	2.9×2.7×1.2
输入电容/pF	0.8	0.71	0.58	0.43
工作频率/GHz	3～6	4～8	12	18

外壳输入、输出极的反馈电容是很重要的寄生参数，它影响微波器件的增益和工作稳定性。为减小反馈电容，必须采取屏蔽措施，对单芯片封装（如放大器）通常将外壳的输入、输出极用反馈接地电极加以隔离、屏蔽。可使反馈电容减小到原来的 1/5～1/10。在 GaAs 微波器件中，输入极为栅极 G，输出极为漏极 D，则接地极为源极 S。同理，若硅微波器件共发射极结构，输入极为基极 B，输出极为集电极 C，则接地极为发射极 E。采用金属化立体屏蔽效果最好，也有采用金属平面屏蔽和陶瓷盖板屏蔽的，无论哪种屏蔽结构，其目的都是减小分布参数的影响。

8.3.3　平行封焊技术

平行封焊技术用于微波器件屏蔽结构的气密性封焊。微波器件和微波组件设计与制造的批量化对器件的后道处理技术提出了很高的要求。尤其在气密性封焊中，不但需要有良好的气密性，高焊接效率，而且对器件的外观也提出了新的要求。对于器件的气密性封焊，目前广泛应用的是激光封焊、储能焊和平行封焊。其中储能焊和平行封焊是属于高效的焊接技术，而平行封焊其焊接气密性优于储能焊，就焊接效果和产品外观而言又优于激光焊，所以平行封焊技术在批量生产中被广泛采用。下面对平行封焊技术进行介绍。

1. 平行封焊原理

平行封焊机外形如图 8.3-2 所示。平行封焊属于电阻焊，在封焊时，两个电极轮相对于被焊壳体可平行移动，也可水平转动，在一定的压力下，电极之间断续通电，由于电极与盖板以及盖板与焊框之间存在接触电阻，焊接电流将在这两个接触电阻处产生焦耳热量，使盖板与焊框之间局部形成熔融状态，凝固后形成焊点，从它的封焊轨迹看像一条缝，所以也叫缝焊。封装方式有矩形封、圆形封和阵列封。对矩形管壳，当管壳平行运动通过电极完成其两边的焊接后，工作台旋转 90°，继续平行运动通过电极完成另两条对边的焊接，这样就完成了管壳的整个封装。对圆形管壳来说，只要工作台旋转 180°，即可完成器件封装。图 8.3-3 展示了电极轮平行焊的工作情况。

2. 平行封焊工艺

(1) 准备工作

器件表面的氧化物、污垢、油和其他杂质增大了接触电阻，影响各个焊点加热的不均匀性，使焊接质量波动，因此彻底清洁器件表面是保证优质焊接的必要条件。

在封焊之前，要对待封器件进行加热和抽真空等预操作，从而降低器件腔内的湿度和氧气含量，使器件芯片不受外界因素的影响而损坏，从而对器件起到保护作用。

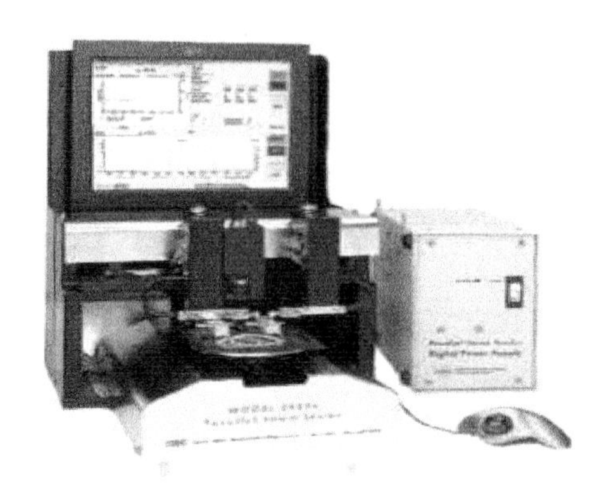

图 8.3-2 平行封焊机示意图

图 8.3-3 焊接过程示意图

(2) 焊接操作

焊接模式主要分矩形焊和圆形焊两种。矩形焊模式是先经过电焊定位,然后再进行四边的封焊,主要针对矩形壳体的焊接;圆形焊模式是旋转 180°完成焊接,针对圆形壳体。但由于采用圆形焊模式电极与管壳接触比较稳定,也被用于长宽比例不大的矩形壳体的封焊。

在封正品器件前,必须先对管座进行试封,在确保机器性能比较稳定、各封焊工艺参数都比较匹配的情况下,再对正品进行封焊,以提高成品合格率。

(3) 检 漏

通常把温度设为 25 ℃,在高压一侧为 1 个大气压(101.33 kPa),低压一侧压力不大于 0.013 kPa 时,单位时间从高压一侧流过细微漏孔进入封装结构的腔体中的干燥空气量,称为标准漏气速率,其单位用 $Pa^2 cm^2/s$ 或 $Pa^2 m^2/s$ 表示。检漏包括细检和粗检,一般要求泄漏率低于 $13\times10^8\ Pa^2 m^3/s$。细检采用氦气为示踪气体的氦质频仪,借助质谱的分析方法,通过测定真空系统中氦气压强的变化来检查封装结构的细微漏孔。测试时首先向封装焊好的器件内压入氦气,然后在真空状态下抽出氦气,测定所抽出氦气的量来判断气密性。粗检采用碳氟化合物液体进行检测,测试时在盛放高温(125±5) ℃碳氟化合物液体的容器内放入封装好的器件 30~60 s,根据气泡的有无来判断气密性。此方法只能检查是否有孔、穴等漏洞。检测时,应先做细检再做粗检,因为如有较大漏洞,先做粗检会使氦气无法保持在管壳内。

3. 平行封焊参数

封焊工艺参数主要包括焊接电流(电压、功率)、焊接速度、焊接压力等。

(1) 焊接电流

焊接电流是由焊接电源决定的。焊接电源主要有单相交流式、电容储能式、晶体管式和逆变式 4 种。由于逆变式焊接电源体积小、质量轻、节能省材,而且控制性能好,动态响应快,易于实现焊接过程的实时控制,是焊接电源的发展方向。根据能量公式($Q=I^2RT$)可知,形成焊点所需的热量与焊接电流的平方成正比。这里 I 为焊接电流,R 为接触电阻,T 为焊接时间。若电流太小,则不能形成熔焊点,影响气密性;若电流太大,管壳受到的热冲击过大,则可能会把盖板烧坏。为了减小矩形管壳角部焊接能量,电流波形宜采用斜率控制方式;为了使采用圆形焊方式来焊矩形管壳时,保持焊接能量的一致性,电流波形宜采用功率调制控制方式。

(2) 焊接速度

假如焊接速度太慢,焊接总时间将延长,这将使焊接热量过大从而管壳温升高,有可能损坏壳内元件，且焊缝轨迹不平整出现小的凹痕。假如焊接速度过快，焊缝不连续，有可能漏气。掌握合适的焊接速度是一项专业的技术能力。

(3) 焊接压力

压力的改变会改变接触电阻 R，压力过大 R 减小，热量会降低；使焊点强度随着焊接压力的增加而减弱，解决的办法是在增大压力的同时增大焊接电流。

(4) 其　他

除了以上工艺参数外，影响平行焊缝质量的因素还有诸如夹具的设计、电极的位置、盖板质量和盖板与壳体的匹配等，另外焊缝设备的可靠性也是重要因素之一。夹具的中心应与转台旋转中心一致；夹具必须夹牢壳体，否则焊接过程中电极会将壳体粘起来；左右电极位置应调节对称，保持在同一高度同一水平线；电极滚轮要定期打磨和更换，否则会影响焊接均匀性；盖板尺寸应与壳体匹配且拐角处最好有倒角，因为矩形管壳焊接时电极会与盖板角接触两次，焊接热量会影响焊接效果；假如采用阶梯式盖板（有卡位台阶），则会消除焊接错位的可能性。

8.4　集成电路封装的目的

集成电路是由各种半导体器件芯片组合而成的，但孤立或裸露的芯片还不能使用，需要通过适当的焊接（通常是使用金丝球焊机）工艺将芯片的功能端引出到相应的引脚，还要通过合理的封装工艺完成微波元件的成型。

半导体芯片一级封装主要基于 4 个目的，即防护、支撑、连接及可靠性。图 8.4－1 展示了一种塑封器件的截面图。

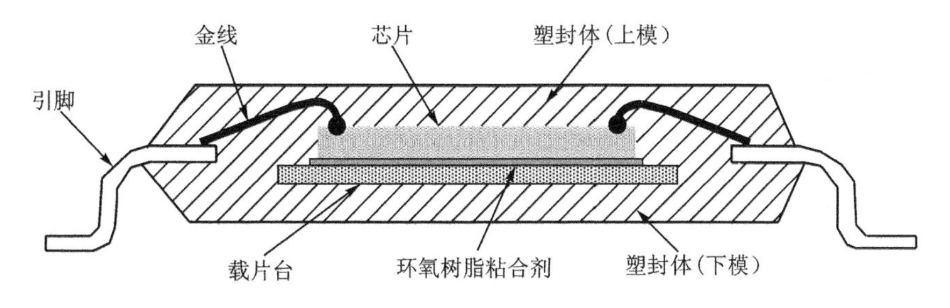

图 8.4－1　集成电路封装截面示意图

① 保护。半导体芯片的生产车间都有非常严格的生产环境条件控制，恒定的温度（(230±3) ℃）、恒定的湿度（(50±10)％）、严格的尘埃颗粒度控制（一般介于 1～10 K）及严格的静电保护措施，裸装条件下的芯片只有这种严格的环境控制下才不会失效。但是，我们所生活的环境不可能具备这种条件，低温可能会有－40 ℃，高温可能达到 60 ℃，湿度可能会有 100％，因此芯片需要封装。

② 支撑。支撑有两个作用：一是支撑芯片，将芯片固定好，便于电路的连接；二是封装完成后，形成一定的外形以支撑器件，使器件不易损坏。

③ 连接。连接的作用是将芯片的功能端电极通过引脚与外界电路连通。金丝将电极与引脚连接起来，载片台用于承载芯片，环氧树脂粘合剂用于将芯片粘贴在载片台上，引脚用于支撑整个器件，而塑封体则起到固定及保护作用。

④ 可靠性。任何封装都要满足一定的可靠性，这是封装工艺最重要的指标。原始裸露的

芯片离开特定的生存环境后很容易损毁，从保护和使用的角度必须封装。芯片的工作寿命，主要取决于对封装材料和封装工艺的选择。

8.5 芯片一级封装的流程

8.5.1 晶圆及加工过程

在讨论芯片封装的流程前，先介绍晶圆的概念，以硅晶圆为例（也可是其他半导体材料），地壳表面有用之不竭的二氧化硅。二氧化硅矿石经由电弧炉提炼，盐酸氯化，并经蒸馏后，制成了高纯度的多晶硅，其纯度高达 99.999 999 999%。晶圆制造厂再把多晶硅为溶解，在溶液里种入籽晶，然后将其慢慢拉出，以形成圆柱状的单晶硅晶棒，由于硅晶棒是由一颗晶面取向确定的籽晶在熔融态的硅原料中逐渐生成，此过程称为“长晶”。硅晶棒再经过切段、滚磨、切片、倒角、抛光、激光刻、包装后，即成为积体电路工厂的基本原料——硅晶圆片，这就是“晶圆”。晶圆上已完成微电子电路工艺的制作，上面布满矩形切割槽的痕迹，如图 8.5-1 所示，每个小矩形都是一个独立的芯片单元，但晶圆厚度太大，还需进行打磨和芯片分离工艺。

8.5.2 引线键合技术

金丝球焊机是一款利用超声波焊线技术、在压力和超声波共同作用下、用细小的金线（几十微米至几百微米）连接 IC 芯片电极与框架上的焊盘从而实现封装前的芯片内部引线焊接的高科技机电一体化设备。其功能就是在封焊前，用金丝连接内部电路或将内部电路与管脚连接。图 8.5-2 是某型金丝球焊机的外形。

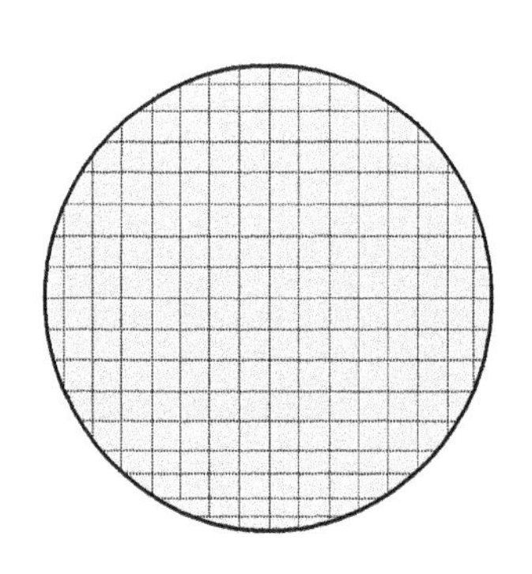

图 8.5-1 晶圆示意图

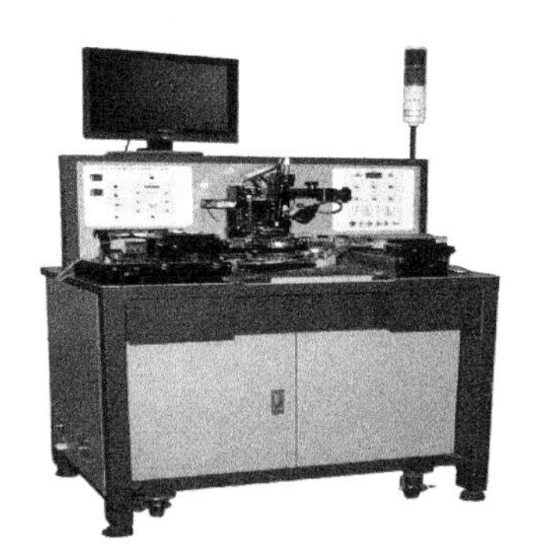

图 8.5-2 金丝球焊机

金丝球焊技术是一种引线键合技术，引线键合技术最早于 1957 年发明于美国贝尔实验室，是历史悠久、引用广泛的芯片内部连接技术。引线键合历经了热压引线键合、超声引线键合、热压超声引线键合三个发展阶段，键合线材料如今也涵盖了铝丝、铜丝和金丝。虽然这种技术已经有几十年的发展史，但键合过程复杂，包括力、热、超声和摩擦等多重作用，涉及的工艺参数众多；引线键合设备还包括显微视觉、精度定位等模块，其中任何一个工艺环节出差错，都会影响键合质量，所以对引线键合技术的研究至今未停止。

1. 劈　刀

金丝球焊机的一个重要部件是劈刀，如图 8.5－3 所示，其作用是将金丝焊接到焊盘上，其头部形状是锥形，中间有孔，金丝从中间通过；材料是氧化铝陶瓷，有一定强度且耐高温。穿过劈刀的金丝尾部在瞬间高电压下产生大电流使金丝熔化，并在尾部形成金球，在劈刀的下压作用下，金球与焊盘形成键合。金丝球焊是利用压力、功率、时间、温度和超声波能量使金球与焊盘表面形成共晶层。

根据劈刀外形、材料及键合方式不同，键合球的形状亦不同，引线键合分两类：

(1) 楔形键合：键合温度低，对表面污染物不敏感，但楔形键合过程中需要频繁地旋转键合头，键合效率低，因此只在特殊条件下使用。

(2) 球形键合：键合速度快，对焊盘冲击作用小，而且可以从球的任意角度进行键合，也即第二键合点的位置可以在第一键合点的任意方向上。目前 95%以上的引线键合均采用球形键合。

2. 键合形式

根据键合能量的不同，引线键合技术主要分为三种形式：

(1) 热压焊接

由贝尔实验室 1957 年发明，对芯片金属氧化层和金属丝同时加压加热，其接触面产生塑性变形，并破坏表面的氧化膜，使金属丝与焊区接触面间的原子达到引力范围(即共价键的原子互相融合)，又因为金属丝和焊接表面存在不平整现象，加压后其不平处相互填充产生弹性嵌合作用，使两者紧密结合在一起，最终完成键合。热压键合就是利用高温和塑性流动，在一定时间、温度和压力作用下，使接合部的原子相互接触导致固体扩散键合。该方法一般要求基板和芯片的温度达到 150 ℃左右，对表面污染物非常敏感，因此常用于 Au 丝(黄金纯度 99.999%)键合。

(2) 超声焊接

1960 年，在常温下，人们利用超声波的能量，使金属丝与电极在压力与超声摩擦下直接键合。采用超声波频率 60～120 kHz，施加超声时由于石英晶体的电致伸缩效应产生位移，通过变幅杆传递给劈刀使之发生水平弹性振动，同时施加向下的压力，在这两种力作用下带动引线在焊区金属表面迅速摩擦，受能量作用，表面氧化层被破坏，暴露出洁净的表面，同时引线发生塑性变形，两者紧密接触依靠原子间的引力完成焊接。超声焊接常用于 Al 丝(铝合金丝)的键合。

(3) 热压超声焊接

由 Coucoulas 于 1970 年发明，采用超声波能量，键合线无需磨蚀掉氧化层，键合时还要提供外加热源激活材料的能级，促进两种金属的有效连接以及金属化合物(IMC)的扩散和生长。这种方法常用于 Au 丝和 Cu(铜)丝键合。

3. 引线键合工艺

引线键合的全部工艺过程包括：焊盘和外壳清洁、引线键合机的调整、对引线和键合点检查。在进行热压超声引线键合之前，要进行相关准备工作。首先要对设备调试，通过点击复位确定绝对(原点)位置，再标定图像位置和实际位置(坐标)的对应关系，通过手动打线分别确定键合点在实际键合位置和图像中心的位置，这样才能正式进行引线键合。

以超声引线键合技术为例，引线键合工艺如图 8.5－3 所示。

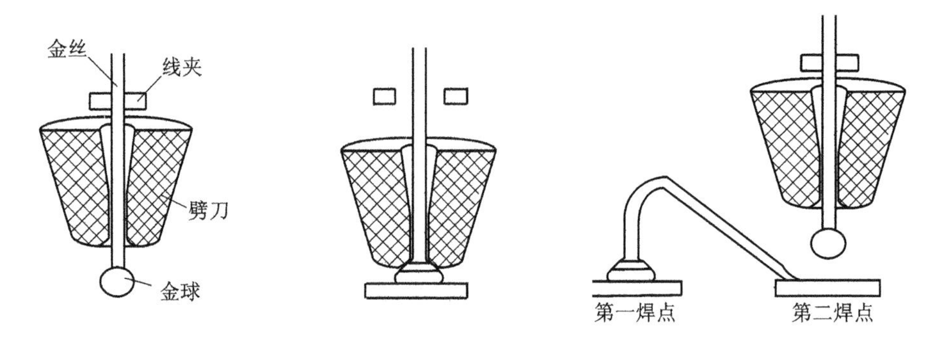

图 8.5－3　引线键合过程示意图

具体过程如下：

① 成球：松开线夹，将金丝引线伸出劈刀一部分，线夹夹住金丝。电子打火系统产生高压电，电极与引线附近空气发生电离，使电极与引线断面的空气被击穿形成电弧，产生的高温将金丝尾部熔化，在重力和表面张力作用下，金丝尾端就会形成金球。金球的直径一般为线径的 2～4 倍。

② 松开线夹，引线夹将金线上提，使金属熔球在劈刀顶端的圆锥孔内定位。

③ 在运动控制卡的控制下，键合头迅速下降到第一键合点上方预先设定的高度，劈刀减速后继续向下运动，当劈刀接触到焊盘后持续下移，直到劈刀所受阻力达到设置的冲击力强度。将此力保持一段时间，使金属球发生足够的变形。在此过程中，金属熔球和焊盘金属表面只有少量金属间化合作用发生。然后，劈刀在金属熔球上施加一定大小的键合力，同时超声波发生系统(USG)开始作用，振动幅度经变幅杆放大后作用在劈刀顶端，金属熔球与焊盘表面形成超声摩擦。在热能、超声能和键合力的综合作用下，使金属熔球与焊盘金属间发生原子迁移，在接触面形成一层金属间化合物，形成第一键合点。

④ 键合头上升到设定位置，这个位置是根据每个线弧的形状进行计算、调整给出的。在运动控制卡的控制下，劈刀按照轨迹移动，键合头到达第二键合点上方。这段过程中还需施加一定的超声波，以减小劈刀移动过程中金线与劈刀间的摩擦。然后劈刀下降，与引线框架焊盘接触后，通过计算机调用预先设置的第二键合点参数进行键合。与第一键合点不同的是，第二键合点不形成金属熔球，劈刀直接将引线压在焊盘上，在热能与超声能的作用下完成键合，在键合压力作用下，劈刀在第二键合点尾端形成一段压痕。

⑤ 断线：引线夹关闭，键合头上升将金线从第二键合点尾端压痕处截断。

至此，一个完整的键合周期完成，芯片焊盘与引线框架焊盘间实现了物理连接。以上过程结束后，放出部分金线到打火高度，方便焊接循环。

4. 键合能量

由能量守恒定律，键合过程中吸收的总能量 E 等于键合过程中加热产生的能量 Q，与超声波产生的往复切向摩擦力和法向键合压力共同作用在键合界面产生的能量 W 之和，即

$$E = Q + W \tag{8.1}$$

键合过程中加热产生的热能 Q 与键合前后的温差 ΔT 有关，设影响因数为 k，根据能量方程有

$$Q = k\Delta T^2 \tag{8.2}$$

式中：k——键合界面摩擦系数；

ΔT——键合前后温差。

微滑移磨损产生的能量 W 与超声能量产生的键合压力有关，超声能量是由超声波频率和超声波振幅共同决定的，根据摩擦学公式有

$$W = \mu FAft \tag{8.3}$$

式中：μ——键合界面摩擦系数(超声产生)；

F——键合压力；

A——超声波振幅；

f——超声波频率；

t——超声波作用时间。

根据式(8.1)得到

$$E = k\Delta T^2 + \mu FAft \tag{8.4}$$

引线键合的基本机理就是在键合压力下使金球变形，超声波使金球往复运动摩擦键合面，摩擦使温度升高，有利于加速原子间运动，去除了表面氧化物，暴露出洁净光滑的表面，最后在力、热和超声波的综合作用下完成金属间的键合连接。

5. 工艺参数的影响

(1) 温　度

引线键合对温度的依赖性较高，温度过低或过高都会影响键合强度。温度不仅影响引线键合接触过程的粘塑性，而且影响金属原子的扩散及键合界面新的金属层的形成。温度升高使金属原子活动加剧，提高金属界面的金属活化能量，有利于完成相互融合。另外，温度对于键合过程中的孔洞消失也尚在研究中。但是温度过高会影响材料本身的性能，使金属发生软化，会导致强度降低。温度对于键合面产生的内应力也必须考虑，应力会影响芯片的使用寿命和键合的可靠性。

键合温度的变化主要来源于两方面：一是实验前设定的温度；二是由超声振动摩擦引起的热量。前者根据键合材料不同，键合温度设定在一定范围内，一般在 100～150 ℃之间，后者由超声波能量决定。

(2) 键合压力

键合过程中施加的键合压力使得金球在接触键合界面的时候发生塑性变形，在金球与界面接触之后，键合压力会促使二者融合成固相连接。若压力过小，则不能产生足够的塑性变形，金球与焊盘之间的连接不牢靠。但压力过大，则会导致键合点颈部强度降低易断裂，如果键合压力对焊盘冲击过大，甚至会导致焊盘破裂。

因此，键合过程中键合力的精确控制尤为重要，这不仅需要从设备的角度不断提高视觉系统的工作效率和精度、强化力位混合控制，还要从工业实验参数角度明确键合力对键合点质量的影响，探求引线键合过程中引线及金球的塑性变形与键合压力之间的变化规律，努力提高键合点强度。

(3) 超声功率和超声时间

超声能量的设置是引线键合过程的重要环节，因为超声能量可去除键合表面的污染物和氧化物。

焊接过程中摩擦去除污染物效率 η 与摩擦变形量和塑性变形区宽度的关系为

$$\eta = 1 - \frac{1}{e^{2s/h}} \tag{8.5}$$

式中：s——摩擦变形量；

h——塑性变形区宽度。

随着摩擦的增大，摩擦变形速度加快，温度梯度变大，塑性变形区宽度 h 减小，有利于提高界面污染物清除率。另外，超声振动产生的能量加快了金球与焊盘间的原子扩散，促进二者形成稳定连接，但超声能量温升过高也可引起低熔点的焊盘金属发生熔化导致器件损坏。

假设超声振动方程为

$$A = A_m \sin \omega t \tag{8.6}$$

往复振动速度

$$v = (A_m \sin \omega t)' = A_m \omega \cos \omega t \tag{8.7}$$

平均速度：

$$\bar{v} = 2\pi \int_0^{\frac{\pi}{2}} A_m \omega \cos \omega t \, d(\omega t) = 4 A_m f \tag{8.8}$$

式中：A_m——超声最大幅度；

ω——超声振动角速度；

f——超声振动频率。

摩擦平均功率

$$P_f = \tau \bar{v} = 4 A_m f \tau \tag{8.9}$$

式中：τ——摩擦界面的剪切力；

$\bar{v}$——超声振动平均速度。

键合过程中吸收的超声能量不仅与超声功率有关，还与超声作用时间有关。超声功率和时间的设置需根据引线及金属材料的品种确定，需要专业人员通过大量的实践才能较准确把握。

8.5.3 芯片封装的基本流程

来自前道工艺的晶圆通过划片工艺后，被切割为小的晶片(Die)，然后将切割好的晶片

用胶水贴装到相应的基板(引线框)架的小岛上，再利用超细的金属(金、锡、铜、铝)导线或者导电性树脂将晶片的接合焊盘(Bond Pad)连接到基板的相应引脚(Lead)，并构成所要求的电路；然后再对独立的晶片用塑料外壳加以封装保护，塑封之后，还要进行一系列操作，如后固化(Post Mold Cure)、切筋和成型(Trim&Form)、电镀(Plating)以及封面打印等工艺。封装完成后进行成品测试，通常经过入检(Incoming)、测试(Test)和包装(Packing)等工序，最后入库出货。典型的封装工艺流程为划片、装片、键合、塑封、去飞边、电镀、打印、切筋和成型、外观检查、成品测试、包装出货。下面以单芯片 TSOP 为例介绍一级封装的工艺流程。

芯片封装工艺分两段，分别叫前道(Front - of - line，FoL)和后道(End - of - line，EoL)，前道主要是将芯片和引线框架(Leadframe)或基板(Substrate)连接起来，即完成封装体内部组装。后道主要是完成一级封装并形成指定的外形尺寸。图 8.5 - 4 是工艺流程图。

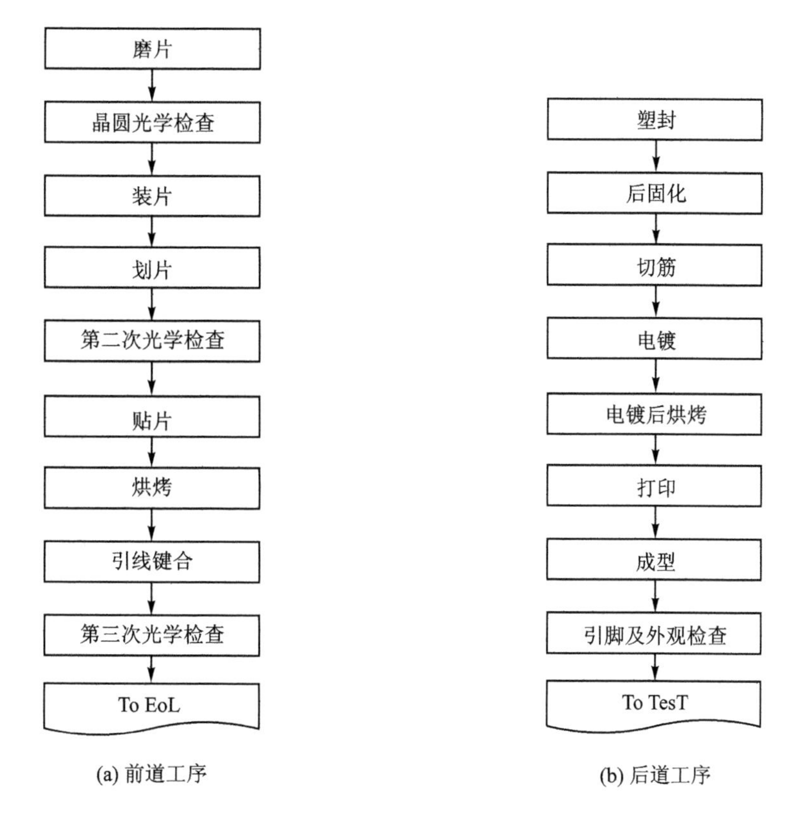

图 8.5－4　芯片封装工艺框图

1. 前道生产工艺

(1) 磨片：晶圆(见图 8.5－5)出厂时，其厚度通常在 0.7 mm 左右，比封装时所需的厚度大很多，所以需要磨片。

图 8.5－6 是磨片工艺示意图，晶圆正面(有光刻电路的一面)朝下被固定在高速旋转的真空吸盘工作台上，高速旋转且与工作台旋转方向反向的砂轮从上面将晶圆磨薄到指定厚度，通常，TSOP 单芯片封装时指定的晶圆厚度为 0.28 mm 左右。

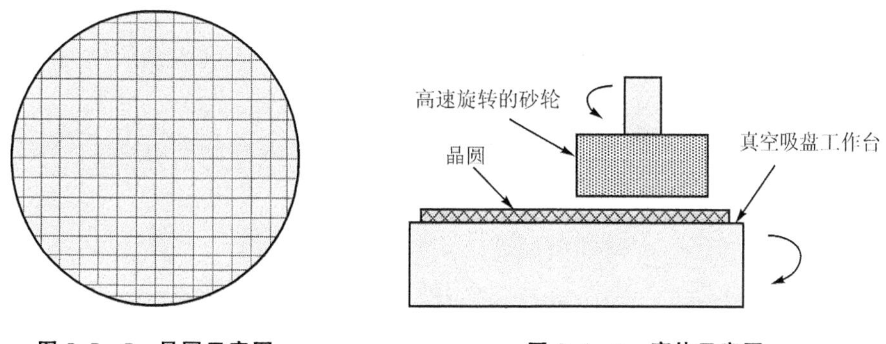

图 8.5－5　晶圆示意图　　**图 8.5－6　磨片示意图**

(2) 装片：首先将晶圆正面朝上固定在工作台的真空吸盘上，然后铺上不锈钢晶圆固定钢环，再在钢环上盖上粘性蓝膜，最后施加压力，把蓝膜、晶圆和钢环粘在一起，如图 8.5－7

示，以便后续工序加工。

(3) 划片：用高速旋转的金刚石刀片在切割槽中往返运动，将晶圆切开分离成独立芯片，如图 8.5－8 所示。

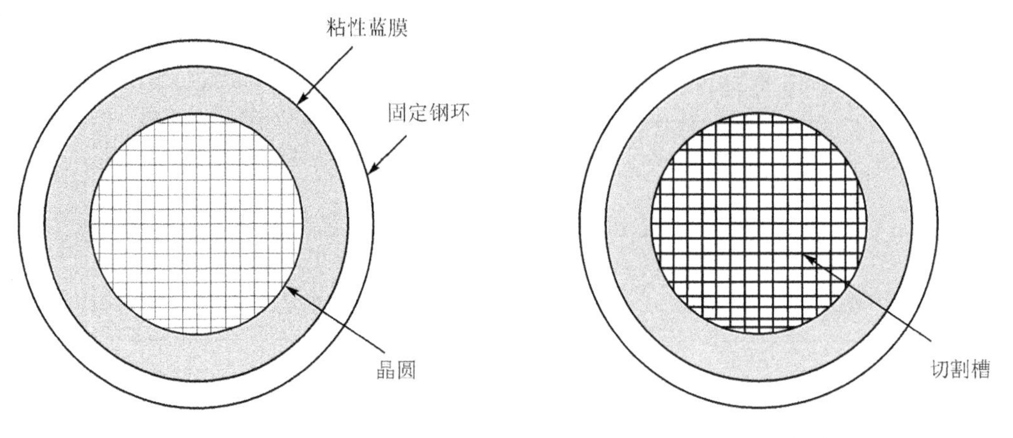

图 8.5－7　装片示意图　　**图 8.5－8　划片示意图**

(4) 贴片：第一步，顶针从蓝膜下面将芯片往上顶，同时真空吸嘴将芯片往上吸，将芯片与蓝膜脱离，如图 8.5－9 所示。

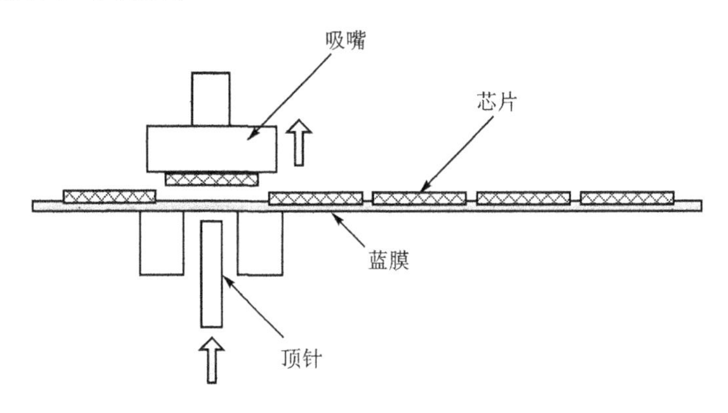

图 8.5－9　芯片与蓝膜脱离

第二步，将液态环氧树脂涂到引线框架的载片台上，如图 8.5－10 所示。

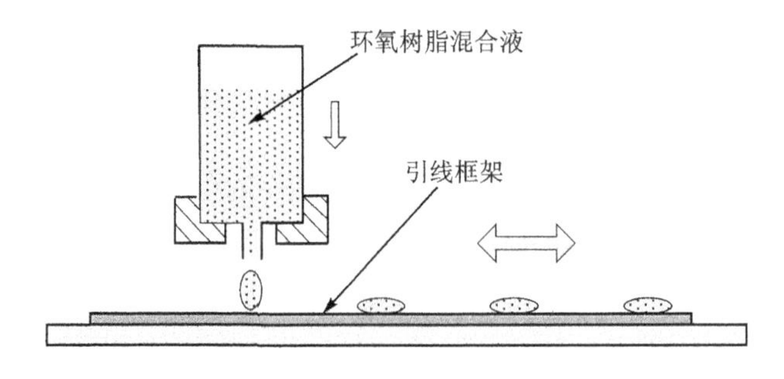

图 8.5－10　浇注环氧树脂

第三步，将芯片安装到涂好环氧树脂的引线框架上，如图 8.5－11 所示。

(5) 引线键合：用金线将引线框架的引脚与芯片的焊盘连接起来，如图 8.5－12 所示。

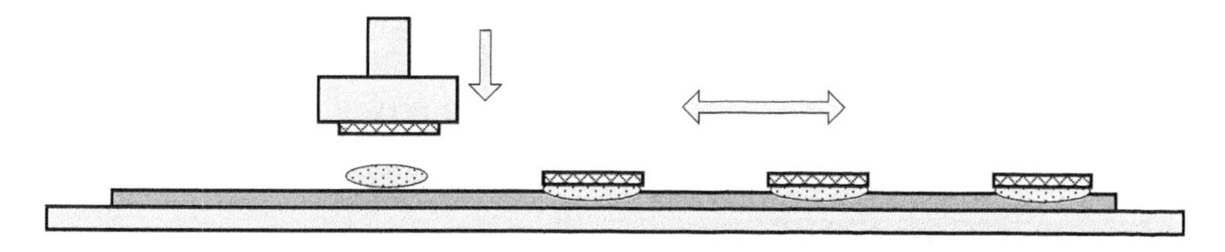

图 8.5 - 11　粘贴芯片

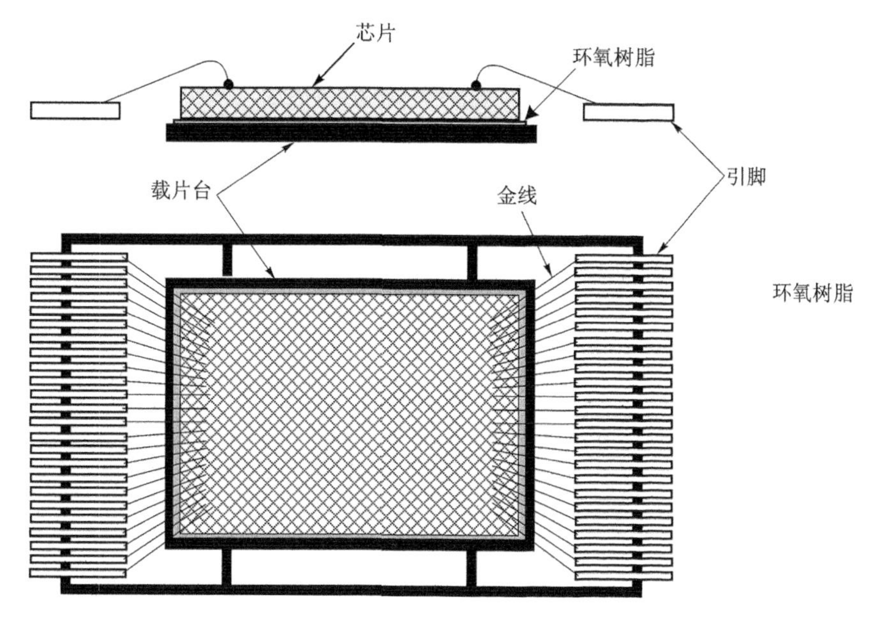

图 8.5 - 12　引线键合示意图

2. 后道生产工艺

(1) 塑封：塑封是用环氧树脂将芯片及用于承载芯片的引线框架一起封装起来，保护芯片，并形成一定等级的可靠性。图 8.5 - 13 展示了塑封工序的工作原理。模具分上下模，模具上有根据封装体尺寸所预先定好的模腔，其工作温度通常在 165～185 ℃范围内。将需要封装

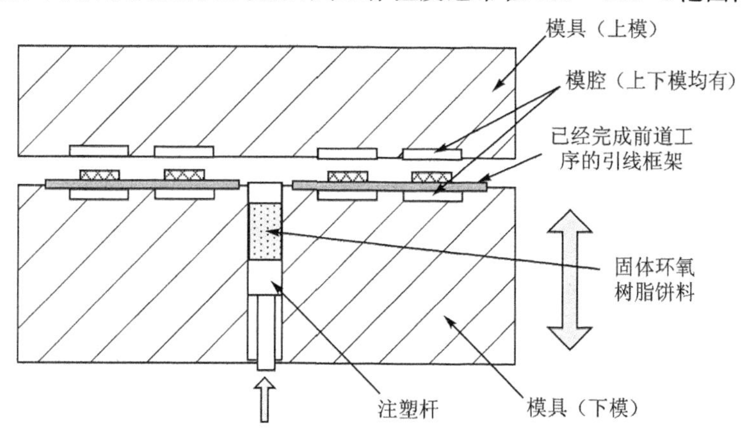

图 8.5 - 13　塑封工序的工作原理

的引线框架放置到模具上，然后放入固体环氧树脂饼料，再合上模具并施加合模压力（至少在 3×10^4 kg 以上）。合模后给注塑杆施加压力，环氧树脂在高压下开始液化，于是在注塑杆作用下，环氧树脂被挤入模腔中。由于环氧树脂的特性是先液化再固化，在被挤入模腔中后将再次固化，形成所需要的外形尺寸。图 8.5－14 是注塑完成后的示意图。

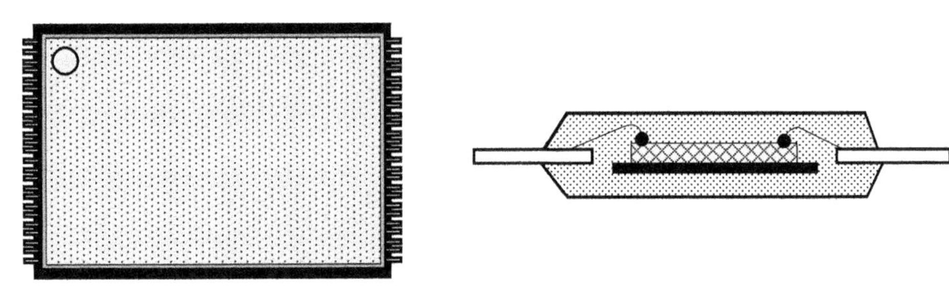

图 8.5－14　注塑后的元件示意图

（2）切筋（Trim）：切筋的作用是将引脚之间的连筋切开以便成型工艺。

（3）电镀（Plating）：对管脚进行电镀增强导电性，也有防锈蚀作用。图 8.5－15 是完成切筋与电镀的元件。

（4）成形（Form）：图 8.5－16 是成形工艺示意图，引脚的外形是由冲压模具来完成的，器件被固定在模具上，刀具从上往下冲压成形，将器件与引线框架分离得到图 8.4－1 中的外形。

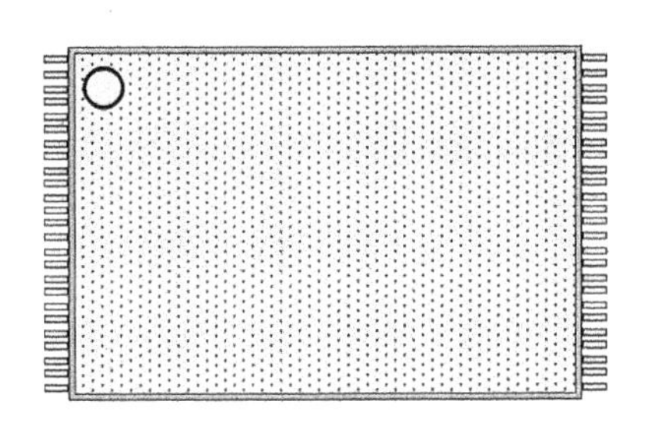

图 8.5－15　完成切筋与电镀的元件

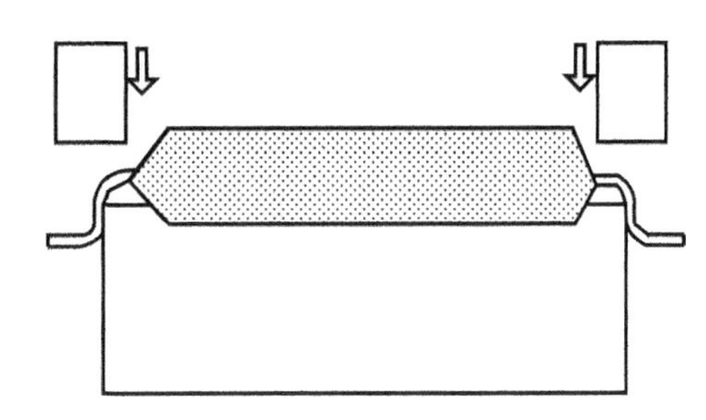

图 8.5－16　成形工艺示意图

成形工艺是半导体封装的最后一步，其外形尺寸有严格的行业标准，TSOP 封装的总高度不得超过 1.27 mm，引脚节距 0.5 mm，塑封体高度 1 mm，目前最流行的 TSOP48 的外形尺寸为 12 mm×20 mm。其他类型芯片的封装工艺基本类似，不再一一介绍。8.6 节将介绍微电子封装的类型及特点。

8.6　封装的类型及特点

半导体器件有许多封装形式，按封装的外形、尺寸、结构分类可分为引脚插入型、表面贴装型和高级封装三类。从 DIP、SOP、QFP、PGA、BGA 到 CSP 再到 SIP，技术指标一代比一代先进。总体说来，半导体封装经历了三次重大革新：第一次是在 20 世纪 80 年代从引脚插入式封装到表面贴片封装，它极大地提高了印刷电路板上的组装密度；第二次是在 20 世纪 90 年代球型矩阵封装的出现，满足了市场对高密度引脚的需求，改善了半导体器件的性能；芯片级封装、系统级封装等是现在第三次革新的产物，其目的就是将封装面积减到最小，降低分布参数的影响，提高工作频率。下面介绍几种封装形式(封装外形见图 8.6－1)。

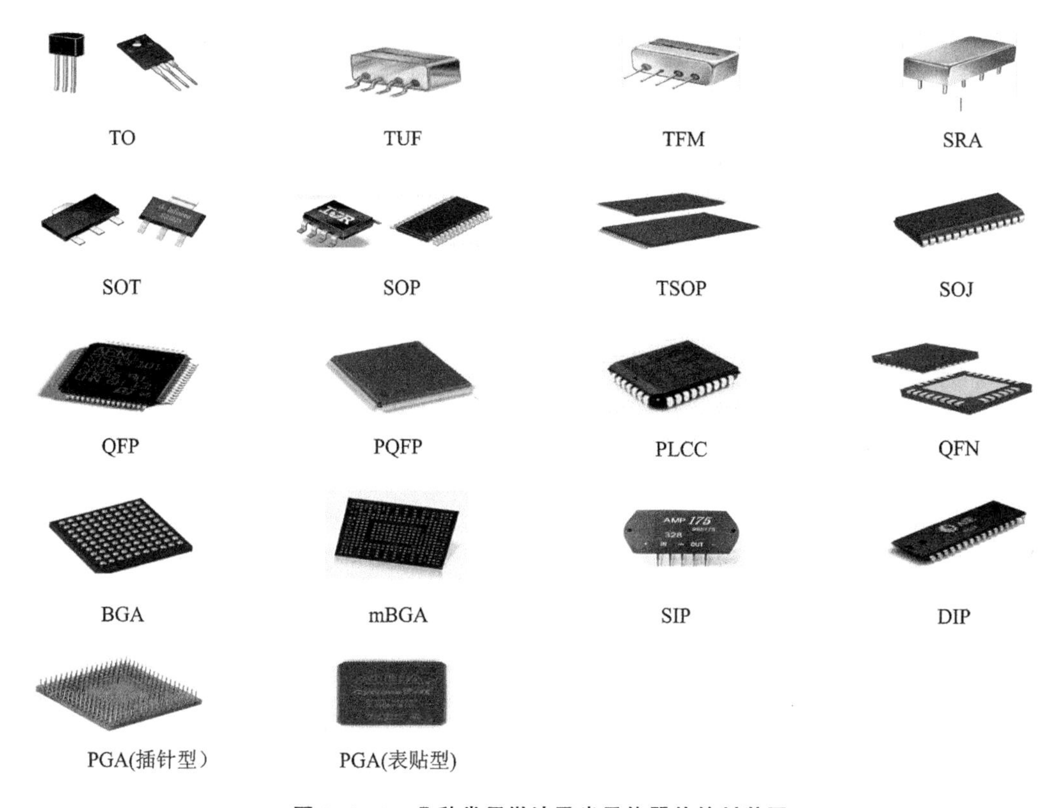

图 8.6－1　几种常用微波及半导体器件的封装图

(1) 芯片级封装(CSP)

几年之前封装本体面积与芯片面积之比通常都是几倍到几十倍，但近几年来有些公司在 BGA、TSOP 的基础上加以改进而使得封装本体面积与芯片面积之比逐步减小到接近 1 的水平，所以就在原来的封装名称下冠以芯片级封装以用来区别以前的封装。就目前来看，人们对芯片级封装还没有一个统一的定义，有的公司将封装本体面积与芯片面积之比小于 2 的定为 CSP，而有的公司将封装本体面积与芯片面积之比小于 1.4 或 1.2 的定为 CSP。目前开发应用最为广泛的是 FBGA 和 QFN 等，主要用于内存和逻辑器件。就目前来看，CSP 的引脚数还不可能太多，从几十到一百多。这种高密度、小巧、扁薄的封装非常适用于设计小巧的掌上型消费类电子装置。

CSP 封装具有以下特点：解决了 IC 裸芯片不能进行交流参数测试和老化筛选的问题；封装面积缩小到 BGA 的 1/10～1/4；延迟时间缩到极短；CSP 封装的内存颗粒不仅可以通过 PCB 板散热，还可以从背面散热，且散热效率良好。就封装形式而言，它属于已有封装形式的派生品，因此可直接按照现有封装形式分为 4 类：框架封装形式、硬质基板封装形式、软质基板封装形式和芯片级封装。

(2) 多芯片模块(MCM)封装

20 世纪 80 年代初发源于美国，为解决单一芯片封装集成度低和功能不够完善的问题，把多个高集成度、高性能、高可靠性的芯片，在高密度多层互联基板上组成多种多样的电子模块系统，从而出现多芯片模块系统。它是把多块裸露的 IC 芯片安装在一块多层高密度互连衬底上，并组装在同一个封装中。它和CSP封装一样属于已有封装形式的派生品。

多芯片模块具有以下特点：封装密度更高，电性能更好，与等效的单芯片封装相比体积更小。如果采用传统的单个芯片封装的形式分别焊接在印刷电路板上，则芯片之间布线引起的信号传输延迟就显得非常严重，尤其是在高频电路中，而此封装最大的优点就是缩短芯片之间的布线长度，从而达到缩短延迟时间、易于实现模块高速化的目的。

(3) 晶圆片级芯片规模封装(WLCS)

此封装不同于传统的先切割晶圆，再组装测试的做法，而是先在整片晶圆上进行封装和测试，然后再切割。它有着更明显的优势：首先是工艺大大优化，晶圆直接进入封装工序，而传统工艺在封装之前还要对晶圆进行切割、分类；所有集成电路一次封装，刻印工作直接在晶圆上进行，设备测试一次完成，有别于传统组装工艺；生产周期和成本大幅下降，芯片所需引脚数减少，提高了集成度；引脚产生的电磁干扰几乎被消除，采用此封装的内存可以支持到800 MHz的频率，最大容量可达1 GB，所以它号称是未来封装的主流。它的不足之处是芯片得不到足够的保护。

(4) 表面贴片封装

表面贴片封装是从引脚直插式封装发展而来的，主要优点是降低了PCB电路板设计的难度，同时它也大大降低了其本身的尺寸。用这种方法焊上去的芯片，如果不用专用工具是很难拆卸下来的。表面贴片封装根据引脚所处的位置可分为Single－ended(引脚在一面)、Dual(引脚在两边)、Quad(引脚在四边)、Bottom(引脚在下面)、BGA(引脚排成矩阵结构)及其他结构。

(5) 单排引脚封装(Single－ended)

Single－ended的特点是引脚全部在一边，而且引脚的数量通常比较少。它又可分为几种：导热型，像常用的功率三极管，只有三个引脚排成一排，其上面有一个大的散热片；COF是将芯片直接粘贴在柔性线路板上(现有的用Flip－Chip技术)，再经过塑料包封而成，它的特点是轻而且很薄，所以当前被广泛用在液晶显示器(LCD)上，以满足LCD分辨率增加的需要。其缺点一是Film的价格很高，二是贴片机的价格也很高。图8－19中有一些Single－ended的例子，这些器件的工作频率一般不会很高，直插晶体管或场效应的频率在1 GHz以内，TFM和TUF金属封装的器件工作频率可达4 GHz以上。例如MINI公司的混频器TFM－4300工作频率上限为4.3 GHz。

(6) 双排引脚封装(Dual)

Dual的特点是引脚全部在两边，而且引脚的数量不算多。它的封装形式比较多，又可细分为SOT、SOP、SOJ、SSOP、HSOP及其他。SOT系列主要有SOT－23、SOT－223、SOT－25、SOT－26、SOT323、SOT－89等。当电子产品尺寸不断缩小时，其内部使用的半导体器件也必须变小，更小的半导体器件使得电子产品能够更小、更轻、更便携，相同尺寸包含的功能更多。SOT封装既大大降低了高度，又显著减小了PCB占用空间。

(7) 小尺寸贴片封装(SOP)

飞利浦公司在20世纪70年代就开发出小尺寸贴片封装SOP，以后逐渐派生出SOJ(J型引脚小外形封装)、TSOP(薄小外形封装)、VSOP(甚小外形封装)、SSOP(缩小型SOP)、TSSOP(薄的缩小型SOP)及SOT(小外形晶体管)、SOIC(小外形集成电路)等。SOP引脚数在几十个之内。

(8) 超薄贴片封装(TSOP)

它与SOP的最大区别在于其厚度很薄，只有1 mm，是SOJ的1/3。由于外观轻薄且小，适合高频使用。它以较强的可操作性和较高的可靠性征服了业界，大部分的SDRAM内存芯片都是采用此TSOP封装方式。TSOP内存封装的外形呈长方形，且封装芯片的周围都有I/O引脚。在TSOP封装方式中，内存颗粒是通过芯片引脚焊在PCB板上的，焊点和PCB板的接触面积较小，使得芯片向PCB板传热相对困难，而且TSOP封装方式的内存在超过150 MHz后，会有很大的信号干扰和电磁干扰。

(9) J形引脚小尺寸封装(SOJ)

引脚从封装主体两侧引出向下呈J字形，直接粘附在印刷电路板的表面，通常为塑料制品，多数用于DRAM和SRAM等内存LSI电路，但绝大部分是DRAM。用SOJ封装的DRAM器件很多都装配在SIMM上。引脚中心距1.27 mm，引脚数为20～40不等。

(10) 折四边引脚扁平封装(QFP)

QFP是由SOP发展而来的，其外形呈扁平状，引脚从四个侧面引出，呈海鸥翼(L)型，鸟翼形引脚端子的一端由封装本体引出，而另一端沿四边布置在同一平面上。它在印刷电路板(PWB)上不是靠引脚插入PWB的通孔中，所以不必在主板上打孔，而是采用SMT方式即通过焊料等贴附在PWB上，一般在主板表面上有设计好的相应管脚的焊点，将封装各脚对准相应的焊点，即可实现与主板的焊接。因此，PWB两面可以形成不同的电路，采用整体回流焊等方式可使两面上搭载的全部元器件一次键合完成，便于自动化操作，实装的可靠性也有保证。这是目前最普遍采用的封装形式。

此种封装引脚之间距离很小、引脚很细，一般大规模或超大规模集成电路采用这种封装形式。其引脚数一般从几十到几百，而且其封装外形尺寸较小、寄生参数减小、适合高频应用。该封装主要适合用SMT表面安装技术在PCB上安装布线。但是由于QFP的引线端子在四周布置，且伸出PKG之外，若引线间距过窄，引线过细，则端子难免在制造及实装过程中发生变形。当端子数超过几百个，端子间距等于或小于0.3 mm时，要精确地搭载在电路图形上，并与其他电路组件一起采用回流焊一次完成实装，难度极大，致使价格剧增，而且还存在可靠性及成品率方面的问题。采用J字形引线端子的PLCC等可以缓解一些矛盾，但不能从根本上解决QFP的上述问题。由QFP衍生出来的封装形式还有LCCC、PLCC以及TAB等。此封装的基材有陶瓷、金属和塑料三种。从数量上看，塑料封装占绝大部分，当没有特别表示出材料时，多数情况为塑料QFP。塑料QFP是最普及的多引脚LSI封装。QFP封装的缺点是：当引脚中心距小于0.65 mm时，引脚容易弯曲。为了防止引脚变形，现已出现了几种改进的QFP品种。

(11) 塑料四边引脚扁平封装(PQFP)

芯片的四周均有引脚，其引脚数一般都在100以上，而且引脚之间距离很小，引脚也很细，一般大规模或超大规模集成电路采用这种封装形式。用这种形式封装的芯片，必须采用表面安装设备技术(SMT)将芯片边上的引脚与主板焊接起来。PQFP封装适用于SMT表面安装技术在PCB上安装布线，适合高频使用，它具有操作方便、可靠性高、芯片面积与封装面积比值较小等优点。

(12) 带引脚的塑料芯片载体封装(PLCC)

它与LCC相似，只是引脚从封装的四个侧面引出，呈丁字形，是塑料制品。引脚中心距为

1.27 mm,引脚数为18～84。J形引脚不易变形,比QFP容易操作,但焊接后的外观检查较为困难。它与LCC封装的区别仅在于前者用塑料,后者用陶瓷,但现在已经出现用陶瓷制作的J形引脚封装和用塑料制作的无引脚封装。

(13) 无引脚芯片载体(LCC)或四侧无引脚扁平封装(QFN)

它们指陶瓷基板的四个侧面只有电极接触而无引脚的表面贴装型封装。由于无引脚,贴装占有面积比QFP小,高度比QFP低,它是高速和高频IC用封装,目前大多微波器件采用。但是,当印刷基板与封装之间产生应力时,在电极接触处就不能得到缓解,因此电极触点难于做到QFP的引脚那样多,一般为14～100。材料有陶瓷和塑料两种,当有LCC标记时基本上都是陶瓷QFN,塑料QFN是以玻璃环氧树脂为基板基材的一种低成本封装。

(14) 球型矩阵封装(BGA)

BGA封装经过十几年的发展已经进入实用化阶段,目前已成为最热门的封装。随着集成电路技术的发展,对集成电路的封装要求越来越严格。这是因为封装关系到产品的性能,当IC的频率超过100 MHz时,传统封装方式可能会产生所谓的交调噪声"Cross-Talk Noise"现象,而且当IC的引脚数大于208时,传统的封装方式有其难度。因此,除使用QFP封装方式外,现今大多数的高脚数芯片皆转而使用BGA封装。BGA一出现便成为CPU等高引脚数封装器件的最佳选择。BGA封装的器件绝大多数用于手机、网络及通信设备、数码相机、微机、笔记本计算机、PAD和各类平板显示器等高档消费市场。

BGA封装的优点有:

① 输入输出引脚数大大增加,而且引脚间距远大于QFP,加上它有与电路图形的自动对准功能,从而提高了组装成品率。

② 虽然它的功耗增加,但能用可控塌陷芯片法焊接,它的电热性能从而得到了改善,对于集成度很高和功耗很大的芯片,采用陶瓷基板,并在外壳上安装微型排风扇散热,从而可达到电路的稳定可靠工作。

③ 封装本体厚度比普通QFP减少1/2以上,质量减轻3/4以上。

④ 寄生参数减小,信号传输延迟小,使用频率大大提高。

⑤ 组装可用共面焊接,可靠性高。

BGA封装的不足之处:BGA封装仍与QFP、PGA一样,占用基板面积过大;塑料BGA封装的翘曲问题是其主要缺陷,即锡球的共面性问题。共面性的标准是为了减小翘曲,提高BGA封装的特性,应研究塑料、粘片胶和基板材料,并使这些材料最佳化。同时由于基板的成本高,而使其价格很高。

(15) 小型球形矩阵封装(Tiny-BGA)

它与BGA封装的区别在于它减少了芯片的面积,可以看成是超小型的BGA封装,但它与BGA封装相比却有三大进步:由于封装本体减小,可以提高印刷电路板的组装密集度;芯片与基板连接的路径更短,降低了电磁干扰的噪声,能适合更高的工作频率;具有更好的散热性能。

(16) 微型球形矩阵封装(mBGA)

它是BGA的改进版,封装本体呈正方形,占用面积更小、连接线短、电气性能好、不易受干扰,所以这种封装会带来更好的散热及超频性能,但制造成本极高。

(17) 插入式封装

它主要针对工作频率不太高的中小规模集成电路。此封装形式有引脚出来，并将引脚直接插入印刷电路板中，再由浸锡法进行波峰焊接，以实现电路连接和机械固定。由于引脚直径和间距都不能太细，故印刷电路板上的通孔直径、间距乃至布线都不能太细，而且它只用到印刷电路板的一面，从而难以实现高密度封装。它又可分为引脚在一端的封装形式(Single-ended)、引脚在两端的封装形式(Double-ended)和引脚矩阵封装(Pin Grid Array)。

引脚在一端的封装形式大概又可分为三极管的封装形式和单列直插封装形式。典型的三极管引脚插入式封装形式有 TO-92、TO-126、TO-220、TO-251、TO-263 等，主要作用是信号放大和电源稳压。

(18) 单列直插式封装(SIP)

引脚只从封装的一个侧面引出，排列成一条直线，引脚中心距通常为 2.54 mm，引脚数最多为二三十，当装配到印刷基板上时封装呈侧立状。其吸引人之处在于只占据很少的电路板面积，然而在某些体系中，封闭式的电路板限制了 SIP 封装的高度和应用，加上没有足够的引脚，性能不能令人满意。多数为定制产品，它的封装形状还有 ZIP 和 SIPH。

引脚在两端的封装形式大概又可分为双列直插式封装、Z 形双列直插式封装和收缩型双列直插式封装等。

(19) 双列直插式封装(DIP)

绝大多数中小规模集成电路均采用这种封装形式，其引脚数一般不超过 100。DIP 封装的芯片有两排引脚，分布于两侧，且呈直线平行布置，引脚间距为 2.54 mm，需要插入到具有 DIP 结构的芯片插座上。当然，也可以直接插在有相同焊孔数和几何排列的电路板上进行焊接。此封装的芯片在从芯片插座上插拔时应特别小心，以免损坏引脚。它的封装结构形式有多层陶瓷双列直插式 DIP、单层陶瓷双列直插式 DIP、引线框架式 DIP 等。此封装具有以下特点：

① 适合在印刷电路板(PCB)上穿孔焊接，操作方便。

② 芯片面积与封装面积之间的比值较大，故体积也较大。

③ 除其外形尺寸及引脚数之外，并无其他特殊要求。带散热片的双列直插式封装 DIPH 主要是为功耗大于 2 W 的器件增加的。

(20) Z 形双列直插式封装(ZIP)

它与 DIP 并无实质区别，只是引脚呈 Z 状排列，其目的是增加引脚的数量，而引脚的间距仍为 2.54 mm。陶瓷 Z 形双列直插式封装 CZIP 与 ZIP 外形一样，只是用陶瓷材料封装。

(21) 收缩型双列直插式封装(SKDIP)

形状与 DIP 相同，但引脚中心距为 1.778 mm，小于 DIP(2.54 mm)，引脚数一般不超过 100。材料有陶瓷和塑料两种。

(22) 引脚矩阵封装(PGA)

它是在 DIP 的基础上，为适应高速度、多引脚化(提高组装密度)而出现的。此封装其引脚不是单排或双排，而是在整个平面呈矩阵排布，在芯片的内外有多个方阵形的插针，每个方阵形插针沿芯片的四周间隔一定距离排列，与 DIP 相比，在不增加引脚间距的情况下，可以按近似平方的关系提高引脚数。根据引脚数目的多少，可以围成 2～5 圈，其引脚的间距为 2.54 mm，引脚数量从几十到几百。

PGA 封装具有以下特点：

① 插拔操作更方便，可靠性高；

② 可适应更高的频率；

③ 如采用导热性良好的陶瓷基板，还可适应高速度、大功率器件要求；

④ 由于此封装具有向外伸出的引脚，一般采用插入式安装，而不宜采用表面安装；

⑤ 如用陶瓷基板，价格又相对较高，因此多用于较为特殊的用途。它又分为阵列引脚型和表面贴装型两种。

(23) 阵列引脚型封装(PGA)

它是插装型封装，其底面的垂直引脚呈阵列状排列。封装材料基本上都采用多层陶瓷基板(在未专门表示出材料名称的情况下，多数为陶瓷 PGA)，用于高速大规模逻辑 LSI 电路，成本较高。引脚中心距通常为 2.54 mm，引脚数从几十到 500，引脚长约 3.4 mm。为了降低成本，封装基材可用玻璃环氧树脂印刷基板代替，也有 64～256 引脚的塑料 PGA。

(24) 表面贴装型(PGA)

在封装的底面有阵列状的引脚，其长度为 1.5～2.0 mm。贴装采用与印刷基板碰焊的方法，因而也称为碰焊 PGA。因为引脚中心距只有 1.27 mm，比插装型 PGA 小一半，所以封装本体可制作得小一些，而引脚数比插装型多(250～528)，是大规模逻辑 LSI 用的封装形式。封装的基材有多层陶瓷基板和玻璃环氧树脂印刷基板，以多层陶瓷基材制作的封装已经实用化。

(25) 有机管引脚矩阵式封装(OPGA)

这种封装的基底使用的是玻璃纤维，类似于印刷电路板上的材料。此种封装方式可以降低阻抗和封装成本。

8.7 低成本的 PCTF 微波封装技术

以上章节讨论了电子器件(包括微波器件)的一般封装方法和封装形式，本章讨论一种低成本的新型封装技术，主要用于器件的一级封装和二级封装，即由 Remtec 公司发明的镀铜厚膜技术 PCTF(Plated Copper on Thick Film)。该技术具有稳定的电学特性、良好的散热性能以及很高的可靠性。PCTF 技术允许直接将大块的陶瓷封装或衬底固定在微波 PCB 板上，符合 RoHS 标准的焊接，还可支持大面板、多阵列的封装形式。该技术基本采用芯片倒装焊工艺，工作频率较高。基于 PCTF 技术的封装或衬底适用的频率范围是 100 MHz～24 GHz，该技术特别适合需要低热阻(1～2 ℃/W 或更低)的应用。

高性能射频微波器件通常采用陶瓷封装材料，陶瓷材料的介电性能在较宽的温度和频率范围之内都很稳定，能承受很高的加工和工作温度，机械性能优异，能提供较好的防潮湿功能和优异的气密性。对于高频器件，陶瓷材料的热膨胀系数和半导体芯片材料的膨胀系数相近，并能支持较高的集成度和复杂的 I/O 引脚分布。

常见的陶瓷封装制作方法有：共烧陶瓷工艺，厚膜、薄膜工艺。共烧陶瓷工艺适合大规模生产；对于中小批量生产，以及一些客户定制的产品，通常采用厚膜、薄膜工艺。尽管上述的几种工艺都很成熟可靠，但是其成本、工艺难以控制，而且对表面贴装技术有所限制。PCTF 技术的出现解决上述问题，可以生产高性能 SMT 器件，并且经济、可靠，适用于中小批量生产。

采用无引脚的陶瓷 SMT 技术的优点很多,采用 PCTB 技术制造陶瓷 SMT 封装,陶瓷衬底始终是无引脚 SMT 封装的基底,上面覆盖一层环氧材料的覆盖层,或者使用金属环型框架/盖板形成气密的腔体。采用在种子层(Seed Layer)上镀铜,最后镀镍-金层,实现衬底的金属化,如图 8.7-1 所示。因此该封装可以承受多次焊接以及+400 ℃的高温。该方案还支持标准装配技术,例如高温合金芯片粘合、环氧材料粘合、BGA(Ball-Grid-Array)封装、倒扣封装以及 Ribbon 键合技术。PCTF 封装还可以采用无磁性材料,适用于核磁共振成像 MRI(Magnetic-Resonance-Imaging)系统等无磁应用。

图 8.7-1　基于 PCTB 技术制造陶瓷衬底

PCTF 表面贴装器件具有三项显著特点:铜金属化、镀铜实心插入式通孔、PCTF 保护层。铜金属化适合射频信号传输,同时还有较好的散热效果。实心通孔和保护层可以提供多种功能:可以降低陶瓷衬底的热阻,为封装提供接地,还可提供低电感互联(寄生电感对高频性能影响较大);插入式通孔的直流电阻小于 1 mΩ,在 4 GHz 时,其损耗小于 0.1 dB;实心通孔热阻小于 1℃/W,提供很好的功率控制特性。通孔的气密性(1×10^{-8} cm^2/s)保证了芯片与外间的完全隔绝。

PCTF 工艺还可增强器件的可靠性,由于采用了铜镀层的覆盖物,大型的无引脚 SMT 器件,通过可靠的焊接可以直接装在 PCB 板上。典型的封装尺寸为 0.16~1.00 in^2。器件通常采用 4.5 in×4.5 in 的多组包装。其元件组装、芯片粘合、键合甚至测试、包装等流程可以实现全自动化。

陶瓷的衬底阵列具有切割孔(激光切割),可以简化分割过程。如有需要,还可以使用切割机替代激光。能在较大的面板上处理并提供封装,是 PCTF 能降低成本的一个主要原因。能在 PCB 板上直接焊接大型(大于 0.5 in)无引脚陶瓷封装器件,是 PCTF 的另一项独有特点,并且经过长时间的考验。该技术可以在 PCB 板上安装大型的 SMT 射频器件(甚至是气密型的)。另一项优势是:该技术具有很好的可焊接性,可以承受满足 RoHS 要求的、多次、长时间的焊接操作,并且保证封装的完整性和可靠性。

全气密以及非气密 SMT 器件在客户提出的各项认证测试中,表现出高度的可靠性,并通过各项测试。在这些测试中,PCTF 器件经受了机械冲击、极度高低温环境以及其他各项严格的考验。测试结果表明,该封装技术可以保证产品在各种热学、机械冲击下,都能正常工作。上述测试都是在高频 PCB 板上直接安装 SMT 器件的条件下完成的。测试的结果如表 8.7-1 所列。

表 8.7-1 PCTF 器件的环境实验结果

序 号	实验名称	实验内容	实验结果
1	红外线回流焊模拟	T_{Peak}=+250 ℃,5 周期	通过
2	温度循环	-65～+150 ℃,1 000 周期	通过
3	高温工作寿命	1 000 小时在 T_j=+150 ℃	通过
4	强加速湿热试验	T_{amb}=+100 ℃,85%相对湿度,264 rs	通过
5	高温储存	1 000 小时,T=150 ℃	通过
6	机械振动	1 500 g·s	通过

由于有效的热学设计,该陶瓷封装技术可以支持多种有源或无源器件。例如采用单芯片的功放模块以及四边扁平无引脚封装(QFNL,Quad Flat No Lead)。另外,PCTF 技术还可以用于 SMT 磁头,或者嵌入式无源器件(如衰减器、滤波器)的封装。该技术也可以用于大型无引脚 SMT 模块,如多芯片模块 MCM(Multi-Chip Modules),这些模块含有多块集成电路以及一些电阻、电容和微带线,用于射频功放、低噪声放大器、发射机以及其他多功能模块。

韩国著名射频微波模块厂商 RFHIC 公司,已经开始使用 PCTF 技术生产其低噪声放大器、增益模块、宽带低噪声放大器(包括其 CL、GB、WL、LCL 系列产品)。这些产品体积小(10.16×10.16×4 mm^3,外形如图 8.7-2 所示,价格低,适于大批量生产。得益于 PCTF 技术的散热特性和可靠性,对于这些应用,PCTF 技术具有承受高温、散热性好、易于制造以及可靠性高等优点。

iTerra 是另一家广泛采用 PCTF 封装技术的德国公司,该公司主要生产高端微波器件以及高速数字、光纤通信网络产品。iTerra 生产的 10.709 Gb/s NRZ(不归零)到 RZ(归零)编码器,采用了高气密型(1×10^{-8} cm^2/s)无引脚陶瓷 PCTF 封装(见图 8.7-3),能有效地散发出其 5 W 的功耗,该模块集成度高,电路密度大。采用 PCTF 封装,配上阻抗匹配电路,该模块可以保证较宽温度范围内的信号完整性(小于 8 ps 的抖动)。

图 8.7-2 RFHIC 公司的射频模块

图 8.7-3 iTerra 公司的射频模块

PCTF 封装技术已经在(高端)商用以及军用领域广泛使用,包括航空航天、电信、无线通信以及卫星通信领域。典型的应用有:基站、有线电视设备,雷达天线阵和相控阵,RFID 标签和读卡器,光通信网络设备,等等。

8.8 微波集成电路产品举例

8.8.1 放大器

微波集成放大器将晶体管芯或场效应管芯同供电网路、反馈回路及输入、输出信号匹配网络共同封装在一个基片上，功能端由引脚或焊盘引出；成品多采用一级封装，价格低，也便于用户根据需要灵活应用；也有标准参数及 I/O 口（SMA，2.92 mm）的三级封装产品，价格较高。任何放大器都不可能做到无限带宽，这是因为匹配网络的带宽有一定范围，超过这个频率覆盖范围，驻波就会增加，增益会下降。管芯也不会做成宽带的，有技术原因也有成本考虑。由于管芯材料本身受频率-电压极限方程的限制，频率越高，功率越低，当需要器件工作在相对低频及大功率的场合，管芯的 PN 结就不能做得太薄，否则功率上不去，管芯的成本随频率降低而极速下降，从成本考虑会根据不同频率段生产不同规格的管芯。根据用途分为低噪放大器、中功率放大器和功率放大器。低噪放用于接收机的最前端，以提高整机灵敏度，一般低噪放的 $P_{1\,dB}$（1 dB 压缩点）小于 15 dBm。噪声系数随带宽、增益及功率的增加而变大，低噪放的工作频率范围可达百 GHz 甚至工作至 THz。如 ADI 公司生产的 ADL7003，工作频率上限达 95 GHz。中功率放大器用于将低噪放信号进一步放大，以利于后面的信号检波、解调。其 $P_{1\,dB}$ 小于 36 dBm，对于接收机而言，这样的信号强度足够大了，但对于发射级而言，仍需功率放大器进一步放大。由于固态器件材料受极限方程的限制，目前在高频端（如毫米波段）单片功放模块的输出功率仍做不太高，大多采用功率合成方案，即采用多只几瓦的管芯并联工作以提高功率。即使这样，目前市场上能找到的、工作频率达到 18 GHz 的微波功放 MMIC 的功率最高不到百瓦，达到 40 GHz 的毫米波功放的功率普遍在 10 W 左右，因此在高频、高功率领域电真空器件的作用仍不可替代。下面介绍一些应用广泛的优秀集成放大器产品的封装形式和主要参数，这些产品主要来自 Mini Circuite 和 ADI 公司，有些是一级封装的产品，有些是完成三级封装的产品，芯片都是各种表贴封装，封装形式决定了工作频率的上限，有伸出引脚的器件工作频率普遍不超过 12 GHz，采用 QFN 封装的器件频率可达百 GHz。几种典型集成放大器的主要参数如表 8.8－1 所列。几种不同封装的集成放大器外形图如图 8.8－1 所示。

表 8.8－1　几种典型集成放大器的主要参数

放大器型号	频率范围/MHz	增益/dB Typ	NF/dB Typ	$P_{1\,dB}$/dBm Typ	电压/电流/(V·mA^{-1})	规格(厂标) Case Style
ERA－5	DC～4 000	18.5	4.3	18.4	5/65	VV105
ERA－21SM＋	DC～8 000	12.2	4.7	12.6	3.5/40	WW107
GAV－123＋	10～12 000	16.9	4	16.2	5/52	DF782
AVA－24A＋	5 000～20 000	11.8	5.7	18.4	5/120	DQ849
ZVM－273HP＋	13 000～26 500	14.5	9	25	12/559	CP1973
MGA83563	500～6 000	22	6	23	3/180	SOT－363

续表 8.8-1

放大器型号	频率范围/MHz	增益/dB Typ	NF/dB Typ	$P_{1\,dB}$/dBm Typ	电压/电流/(V·mA^{-1})	规格(厂标) Case Style
ZX60-183A-S+	6 000～18 000	28	5	18	5/260	GC957
ZVA-403GX+	0.05～4 000	11	4.5	11	5/100	AV2578
ZHL-4240	10～4 200	40	8	30	15/1000	U36
ZVE-3W-183+	5 900～18 000	35	5.5	34	15/2200	BN1327
ZHL-100-63+	2 500～6 000	58	12	43	30/8000	BT1834-3
ADL7003	50 000～95 000	14	5	14	3/120	C-14-5

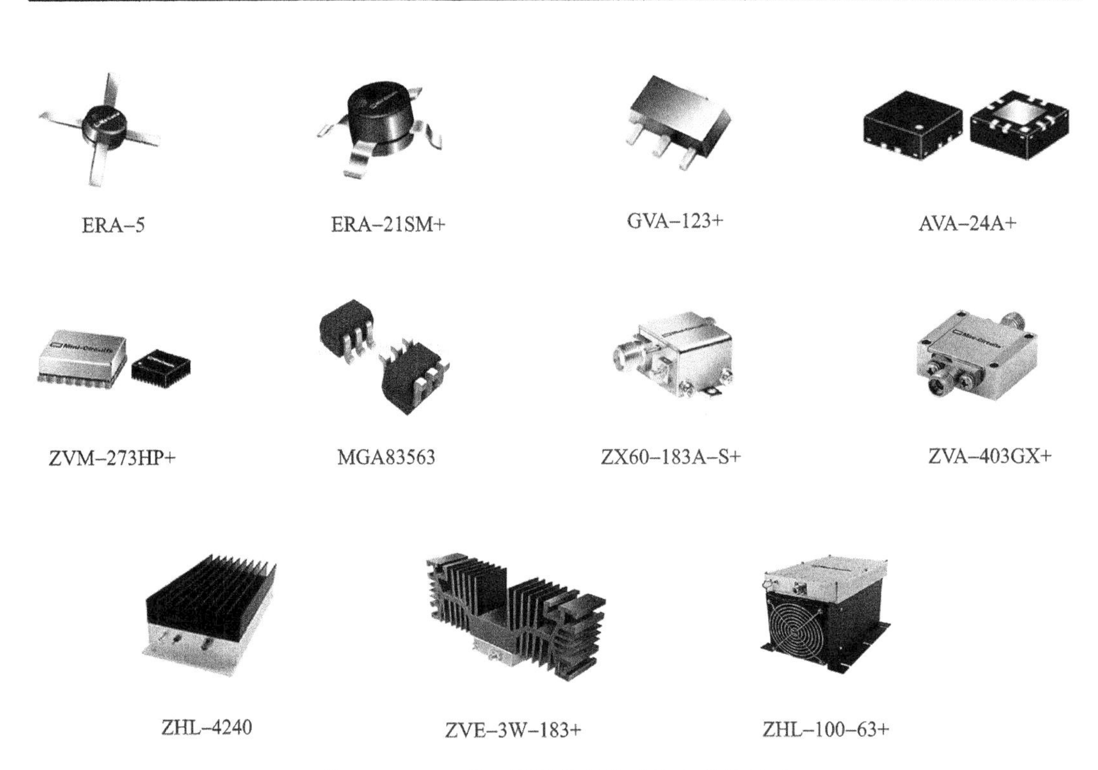

图 8.8-1 几种不同封装的集成放大器外形图

ADL7003 是 ADI 公司生产的一款砷化镓毫米波低噪放大器管芯，工作频率范围为 50～95 GHz，外形尺寸仅为 1.9 mm×1.9 mm×0.05 mm。在 50～75 GHz 范围内，增益为 14 dB，IP3 为 21 dBm，在 70～90 GHz 范围，增益为 15 dB，放大器输入、输出内部匹配至 50 Ω，可以方便地集成至多芯片组件(MCM)，所有数据均由一根长度为 0.076 mm 的键合带连接的芯片进行采集。图 8.8-2 和图 8.8-3 分别是 ADL7003 芯片内部电路图和增益随频率的曲线图。

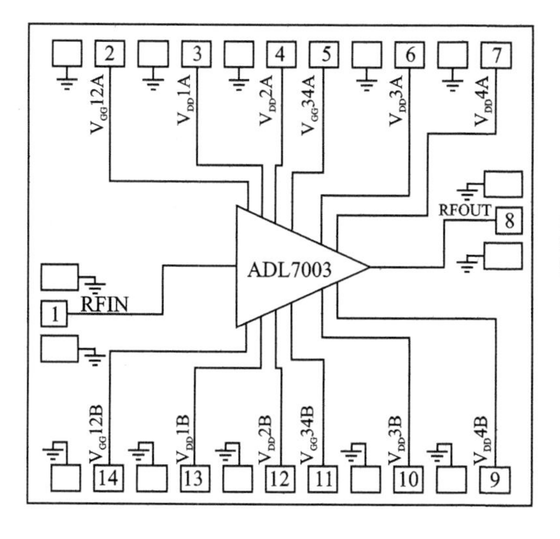

图 8.8-2　ADL7003 内部电路图

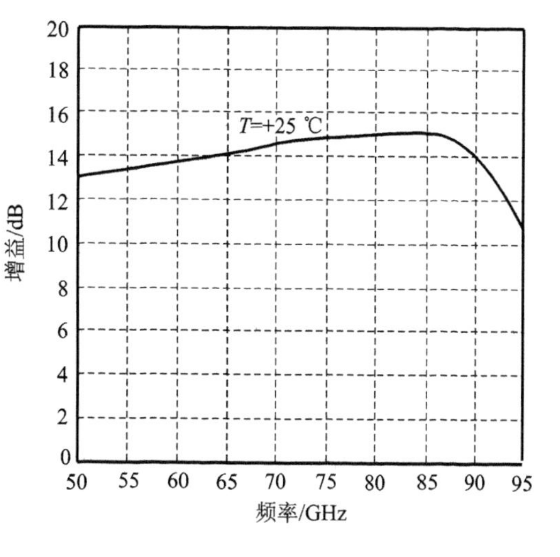

图 8.8-3　ADL7003 增益-频率曲线图

8.8.2　混频器

市场上的混频器产品基本都是经过一级封装至三级封装后的集成元器件。目前流行的集成混频器分有源和无源两种。有源混频器需加电压，实际上是在无源混频器后加放大器，因此有一定的变频增益。集成混频器是将管芯（二极管桥）和输入、输出巴伦封装在一个基片上，形成有引脚或焊点 I/O 口输出的产品，同放大器一样，从技术及成本上考虑，混频器同样不能做到无限带宽，任何巴伦结构的频率匹配范围也都有限，挑选混频器要根据指标和价格综合考虑。下面介绍几种不同封装的混频器外形图及技术指标（见表 8.8-2 及图 8.8-4）。

表 8.8-2　几种典型封装类型的混频器的主要技术参数

型　号	LO/RF 频率范围/MHz	IF 频率范围/MHz	LO 电平/dBm	变频损耗/dB	变频增益/dB	LO-IF 隔离度/dB	规格（厂标）Case Style
TUF-R5SM	20～1 500	0～1 000	7	5.7	（无源）	42	NNN150
ADE-2	5～1 000	0～1 000	7	6.67	（无源）	47	CD542
RMS-73L+	2 400～7 000	0～3 000	4	6.3	（无源）	32	HV1 195
JMS-2+	20～1 000	0～1 000	7	7	（无源）	50	BH292
LRMS-30J	200～3 000	0～1 000	7	6.8	（无源）	30	QQQ569
SIM-153+	3 400～15 000	0～4 000	7	8	（无源）	30	HV1 195
SKY-60+	2 500～6 000	0～1 500	7	6.2	（无源）	14	BJ 398
MAC-12GL+	3 800～12 000	0～1 800	7	6.3	（无源）	17	DZ1 650
HMC204SM8G	4 000～8 000	8 000～16 000	12	17	（无源）	42	SMOP8
HMC622LP4E	1 800～3 900	200～550	0～6	9	（无源）	33	LP4E
ADL5 812	700～2 800	30～450	0	（有源）	6.7	26	FLCSP

续表 8.8-2

型 号	LO/RF 频率范围/MHz	IF 频率范围/MHz	LO 电平/dBm	变频损耗/dB	变频增益/dB	LO-IF 隔离度/dB	规格(厂标) Case Style
LTC5567	300～4 000	5～2 500	0	(有源)	1.9	40	QFN
HMC554	1 100～20 000	0～6 000	13	7	(无源)	40	LC3
VAY-1	5～500	5～500	27	5.8	(无源)	46	A01
ZFY-1	5～500	0～500	23	6.57	(无源)	40	M22
HMC-C014	16 000～32 000	0～8 000	10	8	(无源)	35	C-11

注：表中 ADL5812、LTC5567 是有源混频器，需加 3.3 V、5 V 电源才能工作。

图 8.8-4 几种典型封装形式的混平器外形图

8.8.3 倍频器

同混频器类似，倍频器是频率变换器件，将输入频率为 f_1 的信号变换为整倍数 $f_2=nf_1$ 的频率信号。原则上任何非线性器件都能实现倍频，在输入正弦信号作用下，非线性器件就会产生谐波频率，在输出端加选频网络，就会得到想要的倍频信号。

倍频器按工作原理可分为两类。一种是非线性电阻倍频器，利用双结晶体管、场效应管或二极管的非线性电阻效应，适当地设置工作点，把输入信号变成电流脉冲，用选频网络输出谐波分量实现倍频。另一种为参量倍频器(参见第 3 章讨论的内容)，利用 PN 结或金属-半导体结非线性电容的特性得到输入信号的谐波分量，通过选频网络输出倍频信号。这类非线性电容器件有变容二极管、阶跃恢复二极管等;还有利用非线性电感特性进行倍频的器件,如利用雪崩二极管的雪崩渡越引起的非线性电感效应实现的倍频。非线性电阻效应倍频器需要外加电源,而非线性电抗倍频器不需外加电源,可做成无源倍频器。在频率不高且倍频次数较低的场合一般采用晶体管有源倍频器,而在频率高及倍频次数高的场合一般采用变容二极管、阶跃恢复二极管等电抗无源倍频器,因此在微波或毫米波领域主要采用电抗倍频器。

图 8.8-5 展示了几种不同封装的倍频器外形图,表 8.8-3 是这些倍频器的主要技术指标。

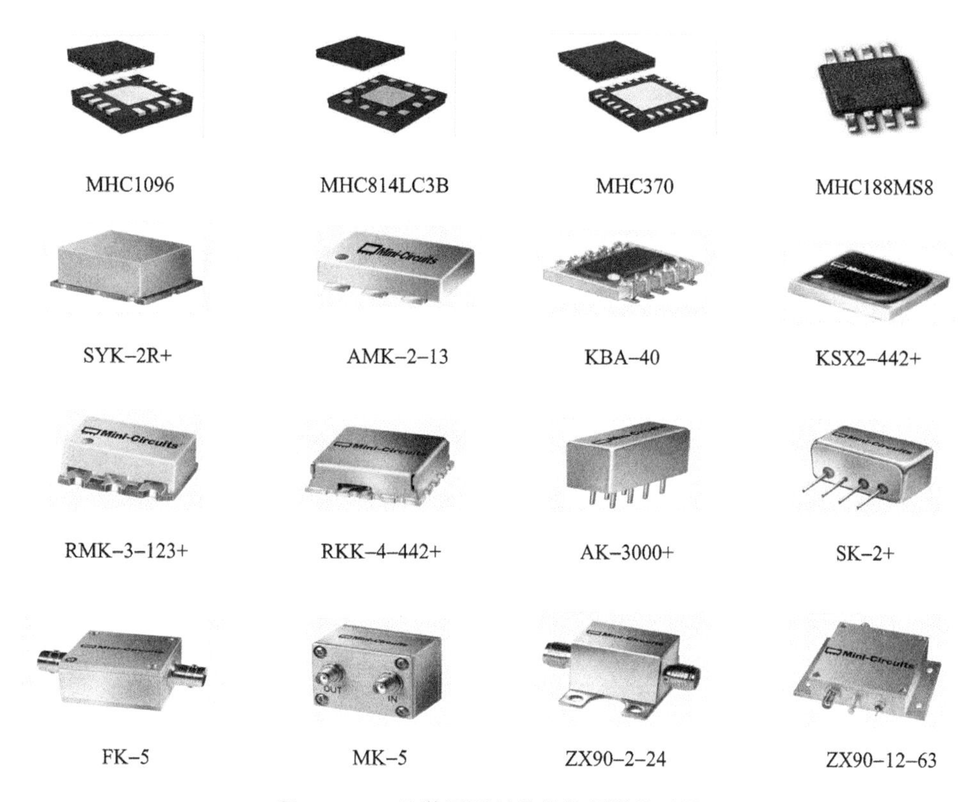

图 8.8-5　几种不同封装的倍频器外形图

表 8.8-3　几种倍频器的主要技术指标

型　号	倍频次数	输入频率范围/MHz	输出频率范围/MHz	输入功率范围/dBm	输出功率/dBm	转换损耗/dB	电压/电流/(V·mA^{-1})	规格(厂标) Case Style
HMC1096	2	1 900～2 800	3 800～5 600	0	12	(有源)	5/100	LP3E
HMC814LC3B	2	6 500～12 300	13 000～24 600	4～6	17	(有源)	5/88	LP3E
HMC370	4	3 600～4 100	14 400～16 400	−15～5	0	(有源)	5/55	LP4
HMC188	3	1 250～3 000	2 500～6 000	10～20	(无源)	15	无	MS8
SKY-2R+	2	10～1 000	20～2 000	12～16	(无源)	10.5	无	TTT167
AMK-2-13	2	10～500	20～1 000	12～16	(无源)	11.4	无	CD542
KBA-40	2	2 700～4 800	5 400～9 600	10～16	(无源)	12.3	无	SM2

续表 8.8-3

型　号	倍频次数	输入频率范围/MHz	输出频率范围/MHz	输入功率/dBm	输出功率/dBm	转换损耗/dB	电压/电流/($V \cdot mA^{-1}$)	规格(厂标) Case Style
KSX2-442+	2	600～2 200	1 200～4 400	7～15	(无源)	11	无	HV1195
RMK-3-123+	3	2 200～4 000	6 600～12 000	13～17	(无源)	15.5	无	TT1224
RKK-4-442+	4	900～1 100	3 600～4 400	19～23	(无源)	24.5	无	CK1246
AK-3000+	2	70～1 500	140～3 000	12～15	(无源)	10.5	无	A03
SK-2+	2	1～500	2～1 000	1～10	(无源)	13.5	无	B02
FK-5	2	10～1 000	20～2 000	10～20	(无源)	13	无	L16
MK-5	2	10～1 000	20～2 000	10～20	(无源)	13	无	L19
ZX90-2-24	2	5 000～10 000	10 000～20 000	11～16	(无源)	12	无	JA1242
ZX90-12-63	12	375～500	4 500～6 000	-4～0	(有源)	6.5	8/200	BY1298

从使用角度,倍频器又分无源倍频器和有源倍频器,很多微波有源倍频器是在无源倍频器电路前后加放大器构成的,以获得一定的增益。图 8.8-6 展示了 HMC814LC3B 二倍频器的内部电路图。

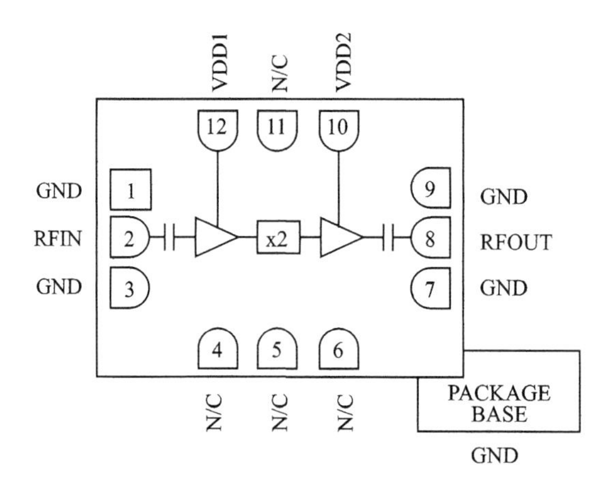

图 8.8-6 HMC814LC3B 的内部电路图

8.8.4 微波开关

早期的微波开关有机械开关和 PIN 开关,机械开关是用继电器机构控制信号通路的转换,常用于波段切换。其优点是工作频段宽,可从 DC 至 40 GHz;隔离度很高,可做到 80 dB 的隔离;承受信号功率大,易采用 TTL 电平控制。其缺点是体积大,响应时间慢(毫秒级),不能做脉冲调制器用,工作寿命有限。PIN 开关也称固态器件开关,利用 PIN 管在直流正、反偏压下,呈现近似导通和关断的阻抗特性,实现对微波信号通道的控制(工作原理在第 6 章已介绍),与机械开关比较,PIN 开关优点是体积小,使用寿命长,切换速度快(微秒级),常用于脉冲调制和微波信道高速切换;缺点是工作频带窄,集成度不高,承载信号功率小,隔离度较差。

在 20 世纪 80 年代以后，随着砷化镓场效应管单片微波集成电路技术（GaAs FET MMIC)的发展，FET 逐步取代了 PIN 二极管。与 PIN 开关相比，GaAs MMIC 开关具有简单的偏置网络，开关速度更快（几十至几百纳秒），工作频率高，工作带宽大，插损小，隔离度高，几乎可忽略的直流功耗、体积更小，便于集成化生产等特点，目前已成为市场的主流微波开关产品；缺点是高频功率目前不如机械开关大。

从使用角度看，微波开关分单刀单掷和单刀双掷乃至单刀多掷开关，这部分内容在第 6 章已讨论过这里不再陈述。图 8.8－7 介绍一些 FET 开关产品的封装图，表 8.8－4 列出了它们的主要技术指标。

图 8.8－7　几种不同封装的微波开关的外形图

表 8.8－4　几种微波开关的主要技术指标

型　号	频率范围/MHz	通道数	插损/dB	隔离度/dB	$P_{1\,dB}$/dBm	驱　动	规格(厂标) Case Style
HMC484	0～3 000	SPDT	0.5	30	36	TTL/CMOS	SM8G
HMC349	0～4 000	SPDT	1	57	33.6	TTL/CMOS	SM8G/LP4CE
CSWA2－63DR＋	500～6 000	SPDT	1.1	50	26	CMOS	DG1 293
JSW3－23DR－75＋	5～2 000	SP3T	0.8	32	35	CMOS	MT1 817
HMC641	0～20 000	SP4T	1.8	40	26.5	－5 V	LC4
ADRF5027	0.009～44 000	SPDT	2.2	50	24	TTL/CMOS	LGA(3×3)
HMC1084	23 000～30 000	SP4T	2.8	26	30	－5 V	SMT(4×4)
ADRF5024	100～44 000	SPDT	1.4	38	27	CMOS	LGA(2.25×2.25)
ZYSW－2－50DR＋	0～5 000	SPDT	1.4	25	22	TTL	ZZ121
USB－SP4T－63	1～6 000	SP4T	1	50	27	USB	NR1 982
ZASW－2－50DRA＋	0～5 000	SPDT	2.2	65	22	TTL	CY353
SPI－SP8T－6G	1～6 000	SP8T	4	90	27	SPI	PM2656

除了以上介绍的微波集成电路产品外，还有其他微波产品，如集成电控衰减器、集成 VCO 和 PLA、集成调制与解调器、移相器、分频器及检波器等，这里不再一一介绍。随着 GaAs MMIC 技术的发展，微波元器件集成产品不断向小型化、高密度集成化发展，已成为当前发展各种高科技武器的重要支柱，已广泛用于各种先进的战术导弹、电子战、通信系统、陆海空基各种先进的相控阵雷达(特别是机载和星载雷达)，在民用商业的移动电话、无线通信、个人卫星通信网、全球定位系统、直播卫星接收和毫米波自动防撞系统等方面已形成正在飞速发展的巨大市场。

8.9 习 题

8-1 MMIC 是什么含义？试述其基本特点。

8-2 半导体封装分为几级？试述一级封装的内容。

8-3 集成电路封装的目的是什么？

8-4 什么是芯片级封装 CSP？其优点是什么？

8-5 试比较机械开关、PIN 开关及 GaAs MMIC 开关的优缺点。

8-6 试写出你知道的几种 MMIC 封装形式，哪种工作频率高一些？

参考文献

[1] 武国机. 微波电子线路. 西安：西北工业大学出版社，1986.
[2] 王蕴仪，苗敬峰，沈楚玉，等. 微波器件与电路. 南京：江苏科学技术出版社，1979.
[3] 黄香馥，陈天麟，张开智. 微波固态电路. 成都：成都电讯工程学院出版社 1988.
[4] 顾其诤，项家桢，袁孝康. 微波集成电路设计. 北京：人民邮电出版社，1978.
[5] 薛正辉，杨仕明，李伟明. 微波固态电路. 北京：北京理工大学出版社，2004.
[6] 祝宁华. 光电子器件微波封装和测试. 北京：科学出版社，2007.
[7] 吴万春. 集成固态微波电路. 北京：国防工业出版社，1981.
[8] 罗先明. 微波有源电路. 北京：人民邮电出版社，1992.
[9] 毛钧业. 微波半导体器件. 成都：成都电讯工程学院出版社，1986.
[10] 韩庆文. 微波电路设计. 北京：清华大学出版社，2012.
[11] 田民波. 半导体封装技术的发展趋势. 电子工业专用设备，2005(9).
[12] 毕克允. 中国半导体封装业的发展. 中国集成电路，2006(3).
[13] 李春发. 半导体封装技术的现状和展望. 微纳电子技术，1983(5).
[14] 杨亲民. 半导体封装与封装材料. 半导体技术，1984(6).
[15] 陈安凯，陈嘉. 最新国外集成电路手册. 北京：人民邮电出版社，1995.
[16] 高葆新. 变容管参量放大器的原理与设计. 北京：国防工业出版社，1981.
[17] 张秉一. 微波混频器. 北京：国防工业出版社，1984.
[18] 言华. 微波固态电路. 天津：天津大学出版社，1994.
[19] 黄汉尧. 半导体器件工艺原理. 上海：上海科学技术出版社，1985.
[20] 陈忠嘉. 微波电子线路. 北京：兵器工业出版社，1990.
[21] 赵国湘，高葆新. 微波有源电路. 北京：国防工业出版社，1990.
[22] 邓绍范. 微波电子线路. 哈尔滨：哈尔滨工业大学出版社，1988.
[23] Samuely Liao. Microwave Devices and Circuits. New Jersey: PRENTICE HALL, 1978.
[24] Tri T. Ha: Solid-state Microwave Amplifier Design. A WILEY-INTERSCIENCE PUBLICATION, 1981.
[25] 朱明. 微波电路. 长沙：国防科技大学出版社，1994.
[26] [日]植之原道行. 微波半导体器件. 魏策军，等译. 北京：科学出版社，1976.
[27] Georged Vendelin. Design of Amplifiers and Oscillators by the S-Parameter Method. John Wiley and Sons INC, 1982.
[28] 全绍辉. 微波技术基础. 北京：高等教育出版社，2011.